W0281855

2de sciences de la vie et de la terre

Géraldine Bridon
Maxime Charpignon
Louis-Marie Couteleau
Hervé Desormes
Isabelle Desormes
Olivier Lelievre
Catherine Malsan
Julie Tétrel

Sous la direction de H. Desormes
et L. M. Couteleau

hachette
ÉDUCATION

SOMMAIRE

© Hachette Livre 2010, 43 quai de Grenelle, 75905 Paris Cedex 15
ISBN 978-2-01-135519-5

Présentation du manuel

Ouverture de partie

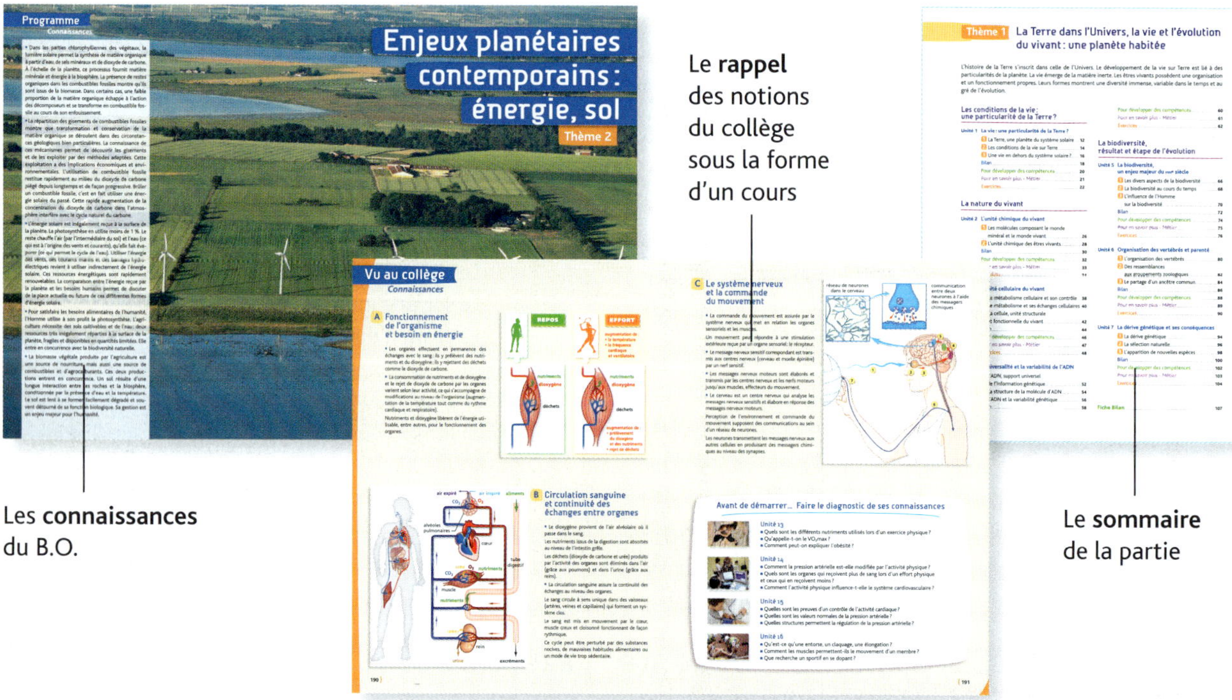

Le **rappel** des notions du collège sous la forme d'un cours

Les **connaissances** du B.O.

Le **sommaire** de la partie

Entrée de l'unité

Un **document d'appel** illustrant la problématique

La **problématique**

Des séquences sur doubles pages

Une **observation** conduit à se poser une **question**

Des **documents nombreux et variés**

Une **tâche complexe** que doit résoudre l'élève.

Les **mots nouveaux** sont expliqués

De **nombreuses manipulations** avec un protocole clairement identifié

L'essentiel

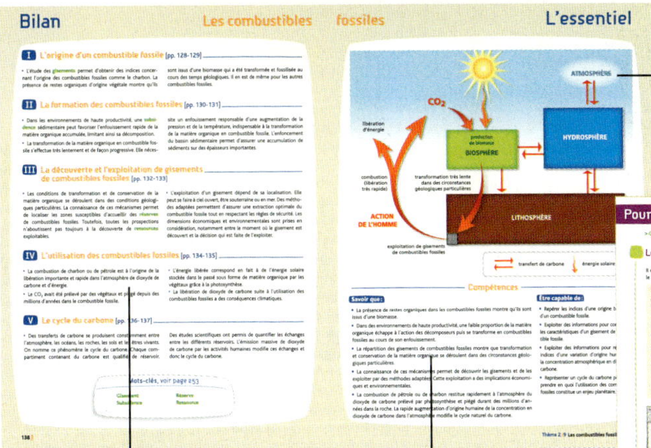

L'essentiel de l'unité par l'image construit au fur et à mesure des connaissances

Un résumé permettant de faire le point sur les **connaissances acquises**

Un résumé des **compétences** et des **attitudes** développées dans l'unité

Une ouverture sur le monde

De courts articles permettant d'**approfondir l'unité**

L'**interview** d'un professionnel présentant un métier

Trois pages d'exercices par chapitre

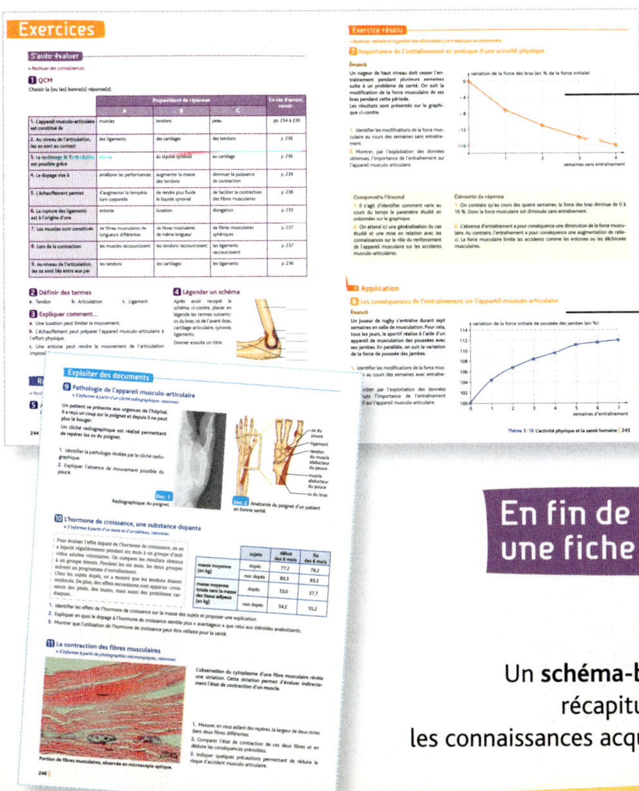

Un **exercice résolu** pour travailler en autonomie

Un **exercice d'application** sur la même compétence

Des pages méthodes

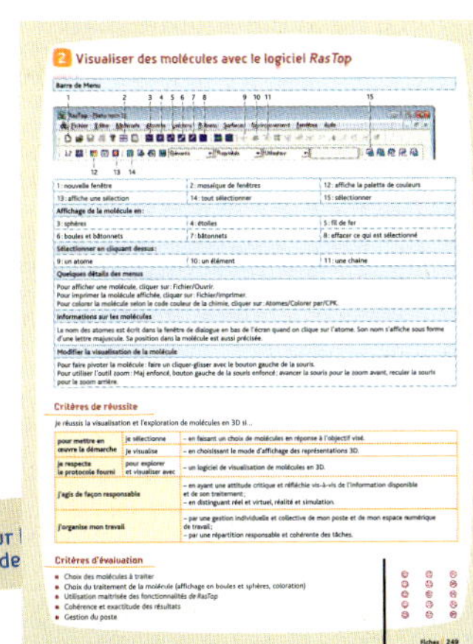

Fiche méthode avec des **critères de réussite et d'évaluation**

En fin de partie : une fiche bilan

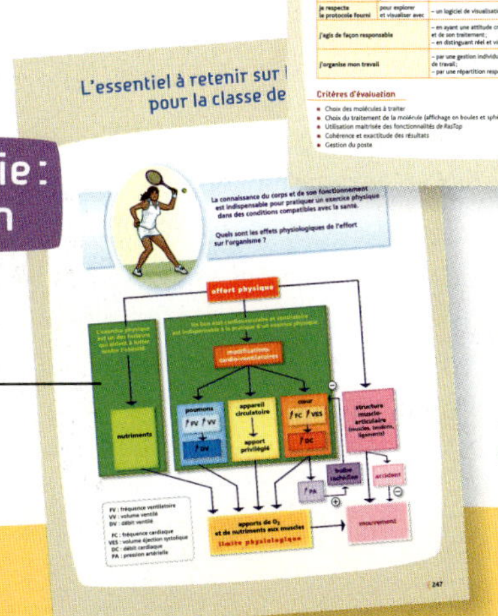

Un **schéma-bilan** récapitulant les connaissances acquises

Programme

Connaissances

- La Terre est une planète rocheuse. On y trouve de l'eau liquide et une atmosphère favorable à la vie, particularités qui sont liées à la taille de la Terre et à sa position dans le système solaire. Ces conditions peuvent exister sur d'autres planètes qui posséderaient des caractéristiques voisines sans pour autant que la présence de vie y soit certaine.
- Les êtres vivants sont constitués d'éléments chimiques disponibles sur le globe terrestre. Les proportions de ces éléments sont différentes dans le monde inerte et dans le monde vivant. Ils se répartissent dans les diverses molécules constitutives des êtres vivants, caractérisés par leur matière carbonée et leur richesse en eau. Cette unité chimique des êtres vivants est un indice de leur parenté.
- La cellule est un espace limité par une membrane qui échange de la matière et de l'énergie avec son environnement. De nombreuses transformations chimiques se déroulent à l'intérieur : elles constituent le métabolisme, contrôlé par les conditions du milieu et par le patrimoine génétique. Cette unité structurale et fonctionnelle commune à tous les êtres vivants est un indice de leur parenté.
- La transgénèse montre que l'information génétique est contenue dans la molécule d'ADN et qu'elle y est inscrite dans un langage universel. La variation génétique repose sur la variabilité de la molécule d'ADN (mutation). L'universalité du rôle de l'ADN est un indice de la parenté des êtres vivants.
- La biodiversité est à la fois la diversité des écosystèmes, la diversité des espèces et la diversité génétique au sein des espèces. L'état actuel de la biodiversité correspond à une étape de l'histoire du monde vivant : les espèces actuelles représentent une infime partie du total des espèces ayant existé depuis les débuts de la vie.
- La biodiversité se modifie au cours du temps sous l'effet de nombreux facteurs, dont l'activité humaine. Au sein de la biodiversité, des parentés existent qui fondent les groupes d'êtres vivants. Ainsi, les vertébrés ont une organisation commune. Les parentés d'organisation des espèces d'un groupe suggèrent qu'elles partagent toutes un ancêtre commun.
- La diversité des allèles est l'un des aspects de la biodiversité. La dérive génétique est une modification aléatoire de la diversité des allèles. Elle se produit de façon plus marquée lorsque l'effectif de la population est faible. La sélection naturelle et la dérive génétique peuvent conduire à l'apparition de nouvelles espèces.

La Terre dans l'Univers, la vie et l'évolution du vivant : une planète habitée

Thème 1

Vu au collège
Connaissances

A Les éléments de notre environnement

Notre environnement est constitué de trois types d'éléments différents :
– les êtres vivants ;
– les composantes minérales ;
– les traces de l'activité humaine.

B Diversité, parenté et unité des êtres vivants

• Les êtres vivants sont différents les uns des autres : c'est la biodiversité.

Malgré cela, ils peuvent être classés en groupes emboîtés, définis à partir des caractères qu'ils possèdent en commun.

La cellule est l'élément caractéristique des êtres vivants. La cellule possède un noyau, une membrane, du cytoplasme.

• L'universalité de la présence d'au moins une cellule et d'un patrimoine génétique chez tous les êtres vivants indique une origine commune. L'arbre phylogénétique permet de représenter les relations de parenté entre les organismes vivants.

• Les espèces apparaissent et disparaissent au cours des temps géologiques. L'existence de ressemblances entre des groupes apparus successivement suggère la parenté des espèces qui les constituent.

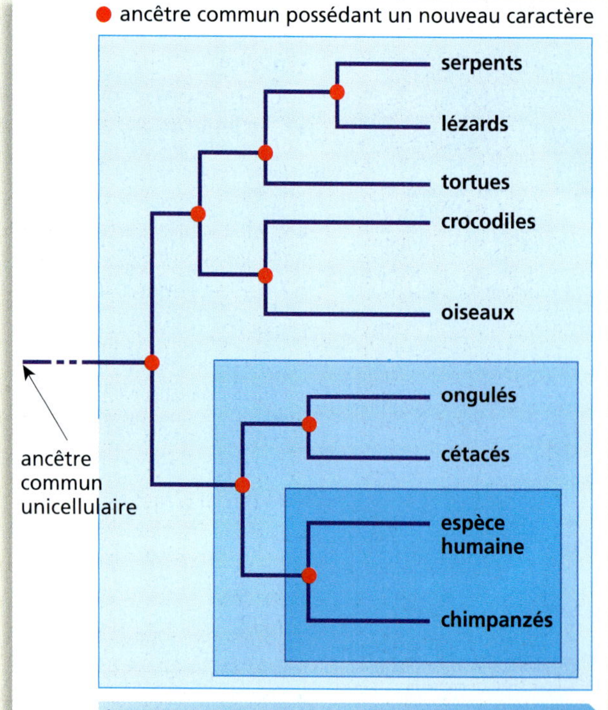

ÉVOLUTION DES ÊTRES VIVANTS AU COURS DES TEMPS GÉOLOGIQUES

C Les chromosomes et l'information génétique

• Chaque chromosome est constitué d'ADN.

L'ADN est une molécule qui se rétracte lors de la division cellulaire, ce qui rend visibles les chromosomes.

• Chaque chromosome contient de nombreux gènes. Chaque gène est porteur d'une information génétique. Les gènes déterminent les caractères héréditaires.

Un gène occupe la même position sur chacun des deux chromosomes d'une paire.

Il peut présenter des versions différentes appelées allèles. La molécule d'ADN présente des différences selon les allèles.

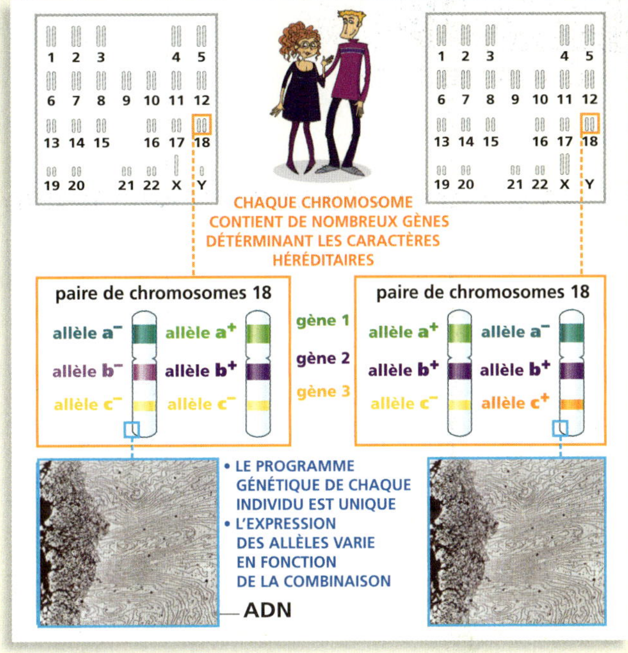

Avant de démarrer... Faire le diagnostic de ses connaissances

Unité 1
- Quels sont les divers objets du système solaire ?
- Quelles conditions sont favorables à la vie sur Terre ?

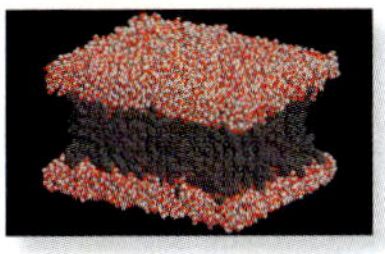

Unité 2
- Quels sont les points communs entre la matière du monde minéral et la matière du monde vivant ?
- Quels sont les points communs aux organismes vivants à l'échelle des molécules ?

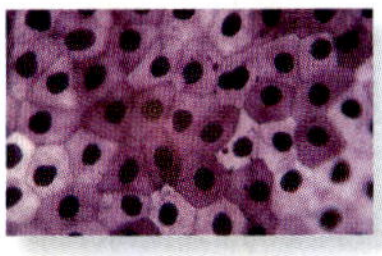

Unité 3
- À quoi correspond le métabolisme cellulaire ?
- Quelles relations établir entre métabolisme et information génétique ?

Unité 4
- Qu'est-ce que la transgénèse ?
- Quelle est la structure de l'ADN ?
- À l'échelle moléculaire, qu'est-ce qui différencie deux allèles d'un même gène ?

Unité 5
- Qu'est-ce que la biodiversité ?
- Comment la biodiversité varie-t-elle au cours du temps ?
- Quelle est l'influence de l'Homme sur la biodiversité ?

Unité 6
- Pourquoi classe-t-on les vertébrés dans un même groupe ?
- Quelles sont les relations de parenté entre les vertébrés ?

Unité 7
- Qu'est-ce que la dérive génétique ?
- Qu'est-ce que la sélection naturelle ?
- Quels sont les mécanismes à l'origine de l'apparition de nouvelles espèces ?

Thème 1 La Terre dans l'Univers, la vie et l'évolution du vivant : une planète habitée

L'histoire de la Terre s'inscrit dans celle de l'Univers. Le développement de la vie sur Terre est lié à des particularités de la planète. La vie émerge de la matière inerte. Les êtres vivants possèdent une organisation et un fonctionnement propres. Leurs formes montrent une diversité immense, variable dans le temps et au gré de l'évolution.

Les conditions de la vie : une particularité de la Terre ?

La nature du vivant

La biodiversité, résultat et étape de l'évolution

La vie : une particularité de la Terre ?

Unité 1

Représentation artistique d'une planète extérieure au système solaire abritant une forme de vie extraterrestre.

Chercher la vie en dehors de la Terre est une entreprise difficile, car l'univers est immense. Aujourd'hui, la Terre est la seule planète où l'on a identifié la présence de la vie. Elle sert donc de modèle pour cette quête.
Les scientifiques tentent de définir les particularités de la planète Terre pour ensuite les rechercher sur d'autres planètes, mais ces particularités n'assurent pas pour autant la présence de vie.
Quelles sont les particularités de la Terre ayant favorisé le développement de la vie à sa surface ?
Comment identifier les planètes où l'on peut s'attendre à rencontrer de la vie ?

1 La Terre, une planète du système solaire

Notre système solaire est composé de nombreux objets de taille et de composition chimique variées.
Quelles sont les particularités de la Terre dans le système solaire ?

A Le Soleil et les planètes

La Voie lactée, notre galaxie, comporte des milliards d'étoiles parmi lesquelles on trouve notre Soleil. Celui-ci libère de l'énergie sous forme de rayonnements.
Différents objets **gravitent** autour du Soleil, parmi lesquels on trouve les planètes. Au nombre de huit, elles tournent autour du Soleil selon une trajectoire en forme d'ellipse.

Doc. 1 Illustration représentant les planètes du système solaire (les échelles de distances ne sont pas respectées).

nom des objets	Soleil	Mercure	Venus	Terre	Mars	Jupiter	Saturne	Uranus	Neptune
caractéristiques physico-chimiques	gazeuse	rocheuse	rocheuse	rocheuse	rocheuse	gazeuse	gazeuse	gazeuse	gazeuse
	H_2, He	Silicates, Fe	Silicates, Fe	Silicates, Fe	Silicates, Fe	H_2, He	H_2, He	H_2, He	H_2, He
état de l'eau	absente	absente	gazeux	gazeux, liquide et solide	solide et gazeux	gazeux	gazeux	gazeux	gazeux
présence connue de vie	non	non	non	oui	non	non	non	non	non
présence d'une atmosphère favorable à la vie	non	non	non	oui	non	non	non	non	non

Doc. 2 Quelques caractéristiques actuelles du Soleil et des planètes.

B D'autres objets du système solaire

« Pluton appartient à la famille des **planètes naines**. Ces objets, plus petits que les planètes, sont sphériques mais n'ont pas "**nettoyé**" leur orbite autour du Soleil.
Les **comètes** sont un mélange de roches, de poussières et de glaces d'eau, avec parfois un petit cœur rocheux. Quand elles s'approchent du Soleil, la température en surface augmente et les glaces se transforment en gaz, relâchant au passage des poussières. La comète se pare alors d'une chevelure.
Les **astéroïdes** sont de gros cailloux, faits de roches et parfois d'un peu de fer et de nickel, qui tournent autour du Soleil. Le plus gros d'entre eux a un diamètre du quart de celui de la Lune. Il réside, comme la majorité des astéroïdes, entre Mars et Jupiter.
Les **satellites** (ou lunes) tournent autour des planètes. Ils sont d'une incroyable variété. »

D'après *Sciences et Vie Junior*, hors-série n° 68, avril 2007.

Doc. 3 Une grande variété d'objets dans le système solaire.

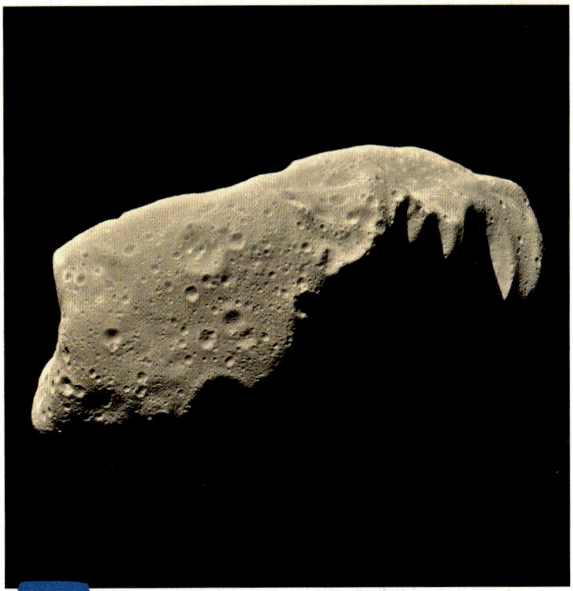

Doc. 4 L'astéroïde Ida (54 x 24 x 21 km).

Doc. 5 La comète Neat.

Doc. 6 Éris accompagné de son satellite Dysnomia.

QUESTION **Décrire en quelques phrases les particularités de la Terre dans le système solaire.**

Pistes pour répondre

- Regrouper en différentes catégories les objets composant le système solaire. > Doc. 1 à 6
- Indiquer les principales caractéristiques de ces différentes catégories. > Doc. 1 à 6
- Comparer les caractéristiques de la Terre à celles des autres objets du système solaire. > Doc. 1 à 6

Vocabulaire

Graviter : tourner autour d'un objet sous l'effet de la gravitation.

Nettoyé : en planétologie, une orbite est nettoyée lorsque la planète ne croise plus d'astéroïde.

2 Les conditions de la vie sur Terre

À l'heure actuelle, la Terre est la seule planète du système solaire sur laquelle une vie a pu être établie par les scientifiques.

Quelles sont les conditions physico-chimiques expliquant la présence de la vie sur Terre ?

A Quelques conditions physico-chimiques régnant à la surface des planètes rocheuses

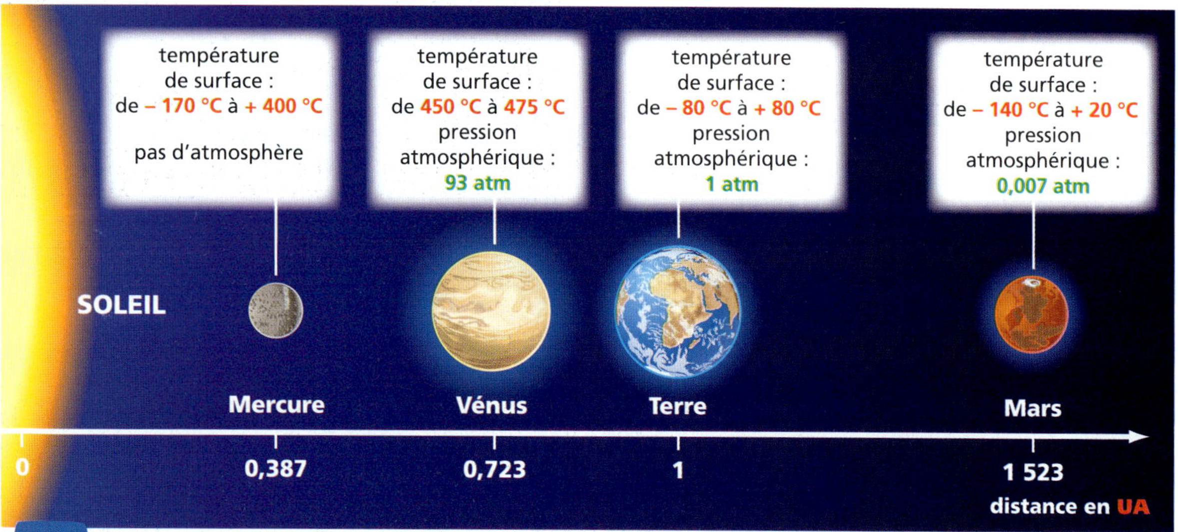

Doc. 1 Température et pression à la surface des quatre planètes rocheuses.

B Paramètres expliquant la présence d'eau liquide

L'eau est une molécule présente sur de nombreux objets du système solaire (planètes, satellites ou comètes). D'après nos connaissances, la vie nécessite la présence d'eau liquide.

	Mercure	Vénus	Terre	Mars
CO_2	-	96,50 %	0,04 %	95,30 %
N_2	-	3,50 %	78,08 %	2,70 %
Ar	-	-	0,93 %	1,60 %
CO	-	-	-	0,27 %
H_2O	-	-	1 à 4 %	0,03 %
O_2	-	-	20,95 %	0,13 %

Doc. 2 La composition de l'atmosphère des 4 planètes rocheuses.

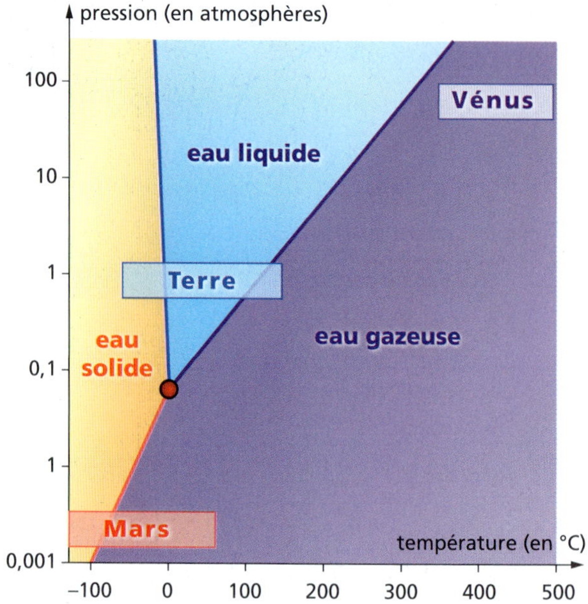

Doc. 3 L'état de l'eau sur la Terre, Vénus et Mars.

C Paramètres expliquant la présence de la vie sur Terre

Dans l'atmosphère d'une planète, la vitesse d'une molécule dépend de sa propre masse et de la température.
Pour s'échapper de cette atmosphère malgré le **champ gravitationnel** de la planète, une molécule doit dépasser une certaine vitesse.

[...] Le développement de la vie et son maintien nécessitent des conditions particulières :

- la présence d'eau liquide ;
- une température comprise entre -12 °C et 110 °C (limite extrême de reproduction pour les bactéries) ;
- une atmosphère gazeuse permettant les échanges gazeux des êtres vivants ;
- un champ magnétique protégeant d'une partie des radiations solaires. La présence d'une couche d'ozone renforce cette protection.

Doc. 4 Quelques facteurs rendant la Terre propice à la vie.

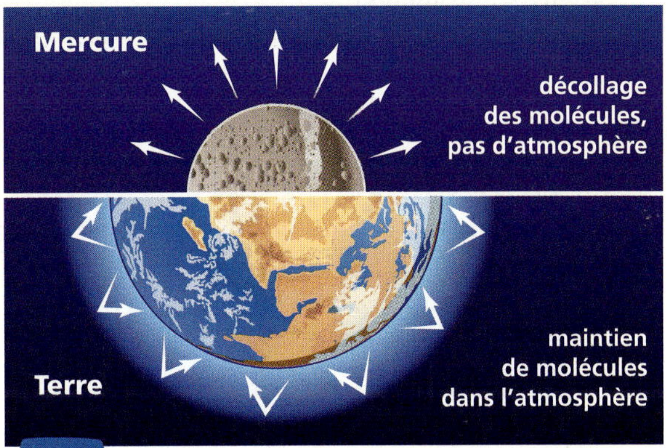

Doc. 5 Relation entre taille d'une planète et présence d'une atmosphère.

Protocole expérimental

- Positionner un luxmètre face à une source lumineuse.
- Établir une échelle des distances entre la source lumineuse et le luxmètre pour modéliser chaque distance Soleil-planète.
- Mesurer l'énergie reçue pour chaque position du luxmètre mimant l'emplacement d'une planète.
- Retranscrire les résultats sous forme graphique.

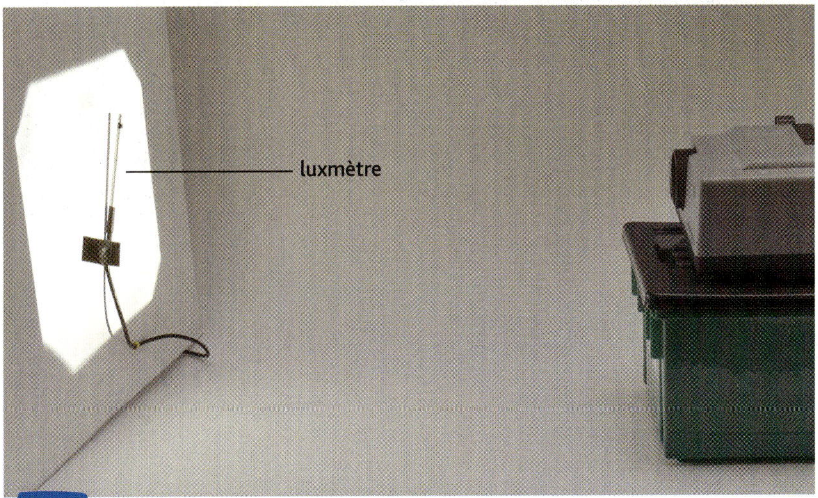

Doc. 6 Montage expérimental permettant de comprendre le lien entre l'énergie reçue et la distance à une source de lumière.

QUESTION **Expliquer en quoi la masse de la Terre et sa distance au Soleil sont favorables à l'existence de la vie sur Terre.**

Pistes pour répondre

- Relever les conditions physico-chimiques particulières existant sur Terre. > Doc. 1 à 3
- Relever les facteurs qui rendent la Terre propice à la vie. > Doc. 4
- Relier la distance d'une planète par rapport au Soleil à sa température de surface. > Doc. 1 et 6
- Relier la présence d'une atmosphère sur une planète à sa température de surface et à son diamètre. > Doc. 5

Vocabulaire

UA : unité astronomique. 1 UA correspond à la distance Terre/Soleil (150 millions de km).

Champ gravitationnel : champ dû à la présence d'une masse susceptible d'exercer une influence gravitationnelle sur toute autre masse présente.

3 Une vie en dehors du système solaire ?

Grâce au développement de nouvelles techniques astronomiques, il est aujourd'hui possible de repérer des planètes en dehors du système solaire.
Comment identifier les planètes susceptibles d'héberger de la vie ?

A Définir une zone d'habitabilité autour d'une étoile

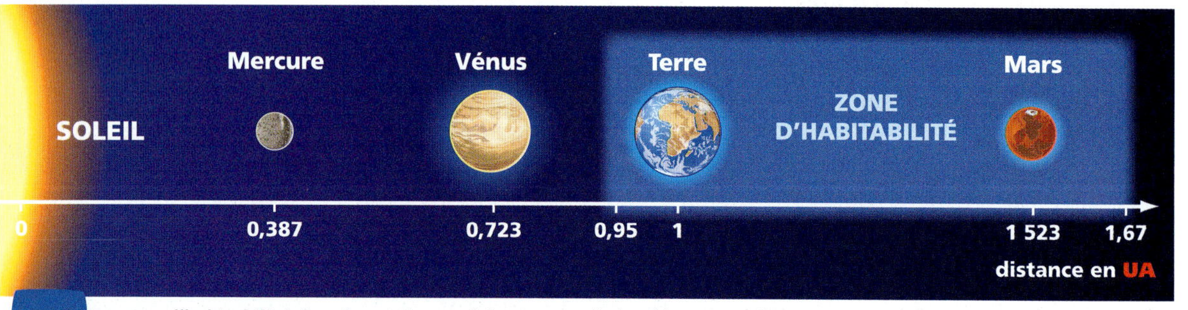

Doc. 1 La zone d'habitabilité dans le système solaire. La zone habitable autour des étoiles est une zone théorique où l'eau peut rester liquide à la surface d'une planète.

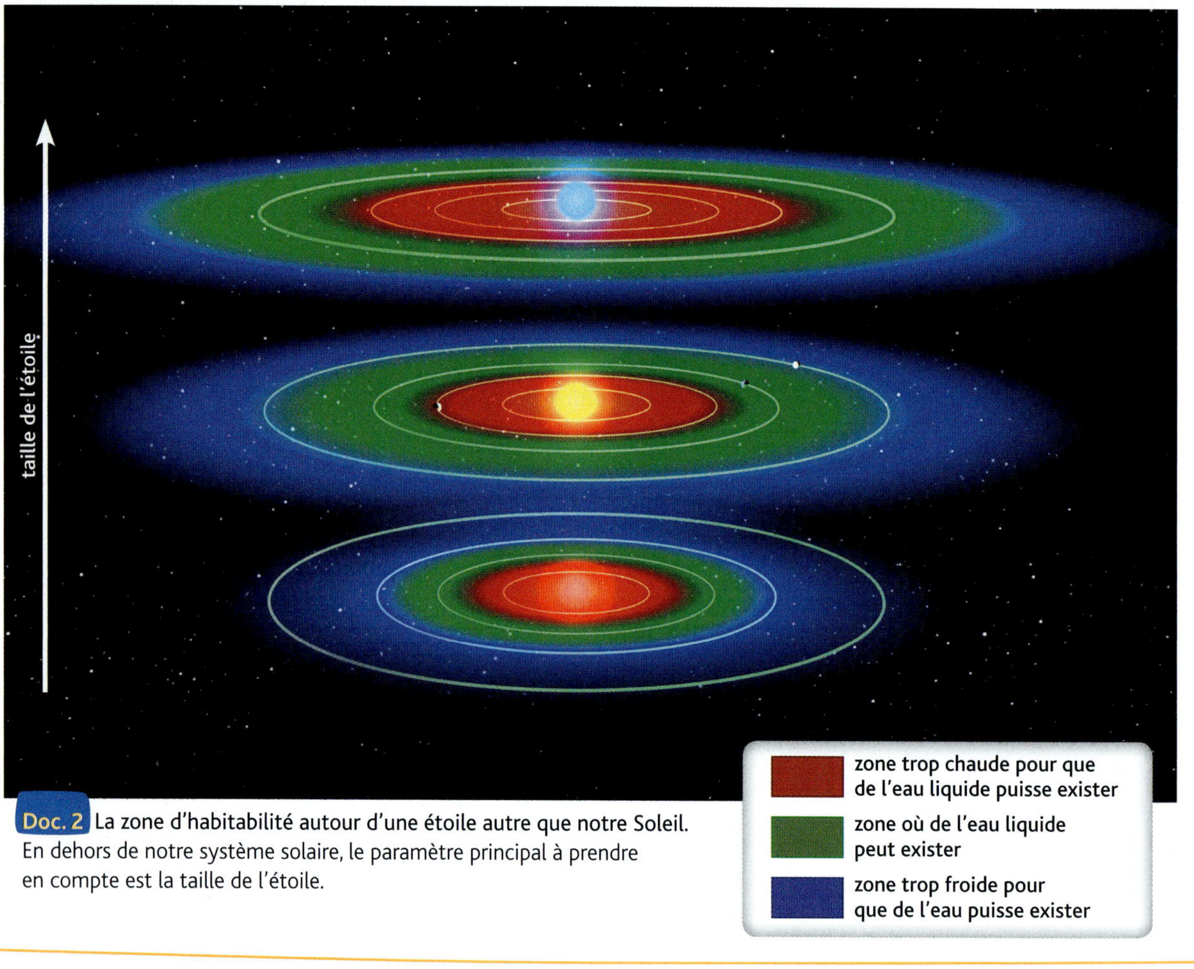

Doc. 2 La zone d'habitabilité autour d'une étoile autre que notre Soleil. En dehors de notre système solaire, le paramètre principal à prendre en compte est la taille de l'étoile.

B Détecter des exoplanètes habitables

En 1995 fut détectée la première **exoplanète**. Depuis, de nombreuses autres exoplanètes ont été découvertes.

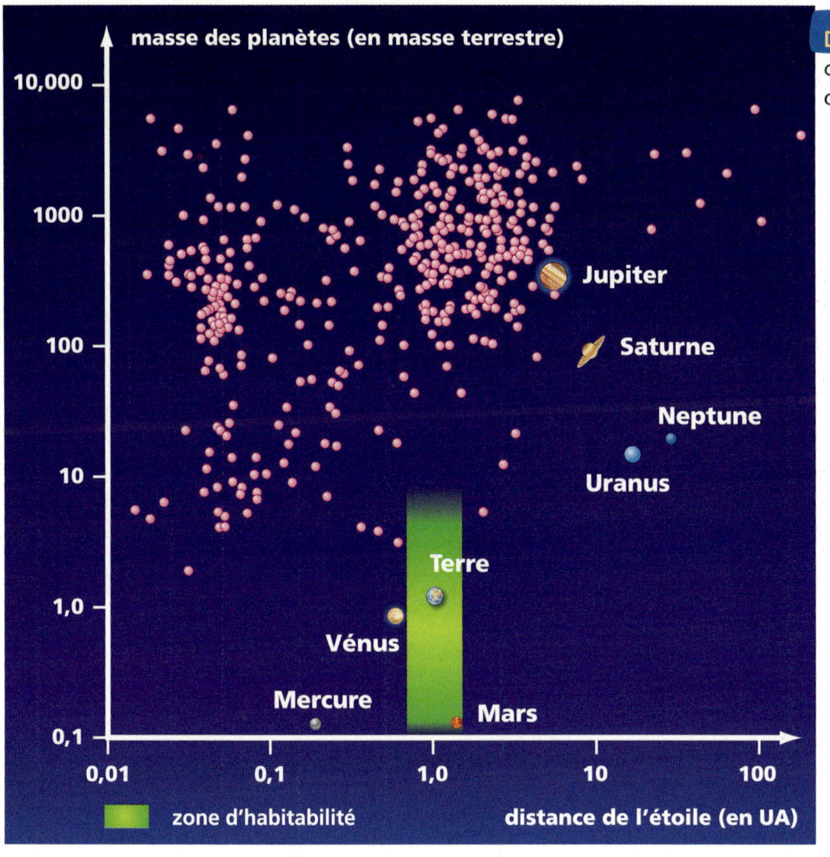

Doc. 3 Caractéristiques des exoplanètes découvertes.

Vue d'artiste d'une exoplanète de type terrestre.

[...] On a estimé qu'il y a entre 100 et 300 milliards d'étoiles dans la Galaxie et aux alentours de 100 milliards de galaxies dans l'univers. En éliminant quelques zéros au titre d'une prudence ordinaire, un milliard de milliards reste une estimation raisonnable du nombre de planètes dans l'univers. Supposons maintenant que l'origine de la vie [...] fut réellement un événement d'une stupéfiante improbabilité. Supposons qu'il était tellement improbable qu'il n'ait pu se produire qu'une fois sur un milliard de planètes [...]. Même avec des probabilités aussi absurdement réduites, la vie serait tout de même apparue sur un milliard de planètes, parmi lesquelles figure bien entendu la Terre.

Richard Dawkins, *Pour en finir avec Dieu*, Robert Laffont, 2008.

[...] Les systèmes solaires découverts actuellement semblent très différents du nôtre. L'émergence de la vie sur Terre a exigé une combinaison improbable d'évènements et de circonstances. Les planètes, les systèmes planétaires et les régions galactiques qui sont favorables à une vie complexe sont suffisamment rares pour que notre planète soit la seule actuellement à accueillir la vie. Nous ignorons également si l'eau liquide est réellement indispensable à la vie.

Peter Ward et Donald E. Brownlee, *Rare Earth: Why Complex Life Is Uncommon in the Universe*, Springer, 2000.

Doc. 4 La Terre, une exception ?

QUESTION Discuter d'une zone d'habitabilité autour des étoiles.

Pistes pour répondre

- Rechercher les facteurs permettant d'établir la zone d'habitabilité autour d'une étoile. > Doc. 1 et 2
- Rechercher les arguments en faveur ou en défaveur de l'existence d'une zone d'habitabilité autour d'une étoile. > Doc. 3 et 4

Vocabulaire

Exoplanète : planète d'un autre système solaire.

Bilan La vie : une particularité

I La Terre, une planète du système solaire [pp. 12-13]

• Le Soleil libère de l'énergie, notamment sous forme de rayonnement lumineux. C'est cette capacité qui fait de notre Soleil une **étoile**.

• Les **planètes rocheuses** (Mercure, Vénus, Terre, et Mars) sont des objets solides, constitués de silicates et de fer, d'un diamètre faible.

• Les **planètes gazeuses** (Jupiter, Saturne, Uranus et Neptune) sont des boules de gaz comprimés qui entourent un petit noyau. Elles n'ont pas de véritable surface solide, ont une densité faible et un diamètre important.

• Des planètes naines ont également été identifiées. Autour des planètes gravitent des satellites. Il existe de plus petits objets comme les **comètes** et les **astéroïdes**. Ces derniers possèdent une densité et une composition chimique voisines de celles des planètes rocheuses. Les comètes sont des amas de glace et de roche.

II Les conditions de la vie sur Terre [pp. 14-15]

• Les planètes exercent sur la matière qui les entoure une force d'attraction. Cette force est proportionnelle à la masse de la planète. En fonction de sa masse, une planète aura donc une **atmosphère** plus ou moins épaisse. Les planètes de faible diamètre n'auront pas d'atmosphère tandis que les plus grandes auront une atmosphère très épaisse.

• Le maintien de l'atmosphère dépend également de sa distance au Soleil. En effet, plus la température au sol est élevée, plus les molécules gazeuses ont tendance à s'échapper vers l'espace.

• La Terre est la seule planète du **système solaire** ayant aujourd'hui une température et une atmosphère telles que l'eau peut s'y trouver à l'état liquide. Cette présence d'eau liquide sur la Terre rend la vie possible.

III Une vie en dehors du système solaire ? [pp. 16-17]

• D'après nos connaissances, l'existence d'une vie sur une planète requiert la présence d'une atmosphère et d'eau à l'état liquide.

• Dans le système solaire, ces conditions sont réalisées entre 0,95 et 1,67 UA. Cette distance critique définit ce qu'on appelle la **zone d'habitabilité** de l'étoile. Elle dépend notamment de la taille de l'étoile.

• La définition de cette zone d'habitabilité permet aux scientifiques d'identifier les exoplanètes « habitables ». Cependant, en 2010 aucune vie n'a encore été identifiée ailleurs que sur Terre.

• D'autre part, cette définition pourrait être remise en question par de nouvelles connaissances.

Mots-clés, voir page 253

Système solaire	Planète rocheuse	Atmosphère
Étoile	Astéroïde	Zone d'habitabilité
Planète gazeuse	Comète	

L'essentiel

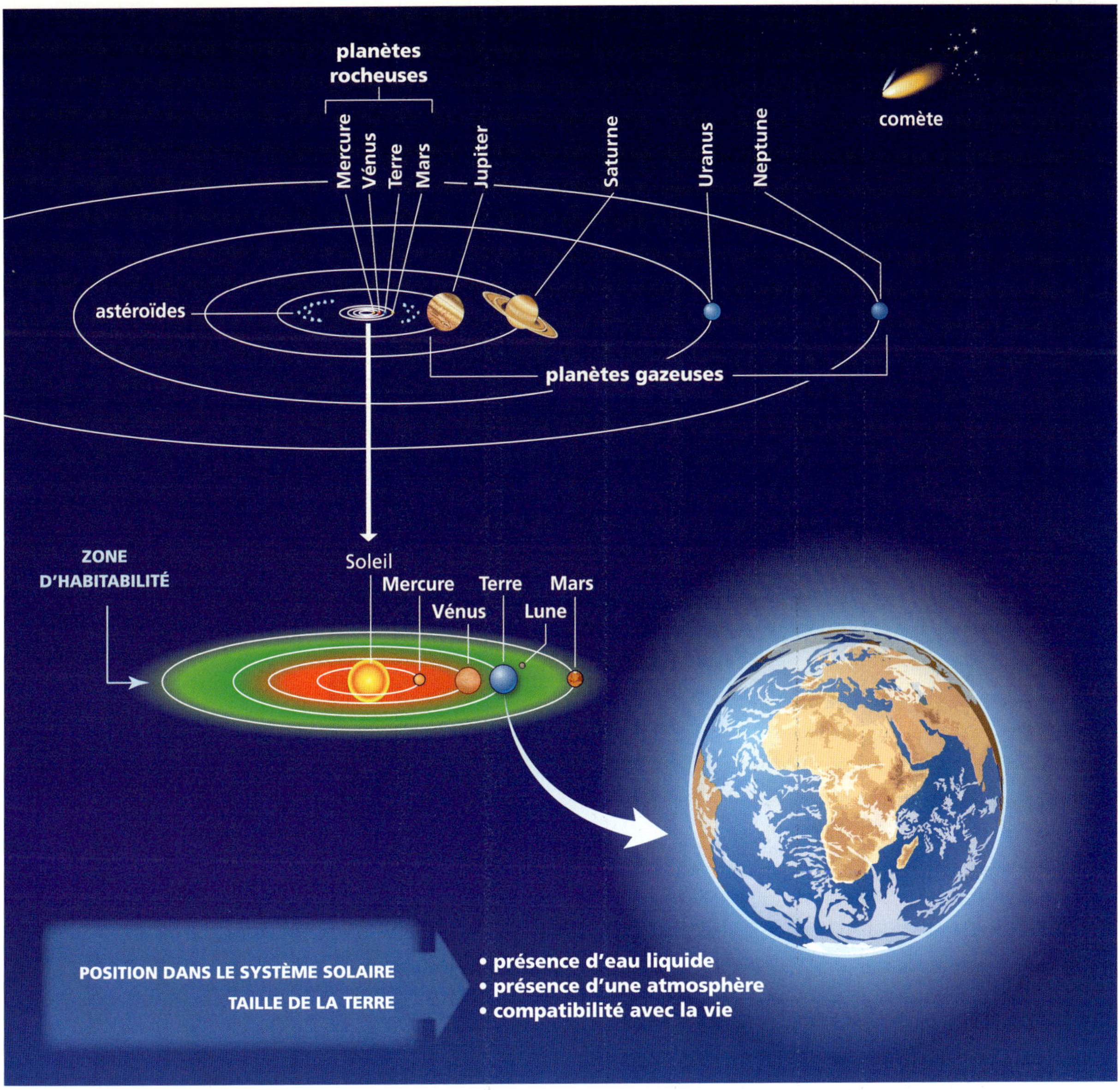

Compétences

Savoir que :

- La Terre est une planète rocheuse du système solaire. Les conditions physico-chimiques qui y règnent permettent l'existence d'eau liquide et d'une atmosphère compatible avec la vie.
- Ces particularités sont liées à la taille de la Terre et à sa position dans le système solaire.
- Ces conditions peuvent exister sur d'autres planètes qui posséderaient des caractéristiques voisines sans pour autant que la présence de vie y soit certaine.

Être capable de :

- Recenser, extraire et organiser des informations pour :

– comparer les différents objets du système solaire et dégager les singularités de la Terre ;

– relier les particularités de la planète Terre à sa masse et sa distance au Soleil et définir une zone d'habitabilité autour des étoiles.

Pour développer des compétences

B2i

> *Recenser, extraire et organiser des informations.*

Le système solaire

À l'aide d'une banque de données, on cherche à identifier les caractéristiques des différents objets constituant le système solaire.

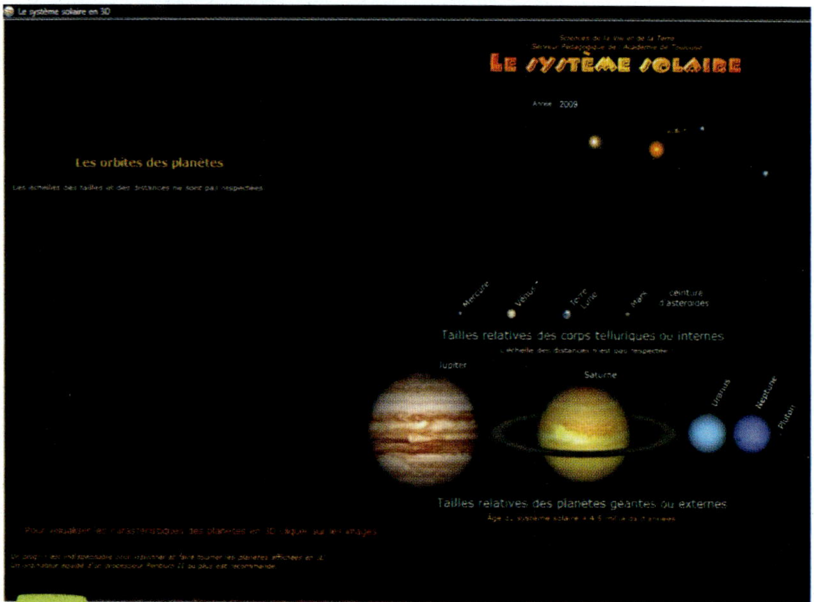

Doc. 1 Le système solaire en 3D.

Le logiciel « Le système solaire en 3D » peut être téléchargé à l'adresse suivante : http://pedagogie.ac-toulouse.fr/svt/serveur/lycee/perez/systeme%20solaire%203d/Ssol3d.htm

« Planet or not planet? »

En août 2006, le système solaire est passé de 9 à 12 puis à 8 planètes.
Plusieurs objets du système solaire ont vu leur statut remis en cause :
- Pluton découvert en février 1930 ;
- Sedna découverte en novembre 2003 ;
- Cérès, Charon et Xena ont rejoint le cercle des planètes en août 2006.

Face à de nouveaux objets aux caractéristiques différentes, le 24 août 2006 l'Union Astronomique Internationale (UAI) a établi une nouvelle définition d'une planète qui a limité le nombre à 8.

Doc. 2 Les 8 planètes du système solaire.

Questions :

- Quelle est la définition d'une planète établie par l'UAI ?
- Justifier le retrait de certains objets en tant que planète.
- À l'aide des données du logiciel, établir un tableau qui présente les caractéristiques des huit planètes du Système solaire et des satellites présentés : distance au Soleil, diamètre, densité, température de surface et atmosphère.
- En combien de groupes pourrait-on classer les 8 planètes ? Selon quel critère ?

Si j'ai réussi, je peux demander la validation des items du B2i :

L.1.1.1 : Je sais choisir les services, matériels et logiciels adaptés à mes besoins.
L.2.2.3 : J'utilise des documents ou des logiciels dans le respect des droits d'auteurs et de propriété.
L.4.4.1 : Je sais interroger les bases documentaires à ma disposition.

Zone galactique habitable

Le système solaire appartient à une galaxie, la Voie lactée. Dans celle-ci les scientifiques recherchent une zone habitable galactique (ZHG).

La ZHG doit se trouver assez proche du centre de la galaxie afin d'avoir assez d'éléments chimiques lourds compatibles avec la vie (le fer par exemple, retrouvé dans l'hémoglobine) mais aussi assez loin de ce centre pour éviter les dangers (comme les trous noirs du centre galactique).

Pour les scientifiques la ZHG est comprise entre 23 000 et 29 000 années-lumière du centre galactique.

Représentation artistique de la Voie lactée.

INTERVIEW | Métier Julien, astrophysicien

Quel métier souhaitiez-vous exercer lorsque vous étiez adolescent ?

> Très tôt, j'ai été contaminé par le virus de la physique. Je démontais les machines à laver et je réalisais des expériences de chimie à la maison.

En quoi consiste votre métier ?

> Grâce à l'outil mathématique et, bien entendu, à l'aide de l'informatique, on étudie le ciel. On construit des modèles pour vérifier des hypothèses. Il faut en permanence se tenir informé des études menées par les autres laboratoires de recherche ; une grande partie de mon temps est occupée par la lecture d'articles, les colloques et l'enseignement.

Qu'est-ce qui vous a conduit à exercer ce métier ?

> Le goût du questionnement, de l'inattendu de l'inconnu.

PARCOURS

Après un baccalauréat scientifique, Julien s'est formé à l'université et dans les laboratoires expérimentaux. Il a effectué son doctorat en France, puis est parti aux USA pour un stage post-doctoral.

Aujourd'hui, il est physicien à l'Institut de Recherche des lois Fondamentales de l'Univers (IRFU).

Exercices

S'auto-évaluer

> Restituer des connaissances.

1 QCM

Choisir la (ou les) bonne(s) réponse(s).

	Propositions de réponses			En cas d'erreur, revoir :
	A	B	C	
1. Mars est une planète	gazeuse	rocheuse	naine	p. 12
2. La zone d'habitabilité correspond à la zone	où l'Homme peut habiter	où la vie doit nécessairement se trouver	où l'eau peut se trouver à l'état liquide	p. 16
3. La présence d'eau liquide dépend	de la composition de l'atmosphère	de la présence de la vie	de la distance au Soleil	p. 14
4. Les planètes naines sont des planètes	qui continuent de grandir	trop petites pour rentrer dans la catégorie « planète »	des planètes gazeuses	p. 13
5. Les comètes sont	des objets de grande taille	composées en grande partie de glace	composées en grande partie de roche	p. 13
6. Les satellites gravitent autour	du Soleil	de la Lune	d'une planète	p. 13
7. Jupiter est	une planète rocheuse	une planète gazeuse	une étoile	p. 12
8. Les huit planètes sont :	Mars, Vénus, Saturne, Jupiter, Mercure, Terre, Uranus, Neptune	Mars, Pluton, Saturne, Jupiter, Mercure, Terre, Uranus, Neptune	Saturne, Neptune, Mars, Jupiter, Mercure, Terre, Vénus, Soleil	p. 12
9. Le Soleil émet	des rayonnements	de l'énergie	de l'eau	p. 12
10. La gravité de la Terre	lui permet de retenir les gaz	est proportionnelle à sa masse	lui permet de graviter autour du soleil	p. 15

2 Définir des termes

a. Planète rocheuse **b.** Astéroïde **c.** Comète

3 Rédiger une phrase

a. Terre / planète / système solaire / température / atmosphère / eau liquide.
b. Planètes gazeuses / gaz / comprimés / noyau / petit.

4 Expliquer comment...

a. La masse d'une planète peut être mise en relation avec la présence d'une atmosphère.
b. Caractériser une planète gazeuse, une planète rocheuse, une étoile.

5 Établir et expliquer le lien...

Entre zone d'habitabilité, présence de vie et eau à l'état liquide.

Voir corrigés p. 254.

Rédiger

> Restituer des connaissances.

6 Après avoir rappelé quelques particularités de la Terre, montrer que celles-ci sont dues en partie à la masse et à la distance de la Terre au Soleil.

7 Après avoir rappelé ce qu'est une zone d'habitabilité, discuter de l'intérêt de la définir pour la recherche d'exoplanètes où la vie a pu se développer.

Exercice résolu

> S'informer à partir d'un graphique, raisonner.

8 Diamètre des objets en fonction de leur masse volumique

Énoncé

1. Déterminer graphiquement les caractéristiques physiques des cinq groupes d'objets composant le système solaire.
2. Indiquer à quoi correspondent les objets constituant les cinq groupes.

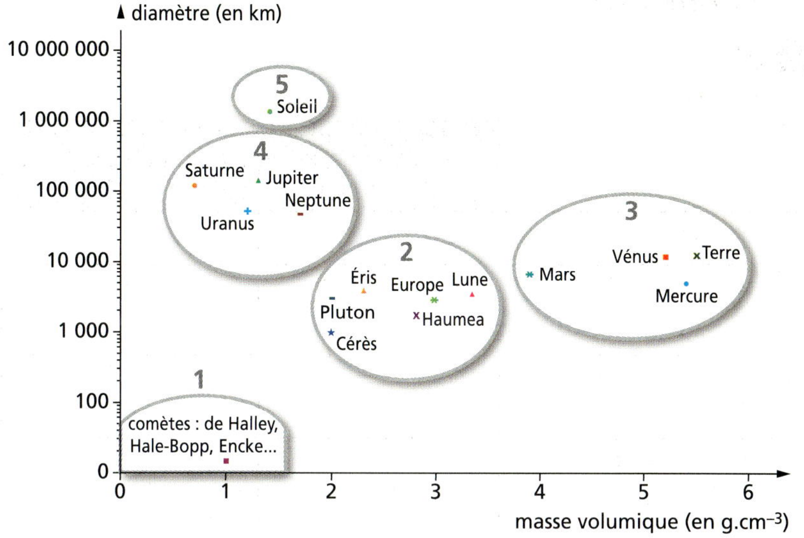

Comprendre l'énoncé

1. Relever le diamètre et la masse volumique correspondant aux cinq groupes. Comme chaque groupe est constitué de plusieurs objets, relever les valeurs maximales et minimales.
2. Dans un premier temps, repérer les noms des objets constituant chaque groupe, puis identifier leur appartenance (comète, planète gazeuse, satellite, étoile ou planète rocheuse).

Éléments de réponse

1. Le premier groupe possède une faible masse volumique ainsi qu'un faible diamètre. Le deuxième groupe possède une masse volumique entre 2 et 3,5 g.cm^{-3} pour un diamètre allant de 100 à 4 000 km. Le troisième groupe possède une masse volumique entre 4 et 5,5 g.cm^{-3} pour un diamètre allant de 5 000 à 13 000 km. Le quatrième groupe possède une masse volumique entre 0,8 et 2 g.cm^{-3} pour un diamètre autour de 100 000 km. Et enfin le dernier groupe, un diamètre de 1 390 000 km pour une masse volumique de 1,4 g.cm^{-3}
2. Le groupe 1 correspond aux comètes, le groupe 2 aux planètes naines et satellites, le groupe 3 aux planètes rocheuses, le groupe 4 aux planètes gazeuses et en enfin le groupe 5 à l'étoile, le Soleil.

Application

9 Définir la zone d'habitabilité

Énoncé

Pour qu'une planète possède de l'eau liquide, sa distance au Soleil doit être telle que la température est comprise entre 0 °C et 100 °C. De plus, elle doit être suffisamment massive pour empêcher l'eau de s'échapper. Cette distance critique, dépendant du type d'étoile, définit ce qu'on appelle la zone d'habitabilité de l'étoile.

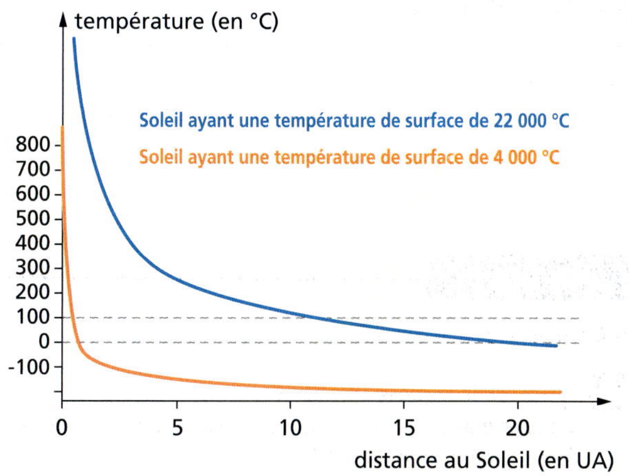

1. Définir graphiquement la zone d'habitabilité correspondant aux deux étoiles considérées ci-contre.
2. La présence d'une planète dans cette zone implique-t-elle l'existence de vie à sa surface ? Justifier votre réponse.

Exploiter des documents

10 Température de la surface des planètes en fonction de leur distance au Soleil

> S'informer à partir d'un graphique et d'un texte, raisonner.

L'énergie rayonnée dans l'espace par le Soleil atteint les planètes. Plus une planète est éloignée du Soleil, moins elle reçoit d'énergie. Cette énergie est en partie absorbée par la surface et l'atmosphère de ces corps, qui s'échauffent. On peut déterminer la température de surface théorique de chaque planète (en bleu sur le graphique). Ces températures peuvent être comparées aux températures mesurées (en rouge sur le graphique).

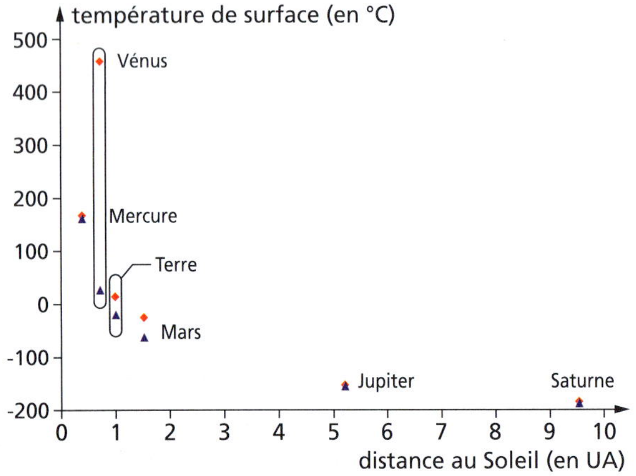

1. Décrire la variation de la température en fonction de la distance au Soleil.

2. Donner une explication à ce phénomène.

3. Formuler une hypothèse permettant d'expliquer l'absence de correspondance entre les températures mesurées et théoriques pour Vénus, la Terre et Mars.

11 De l'eau sur la Lune ?

> S'informer à partir d'un texte, raisonner.

La sonde LCROSS a atteint son objectif : détecter de l'eau sur la Lune. Le 9 octobre 2009, l'étage de fusée Centaure percutait la surface lunaire. La cible était le cratère Cabeus, dont on pensait qu'une partie était restée dans l'ombre depuis plusieurs centaines de millions d'années. La sonde LCROSS a alors observé les effets de l'impact. Des mesures ont permis de détecter environ 95 litres d'eau sous forme de vapeur dans le cratère. La mesure ne portant que sur une partie du cratère, il est encore prématuré d'en déduire une quantité d'eau totale.

Crédit Nasa.

1. Indiquer comment on a procédé pour détecter la présence d'eau sur la Lune.

2. Expliquer pourquoi, sur la Lune, l'eau ne peut être trouvée en surface qu'à l'état solide.

12 Construire un modèle réduit du système solaire

> Réaliser une modélisation, prendre conscience des échelles.

On imagine un modèle du système solaire réduit un milliard de fois afin de nous aider à visualiser les dimensions relatives des objets du système solaire.

1. Calculer la taille, à cette échelle, des différentes planètes et du Soleil et chercher un fruit courant qui correspond à cette taille.

2. Calculer les distances relatives, à cette échelle, entre le Soleil et les différentes planètes.

3. Calculer, à cette échelle, la taille d'un être humain.

13 L'atmosphère des planètes rocheuses

> S'informer à partir d'un tableau et d'un texte, raisonner.

La vitesse de libération ($V_{libération}$) d'un objet situé à une distance *r* du centre d'une planète de masse *M* et soumis au champ de gravité de cette planète est donnée par la formule :

$V_{libération} = \sqrt{\frac{2MG}{m}}$ où G correspond à la constante de gravitation universelle : $6{,}67 \times 10^{-11}$ N.m².kg⁻².

La température de la planète agit également par l'intermédiaire de la vitesse qu'elle confère aux molécules.

La vitesse la plus probable pour une molécule ($V_{molécule}$) de masse *m* à la température *T* est :

$V_{molécule} = \sqrt{\frac{2kT}{m}}$ (k est une constante).

À l'aide de cette formule, on peut calculer, pour chaque planète, la vitesse qu'aurait en théorie chaque molécule.

		Mercure	Terre	Jupiter
Vitesse de libération (en km.s⁻¹) :		4,3	11,2	59,6
Résultat du calcul des vitesses des molécules	• N_2	7,5	5,3	3,5
	• CO_2	6	4,2	2,8
	• O_2	7	5,0	3,3
	• H_2O	9,4	6,6	4,3
	• He	20	14,1	9,2
	• H_2	28,1	19,9	13,0

1. Indiquer, en s'appuyant sur ses connaissances, les principaux gaz des atmosphères des trois planètes du tableau.

2. D'après les éléments du tableau et du texte précédent, montrer que la composition des atmosphères de ces trois planètes s'explique en partie par leur masse et la température à leur surface.

L'unité chimique du vivant

Unité **2**

Représentation d'une portion de la membrane plasmique d'une cellule par le logiciel *RasTop*.

On distingue deux grands groupes de matière :
- la matière organique, fabriquée par les êtres vivants ;
- la matière minérale qui n'est pas formée par les êtres vivants : les roches, les sels minéraux, l'eau, les gaz.

Quelles sont les caractéristiques des molécules appartenant au monde minéral et au monde vivant ?

1 Les molécules composant le monde minéral et le monde vivant

Le monde minéral et le monde vivant ont pour point commun le fait qu'ils sont formés de molécules.
Quelles sont les caractéristiques des molécules du monde vivant et du monde minéral ?

A L'identification de quelques molécules

Des tests permettent d'identifier certaines espèces chimiques.

Doc. 1 Mise en évidence de matière organique.

- Placer un morceau de pain ou de granite à la surface d'une plaque chauffante.

On observe que le morceau de pain (composé de matière organique) se carbonise, ce qui n'est pas le cas du granite (composé de matière minérale).

Doc. 2 Mise en évidence d'un glucide (amidon).

- Introduire de l'empois d'amidon dans un tube à essai.
- Ajouter quelques gouttes d'eau iodée : l'amidon se colore en bleu-violet.

⚠ Ne pas jeter dans l'évier. Un récipient « déchets minéraux » est prévu dans la salle pour le récupérer.

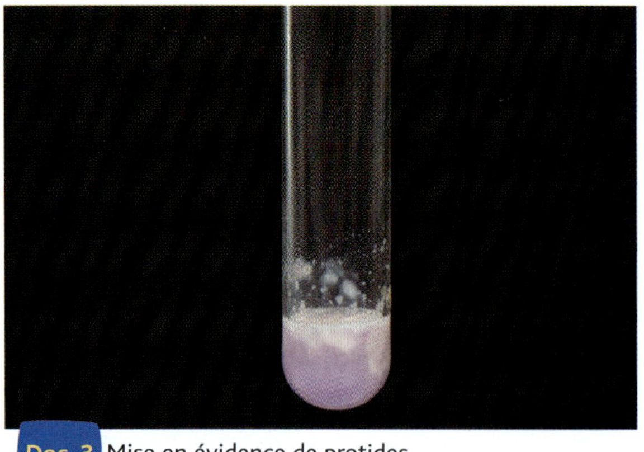

Doc. 3 Mise en évidence de protides.

- Introduire un fragment de frangipane dans un tube à essai.
- Ajouter une solution de sulfate de cuivre jusqu'à recouvrir le fragment.
- Ajouter une solution de soude.

On obtient une coloration violette caractéristique des protides.

⚠ Ne pas jeter dans l'évier, utiliser le récipient « déchets minéraux ».

Doc. 4 Mise en évidence de lipides (test d'émulsion).

- Verser le produit à tester dans un tube à essai.
- Ajouter de l'eau distillée jusqu'à environ un tiers du tube à essai.
- Agiter énergiquement.

Si des gouttelettes se forment et remontent à la surface de l'eau, il s'agit en principe d'un lipide.

Remarque : ce test n'est pas très spécifique, des gouttelettes peuvent se former sans pour autant que des lipides soient présents.

B La composition chimique du monde vivant et minéral

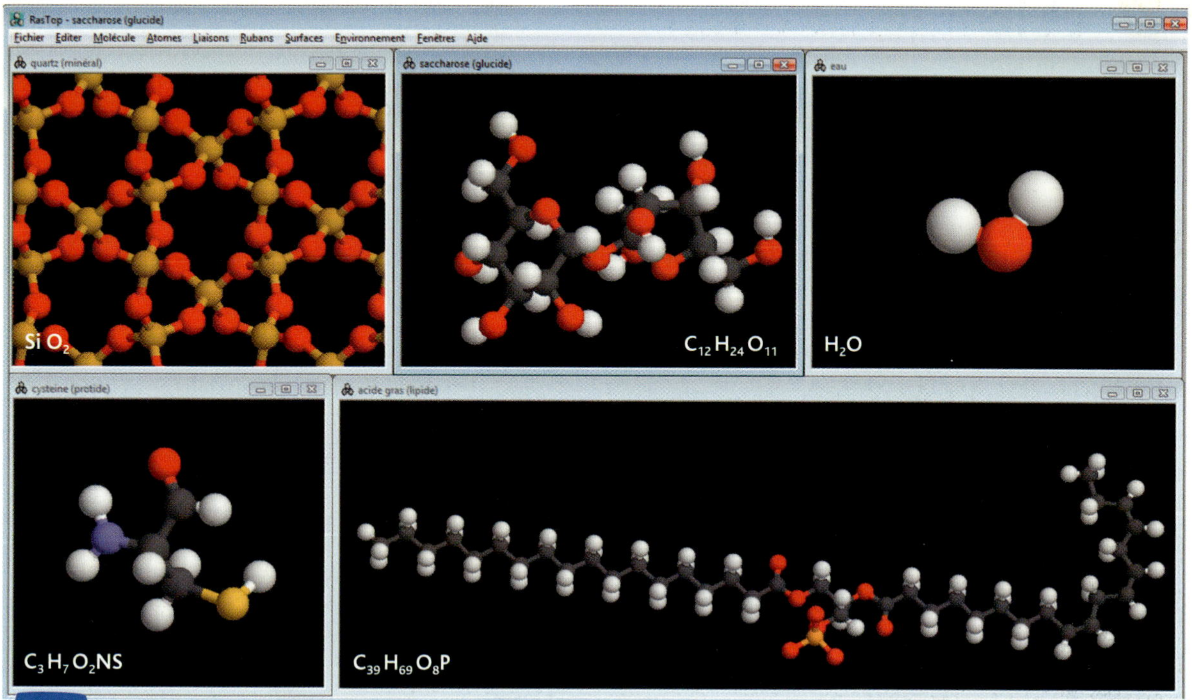

Doc. 5 Visualisation à l'aide du logiciel *RasTop* des éléments chimiques composant les molécules du monde vivant et du monde minéral.

- hydrogène
- carbone
- oxygène
- azote
- soufre
- phosphore
- silicium

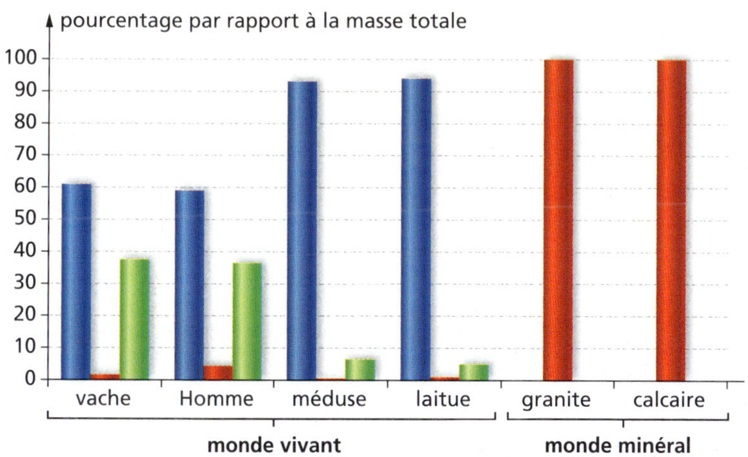

- eau
- éléments minéraux
- matière organique

Doc. 6 Pourcentage en eau, éléments minéraux et matière organique du monde vivant et du monde minéral.

QUESTION Rechercher la présence et les caractéristiques des molécules du monde vivant et du monde minéral.

Pistes pour répondre

- Réaliser les tests proposés sur différents types de matière (roche, végétal, aliment, laitage, etc.). > Doc. 1 à 4
- Identifier à l'aide du logiciel *RasTop* les différents éléments chimiques composant les molécules du monde vivant et du monde minéral. > Doc. 5
- Chercher les points communs concernant la composition de la matière appartenant au monde minéral puis concernant celle appartenant au monde vivant. > Doc. 5 et 6

2 L'unité chimique des êtres vivants

La matière des êtres vivants est une matière organique riche en eau. Les lipides et les glucides sont formés de carbone, d'hydrogène et d'oxygène ; les protides contiennent en plus de l'azote et du soufre.

Comment mettre en évidence l'unité chimique du vivant ?

A Proportion en éléments chimiques dans le monde vivant et minéral

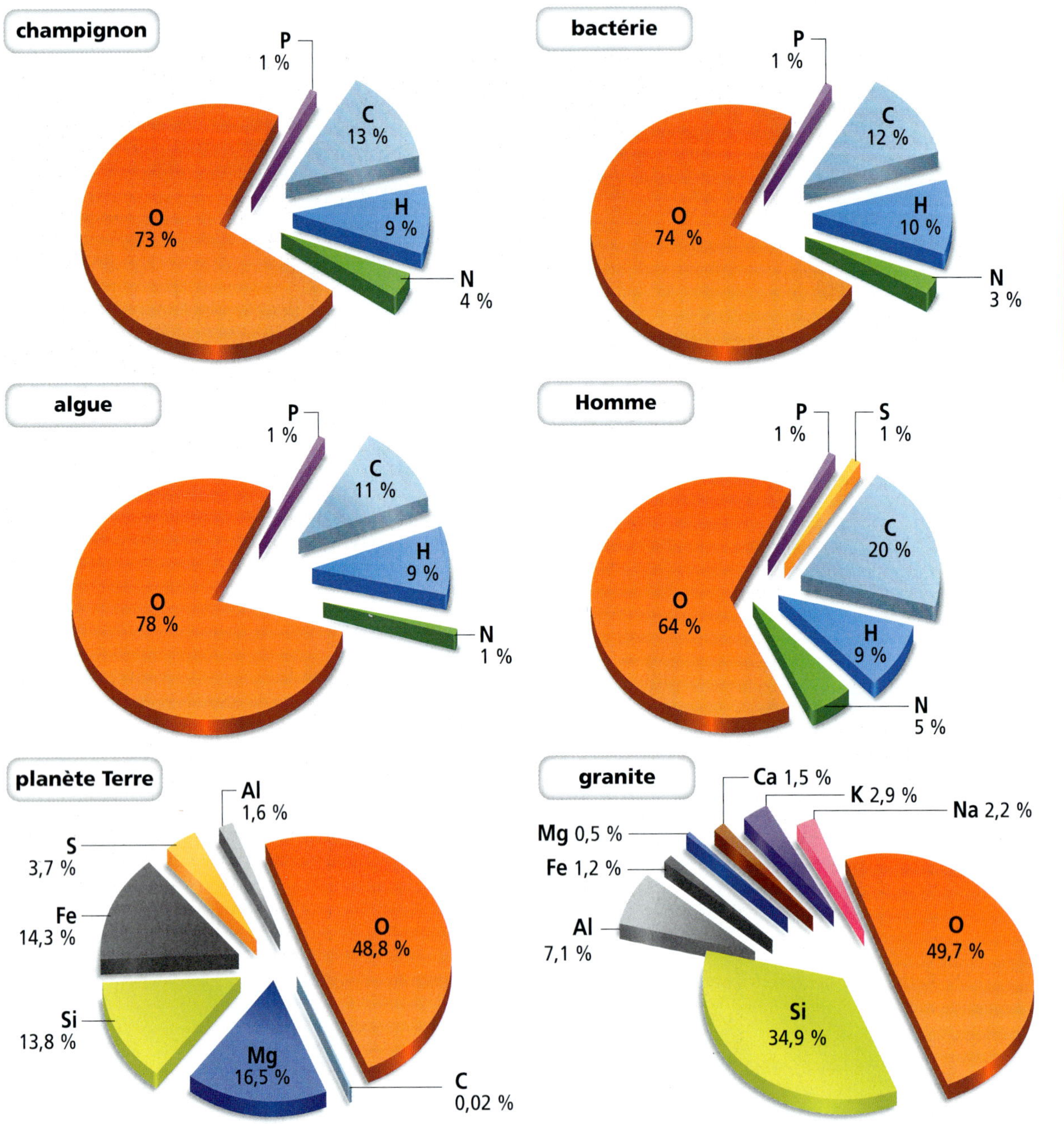

Doc. 1 Proportions en éléments chimiques du granite, de la Terre et de quelques êtres vivants.

B Composition de la matière constituant les êtres vivants

	grenouille	Homme	algue	bactérie
eau	61	59	94	70
ions minéraux	1,3	4,3	0,75	1,1
glucides	0,5	0,7	3,6	1,3
lipides	20	18	0,2	13,6
protides	17	18	1,2	14

Doc. 2 Composition chimique simplifiée de quatre êtres vivants (en % de la masse).

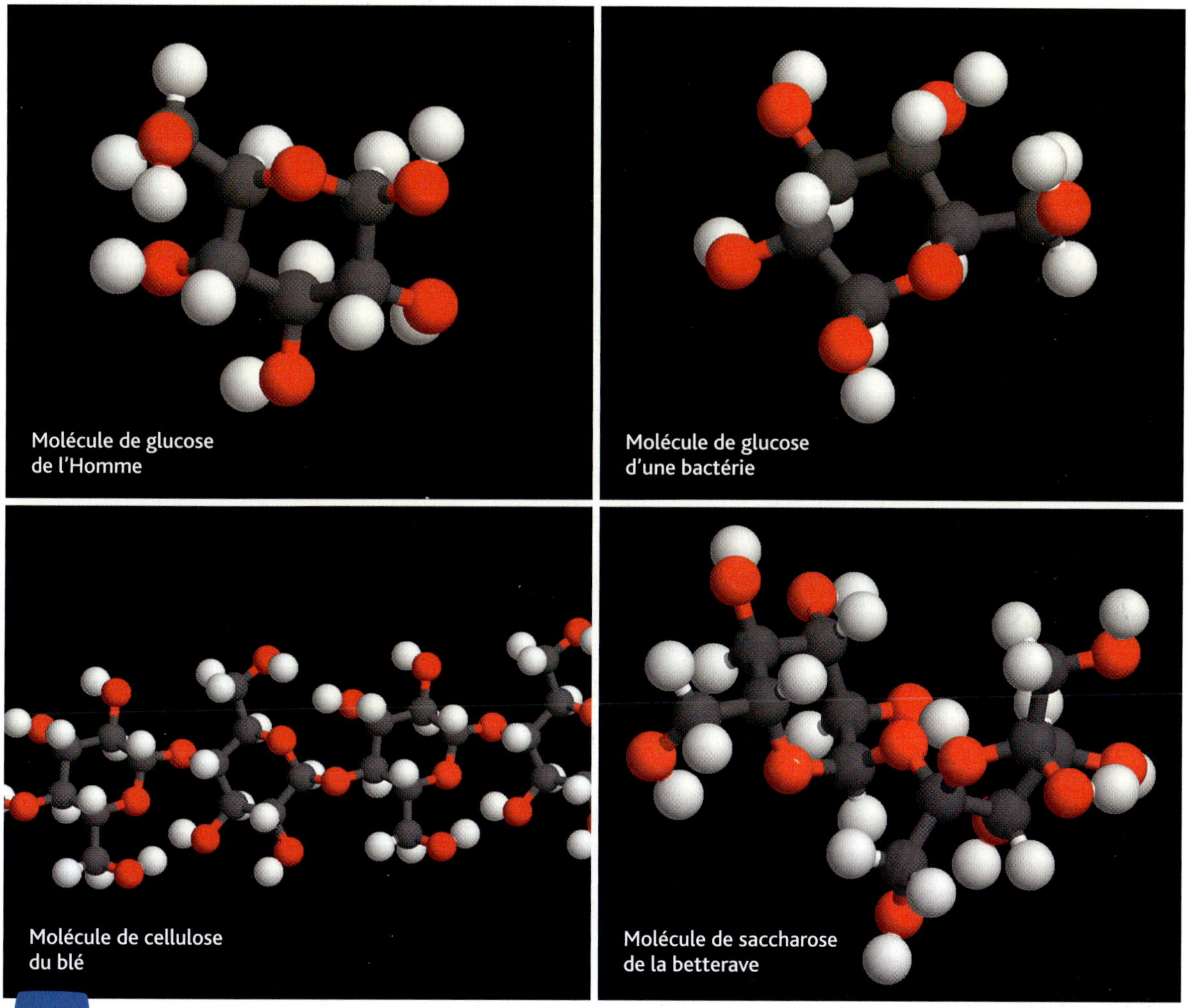

Doc. 3 Visualisation, à l'aide du logiciel *RasTop*, de molécules de glucides chez différentes espèces.

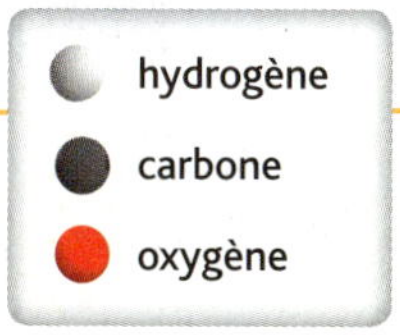

QUESTION **Comparer les proportions et les caractéristiques des éléments chimiques des êtres vivants pour établir leur parenté chimique.**

Pistes pour répondre

- Identifier les différents éléments chimiques composant les molécules du vivant. > Doc. 1
- Déduire un indice de parenté des points communs découverts. > Doc. 2 et 3

L'unité chimique

I Les molécules composant le monde minéral et le monde vivant [pp. 26-27]

• La matière des êtres vivants et la **matière minérale** sont constituées d'**éléments chimiques** disponibles sur Terre.
Leurs proportions sont très différentes dans le monde minéral et dans le monde vivant.

• La matière des êtres vivants est une matière riche en éléments chimiques de carbone et en molécules d'eau. Elle est combustible.

• Les éléments chimiques constituant le monde minéral sont plus variés. Par exemple, on trouve du silicium et de l'aluminium dans le granite.

• Les **lipides**, les **glucides** et les **protides** sont les molécules caractéristiques du monde vivant.
Ils constituent la **matière organique**. Les lipides et les glucides sont formés de carbone, d'hydrogène et d'oxygène ; les protides contiennent en plus de l'azote et du soufre.

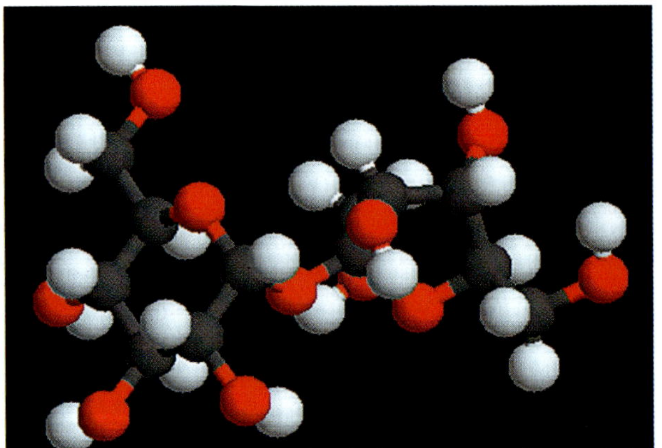

Molécule de saccharose ($C_{12}H_{24}O_{11}$)

II L'unité chimique des êtres vivants [pp. 28-29]

• Tous les êtres vivants sont constitués d'une majorité d'eau (80 % en moyenne), de molécules organiques et de molécules minérales.
Les proportions en lipides, protides et glucides peuvent varier, mais ils sont présents chez tous les êtres vivants.
De même, les éléments chimiques constituant la matière organique sont les mêmes chez tous les êtres vivants.
L'unité chimique des êtres vivants est un indice de leur parenté.

Mots-clés, voir page 253

Matière minérale	Glucide
Éléments chimiques	Protide
Lipide	Matière organique

L'essentiel

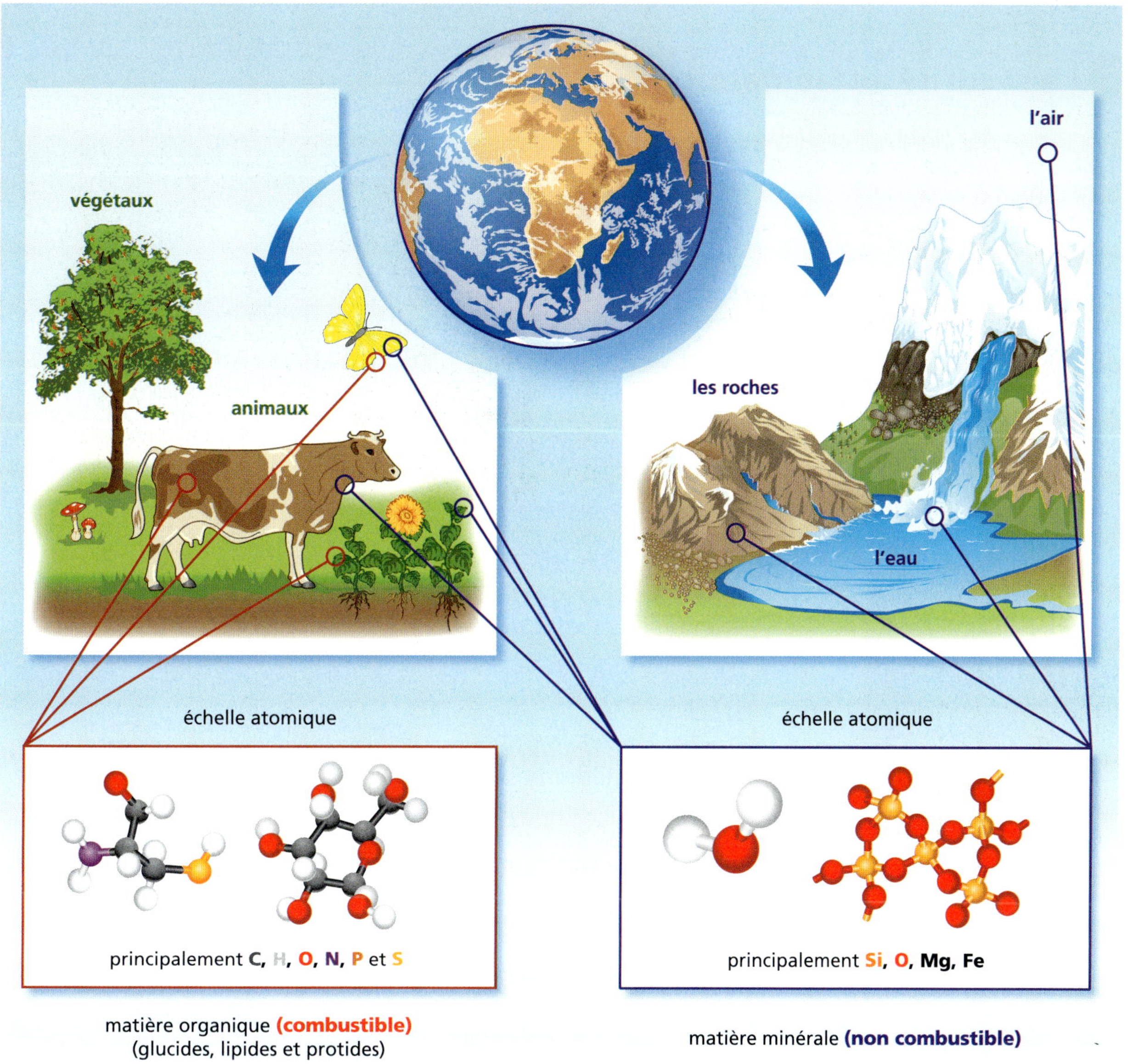

Compétences

Savoir que :

- Les êtres vivants sont constitués d'éléments chimiques disponibles sur le globe terrestre. Leurs proportions sont très différentes dans le monde minéral et dans le monde vivant. Ces éléments chimiques se répartissent dans les diverses molécules constitutives des êtres vivants.
- Les êtres vivants se caractérisent par leur matière carbonée et leur richesse en eau.
- L'unité chimique des êtres vivants est un indice de leur parenté.

Être capable de :

- Recenser, extraire et organiser des informations pour comprendre la parenté chimique entre le vivant et le non-vivant.
- Repérer quelques caractéristiques des molécules du vivant.

Pour développer des compétences

B2i

> Respecter les règles de sécurité.

La sécurité au laboratoire de SVT

Doc. 1 Un flacon d'acide chlorhydrique.

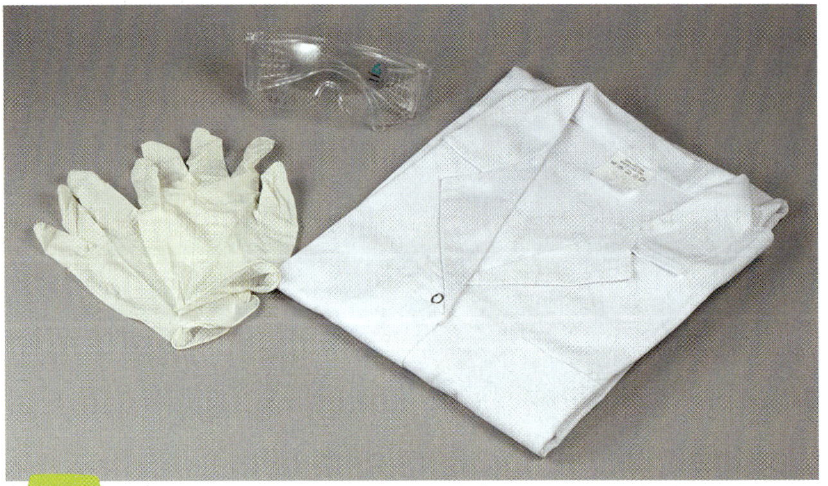

Doc. 2 Une tenue utile en laboratoire.

SÉCURITÉ

Tous les usagers de l'établissement doivent se conformer aux consignes de sécurité affichées dans les salles de classe.

Tout danger éventuel doit être signalé au service vie scolaire. Le respect du matériel de sécurité est impératif. Tout manquement sera sévèrement sanctionné. Des exercices d'évacuation sont organisés chaque trimestre. Des règles de sécurité adaptées sont affichées en salle de Sciences Physiques et SVT ; entre autres le port de la blouse en coton est obligatoire pour les séances de travaux pratiques.

Doc. 3 Extrait du règlement intérieur d'un lycée.

- **La sécurité au laboratoire de SVT :**
http://pedagogie.ac-toulouse.fr/svt/serveur/labo/securite_svt/index.htm

- **La signification des pictogrammes :**
http://www.inrs.fr/htm/pictogrammes_pour_la_signalisation_sante_securite

Doc. 4 Des sites internet pour s'informer.

Questions :

- Repérer les consignes de sécurité affichées dans la salle de TP en SVT.
- Rechercher la signification du pictogramme visible sur le flacon.
- Pourquoi est-il important de porter une blouse en coton au laboratoire de SVT ?
- Rechercher la façon dont les déchets de TP peuvent être éliminés.

Si j'ai réussi, je peux demander la validation de l'item du B2i :

L.4.4.1 : Je sais interroger les bases documentaires à ma disposition.

Des molécules au sein des êtres vivants

Les éléments chimiques sont organisés en molécules, elles-mêmes constitutives de structures plus complexes retrouvées dans les cellules des êtres vivants. C'est le cas des membranes biologiques constituées, entre autres, de phospholipides. Ceux-ci sont constitués de différents éléments chimiques : carbone, oxygène, phosphore, azote et hydrogène (non représentés pour faciliter la lecture).

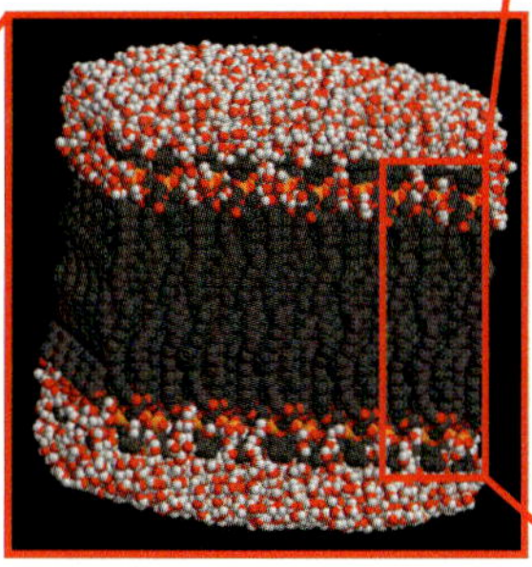

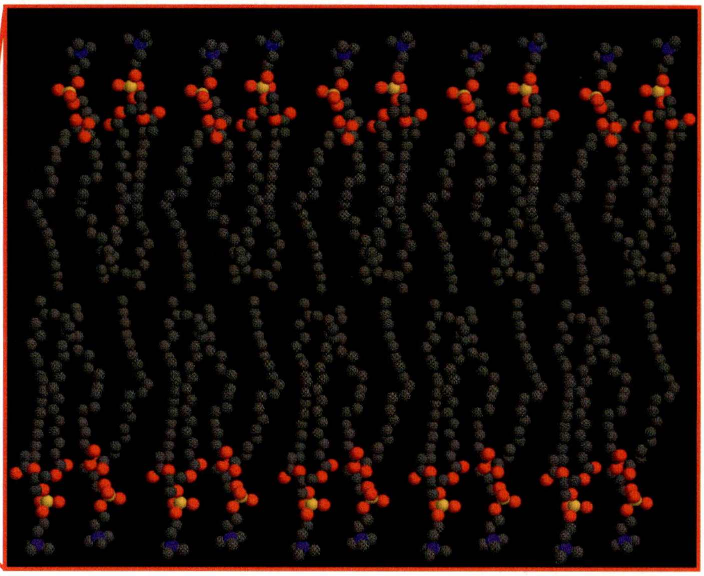

INTERVIEW | Métier — Yves, technicien de laboratoire

■ Quel métier souhaitiez-vous exercer lorsque vous étiez adolescent ?

› Je voulais travailler dans un laboratoire au contact des animaux et des flacons. J'aimais récolter des échantillons.

■ En quoi consiste votre métier ?

› Je dois préparer le matériel et les manipulations pour les cours et travaux pratiques. Cela veut dire qu'auparavant, je réalise des essais dans le laboratoire. J'entretiens le matériel, je m'occupe des élevages, je gère les stocks, les commandes et le budget. On peut être amené à gérer une équipe quand on est dans un grand établissement.

■ Quels conseils donneriez-vous aux jeunes qui voudraient travailler dans ce secteur ?

› Ce métier demande d'être organisé, ordonné et rigoureux. Un technicien de laboratoire doit être disponible et être capable d'évoluer dans sa pratique et ses connaissances mais aussi dans la communication avec les élèves, les enseignants. Il ne faut pas craindre le contact avec les autres, notamment les élèves avec lesquels nous sommes de plus en plus amenés à travailler (élaboration des Travaux Personnels Encadrés).

PARCOURS

Après un BTS Biotechnologies, Yves a passé le concours d'aide de laboratoire. Il a ensuite passé le concours de technicien de laboratoire de l'Éducation nationale en spécialité SVT et biotechnologies. En plus de son travail en lycée, il participe maintenant à la préparation des manipulations lors des concours de recrutement des personnels enseignants en SVT.

Exercices

S'auto-évaluer

> *Restituer des connaissances.*

1 QCM

Choisir la (ou les) bonne(s) réponse(s).

	Propositions de réponses			En cas d'erreur, revoir :
	A	B	C	
1. Les êtres vivants sont constitués	de lipides, glucides et protides	d'eau et de matière organique	d'eau et de matières organique et minérale	p. 26
2. Les proportions en éléments chimiques sont très différentes	entre les êtres vivants	entre le monde vivant et le monde minéral	dans le monde minéral	p. 28
3. Les lipides sont formés	de carbone, d'hydrogène et d'oxygène	de carbone et d'hydrogène	de carbone, d'hydrogène, d'oxygène, de soufre et d'azote	p. 27
4. Les glucides sont formés	de carbone, d'hydrogène, d'oxygène, de soufre et d'azote	de carbone, d'hydrogène et d'oxygène	de carbone, de soufre et d'oxygène	p. 27
5. Les protides sont formés	de carbone, d'hydrogène, d'oxygène, de soufre et d'azote	de carbone, d'hydrogène, d'oxygène, de soufre et de phosphore	de carbone, d'hydrogène et d'oxygène	p. 27
6. La matière des êtres vivants est une matière	riche en éléments chimiques de carbone et en molécules d'eau	riche en éléments chimiques de carbone et en molécules d'oxygène	riche en éléments chimiques de carbone et en éléments chimiques d'eau	p. 27
7. L'unité chimique des êtres vivants s'observe	à l'échelle des molécules	à l'échelle des éléments chimiques	à l'échelle de la matière minérale	pp. 28-29

2 Définir des termes

a. Matière organique
b. Matière minérale

3 Rédiger une phrase

a. Êtres / carbone / matière / molécule / riche / élément chimique / eau / vivants.
b. Oxygène / protides / lipides / carbone / glucides / hydrogène / azote / formés / soufre.

4 Expliquer comment…

a. On peut mettre en évidence la présence d'amidon dans la matière organique.
b. On peut mettre en évidence l'unité chimique des êtres vivants.

5 Trouver et expliquer le lien…

Entre unité chimique des êtres vivants et matière organique.

Voir corrigés p. 254.

Rédiger

> *Restituer des connaissances.*

6 Après avoir indiqué quels sont les éléments chimiques composant les différentes molécules des êtres vivants, donner des arguments en faveur de l'unité chimique du vivant (indice de leur parenté).

Exercice résolu

> S'informer à partir d'un modèle moléculaire, raisonner.

7 L'acide oléique, un acide organique

Énoncé

1. Repérer, puis citer le nombre et le nom des différents éléments chimiques constituant la molécule d'acide oléique ci-contre.
2. Expliquer pourquoi cette molécule appartient à la matière organique et pourquoi elle n'est pas un protide.

Comprendre l'énoncé

1. Dans un premier temps, repérer le code couleur des éléments chimiques. Puis compter tous les éléments chimiques de chaque couleur.
2. La matière organique possède des caractéristiques qui la distinguent du monde minéral.
Les protides possèdent des caractéristiques uniques : ils contiennent de l'azote et du soufre.

Éléments de réponse

1. Il y a trois couleurs différentes : 18 éléments chimiques de carbone, 2 éléments chimiques d'oxygène et 34 éléments chimiques d'hydrogène.
2. L'acide oléique est une molécule riche en éléments chimiques de carbone. Elle possède des éléments chimiques d'oxygène et d'hydrogène et pas éléments chimiques d'azote et de soufre. Ces éléments sont des arguments en faveur du classement de cette molécule parmi la matière organique. En revanche, on ne peut la ranger parmi les protides.

Application

8 La cystéine, un protide

Énoncé

1. Repérer, puis citer le nombre et le nom des différents éléments chimiques constituant la molécule de cystéine ci-contre (voir code de couleurs p. 27).
2. Justifier le fait de ranger la cystéine parmi les protides.

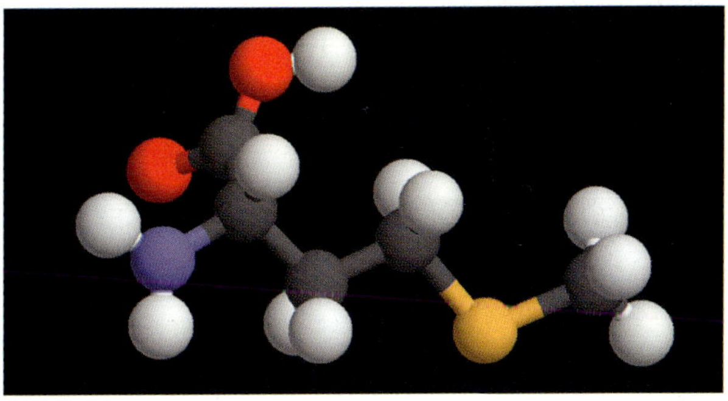

Exploiter des documents

9 L'identification des molécules constituant le lait

> S'informer à partir des résultats de test, raisonner.

Test à l'eau iodée (voir doc. 2 p. 26)

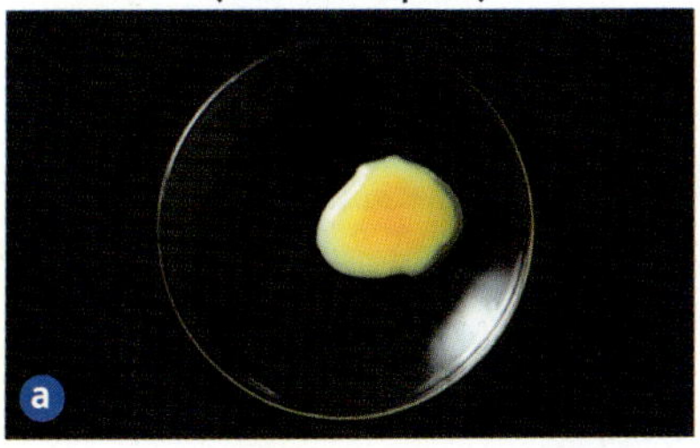

Réaction de Biuret (voir doc. 3 p. 26)

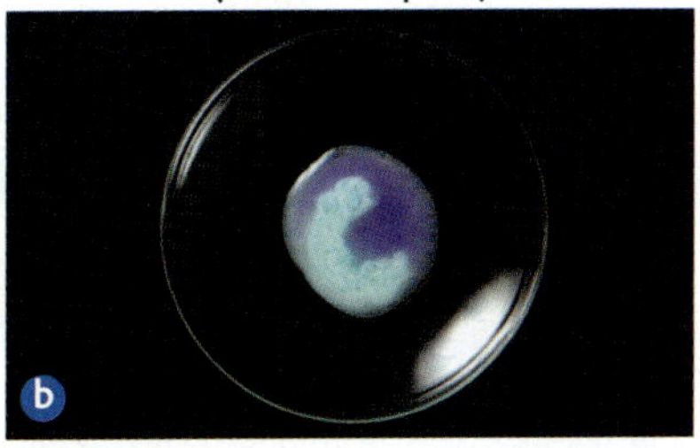

Test du sulfate de cuivre anhydre (se colore en bleu en présence d'eau)

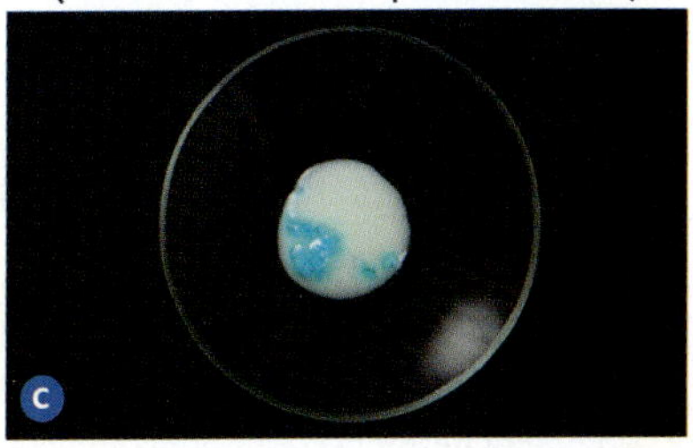

1. Décrire le résultat de chaque test.
2. Rédiger une conclusion sur le type de matière que contient le lait.

10 Une molécule de synthèse, l'aspartame

> S'informer à partir d'un modèle moléculaire, raisonner.

L'aspartame a un pouvoir sucrant environ 200 fois supérieur à celui du saccharose, qui est un glucide.

L'aspartame est utilisé pour sucrer les boissons et des aliments à faible valeur énergétique.

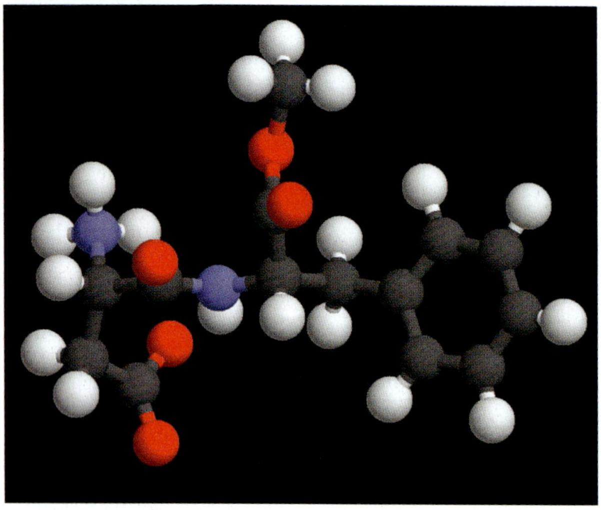

1. Repérer, puis citer le nombre et le nom des différents éléments chimiques constituant la molécule de synthèse ci-dessous (voir code de couleurs p. 27).
2. Cette molécule peut-elle appartenir à la famille des glucides ?

11 Les molécules constituant un grain de blé

> S'informer à partir d'un graphique, raisonner.

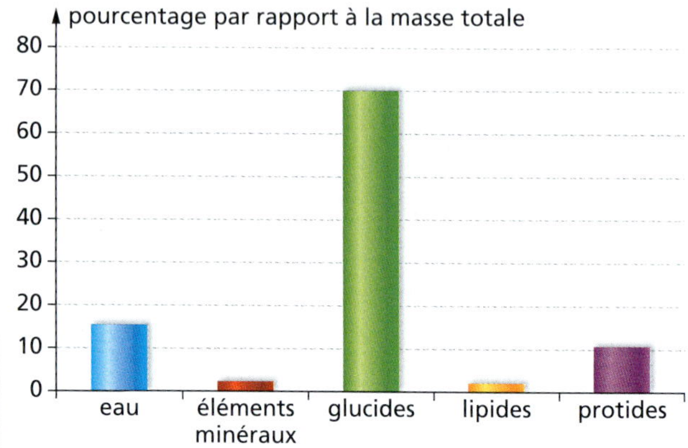

1. Indiquer les proportions de matière organique et de matière minérale constituant le blé.
2. En quoi les proportions en eau peuvent-elles paraître étonnantes dans le grain de blé ?
3. Formuler une hypothèse pour expliquer ce fait.

12 Parenté chimique de molécules

> S'informer à partir d'un modèle moléculaire, raisonner.

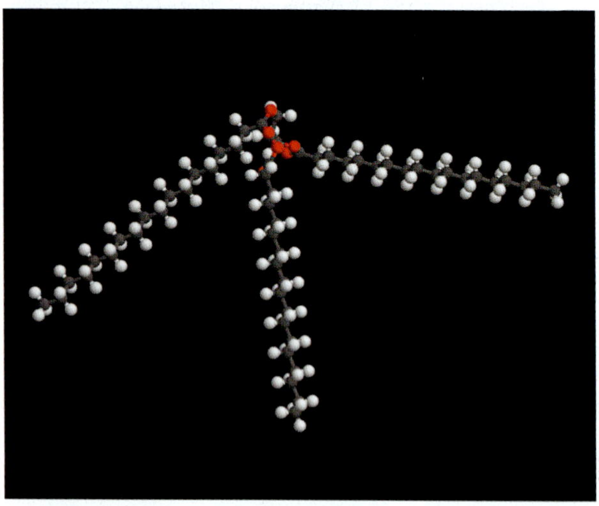

a Molécule organique d'une bactérie.

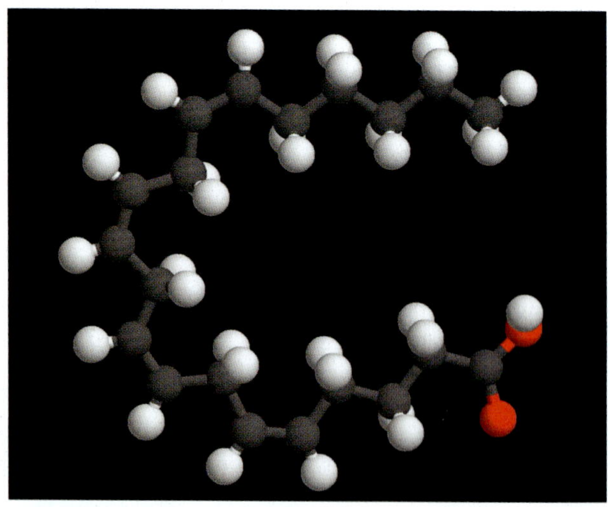

b Molécule organique humaine.

1. Démontrer que ces deux molécules appartiennent à la matière organique.
2. Comparer les proportions et les caractéristiques des éléments chimiques constituant ces molécules.
3. Rédiger une conclusion que l'on peut tirer de cette comparaison concernant l'origine des êtres vivants.

L'unité cellulaire du vivant

Unité

3

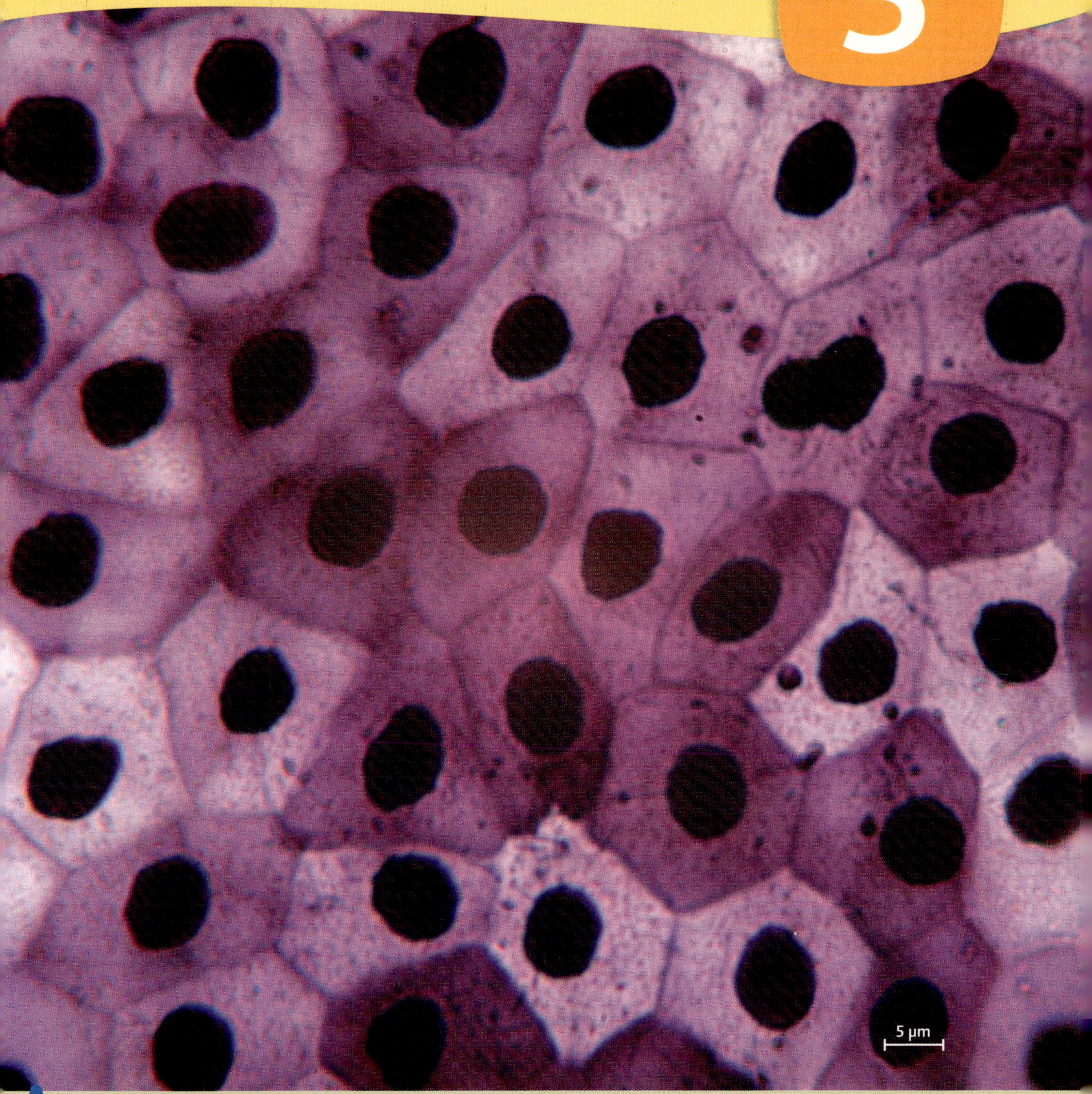

Cellules d'épiderme de grenouille.

La cellule est l'unité de base constituant tous les êtres vivants, les organismes unicellulaires comme les pluricellulaires. Les êtres vivants réalisent des échanges avec leur milieu.
Comment le métabolisme cellulaire est-il contrôlé ? Quels sont les types d'échanges que les cellules réalisent avec leur environnement ? Comment les caractéristiques cellulaires expliquent-elles en partie le métabolisme et fondent-elles l'unité du vivant ?

1 Le métabolisme cellulaire et son contrôle

Le métabolisme correspond à l'ensemble des transformations chimiques se déroulant à l'intérieur d'une cellule. Il comprend des réactions de fabrication et de dégradation de molécules.
Comment le métabolisme cellulaire est-il contrôlé ?

A Le contrôle d'un métabolisme : la fabrication de mélanine, pigment de la peau humaine

L'exposition de la peau au soleil provoque une augmentation de la fabrication de mélanine.

L'albinisme se traduit par une dépigmentation générale (cheveux, peau, yeux) liée à un défaut de fabrication de mélanine. L'**enzyme** tyrosinase résulte de l'expression d'un gène, situé sur le chromosome 11, dont différents allèles ont été identifiés. Chez les albinos, l'allèle présent ne permet pas l'expression de l'enzyme fonctionnelle.

Deux types de cellules épidermiques sont impliqués dans la coloration de la peau humaine : les mélanocytes qui fabriquent la mélanine et les kératinocytes dans lesquels la mélanine se disperse, colorant ainsi l'épiderme. La fabrication de la mélanine résulte d'une succession de réactions chimiques.
Chaque réaction est contrôlée par une enzyme issue de l'expression d'un gène. Par exemple, l'enzyme tyrosinase provoque la transformation de la tyrosine en DOPA qui sera transformée, après plusieurs réactions, en mélanine.

Doc. 1 La fabrication de mélanine.

Le champignon de Paris contient les enzymes nécessaires à la transformation de la tyrosine en mélanine. Pour extraire ces enzymes, il suffit de le broyer puis de filtrer le broyat obtenu.

tubes	contenu
1	1,5 mL de solution de tyrosine + 3 mL d'eau distillée
2	3 mL d'extrait de champignon + 1,5 mL d'eau distillée
3	1,5 mL de solution de tyrosine + 3 mL d'extrait de champignon

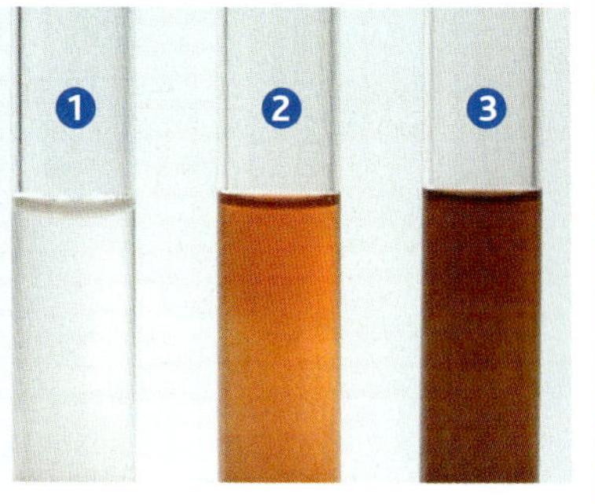

Doc. 2 Fabrication *in vitro* de mélanine à partir de tyrosine.

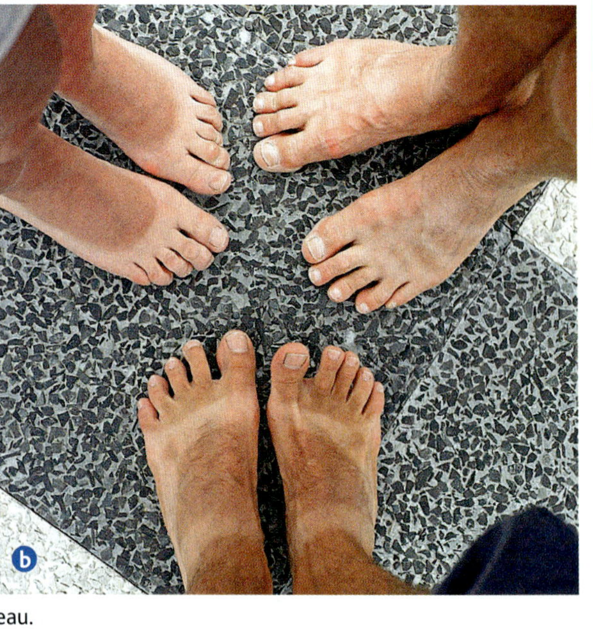

Doc. 3 Les variations individuelles de la pigmentation de la peau.

B Le contrôle du métabolisme des acides nucléiques chez la levure

La fabrication des acides nucléiques, molécules indipensables à la multiplication des levures, peut se réaliser dans une levure à partir de l'adénine, molécule prélevée dans son environnement, ou à partir du phosphoribosyl-pyrophosphate (PRPP) provenant du métabolisme cellulaire. La fabrication d'acides nucléiques à partir de PRPP nécessite l'intervention d'une douzaine d'enzymes différentes. Chaque enzyme est issue de l'expression d'un gène.
On introduit dans deux milieux de culture différents des levures **mutantes** (Ade2) de couleur rouge, possédant une enzyme inactive intervenant dans la fabrication d'acides nucléiques à partir du PRPP, et des levures blanches ayant l'ensemble des enzymes fonctionnelles.

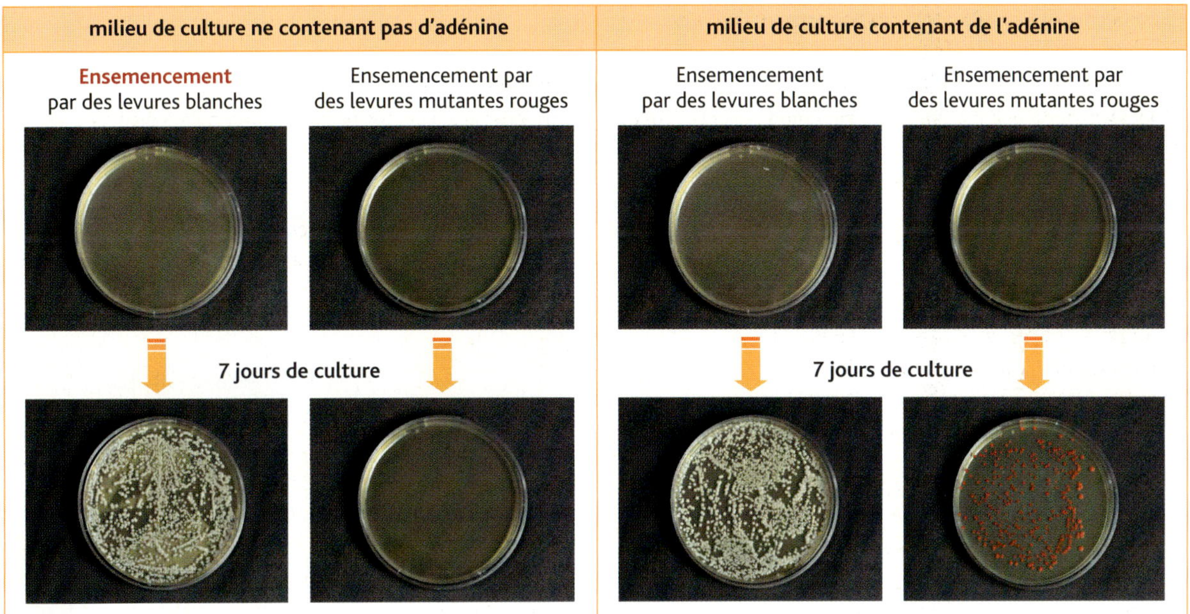

Doc. 4 Patrimoine génétique et métabolisme des acides nucléiques.

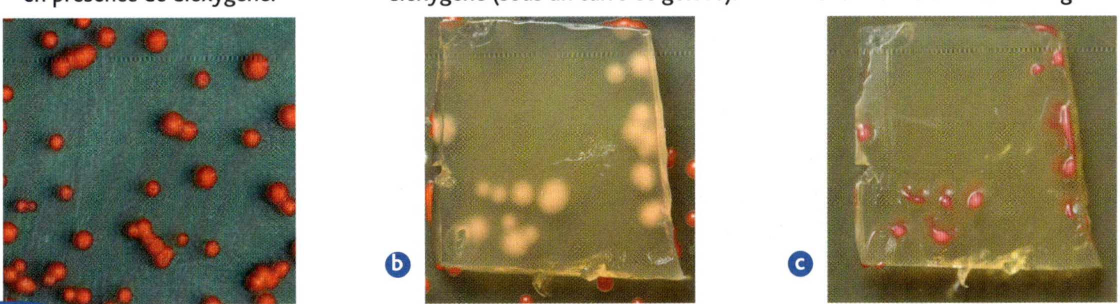

Doc. 5 Effet de l'environnement sur la couleur des levures rouges.

QUESTION **Montrer que le métabolisme d'une cellule est sous la dépendance de son programme génétique et de son environnement.**

Pistes pour répondre

- Montrer que le métabolisme de la mélanine dépend de l'information génétique et de l'environnement. > Doc. 1 à 3
- Montrer que le métabolisme des acides nucléiques chez la levure dépend de l'information génétique et de l'environnement. > Doc. 4 et 5

Vocabulaire

Enzyme : molécule permettant d'accélérer une réaction chimique.
Mutant : organisme dont l'information génétique a été modifiée.
Ensemencement : introduction de micro-organismes dans un milieu milieu de culture.

2 Le métabolisme et ses échanges cellulaires

Le métabolisme cellulaire nécessite des échanges avec l'environnement.
Quels sont les types d'échanges que réalisent les cellules avec leur environnement ?

A Des échanges cellulaires entre une cellule et son environnement

Le lait contient naturellement des bactéries. Si l'on ne stérilise pas le lait, au bout de quelques jours, il devient pâteux. Cela est dû à la précipitation des protéines du lait sous l'effet de l'acidification du milieu.

On veut mettre en évidence que l'acidification du milieu est due au métabolisme des bactéries qui se développent dans le lait, et donc que les bactéries échangent de la matière et de l'énergie avec le lait pour se développer. On réalise deux expériences, l'une (a) avec un lait non stérilisé et l'autre (b) avec un lait stérilisé (bactéries détruites).

a	glucides	acide lactique	bactéries
début de l'expérience	++++	-	+
24 h	+++	+	++
48 h	+	+++	++++
72 h	+	+++	++++

b	glucides	acide lactique	bactéries
début de l'expérience	++++	-	-
24 h	++++	-	-
48 h	++++	-	-
72 h	++++	-	-

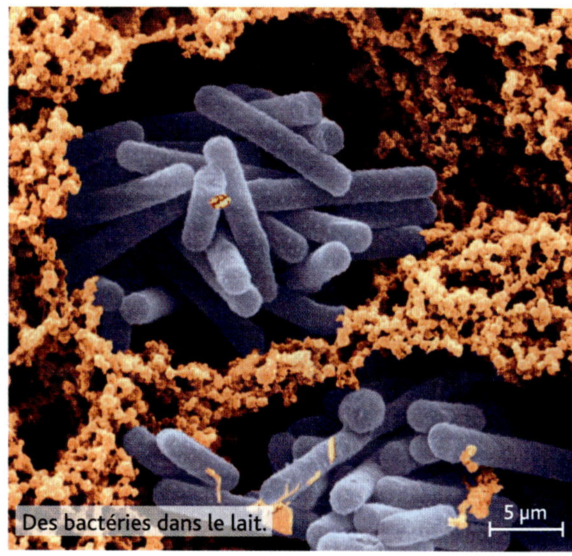

Des bactéries dans le lait.

Doc. 1 L'activité métabolique des bactéries provoquant le caillage du lait.

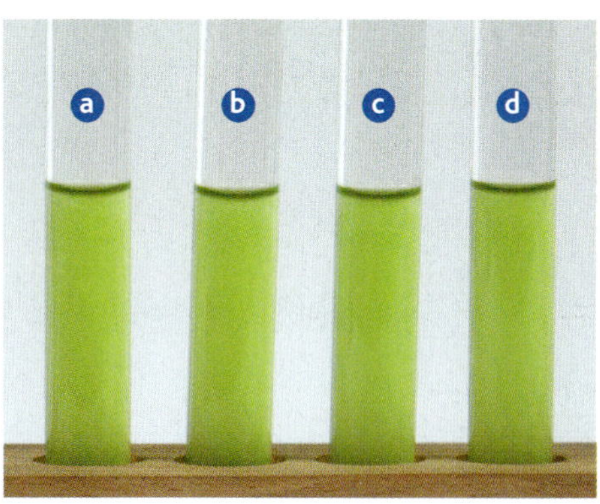

a eau + chlorelles + lumière
b eau + sels minéraux + chlorelles + lumière
c eau + sels minéraux + chlorelles
d eau + sels minéraux + matière organique + chlorelles

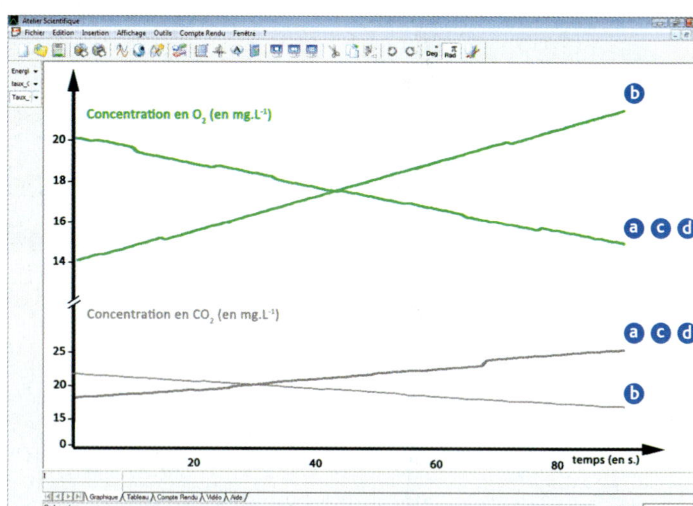

Variation de la concentration en dioxygène et en dioxyde de carbone.

Doc. 2 L'activité métabolique de chlorelles (algues unicellulaires) en fonction des conditions du milieu.

B Des échanges entre les cellules d'un organisme

La fabrication de matière organique et en particulier du glucose se déroule dans les cellules chlorophylliennes des feuilles. Durant l'hiver, les feuilles tombent. Seule la partie souterraine formée de tubercules persiste. Les tubercules contiennent de grandes quantités d'amidon, polymère de glucose. Au printemps suivant, à partir des réserves contenues dans les tubercules, de nouvelles feuilles sont formées.

Doc. 3 Observation de cellules d'un tubercule avant (a) et après germination (b) (coloration à l'eau iodée mettant en évidence l'amidon par une coloration bleue).

Le foie est capable de stocker le glucose sous forme de glycogène puis d'en libérer en cas de besoin. Le glycogène est un polymère de glucose. La respiration, qui nécessite du dioxygène et des nutriments (en particulier du glucose), permet de produire l'énergie indispensable au fonctionnement de l'organisme.

quantité de glycogène à différents moments de la journée.	au réveil	1 h après le petit déjeuner	avant le déjeuner	1 h après le déjeuner
quantité de glycogène dans le foie (en $g.kg^{-1}$ de foie)	50	80	55	90
quantité de granules de glycogène au niveau des cellules hépatiques	+	+++	+	++++

Doc. 4 Des échanges entre les cellules hépatiques et les autres cellules du corps humain.

QUESTION **Montrer que les cellules échangent de la matière et de l'énergie avec leur environnement.**

Pistes pour répondre

- Montrer que le métabolisme des bactéries lactiques est lié à des échanges avec leur environnement. > Doc. 1
- Montrer que le métabolisme des chlorelles nécessite des échanges avec leur environnement. > Doc. 1 et 2
- Montrer qu'à l'intérieur d'un organisme il existe également des échanges entre les cellules. > Doc. 3 et 4

3 La cellule, unité structurale et fonctionnelle du vivant

Comment les caractéristiques cellulaires expliquent-elles en partie le métabolisme cellulaire et fondent l'unité du vivant ?

A Comparaison des ultrastructures cellulaires des êtres vivants

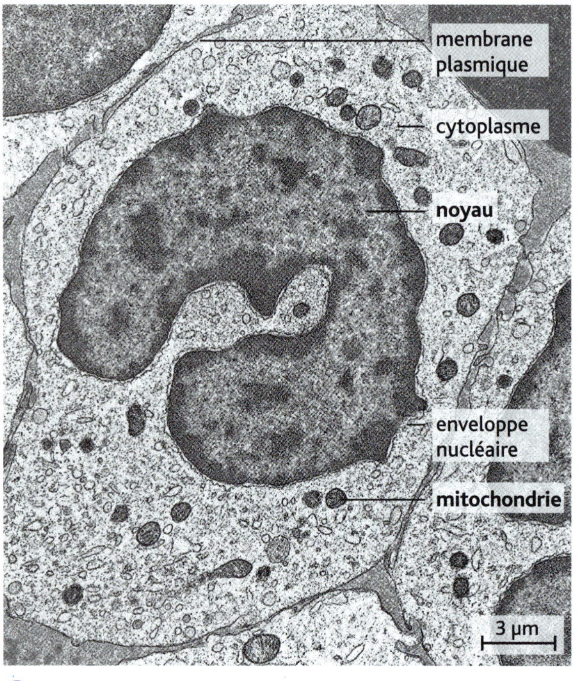

a Une cellule animale.

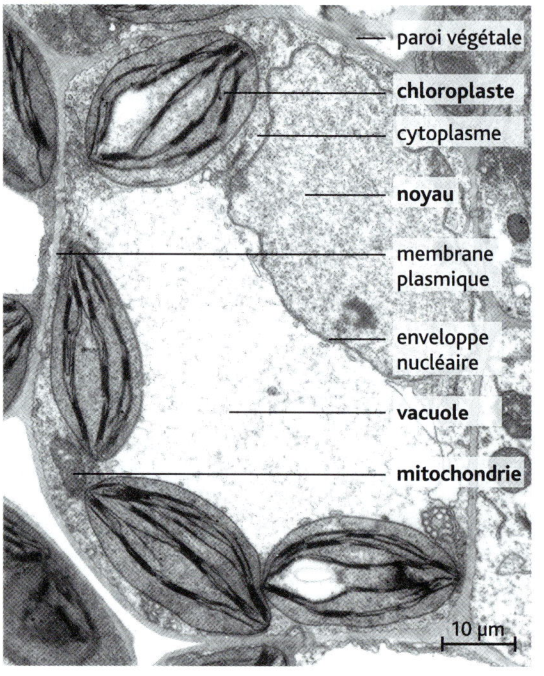

b Une cellule végétale chlorophyllienne.

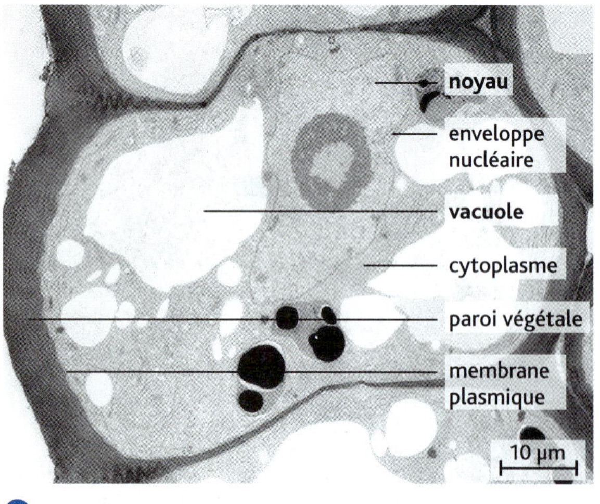

c Une cellule végétale non chlorophyllienne.

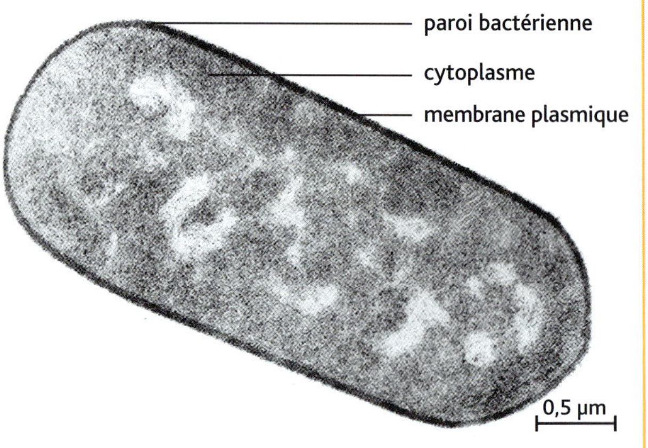

d Une bactérie.

Doc. 1 Ultrastructures de différentes cellules. Les **organites** sont écrits en **gras**.

B Relation entre structure et métabolisme cellulaires

On cherche à mettre en relation l'organisation cellulaire et le métabolisme.

ⓐ eau + sels minéraux + cellules végétales **avec** chloroplastes + lumière

ⓑ eau + sels minéraux + cellules végétales **sans** chloroplastes + lumière

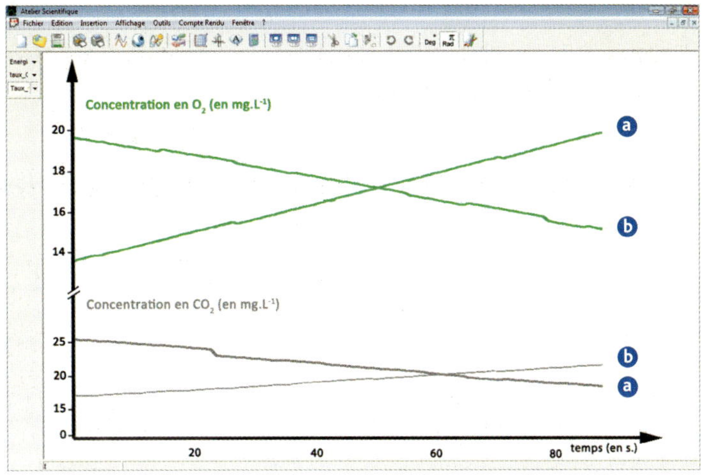

Variation de la concentration en dioxygène et en dioxyde de carbone du milieu de culture.

Doc. 2 Mise en évidence du lien entre organites et métabolisme.

C Les indices de la parenté des êtres vivants

Le logiciel *Phylogène* permet à partir d'un tableau de caractères de réaliser des regroupements ainsi qu'un arbre de parentés.

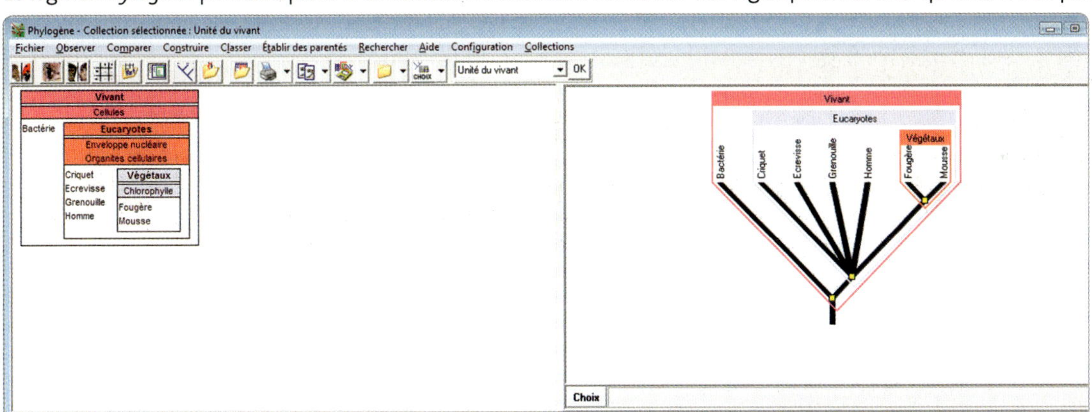

	Cellules	Enveloppe nucléaire	Organites cellulaires	Chlorophylle
Bactérie	Présentes	Absente	Absents	Absente
Criquet	Présentes	Présente	Présents	Absente
Ecrevisse	Présentes	Présente	Présents	Absente
Fougère	Présentes	Présente	Présents	Présente
Grenouille	Présentes	Présente	Présents	Absente
Homme	Présentes	Présente	Présents	Absente
Mousse	Présentes	Présente	Présents	Présente

Doc. 3 Relation de parenté établie entre quelques êtres vivants à l'aide de *Phylogène*.

QUESTION Montrer que la cellule est l'unité structurale et fonctionnelle commune à tous les êtres vivants et en cela un indice de leur parenté.

Pistes pour répondre

- Rechercher les points communs à toutes les cellules, puis aux cellules eucaryotes. > Doc. 1
- Relier la présence de structures cellulaires à un type de métabolisme. > Doc. 2
- Justifier le fait que la présence de cellules chez tous les êtres vivants est un indice de leur parenté. > Doc. 3

Vocabulaire

Organite : élément entouré d'une ou deux membranes et localisé dans le cytoplasme.

L'unité cellulaire

I Le métabolisme cellulaire et son contrôle [pp. 38-39]

• Le **métabolisme** est défini par l'ensemble des réactions chimiques se déroulant à l'intérieur d'une cellule.

• Dans le cas de la couleur de la peau, la réaction chimique de fabrication de la mélanine est contrôlée par un gène commandant la fabrication d'une enzyme : la tyrosinase. Un changement dans l'information génétique contenue dans ce gène peut entraîner un arrêt de la production de mélanine, comme c'est le cas pour l'albinisme.

• La couleur de la peau varie aussi en fonction de l'exposition au Soleil. Le bronzage est dû à la fabrication accrue de mélanine en réponse au rayonnement solaire.

• Des levures **mutantes** « Ade2 » présentent un dysfonctionnement du métabolisme des acides nucléiques. Cette anomalie est d'origine génétique et se traduit par l'apparition d'une substance rouge qui colore les levures. En présence d'adénine, elles sont capables de fabriquer des acides nucléiques. En l'absence d'adénine dans le milieu, elles ne se développent pas.

• La coloration rouge peut être modifiée par l'environnement : en l'absence de dioxygène, les levures « Ade2 » apparaissent roses voire blanches et non rouges.

• Ces deux exemples montrent que le métabolisme des êtres vivants est contrôlé par les conditions du milieu et par le patrimoine génétique.

II Métabolisme et échanges cellulaires [pp. 40-41]

• Une cellule échange de la matière et de l'énergie dans son environnement. Cela est indispensable à son métabolisme, en particulier à la fabrication de matière organique.

• Les bactéries vivant dans le lait prélèvent des glucides et rejettent dans le milieu de l'acide lactique provoquant le caillage du lait. Les bactéries échangent avec leur milieu de l'énergie et de la matière.

• Afin d'assurer leur métabolisme, les chlorelles prélèvent dans le milieu des sels minéraux et, en présence de lumière, du dioxyde de carbone. Elles échangent avec leur milieu de l'énergie et de la matière.

• Au sein d'un organisme, les cellules sont également capables d'échanger de l'énergie et de la matière.
C'est le cas de la cellule de pomme de terre ou de la cellule de foie. Elles sont toutes deux capables de prélever dans le milieu du glucose, de le transformer en polymère de glucose (amidon ou glycogène) et de le destocker en cas de besoin.

• Ces échanges de matière et d'énergie chez des organismes très différents montrent une unité de fonctionnement et constituent un indice de la parenté du vivant.

III La cellule, unité structurale et fonctionnelle du vivant [pp. 42-43]

• Les cellules sont toutes composées d'un cytoplasme entouré d'une membrane plasmique. Ce point commun est un indice de la parenté existant entre tous les organismes.

• Le vivant peut être divisé en plusieurs groupes : d'une part, les **eucaryotes**, organismes unicellulaires ou pluricellulaires possédant des **organites**, d'autre part, les **procaryotes**, organismes unicellulaires ne possédant pas d'organites.

• Le métabolisme des cellules est intimement lié à leur structure. Une cellule végétale possédant des chloroplastes n'aura pas le même métabolisme qu'une cellule n'en possédant pas.

Mots-clés, voir page 253

- **Métabolisme**
- **Mutant**
- **Organite**
- **Eucaryote**
- **Procaryote**

L'essentiel

La structure des cellules des êtres vivants présente une unité

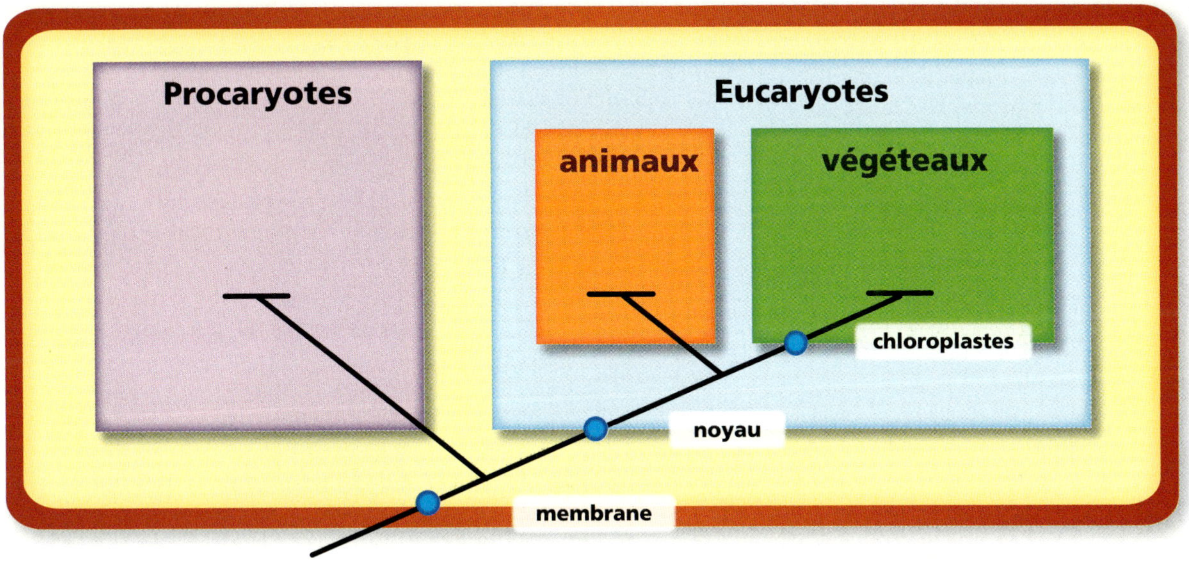

Le métabolisme des cellules des êtres vivants présente une unité

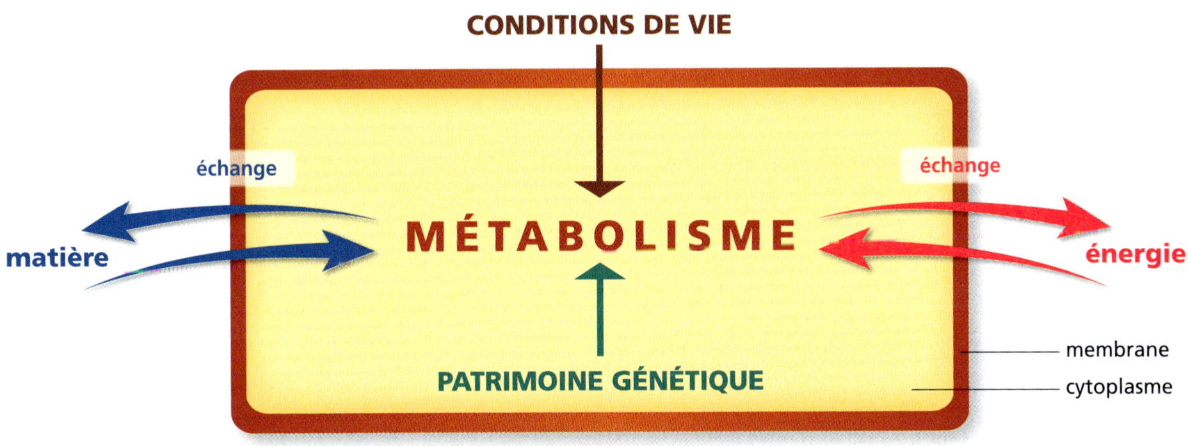

Compétences

Savoir que :

- De nombreuses transformations chimiques se déroulent à l'intérieur de la cellule : elles constituent le métabolisme cellulaire. Il est contrôlé par les conditions du milieu et par l'information génétique.
- La cellule est un espace limité par une membrane qui échange de la matière et de l'énergie avec son environnement.
- Cette unité structurale et fonctionnelle commune à tous les êtres vivants est un indice de leur parenté.

Être capable de :

- Mettre en œuvre un raisonnement expérimental pour montrer l'effet d'un changement de l'information génétique sur le métabolisme cellulaire.
- Mettre en œuvre un raisonnement expérimental pour repérer l'influence de l'environnement sur le fonctionnement d'une cellule.
- Comprendre les mécanismes d'une démonstration expérimentale.
- Comparer des ultrastructures cellulaires pour illustrer la parenté entre les êtres vivants.

Pour développer des compétences

> Comprendre la nature provisoire, en devenir, du savoir scientifique.

L'importance de la microscopie

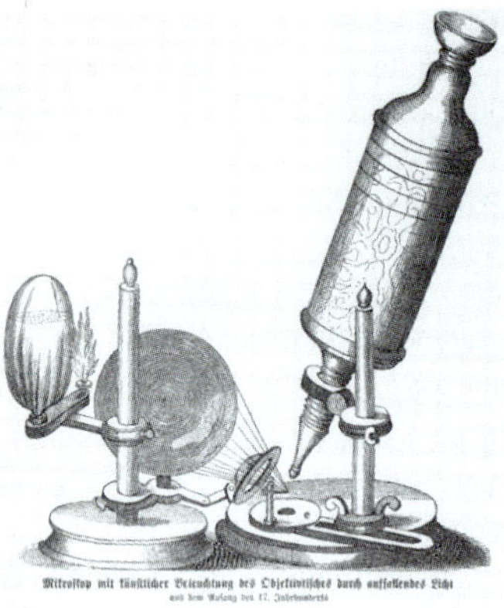

Robert Hooke (1635-1703), savant anglais, fut le premier à publier un livre décrivant la structure cellulaire des êtres vivants grâce à l'un des premiers microscopes. Il observe dans du liège, tissu issu du tronc d'un arbre, des cavités délimitées par des parois.

Il invente le terme de *cellule* pour nommer ces petites cases, par comparaison aux cellules de moines ou de ruches d'abeilles. Les végétaux seraient formés d'un empilement de ces briques élémentaires microscopiques.

Au cours d'un voyage en Angleterre en 1668, Anton Van Leeuwenhoeck (1632-1723), commerçant et naturaliste hollandais, découvre des lentilles beaucoup plus performantes que celles alors disponibles en Hollande. Voulant améliorer la qualité des perles de verres utilisées par les drapiers pour examiner la qualité du tissage des étoffes, il met au point son premier microscope, grossissant 300 fois environ. Il fit avec celui-ci les premières observations des micro-organismes, appelés à l'époque *animalcules*. Il réalisa d'excellents dessins de la structure lamellaire du cristallin, découvrit les bactéries, observa des animaux microscopiques et étudia les spermatozoïdes.

Il a été en relation avec les plus grands savants de son époque et jouissait d'une grande réputation. L'empereur de Russie, Pierre le Grand, avait tenu à le rencontrer ainsi que Frédéric II de Prusse.

Doc. 1 Les premières observations microscopiques.

Indépendamment des observations, diverses théories vont être formulées pour définir ce qu'est le vivant. Les études anatomiques ont montré que les organismes sont constitués de cellules regroupées en tissus.

Le Suisse Albrecht Von Haller (1708-1777) formule la théorie fibrillaire du vivant au milieu du XVIIIe siècle. À l'exemple du tissu musculaire, pour lui, tous les tissus sont constitués de fibrilles. Cette théorie fibrillaire persistera sous des aspects variés chez plus d'un biologiste, jusqu'aux alentours de 1920.

Doc. 2 La théorie fibrillaire du vivant.

En 1839, Theodor Schwann (1810-1882), biologiste allemand, grâce aux améliorations de la microscopie, établit que tous les organismes sont formés de cellules. Il substitue au concept de cellule « creuse » hérité du XVIIe siècle celui d'unité structurellement et fonctionnellement indépendante. Schwann identifie dans les cellules animales les mêmes éléments caractéristiques (membrane, noyau) que celles des cellules végétales. Par la suite, en 1858, le cytologiste polonais Robert Remak (1815-1865) puis en 1859, le médecin allemand Rudolf Virchow (1821-1902), mettront en évidence que toute cellule provient d'une cellule préexistante par division de son noyau. Ces deux éléments forment les bases de la théorie cellulaire.

Doc. 3 La théorie cellulaire.

Questions :

- Identifier le rôle de la microscopie dans l'évolution des connaissances scientifiques.
- Discuter des différences entre la théorie cellulaire et la théorie fibrillaire.

Pour en savoir plus

Les archées repoussent les limites de la vie

Vers le milieu du XXe siècle, l'apparition de la microscopie électronique permet de séparer le monde vivant en deux grands groupes :

- les eucaryotes qui possèdent des organites dans leurs cellules ;
- les procaryotes, unicellulaires sans organites.

Vers 1970, des analyses biochimiques ont remis en cause cette séparation. Les Archées ont été classées dans un groupe différent des bactéries. En effet, ces unicellulaires ne possèdent pas d'organites comme les bactéries, mais s'en distinguent par la présence de molécules particulières.

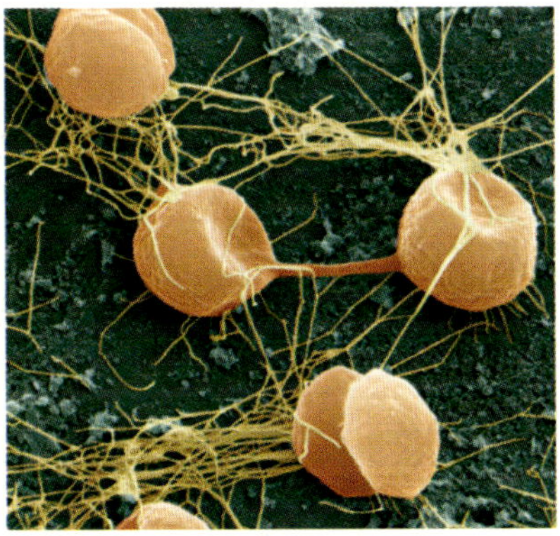

Pyrococcus observé au microscope électronique (x 30 000), en fausses couleurs.

C'est un groupe très surprenant. Certaines de ces Archées sont capables de vivre dans des conditions extrêmes :

- le pyrococcus meurt de froid à 80 °C et supporte mal une pression inférieure à quatre cents fois la pression atmosphérique. Cette curiosité de la nature vit à 4 100 m de profondeur au niveau de la dorsale atlantique et se nourrit de méthane et d'hydrogène, qu'elle utilise comme source d'énergie ;
- des Archées ont été découvertes à 1,5 kilomètre sous la surface du sol et même à 3 kilomètres sous la glace.

Mais les Archées ne sont pas limitées aux milieux extrêmes et doivent être considérées comme un groupe majeur du monde vivant. Ce groupe représenterait jusqu'à 20 % de la masse totale des êtres vivants sur Terre.

INTERVIEW | Métier Karim, chercheur au CNRS (Centre national de la recherche scientifique)

PARCOURS

Après un baccalauréat scientifique et une classe préparatoire BCPST, Karim entre à l'école normale supérieure en sciences de la Terre. Il en sortira avec un master puis fera une thèse à Paris. Il partira en Californie pour son post-doctorat et sera recruté par le CNRS dès son retour en France.
Depuis 2005, il a participé à plusieurs sujets de recherche et parcourt le monde dans le cadre de ses travaux.

Quel métier souhaitiez-vous exercer lorsque vous étiez adolescent ?

> Je voulais être historien ou travailler dans le milieu des sciences.

En quoi consiste le métier de chercheur ?

> Je travaille sur des projets de recherche. Je réalise des expériences qui me permettent de valider ou non des hypothèses. C'est à moi de conduire une démarche scientifique afin de répondre à des problèmes. Les résultats de mes recherches pourront avoir des répercussions dans beaucoup de domaines médicaux, environnementaux ou encore industriels.

Quel est votre domaine de recherche au CNRS ?

> Je m'intéresse à un domaine de recherche à cheval entre la biologie et la géologie. J'étudie les effets des micro-organismes sur les roches. Ainsi, mon équipe a pu démontrer que des traces d'activités microbiennes sur une météorite martienne étaient dues à des bactéries terrestres. Il avait été avancé à tort dans un premier temps qu'il s'agissait du premier témoignage d'une vie extraterrestre.

Quels sont les caractéristiques principales de votre métier ?

> Ce métier est exigeant et passionnant. Un chercheur doit être autonome et posséder un fort esprit d'initiative. Il doit être capable de se remettre en cause à tout moment en fonction de l'avancée de ses recherches.
Une charge de travail importante et des voyages à l'étranger nombreux ne doivent pas lui faire peur.

Exercices

S'auto-évaluer

> *Restituer des connaissances.*

1 QCM

Choisir la (ou les) bonne(s) réponse(s).

	Propositions de réponses			En cas d'erreur, revoir :
	A	B	C	
1. Tous les êtres vivants possèdent des cellules avec	un noyau	un cytoplasme	des chloroplastes	p. 42
2. Les eucaryotes sont les seuls êtres vivants à posséder	une membrane plasmique	des organites	un noyau	p. 43
3. Le métabolisme correspond à	l'ensemble des réactions physiques se produisant dans la cellule	l'ensemble des réactions chimiques se produisant dans la cellule	l'ensemble des réactions chimiques se produisant en dehors de la cellule	p. 38
4. Les bactéries du lait sont	des procaryotes	des eucaryotes	des organismes constitués d'une cellule	p. 42
5. Les bactéries du lait	réalisent un métabolisme cellulaire	utilisent des glucides	utilisent l'acide lactique	p. 40
6. La coloration de la peau	est uniquement d'origine génétique	dépend d'une condition du milieu : le Soleil	est due à la production d'un pigment coloré : la mélanine	p. 38
7. Une colonie de levures est	issue de la multiplication d'une seule levure	issue de la multiplication de plusieurs levures	visible à l'œil nu, car elle contient des millions d'individus microscopiques	p. 39
8. La couleur des levures Ade2	est uniquement d'origine génétique	dépend d'une condition du milieu : le Soleil	est due à la synthèse d'un produit rouge, l'adénine	p. 39
9. Les êtres vivants sont tous parents, car leurs cellules possèdent toutes	un noyau	une membrane cellulaire	des organites	pp. 42-43

2 Définir des termes

a. Eucaryotes **b.** Procaryotes **c.** Organite
d. Échange de matières **e.** Échange d'énergie **f.** Métabolisme
g. Mutation

3 Rédiger une phrase

a. Métabolisme / transformations chimiques / cellule.
b. Eucaryotes / cellules / organites.
c. Êtres vivants / unité / cellule / membrane plasmique.
d. Mutation / modification / métabolisme.

4 Représenter par un schéma

a. Une cellule animale.
b. Une cellule végétale contenant des chloroplastes.
c. Une bactérie.

5 Trouver le lien entre…

a. L'unité du vivant et la structure des cellules eucaryotes et procaryotes.
b. L'unité du vivant et les échanges de matières et d'énergie se déroulant dans les cellules eucaryotes et procaryotes.
c. Le métabolisme et son contrôle par les gènes et l'environnement.

Voir corrigés p. 254.

Rédiger

> *Restituer des connaissances.*

6 Montrer que les caractéristiques cellulaires des êtres vivants sont un argument en faveur de leur parenté.

Exercice résolu

> Représenter des résultats sous forme d'un schéma.

7 Échanges de matières au sein de la cellule pancréatique

Énoncé

Le pancréas est un organe responsable de la fabrication de protéines assurant la digestion des aliments au niveau de l'intestin. Ces protéines sont fabriquées dans les cellules pancréatiques, à partir de constituants élémentaires, les acides aminés.
On injecte des acides aminés marqués dans la circulation sanguine d'un animal. Puis on repère la localisation du marquage et les molécules concernées au cours du temps après l'injection.

temps (en min)		0	20	40	60
présence d'éléments marqués dans	les vaisseaux sanguins	+++ (acide aminé marqué)	+ (acide aminé marqué)	-	-
	le cytoplasme de la cellule pancréatique	-	++ (protéine marquée)	+ (protéine marquée)	-
	l'intestin	-	-	-	++ (protéine marquée)

1. Identifier les échanges de matières que réalise la cellule pancréatique avec son environnement.
2. Représenter sous forme d'un schéma légendé les échanges identifiés.

Comprendre l'énoncé

1. Les échanges de matières sont constitués par des entrées et des sorties de matière au sein de la cellule. Il s'agit donc d'identifier ces deux transferts, puis de les représenter sous forme d'un schéma. Le suivi du devenir des acides aminés marqués permet de repérer les transferts.

Éléments de réponse

1. Dans le tableau, on observe que :
– le marquage est d'abord uniquement associé aux dans les acides aminés se trouvant dans les vaisseaux sanguins ;
– il se retrouve ensuite dans le cytoplasme des cellules pancréatiques, mais dans les protéines.
On déduit de ces observations que la cellule pancréatique a prélevé des acides aminés dans le sang et les a assemblés pour synthétiser des protéines. Cela constitue l'entrée de matière dans la cellule.

Dans le tableau, on observe enfin que le marquage se retrouve dans le tube digestif.
On en déduit que cela constitue la sortie de matières de la cellule sous forme de protéines.

2.

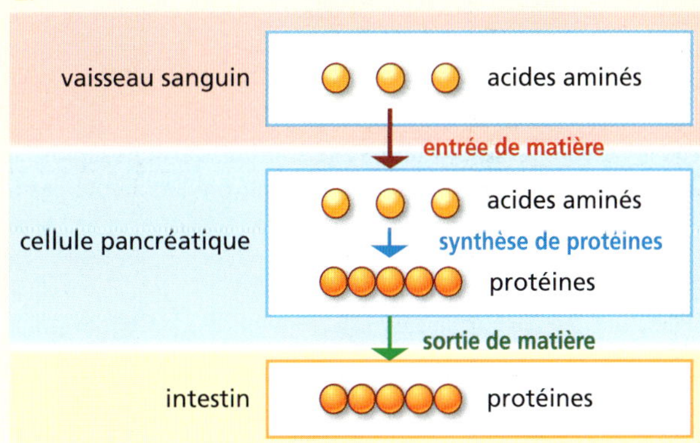

Application

8 Contraction d'une cellule musculaire

Énoncé

Dans un milieu de culture, on introduit du glucose que l'on a marqué et des cellules musculaires. Le marquage permet de suivre le devenir du glucose. On constate qu'à la fin de l'expérience, les cellules musculaires contiennent du glycogène marqué. On précise que dans les conditions naturelles le glucose est apporté par les vaisseaux sanguins. Le glucose est l'une des principales molécules utilisées par le métabolisme énergétique des cellules.

- Représenter sous forme de schéma légendé les échanges énergétiques de la cellule musculaire.

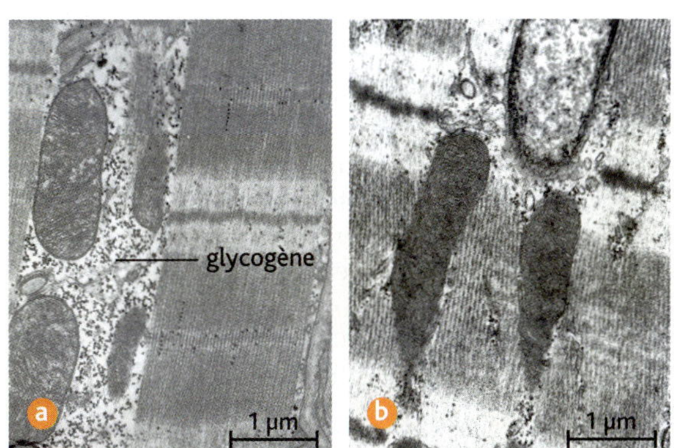

Doc. 1 Micrographies montrant l'intérieur d'une cellule musculaire : avant effort (a) ; après effort (b). Les grains de glycogène apparaissent sous forme de points noirs.

Exploiter des documents

9 La carte de visite d'une cellule

> Traduire des informations par un schéma.

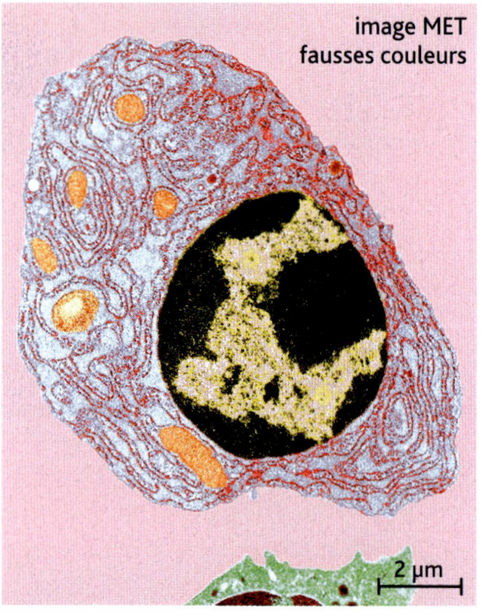

1. Réaliser un dessin légendé de cette cellule.
2. Quels sont les arguments permettant d'affirmer que cette cellule est eucaryote ?

10 La couleur des levures Ade2

> Pratiquer une démarche scientifique, raisonner.

On veut tester l'hypothèse selon laquelle l'apparition des levures blanches a une origine génétique.
On dépose des levures mutantes de coloration rouge dans une boîte de pétri et on les soumet à un rayonnement UV de durée croissante.
Les ultraviolets ont la propriété de provoquer des modifications de l'information génétique. On laisse les levures se développer 48 heures. On dénombre alors le pourcentage de colonies blanches formées.

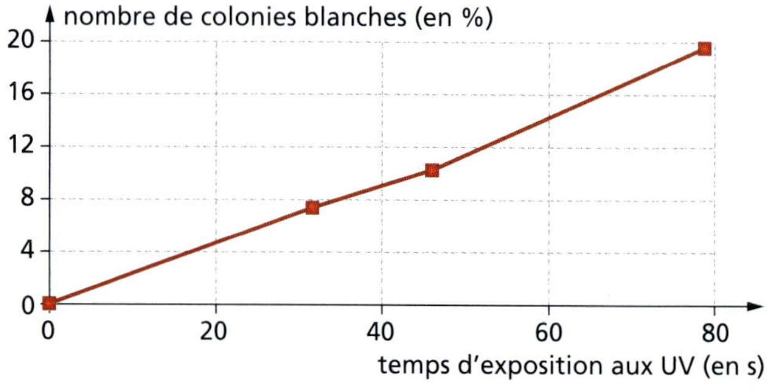

1. Décrire la variation du pourcentage de colonies blanches en fonction du temps d'exposition aux UV.
2. Montrer que les résultats obtenus permettent de valider l'hypothèse formulée.

11 La couleur du pelage du lapin himalayen

> Extraire des informations pour résoudre un problème.

Les lapins européens ont un pelage sombre. Certains lapins, appelés himalayens, sont blancs sauf au niveau de leurs extrémités (queue, oreilles, bouts des pattes et museau).
On réalise plusieurs études afin de comprendre l'origine de la couleur des lapins himalayens.

Plusieurs lapins himalayens sont tondus et placés à 15 °C pendant le temps de repousse des poils. Un pelage uniforme de couleur sombre réapparaît.

Doc. 1

Chez le lapin, comme chez l'Homme, la couleur du poil est due à la présence d'un pigment sombre, la mélanine. Cette molécule est produite grâce à une enzyme, appelée tyrosinase, capable d'assurer la transformation de la tyrosine (incolore) en mélanine.
On suit *in vitro* l'activité de la tyrosinase de deux espèces de lapin. Dans chaque tube, on place la même quantité de tyrosinase et la même concentration de tyrosine. Les mesures sont effectuées à la température du corps du lapin soit 36 °C et à la température des extrémités soit 30 °C.

		début de l'expérience		fin de l'expérience	
		30 °C	36 °C	30 °C	36 °C
concentration en tyrosine	lapin himalayen	+++	+++	+	+++
	lapin européen	+++	+++	+	+

Doc. 2

On a identifié le gène qui code pour la tyrosinase. L'étude de ce gène chez les deux types de lapin a révélé qu'il existe deux allèles correspondant à ce gène. Les deux types de lapin ne portent pas les mêmes allèles.

Doc. 3 Comparaison des séquences des allèles codant pour la tyrosinase.

1. Grâce au document 1, formuler une hypothèse permettant d'expliquer la couleur du pelage du lapin himalayen.
2. Exploiter les résultats obtenus dans le document 2, puis conclure sur la validité de l'hypothèse formulée.
3. Montrer en utilisant cet exemple que le métabolisme est contrôlé à la fois par l'environnement et par le patrimoine génétique.

L'universalité et la variabilité de l'ADN

Unité **4**

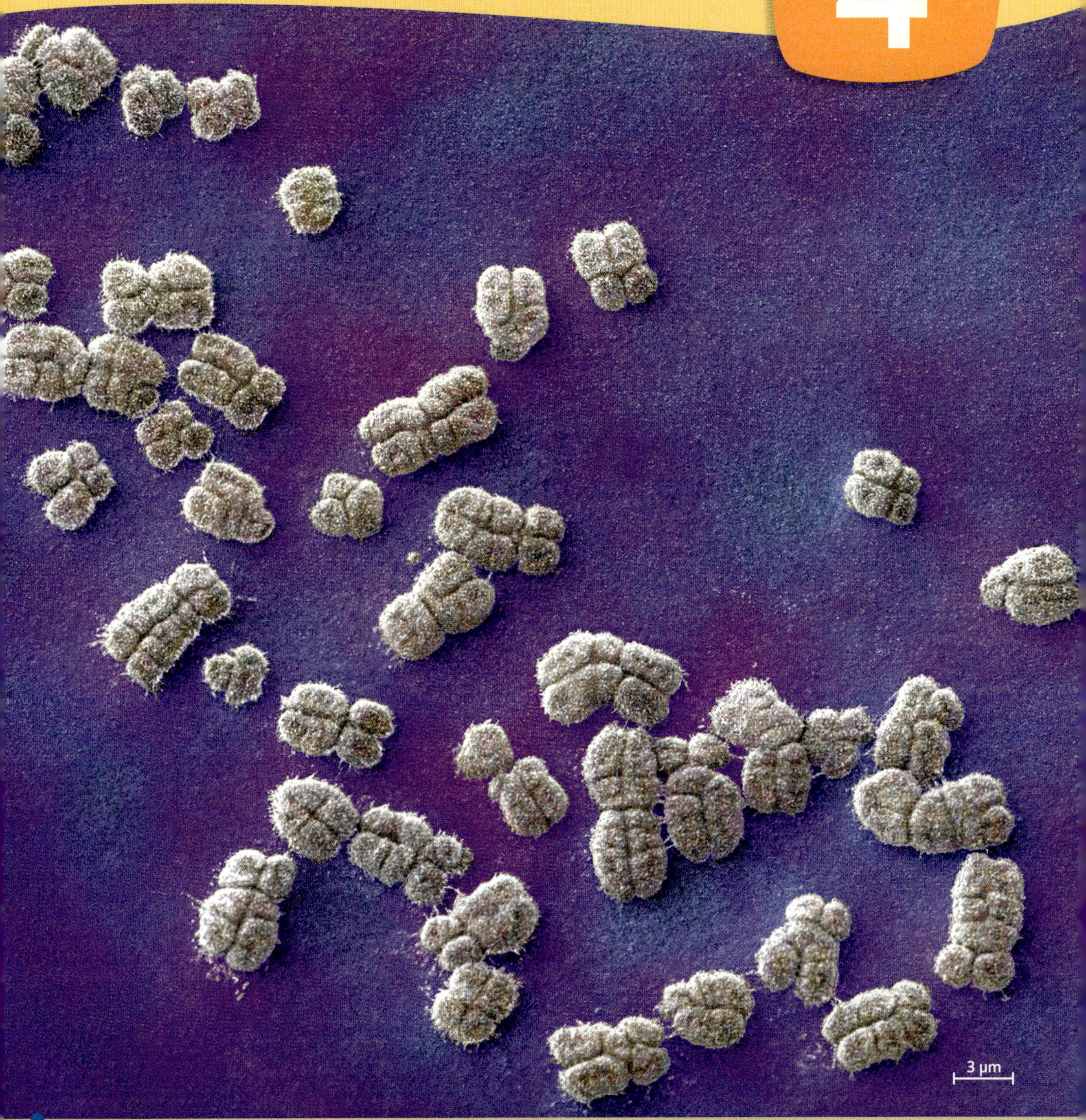

Chromosomes observés en microscopie électronique à balayage.

Les chromosomes, présents dans le noyau, sont constitués d'acide désoxyribonucléique (ADN). Ils sont le support de l'information génétique. Chaque chromosome contient de nombreux gènes déterminant les caractères héréditaires. Ils peuvent exister sous différentes versions appelées allèles. **Comment peut-on mettre en évidence le caractère universel de la molécule d'ADN ? Quelle est sa structure ? Comment expliquer la variabilité génétique ?**

1 L'ADN, support universel de l'information génétique

Depuis les années 1950, la communauté scientifique s'accorde pour dire que l'ADN (acide désoxyribonucléique) est le support universel de l'information génétique. Divers arguments permettent de valider cette affirmation. C'est le cas de la **transgénèse**.

Comment la transgénèse permet-elle de montrer que l'information génétique est inscrite dans la molécule d'ADN dans un langage universel ?

A Le transfert d'un gène d'une espèce à une autre

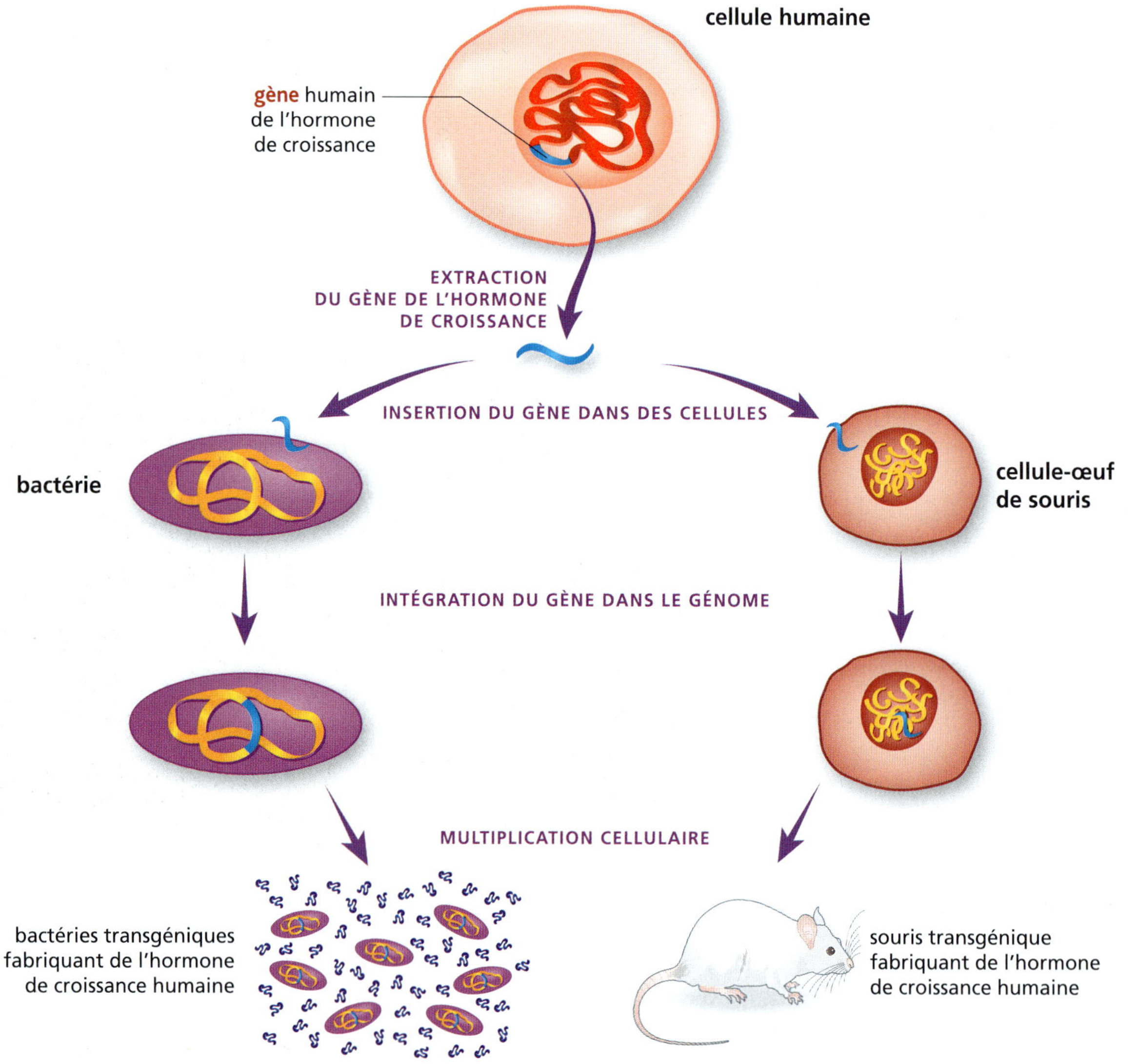

INTÉRÊT INDUSTRIEL :
production d'hormone de croissance depuis 1983 pour le traitement des patients atteints de nanisme

INTÉRÊT SCIENTIFIQUE :
première transgénèse homme/souris en 1982

Doc. 1 Deux exemples de transgénèse (les proportions ne sont pas respectées).

B De nombreuses espèces transgéniques

Chaque année, plusieurs centaines de personnes meurent en France faute d'organes à greffer. L'idée d'utiliser des organes d'animaux est ancienne. Des essais ont été tentés dès le début du XXe siècle. Tous se sont conclus par un rejet de la greffe.
Pour réduire le phénomène de rejet, des porcs transgéniques comportant de l'ADN humain ont été produits.
Les gènes transférés ont pour fonction de préserver les organes d'un rejet.
Ainsi, lorsque des organes de porcs transgéniques sont greffés à des primates, ils sont peu rejetés.
Cependant, d'autres mécanismes de rejet doivent être compris et maîtrisés avant que de telles greffes puissent être effectuées chez l'espèce humaine.

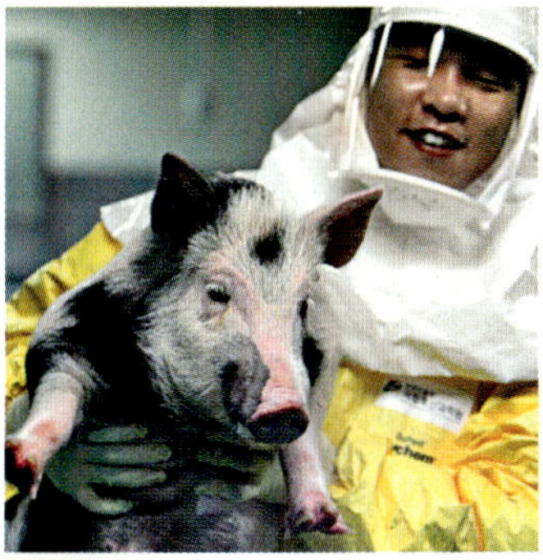

Doc. 2 Des porcs transgéniques pour des greffes humaines.

Le manque de ß-carotène peut entraîner des troubles de la santé : perte de la vue, parfois même le décès de la personne. Chaque année dans le monde, un à deux millions de personnes meurent de cette carence, cinq cent mille perdent la vue.
Le riz doré (a) a été obtenu par double transgénèse en associant un gène issu du maïs et un autre issu d'une bactérie. Tous deux sont responsables de la fabrication de ß-carotène. La couleur du riz doré est due à la présence en grande quantité de ß-carotène.

Doc. 3 Le riz doré (a), un riz transgénique, comparé au riz blanc (b).

Au début des années 1960, le chercheur japonais Osamu Shimomura s'intéresse à une méduse capable d'émettre de la lumière par fluorescence. Il découvre l'origine de ce phénomène : une protéine fluorescente, la GFP (*Green Fluorescent Protein*).
Vingt ans plus tard, un autre chercheur, Martin Chalfie, a l'idée d'introduire le gène de la GFP dans une cellule d'une autre espèce pour induire la fabrication de GFP. Il concrétise cette idée en 1994 en rendant fluorescentes par transgénèse deux vedettes des laboratoires, la bactérie *Escherichia coli* et le ver *Caenorhabditis elegans*. Depuis, différents êtres vivants fluorescents ont été obtenus par transformation génétique (souris, plants de tabac, chats…).
Aujourd'hui, la fluorescence due à la GFP permet de repérer des cellules génétiquement transformées.

M. Chalfie recevant le prix Nobel de chimie en 2008 pour ses travaux sur la GFP.

Doc. 4 Différentes espèces ayant reçu le gène de la GFP.

QUESTION **Rechercher les arguments montrant que l'information génétique est inscrite dans la molécule d'ADN dans un langage universel.**

Pistes pour répondre
- Décrire le principe d'une transgénèse. > Doc. 1
- Rechercher les arguments montrant que l'ADN est le support de l'information génétique. > Doc. 1 à 4
- Rechercher les arguments montrant l'universalité du langage utilisé par la molécule d'ADN. > Doc. 1 à 4

Vocabulaire

Transgénèse : transfert d'un gène d'une espèce à une autre.
Gène : portion d'ADN responsable de l'expression d'un caractère.

2 La structure de la molécule d'ADN

Près de soixante ans se sont écoulés depuis que les biochimistes J. D. Watson et F. H. Crick ont élucidé la structure de la molécule d'ADN. Avant eux, d'autres chercheurs comme E. Chargaff avaient obtenu des résultats importants concernant la détermination de la structure de cette molécule.
Comment est structurée la molécule d'ADN ?

A Découverte de la structure de la molécule d'ADN

Depuis les années 1940, les scientifiques savent que l'ADN est constitué de quatre unités nommées nucléotides : un nucléotide à adénine, un nucléotide à thymine, un nucléotide à guanine et un nucléotide à cytosine.
En 1950, le biochimiste américain E. Chargaff et ses collègues ont réussi à quantifier ces nucléotides (à 0,1 % près) chez différents organismes.

espèces	provenance de l'ADN étudié	nucléotide à adénine (A)	nucléotide à guanine (G)	nucléotide à thymine (T)	nucléotide à cytosine (C)
Escherichia coli (bactérie)	culture	23,7	26,3	23,6	26,4
hareng	sperme	27,7	22,4	27,5	22,4
espèce humaine	sperme	30,2	19,9	30,1	19,8
levure	culture	31,3	18,7	31,2	18,8
rat	moelle osseuse	28,6	21,5	28,4	21,5

Doc. 1 Proportions en nucléotides de l'ADN chez différentes espèces.

« Nous voudrions suggérer une structure pour l'acide désoxyribonucléique (ADN). Cette structure a des caractéristiques nouvelles qui présentent un intérêt biologique considérable.
Une structure pour l'ADN a déjà été proposée par Pauling et Corey. [...] Ce modèle se compose de trois chaînes imbriquées [...]. Une autre structure à trois chaînes a également été suggérée par Fraser.
Nous tenons à présenter une structure radicalement différente. Cette structure dispose de deux chaînes enroulées en hélice. [...] Les nucléotides sont perpendiculaires à l'axe des brins. Ils sont regroupés en paires, un nucléotide d'un brin étant relié par des **liaisons hydrogènes** à un nucléotide de l'autre brin [...]. Les paires sont : un nucléotide à adénine avec un nucléotide à thymine, et un nucléotide à guanine avec un nucléotide à cytosine.
En d'autres termes, si un nucléotide à adénine constitue un membre d'une paire, sur n'importe quel brin, alors l'autre doit être un nucléotide à thymine. Il en est de même pour les nucléotides à guanine et à cytosine. La séquence des nucléotides sur un simple brin n'apparaît aucunement restreinte.
Les résultats obtenus par diffraction aux rayons X montrent que l'ADN possède une forme simple. C'est un polynucléotide enroulé en hélice [...]. La structure est la même dans toutes les espèces. »

D'après J. D. Watson et F. H. Crick, *Nature*, 25 avril 1953.

Doc. 2 Identification de la structure de l'ADN par les biochimistes Watson et Crick.

B Visualisation de la structure de la molécule d'ADN

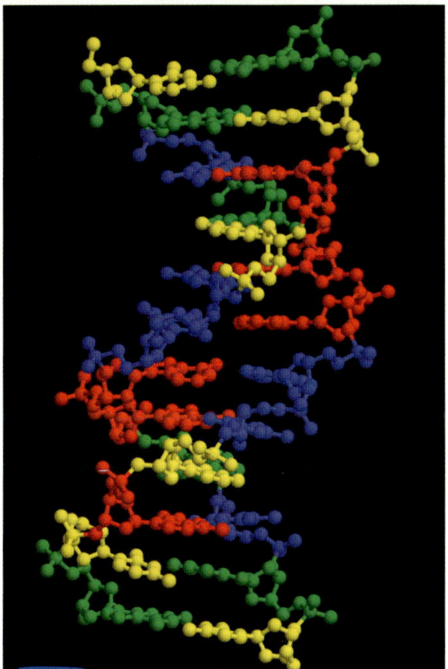

Doc. 3 Visualisation en 3D à l'aide du logiciel *Rastop* d'une portion d'ADN.

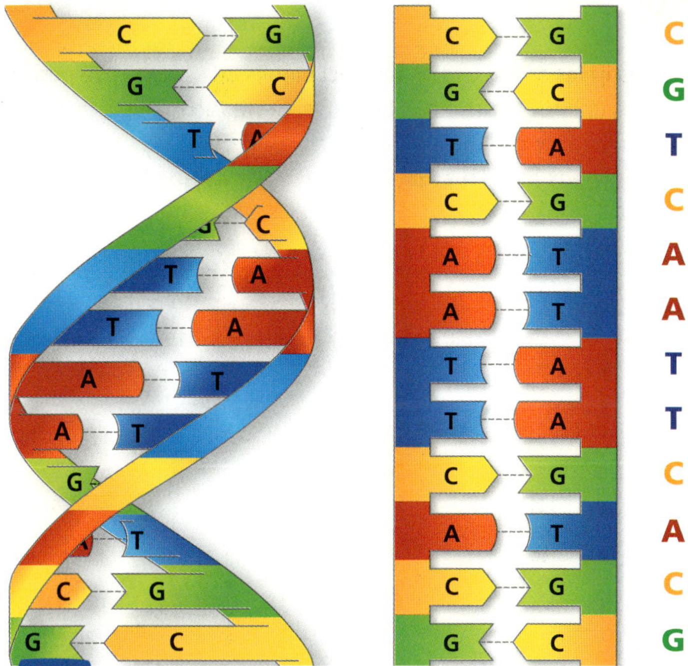

Doc. 4 Schématisation de la molécule enroulée, puis déroulée et enfin de la **séquence** d'un des deux brins.

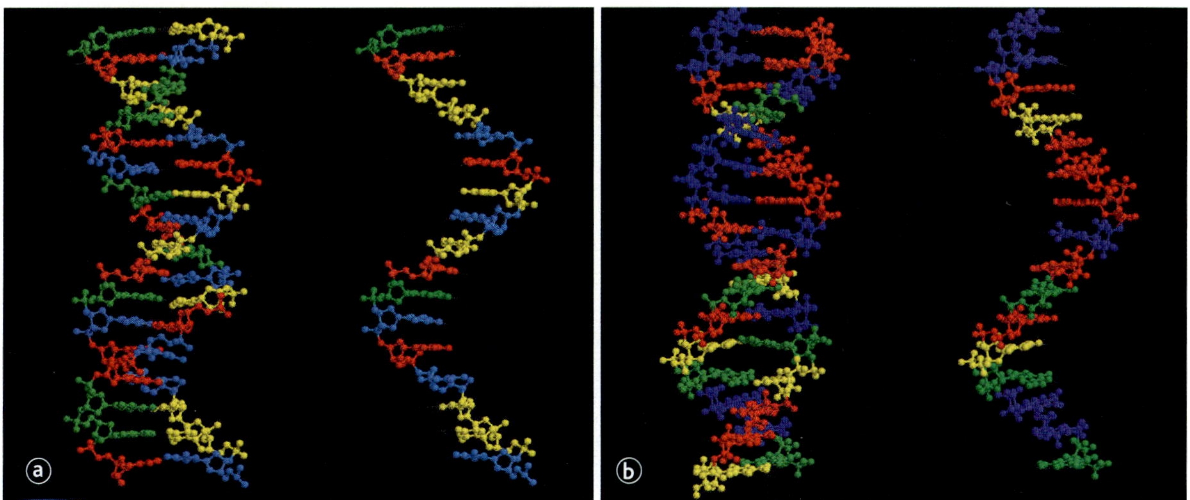

Doc. 5 Visualisation à l'aide du logiciel *Rastop* de deux portions d'ADN, double brin et simple brin, contenant des messages différents : (a) chez la levure ; (b) chez le poulet.

QUESTION Décrire en quelques phrases la structure universelle de la molécule d'ADN, puis expliquer comment l'information génétique est contenue dans cette molécule.

Pistes pour répondre

- Comparer les proportions des nucléotides chez les différentes espèces. > Doc. 1
- Décrire l'organisation de la molécule d'ADN et de ses constituants. > Doc. 2 et 3
- Relier la complémentarité des nucléotides à l'association des deux brins d'ADN. > Doc. 3 et 4
- Comparer la structure et la séquence de la molécule d'ADN de levure et de poulet. > Doc. 5

Vocabulaire

Liaison hydrogène : liaison de faible énergie entre un atome d'hydrogène et un atome d'oxygène.

Séquence : suite ordonnée des nucléotides le long d'un brin d'ADN.

3 L'ADN et la variabilité génétique

Depuis les années 1970, des techniques de séquençage permettent de connaître la succession des nucléotides dans une molécule d'ADN donnée. Cette technique a permis de relier la variabilité de la molécule d'ADN à l'existence d'allèles.

Comment expliquer la variabilité génétique ?

A Les symptômes d'une maladie génétique, la drépanocytose

Au début du XXe siècle, le médecin américain J. Herrick décrit pour la première fois une maladie, la drépanocytose, chez un patient hospitalisé. À l'échelle de l'organisme, le sujet souffre d'une **anémie**, de palpitations et d'un essoufflement.
J. Herrick note que certains membres de la famille du patient présentent les mêmes symptômes.

Une observation microscopique du sang de la personne atteinte permet d'identifier l'origine de la drépanocytose à l'échelle cellulaire [Doc. 1].

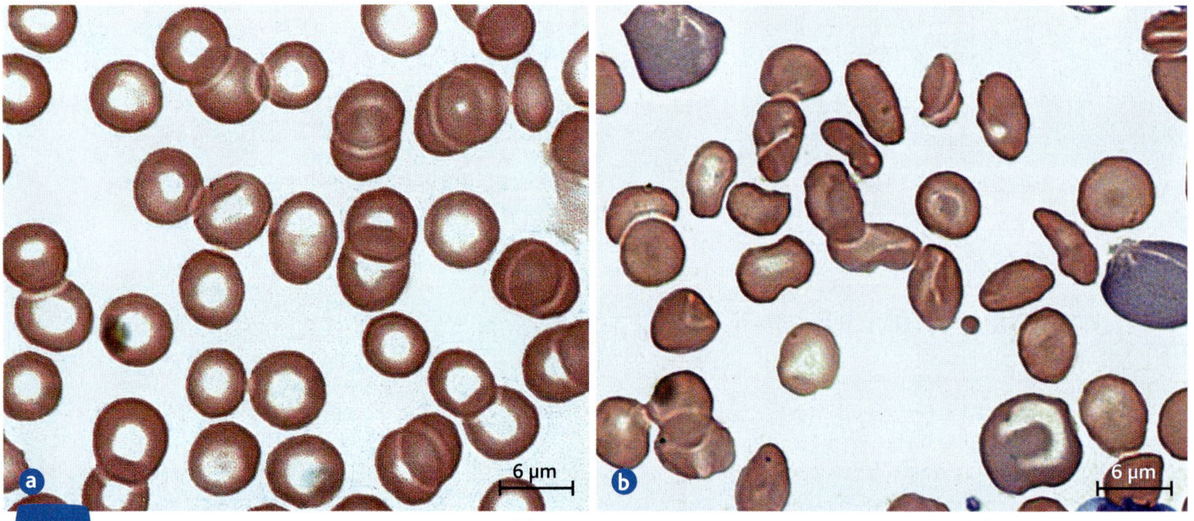

Doc. 1 Cellules sanguines d'un individu non malade (a) et d'un individu atteint de la drépanocytose (b), observées au microscope optique.

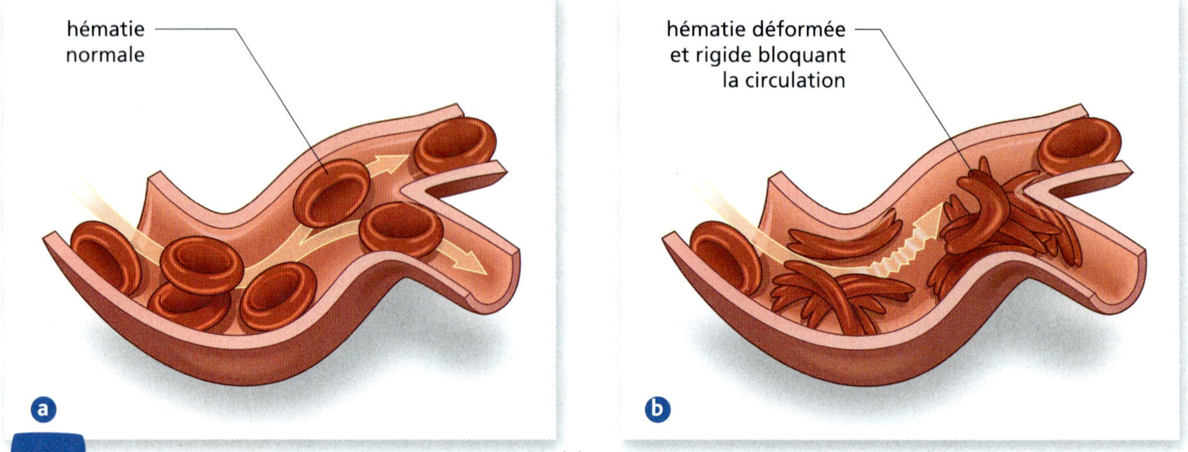

Doc. 2 Circulation sanguine chez un individu non malade (a) et chez un individu drépanocytaire (b).
(a) Les hématies sont souples et circulent normalement. (b) Les hématies déformées et rigides peuvent bloquer la circulation et former des caillots.

B La drépanocytose au niveau moléculaire

L'apport du dioxygène aux organes est réalisé grâce à une protéine, l'hémoglobine, contenue dans les hématies. Chez les individus non malades, l'hémoglobine est de type HbA [Doc. 3]. Chez les individus atteints de la drépanocytose, elle se présente sous une forme HbS [Doc. 4].

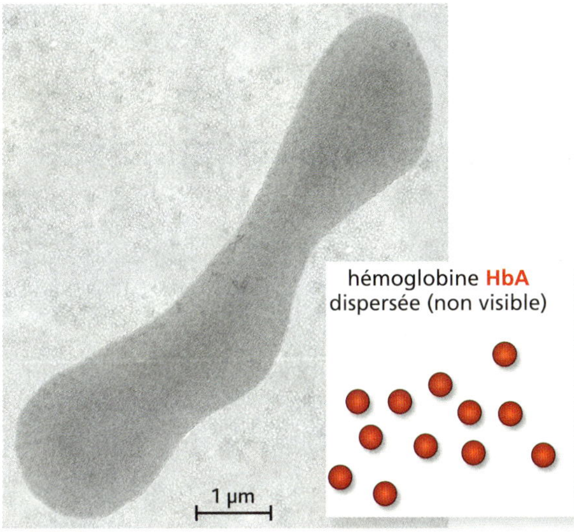

Doc. 3 Micrographie du contenu d'une hématie normale.

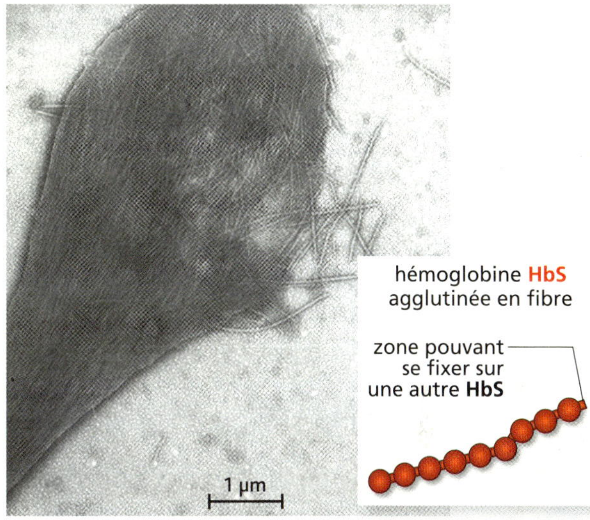

Doc. 4 Micrographie du contenu d'une hématie drépanocytaire dont la membrane est rompue.

C L'origine génétique de la drépanocytose

L'hémoglobine est une protéine formée de quatre chaînes : deux chaînes alpha et deux chaînes bêta. La chaîne bêta est issue de l'expression d'un gène d'une longueur de 444 nucléotides présentant deux **allèles** : bêtaA et bêtaS. L'allèle bêtaS est à l'origine de la drépanocytose.

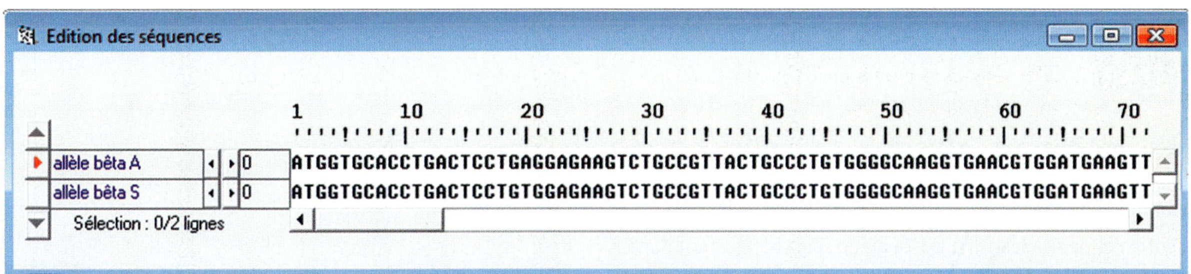

Doc. 5 Séquences des 70 premiers nucléotides des allèles bêtaA et bêtaS visualisées par le logiciel *Anagène*.

QUESTION **Montrer, grâce à l'exemple de la drépanocytose, l'origine de la variabilité de la molécule d'ADN.**

Pistes pour répondre

- Relier les symptômes de la maladie à la présence d'hématies anormales. > Doc. 1 et 2
- Établir un lien entre la forme des hématies et la molécule d'hémoglobine présente chez un individu malade. > Doc. 3 et 4
- Comparer la séquence des deux allèles de l'hémoglobine et identifier la **mutation**. > Doc. 5
- Montrer en quoi une mutation permet d'expliquer l'origine de la maladie et la variabilité de l'ADN.

Vocabulaire

Anémie : sang appauvri en hématies.

Allèle : une des séquences possibles d'un gène.

Mutation : changement dans la séquence nucléotidique.

I L'ADN, support universel de l'information génétique [pp. 52-53]

• La **transgénèse** est une technique qui consiste à transférer un gène d'une espèce à une autre. Elle a pour objectif de donner à cet organisme génétiquement modifié un nouveau caractère jugé intéressant.

• Cette technique permet de prouver que l'information génétique contenue dans l'ADN est inscrite dans un langage commun à tous les êtres vivants : elle est universelle. Ainsi, le message contenu dans un gène peut être exprimé par tous les organismes sous forme de molécule.

• L'universalité du rôle de l'ADN est un indice de la parenté entre tous les êtres vivants.

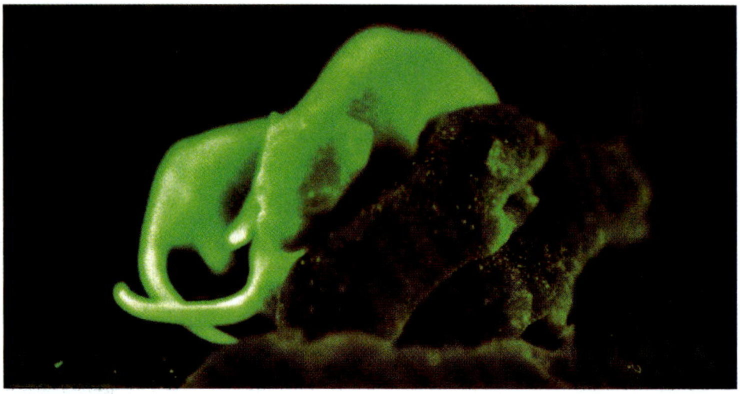

Souris transgéniques (en vert) exprimant le gène de la GFP, à côté de souris non transgéniques.

II La structure de la molécule d'ADN [pp. 54-55]

• L'ADN est une molécule constituée de deux brins parallèles enroulés en **double hélice**.

• Chaque brin d'ADN est composé d'un long enchaînement de **nucléotides**. Il existe quatre nucléotides différents : nucléotides à adénine (A), à thymine (T), à cytosine (C), à guanine (G).

• L'association des nucléotides entre les deux brins d'ADN respecte une règle de complémentarité : un nucléotide à adénine s'associe à un nucléotide à thymine, un nucléotide à cytosine s'associe à un nucléotide à guanine.

• La succession des nucléotides sur un brin d'ADN constitue une **séquence** nucléotidique.

• L'universalité de la structure de l'ADN est un indice de la parenté entre êtres vivants.

III L'ADN et la variabilité génétique [pp. 56-57]

• Pour un même gène, il existe plusieurs allèles. Dans le cas de la drépanocytose, on distingue les allèles HbA et HbS, l'allèle HbS entraînant la maladie.

• Entre ces deux allèles, il n'existe qu'un seul changement dans la séquence nucléotidique. Ce changement ou **mutation** entraîne la fabrication d'une molécule d'hémoglobine anormale à l'origine des symptômes de la maladie. La séquence des nucléotides détermine donc le message porté par l'ADN.

• La molécule d'ADN est une molécule dont la séquence nucléotidique varie en fonction des individus. Cette **variabilité de l'ADN** permet non seulement d'expliquer l'origine des maladies génétiques, mais également d'expliquer l'origine de la diversité génétique des individus d'une même espèce ou d'une espèce à l'autre.

Mots-clés, voir page 253

Transgénèse	Séquence
Double hélice	Mutation
Nucléotides	Variabilité de l'ADN

variabilité de l'ADN

L'essentiel

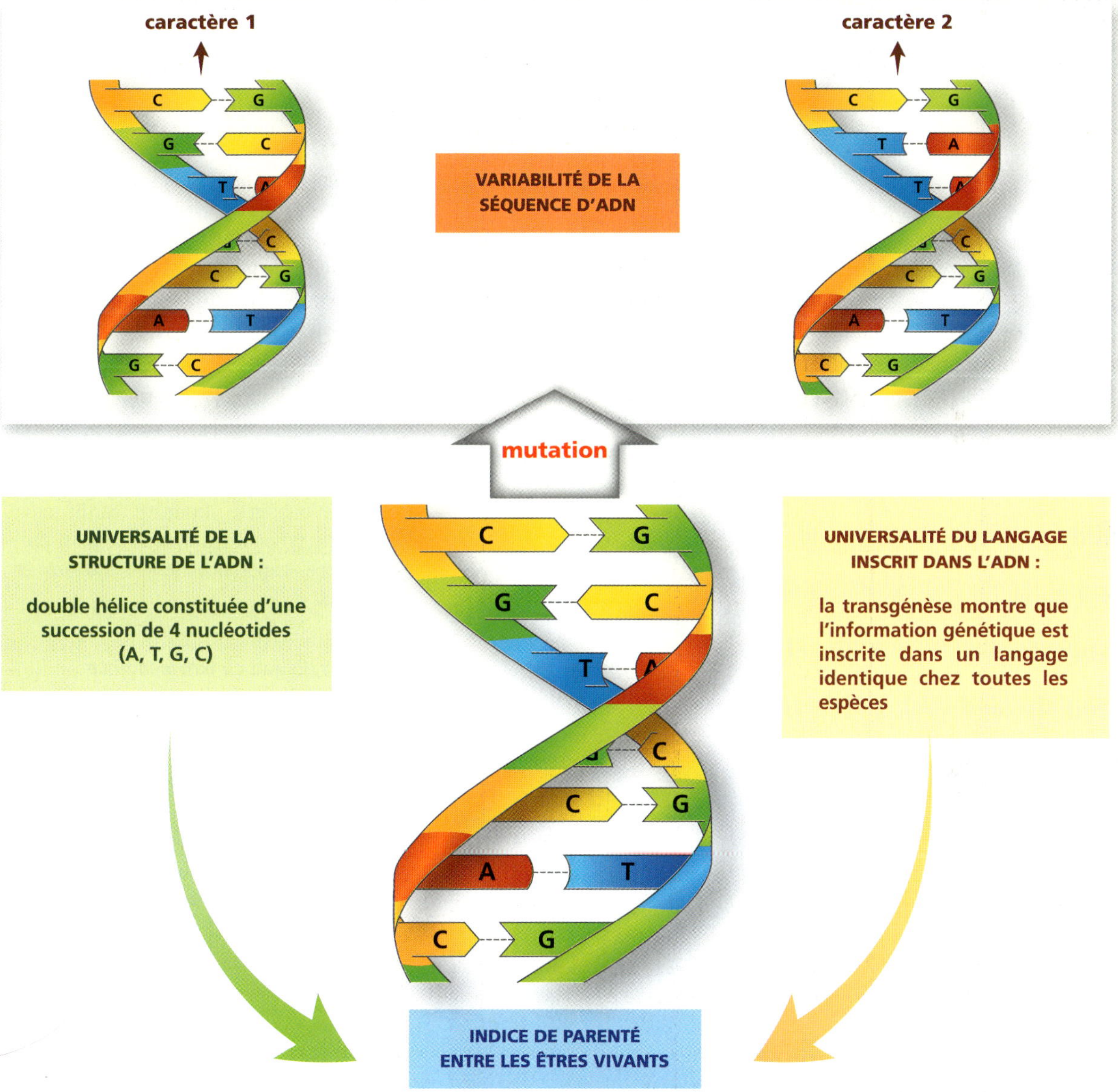

Compétences

Savoir que :

- La transgénèse montre que l'information génétique est contenue dans la molécule d'ADN. Elle y est inscrite dans un langage universel.
- La variation génétique repose sur la variabilité de la molécule d'ADN. La séquence d'un gène peut subir des modifications appelées mutations qui touchent un ou plusieurs nucléotides.
- L'universalité du rôle de l'ADN est un indice de la parenté entre les êtres vivants.

Être capable de :

- Manipuler, modéliser, recenser, extraire et organiser des informations pour mettre en évidence l'universalité de l'ADN.
- Mettre en œuvre une méthode (démarche historique et/ou utilisation de logiciel et/ou pratique documentaire) permettant d'approcher la structure de l'ADN et la nature du message codé.

Pour développer des compétences

> *Être conscient de l'existence d'implications éthiques de la science.*

Histoire des Arts

L'ADN au cinéma

De nombreux films traitent de la génétique. C'est le cas de *Bienvenue à GATTACA*, réalisé par l'Américain Andrew Niccol et sorti en 1997 avec les acteurs Jude Law et Uma Thurman.

Dans un monde hautement technologique qui pratique l'eugénisme à grande échelle, la procréation est confiée à des médecins généticiens. Ils sont chargés de sélectionner les gamètes génétiquement les meilleurs de leurs clients afin de concevoir *in vitro* des enfants parfaits.

Les entreprises recrutent leurs employés en fonction de leur patrimoine génétique grâce à des tests ADN. Les individus conçus de manière naturelle se retrouvent ainsi exclus et cantonnés à des tâches ingrates.

Vincent, issu d'une reproduction naturelle, possède un patrimoine génétique imparfait. Il met tout en œuvre pour intégrer la plus prestigieuse des entreprises, *GATTACA*, impliquée dans les vols spatiaux vers Mars.

Ce film est riche en messages cachés qui renvoient à l'ADN.
Par exemple, son titre fait référence aux quatre nucléotides.

Par ailleurs, lors des génériques, les lettres G, A, T et C des noms des acteurs apparaissent en premier.

Vincent en voix off :

« Au moment où je suis né, alors que je n'étais âgé que de quelques secondes, le moment exact et la cause de ma mort étaient déjà connus. »

L'infirmière pose Vincent sur une table et réalise une analyse de son l'ADN grâce à une prise de sang.

Le diagnostic est lu par l'infirmière : « Affections neurologiques : 60 % de probabilités, psychoses maniaco-dépressives : 40 % de probabilités, hyperactivité : 89 % de probabilités, troubles cardiaques : 89 % de probabilités, risque de mort prématurée, espérance de vie : 30 ans et 2 mois. »

Doc. 1 Extrait du film *Bienvenue à GATTACA*.

Jérôme est un être génétiquement parfait. Il va donner son ADN à Vincent pour tromper les tests de *GATTACA*. Un accident l'a invalidé.

Doc. 2 Rencontre entre Vincent et Jérôme, deux personnages du film.

Anton a lancé un défi à Vincent : nager le plus loin possible en mer.

Anton devrait gagner, car il a été sélectionné génétiquement. Pourtant, Vincent l'emporte devant Anton, paniqué de ne plus savoir où se trouve le rivage.

– Anton : « Vincent... Comment arrives-tu à faire ça, Vincent ? Comment tu arrives à faire tout ça ? Il faut faire demi-tour ! »

– Vincent : « Non, c'est trop tard. On est plus près de l'autre côté. »

– Anton : « Quel autre côté ? Tu veux qu'on se noie tous les deux ? »

– Vincent : « Tu veux savoir comment j'ai fait ? Je vais te dire comment j'ai fait, Anton. Je n'ai jamais économisé mes forces pour le retour. »

Doc. 3 Extrait du film où Vincent est reconnu par son frère cadet Anton sélectionné *in vitro*.

Questions :

- Rechercher les références à l'ADN faites dans le film.
- Discuter des risques du « tout génétique ».

« Ressusciter » les mammouths ?

Depuis longtemps, l'Homme rêve de ressusciter des dinosaures à partir de leur ADN. Mais aujourd'hui, cela reste du domaine de la science-fiction, car l'ADN des fossiles est fragmenté, dégradé et chimiquement modifié.

Les mammouths se sont éteints récemment, vers -10 000 ans. Certains individus ont été retrouvés momifiés dans de la glace. Une équipe américaine a extrait, puis séquencé des millions de petits fragments d'ADN contenus dans des poils de l'une de ces momies. 50 % du génome de mammouth, qui est estimé à 4,7 milliards de paires de bases, a ainsi été déchiffré. C'est la première fois qu'une telle séquence d'ADN est décryptée chez un organisme disparu.

Cependant, les étapes jusqu'à une « résurrection » sont encore nombreuses :

1. Fabriquer un ADN d'une longueur de 4,7 milliards de nucléotides alors que l'ADN le plus long jamais synthétisé mesure 582 000 nucléotides !

2. Fragmenter l'information génétique en plusieurs chromosomes.

3. Placer cet ADN dans un noyau.

4. Récolter des ovules d'éléphante, enlever leur noyau et injecter ce noyau synthétique.

5. Enfin, implanter ces ovules dans l'utérus d'une éléphante.

Stephen Schuster, un scientifique américain, a désormais l'intention de se lancer dans ce projet ambitieux dont il estime la durée à 10 ans. D'autres séquençages concernant l'Homme de Neandertal sont en cours.

INTERVIEW | Métier Jean, technicien-préleveur dans un laboratoire d'analyses biologiques

■ Quel métier souhaitiez-vous exercer lorsque vous étiez adolescent ?

> J'étais déjà passionné par tout ce qui touchait au domaine de la biologie. Je voulais être vétérinaire.

■ En quoi consiste votre métier de technicien-préleveur ?

> Je pratique les prélèvements sur les patients qui se rendent au laboratoire. Ensuite, je réalise les analyses sur les prélèvements effectués.

■ Quels conseils donneriez-vous aux jeunes voulant travailler dans ce secteur ?

> Il faut aimer le contact humain et savoir être à l'écoute des gens pour pouvoir les rassurer. Je côtoie de nombreuses personnes malades et j'essaye de faire en sorte que le moment du prélèvement soit le plus sympathique possible. Il faut aussi être rigoureux et concentré lors des prises de sang, car ce geste comporte des risques, et lors des analyses pour ne pas commettre d'erreur de manipulation.

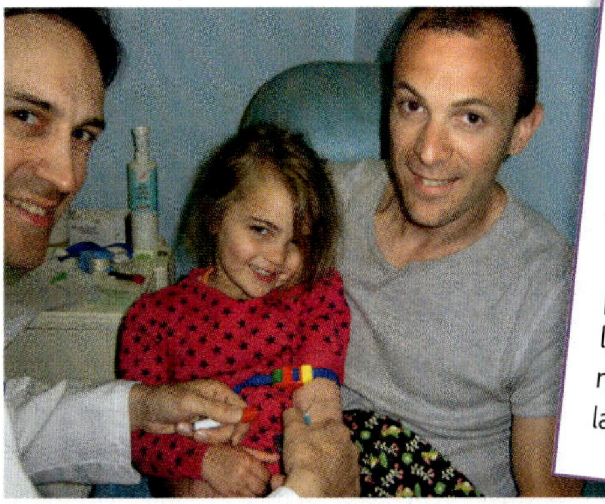

PARCOURS

Après un baccalauréat STL (sciences et techniques des laboratoires), Jean a intégré un BTS d'analyses biologiques pour une durée de 2 ans. Il a complété sa formation initiale par un certificat d'aptitude aux prélèvements sanguins, ce qui lui permet à présent de travailler dans un laboratoire d'analyses biologiques.

Exercices

S'auto-évaluer

> Restituer des connaissances.

1 QCM

Choisir la (ou les) bonne(s) réponse(s).

	Propositions de réponses			En cas d'erreur, revoir :
	A	B	C	
1. La transgénèse montre que l'information génétique est	contenue dans l'ADN	identique d'un organisme à l'autre	inscrite dans un langage universel	p. 52
2. L'ADN est	constitué d'une chaîne de nucléotides formant un brin	une molécule, support de l'information génétique	uniquement présent chez les végétaux	p. 55
3. L'ADN est constitué par une succession	de nucléotides	de protides	de sucres	p. 55
4. Dans une molécule d'ADN, il y a	autant d'adénine que de guanine	autant de thymine que de cytosine	autant de guanine que de cytosine	p. 55
5. L'information génétique est définie par	la structure des nucléotides	le nombre de nucléotides	la séquence des nucléotides	p. 55
6. Une mutation	est un changement dans la séquence des nucléotides	n'est jamais transmissible de génération en génération	peut être à l'origine d'un nouveau caractère	p. 57
7. Un allèle est	une mutation	une des séquences possibles d'un gène	un chromosome	p. 57
8. Une maladie héréditaire	a pour origine un allèle dont la séquence est mutée	peut être contagieuse	n'est pas transmissible de génération en génération	p. 57

2 Définir des termes

a. Organisme génétiquement modifié
b. Universalité du message génétique **c.** Nucléotide
d. Allèle **e.** Mutation **f.** Complémentarité des nucléotides.

3 Rédiger une phrase

a. Double hélice / ADN / deux brins parallèles.
b. Séquence / message génétique / nucléotides.
c. Maladie génétique / mutation / allèle.
d. ADN / transgénèse / universalité.

4 Représenter par un schéma

a. Une molécule d'ADN ayant comme séquence GAGCGT.
b. Deux allèles d'un fragment de gène composé de 10 nucléotides. Ces allèles diffèrent par deux mutations en position 3 et en position 5.

5 Établir et expliquer le lien...

a. Entre la transgénèse et l'universalité de l'information génétique.
b. Entre la structure de l'ADN et la capacité de cette molécule d'être le support de l'information génétique.
c. Entre mutation et variabilité génétique.

Voir corrigés p. 254.

Rédiger

> Restituer des connaissances.

6 **a.** Après avoir présenté l'organisation de la molécule d'ADN, expliquer comment l'information génétique peut être inscrite dans cette molécule.

b. Réaliser un schéma permettant de montrer les éléments essentiels composant la molécule d'ADN ainsi que leur agencement dans la structure de cette molécule.

Exercice résolu

7 La découverte historique du rôle de l'ADN

> Pratiquer une démarche scientifique.

Énoncé

Les documents 1 et 2 ci-dessous présentent les expériences de F. Griffith, médecin et bactériologue anglais, réalisées en 1928.

	expérience 1	expérience 2	expérience 3	expérience 4
protocole	injection de bactéries possédant une capsule 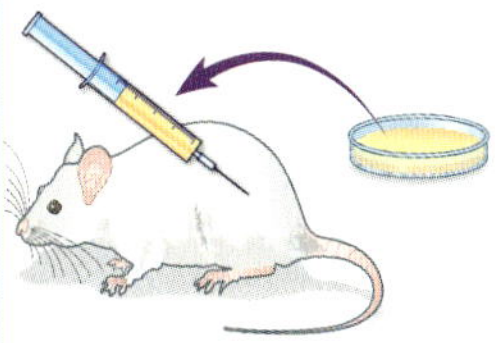	injection de bactéries ne possédant pas de capsule 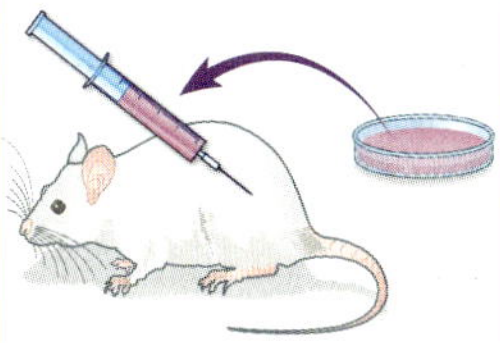	traitement thermique des bactéries possédant une capsule, puis injection de ces bactéries 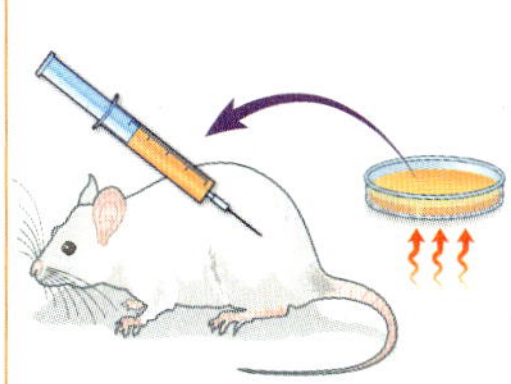	traitement thermique des bactéries possédant une capsule, puis ajout des bactéries ne possédant pas de capsule, enfin injection 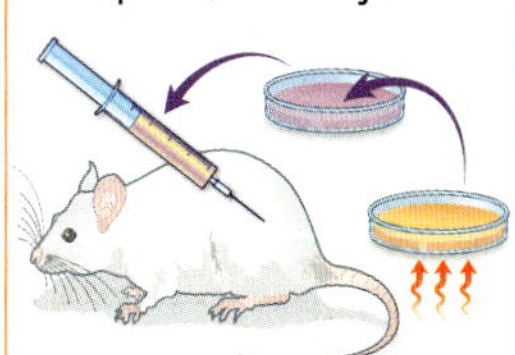
résultat	mort de la souris 	la souris survit 	la souris survit 	mort de la souris 
analyse sanguine des souris	bactéries à capsule	pas de bactérie	pas de bactérie	bactéries à capsule

Doc. 1 Des expériences sont réalisées avec deux souches bactériennes similaires, l'une possédant une capsule, l'autre non.

mélange effectué	capsules + bactéries sans capsule	membrane des bactéries à capsule + bactéries sans capsule	cytoplasme des bactéries à capsule + bactéries sans capsule	ADN des bactéries à capsule + bactéries sans capsule
résultat de l'expérience	bactéries sans capsule	bactéries sans capsule	bactéries sans capsule	bactéries à capsule

Doc. 2 D'autres expériences sont réalisées afin de comprendre les résultats obtenus.
On a broyé puis séparé les différents éléments composant les bactéries à capsule. Ces éléments sont placés en contact avec des bactéries ne possédant pas de capsule.

1. Après avoir étudié les expériences du document 1, formuler une hypothèse permettant d'expliquer la mort des souris dans l'expérience 4.

2. Vérifier l'hypothèse formulée à l'aide du document 2.

Comprendre l'énoncé

1. Avant de formuler l'hypothèse, étudier le document 1. Pour cela comparer le protocole et le résultat obtenu dans chaque expérience.

Les expériences 1 et 2 servent de témoin à l'expérience 3.
L'expérience 3 sert de témoin à l'expérience 4.

2. Comparer les expériences : une seule permet la transformation des bactéries sans capsule en bactéries à capsule.

Éléments de réponse

1. On observe que les bactéries à capsule sont pathogènes pour la souris (d'après l'expérience 1), tandis que les bactéries dépourvues de capsule ne le sont pas (d'après l'expérience 2).
L'expérience 3 permet d'observer qu'un traitement thermique rend non pathogènes les bactéries à capsule.
L'expérience 4 montre que les bactéries sans capsule peuvent acquérir une capsule et devenir mortelles. On peut formuler l'hypothèse que les bactéries ont récupéré les capsules des bactéries mortes, ou bien que les bactéries ont acquis le gène leur permettant de fabriquer une capsule.

2. En présence d'ADN des bactéries à capsule, les bactéries sans capsules acquièrent une capsule, ce qui n'est pas le cas pour les autres expériences. On peut donc conclure que les bactéries ont acquis le gène leur permettant de fabriquer une capsule en récupérant l'ADN des bactéries à capsule.

Exploiter des documents

8 Origine d'une maladie : la phénylcétonurie
> *Pratiquer une démarche scientifique.*

La phénylcétonurie est une maladie grave affectant 1 nouveau-né sur 16 000 en France.

La phénylcétonurie est due à une enzyme appelée phénylalanine hydroxylase (PAH) qui intervient dans l'utilisation et la dégradation de la phénylalanine, un acide aminé. La PAH est issue de l'expression d'un gène. Chez les malades atteints de phénylcétonurie, cette enzyme est non fonctionnelle, ce qui provoque l'accumulation dans le sang de phénylalanine.
À haute dose, la phénylalanine est toxique pour le cerveau, ce qui entraîne un retard mental irréversible et d'autres problèmes neurologiques.
Le traitement repose sur un régime alimentaire extrêmement strict où l'on fait disparaître toute source de phénylalanine.

Doc. 1 Qu'est-ce que la phénylcétonurie ?

Allèle PAH d'un individu sain

1 ▼ … 1220 ▼ … 1245 ▼ … 1359 ▼

ATGTCCACT .... CTCGGCCCTTCTCAGTTCGCTACGAC .... ATAAAGTAA

Allèle PAH d'un individu atteint de la phénylcétonurie

1 ▼ … 1220 ▼ … 1245 ▼ … 1359 ▼

ATGTCCACT .... CTCAGCCCTTCTCAGTTCGCTACGAC .... ATAAAGTAA

Les portions d'ADN non représentées sont identiques chez tous les individus.

Doc. 2 Séquences nucléotidiques du gène codant pour la PAH.

1. Formuler une hypothèse permettant d'expliquer l'origine de la phénylcétonurie. > Doc. 1
2. Vérifier l'hypothèse formulée à l'aide du document 2.

9 La structure de la molécule d'ADN
> *Utiliser des modes de représentation des sciences expérimentales.*

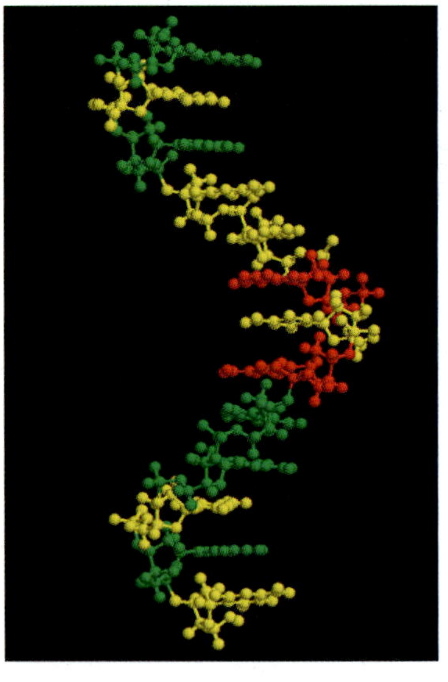

1. Réaliser le schéma de l'ADN ci-contre à l'aide de formes simples.
2. Schématiser le brin complémentaire et en donner la séquence.

(Les codes couleurs sont les mêmes que ceux utilisés p. 55.)

10 Une bactérie étonnante
> *S'informer à partir d'un texte, utiliser des modes de représentation des sciences expérimentales, raisonner.*

Agrobacterium tumefaciens est une bactérie qui se développe dans le sol. Elle est attirée par les plantes lorsqu'elles sont blessées. Au niveau de cette blessure, la bactérie est capable de se « coller » sur les cellules du végétal. À la suite de ce contact, les cellules végétales se multiplient donnant naissance à une galle. Les cellules de la galle libèrent des composés chimiques particuliers dans le milieu : les opines.
Les agrobactéries présentes près de la galle, dans le sol, utilisent ces molécules comme source de matière et d'énergie. Depuis 1974, on sait que cette production d'opines est due au transfert d'ADN depuis la bactérie vers le génome de la plante.

1. Réaliser un schéma légendé et titré correspondant au phénomène décrit dans le texte.
2. Quelle caractéristique de l'information génétique ce phénomène met-il en évidence ?

11 La structure de la molécule d'ADN
> *S'informer à partir d'un tableau, raisonner.*

On a déterminé les proportions en nucléotides chez différentes espèces. Les résultats de ces mesures, exprimées en %, sont consignés dans le tableau ci-contre.

1. Comparer les proportions en nucléotides du colibacille et du veau.
2. Que peut-on conclure de cette comparaison ?
3. Formuler une hypothèse en lien avec la structure de la molécule d'ADN permettant d'expliquer les résultats concernant le bactériophage.

origine de l'ADN	nucléotide à adénine	nucléotide à guanine	nucléotide à thymine	nucléotide à cytosine
colibacille (bactérie)	25	25	25	25
veau (cellules de thymus)	29	21	28	22
veau (cellules de la peau)	29	21	28	22
bactériophage (virus parasite de bactéries)	25	24	33	18

La biodiversité, un enjeu majeur du XXIe siècle

Unité
5

Charançon de Papouasie-Nouvelle Guinée (*Eupholus benetti*).

La biodiversité constitue un patrimoine naturel. Elle subit une perte irréversible du fait des activités humaines. Un effort majeur est nécessaire pour découvrir, comprendre, conserver et utiliser durablement la diversité du vivant.

Qu'est-ce que la biodiversité ? Comment celle-ci a-t-elle évolué au cours du temps ? Quelles sont les influences de l'Homme sur celle-ci ?

1 Les divers aspects de la biodiversité

Edward O. Wilson, biologiste et entomologiste américain considéré comme l'inventeur du mot *biodiversité*, en donne la définition suivante : « la totalité de toutes les variations de tout le vivant ». Une étude sur le terrain permet de mieux appréhender cette définition.

Comment repérer au cours d'une sortie les divers aspects de la biodiversité ?

A L'étude de deux milieux différents en Martinique

Doc. 1 Carte synthétique de la biodiversité.

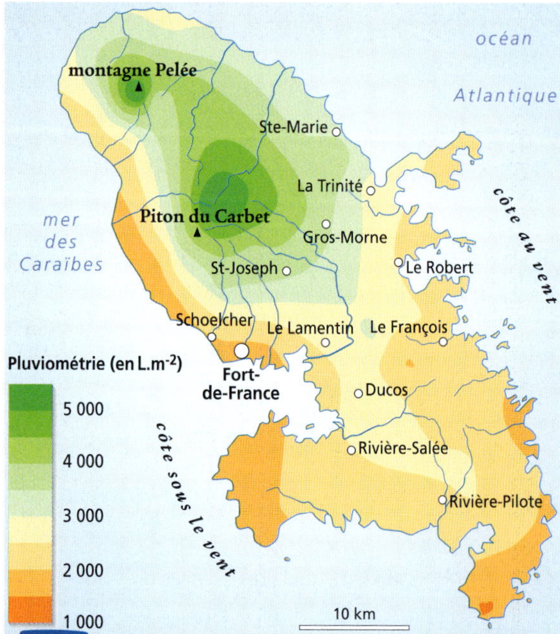

Doc. 2 Carte de la répartition des pluies en Martinique.

La presqu'île de la Caravelle est située à l'est de la Martinique. Elle présente des milieux très diversifiés. Un sentier permet d'y observer deux milieux : la mangrove et la forêt sèche.

La mangrove est une forêt littorale caractérisée par une salinité très variable, une eau pauvre en dioxygène et un sol instable composé de sédiments apportés par les rivières.

La forêt sèche est caractérisée par une intense évaporation qui conduit à des pertes d'eau importantes et à une hygrométrie plus basse que celle de la mangrove. La température de l'air peut atteindre 45 °C.

Doc. 3 Quelques caractéristiques de deux milieux rencontrés sur la presqu'île de la Caravelle.

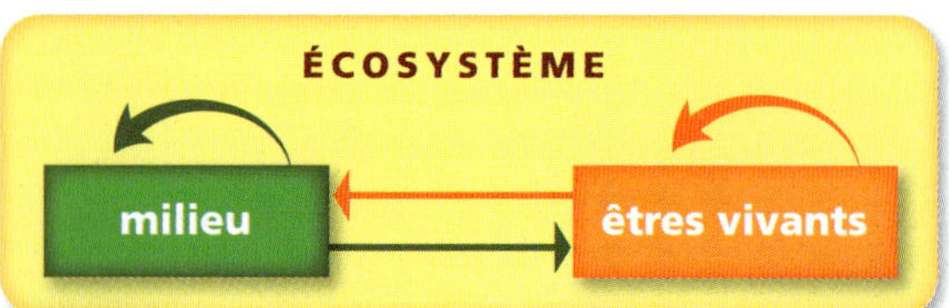

Doc. 4 Qu'est-ce qu'un écosystème ?

Un écosystème comprend un milieu, caractérisé par des paramètres physico-chimiques, les êtres vivants qui le composent et toutes les relations qui peuvent exister et se développer à l'intérieur de ce système.

Un écosystème peut se limiter à un espace très réduit ou s'étendre à toute la Terre.

B Étude de la diversité des espèces

ⓐ Crabe bleu.

ⓑ Moqueur des savanes mangeant des baies de poivrier.

Les arbres de la mangrove sont des palétuviers. On en dénombre quatre espèces dont la répartition dépend de la salinité du sol.

La mangrove est une aire de croissance et d'alimentation pour de nombreuses espèces de poissons, de crevettes, de crabes et de mollusques. Elle abrite plus de quatre-vingts espèces d'oiseaux de mer et du littoral.

Certains d'entre eux font halte en Martinique et en Guadeloupe pendant leur migration entre l'Amérique du Nord et l'Amérique du Sud.

Outre les arbres et les arbustes, la forêt sèche est également colonisée par de nombreuses espèces de lianes. Le sous-bois est peuplé d'herbes, de cactus et d'agaves.
Certaines espèces d'arbres comme le courbaril ou le bois de rose ont pratiquement disparu suite à une surexploitation.

La forêt sèche recèle une diversité importante (insectes, oiseaux, amphibiens, etc.).

On rencontre de nombreux petits lézards.

Les mangoustes, petits mammifères carnivores importés pour faire diminuer la population de serpents fer de lance, ont fait disparaître de nombreuses espèces **endémiques** d'oiseaux.

ⓒ Colibri huppé.

ⓓ Forêt sèche.

Doc. 5 Présentation de quelques espèces observables dans les deux milieux de la presqu'île de la Caravelle.

Les relevés floristiques et faunistiques permettent de quantifier le nombre d'individus par espèce.
Un inventaire du nombre de libellules autour des mares a été mené dans la mangrove et la forêt sèche (expertise menée par la DIREN entre le 7 et le 27 mars 2005). (a) L'étude de la séquence partielle d'un gène codant pour un pigment visuel chez différents individus de l'espèce *ischnura ramburii* a été réalisée. (b)

ⓐ

nom d'espèce de libellules	mangrove	forêt sèche
brachymesia herbida	0	1
erythemis vesiculosa	4	0
erythrodiplax umbrata	9	0
ischnura capreolus	150	0
ischnura ramburii	20	11
micrathyria didyma	20	0
orthemis	0	7

ⓑ

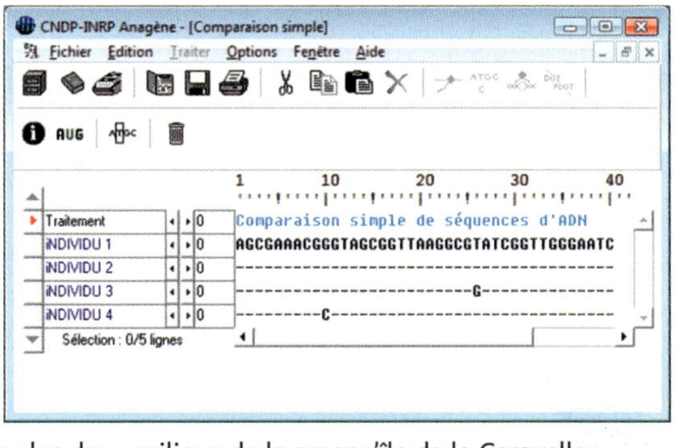

Doc. 6 Diversité des espèces et des individus autour d'une mare dans les deux milieux de la presqu'île de la Caravelle.

QUESTION **Repérer les divers aspects de la biodiversité de la presqu'île de la Caravelle.**

Pistes pour répondre
- Repérer les différences de conditions de vie entre les deux milieux. > Doc. 1 à 4
- Montrer qu'il existe une diversité des espèces quel que soit le milieu. > Doc. 5
- Montrer qu'il existe une diversité génétique au sein des espèces. > Doc. 6

Vocabulaire

Endémique : se dit d'une espèce vivant uniquement dans une zone géographique réduite.

2 La biodiversité au cours du temps

Les peuplements n'ont pas toujours été les mêmes au cours des temps géologiques.
Comment la biodiversité a-t-elle évolué au cours du temps ?

A La biodiversité passée

Au Cambrien (entre -540 et -490 Ma), les fonds marins sont caractérisés par une biodiversité importante.

Parmi les quelque 180 espèces qui y ont été découvertes à ce jour, les arthropodes, avec 40 % des espèces recensées, sont majoritaires en terme de biomasse. C'est toujours le cas dans les écosystèmes actuels.

Plus de 90 % de ces espèces vivaient sur le fond marin, contrairement à aujourd'hui.

Certains organismes étaient fixés et filtraient l'eau, se nourrissant des particules qui s'y trouvaient. Des mollusques broutaient les tapis bactériens. La présence de prédateurs, en particulier de grands arthropodes, démontre l'existence d'un réseau alimentaire complexe.
Aucune trace de vie sur les continents correspondant à cette période n'a été découverte à ce jour.

Doc. 1 La vie marine au Cambrien.

Au Carbonifère (entre -360 et -300 Ma), la forêt houillère montre une grande diversité végétale. Elle se développe dans des zones marécageuses équatoriales.
De nombreux arbustes, végétaux herbacés et lianes poussent dans les forêts où les arbres peuvent atteindre quarante mètres de hauteur. La faune, tant océanique que continentale, possède une biodiversité importante.
L'étude des fossiles de cette époque montre que tous les groupes zoologiques actuels étaient représentés. Les arthropodes sont particulièrement diversifiés. Les écosystèmes sont complexes et présentent des prédateurs telle que *Meganeura*, une libellule atteignant 70 cm d'envergure.

Doc. 2 La vie terrestre au Carbonifère.

L'histoire de la biodiversité est entrecoupée de périodes brèves où de nombreuses espèces et groupes d'espèces disparaissent de façon massive. Depuis 500 millions d'années, la Terre a été marquée par cinq grandes crises biologiques.

Crise	Ordovicien supérieur	Dévonien supérieur	Permien-Trias	Trias-Jurassique	Crétacé-Tertiaire
% des espèces marines touchées	85	75	95	75	75

Doc. 3 Les crises biologiques.

B La biodiversité actuelle à l'échelle de la Terre

Les biomes sont des regroupements d'écosystèmes. Ils sont associés à la végétation et aux espèces animales qui y prédominent. Ils sont l'expression des conditions de vie du lieu à l'échelle régionale.

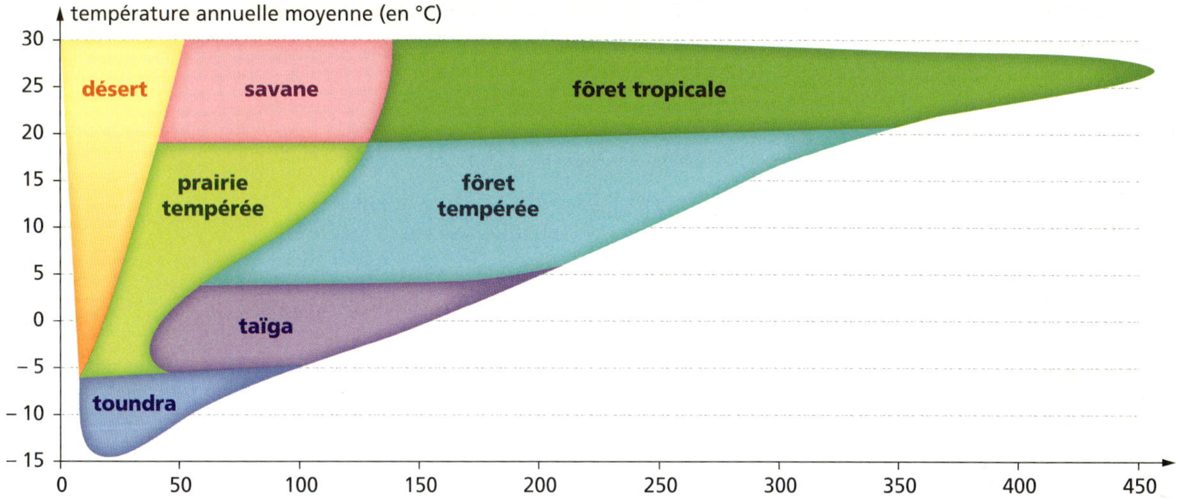

Doc. 4 Les différents biomes terrestres.

Actuellement, plus de 1560000 espèces ont été décrites sur Terre.
De nombreuses estimations ont été réalisées pour tenter de déterminer le nombre d'espèces existantes, mais ce nombre est très difficile à estimer comme en témoignent les chiffres avancés : ils varient de 5 millions à plus de 110 millions d'espèces ! On parle la plupart du temps d'une valeur comprise entre 5,5 millions et 20 millions d'espèces.

groupe	espèces décrites	espèces estimées
virus	5000	500000
bactéries	4000	400000
champignons	70000	1000000
protozoaires	40000	200000
végétaux	250000	300000
vertébrés	45000	50000
nématodes	15000	500000
mollusques	70000	200000
crustacés	40000	150000
arachnides	75000	75000
insectes	950000	8000000

Doc. 5 La diversité des espèces (Source : World Conservation Monitoring Center : Global Environnement outlook 2006).

La variabilité génétique ne se rencontre pas seulement entre espèces, mais également au sein d'une même espèce. Ainsi, il existe des populations distinctes d'individus qui possèdent tous les mêmes gènes propres à l'espèce, mais pas forcément les mêmes allèles de ces gènes.
L'extraordinaire diversité génétique au sein d'une espèce est favorisée par la reproduction sexuée.

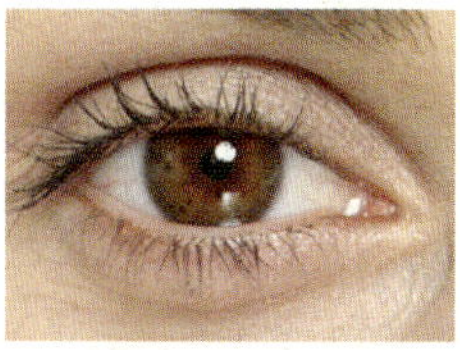

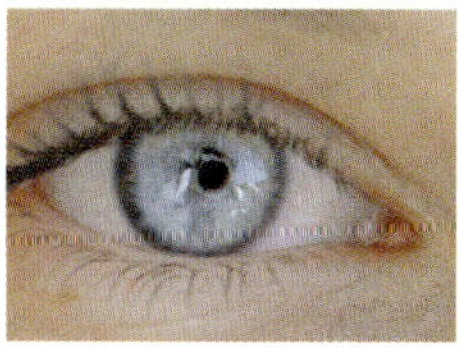

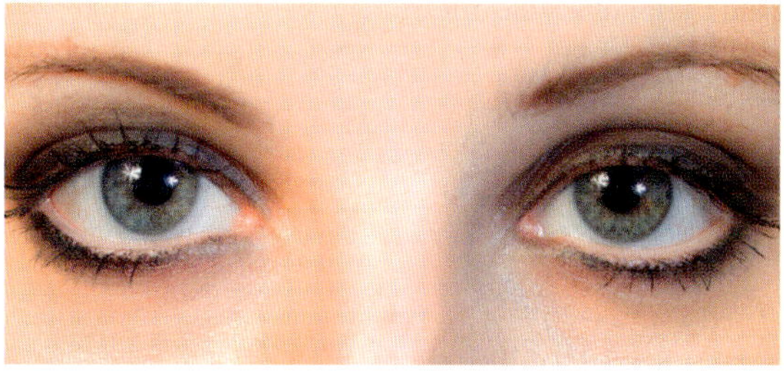

Doc. 6 La couleur des yeux, un exemple de diversité génétique au sein de l'espèce *Homo sapiens*.

QUESTION **Comparer la biodiversité actuelle à celle du passé et en déduire son évolution au cours du temps.**

Pistes pour répondre

- Repérer l'évolution de la biodiversité au cours du temps. > **Doc. 1, 2 et 3**
- Relier les conditions de vie et la biodiversité. > **Doc. 4**
- Indiquer les caractéristiques de la biodiversité terrestre actuelle. > **Doc. 4, 5 et 6**

3 L'influence de l'Homme sur la biodiversité

L'Homme, par son action sur le milieu, peut modifier l'équilibre et la répartition des êtres vivants : il agit sur la biodiversité.

Comment l'Homme influence-t-il la biodiversité ?

A L'impact des activités humaines sur la biodiversité

Le suivi des populations d'oiseaux communs permet de déterminer, pour une centaine d'espèces nicheuses en France, la tendance sur le long terme [Doc. 1].

Sur la période 1990-2005, les évolutions observées dans dix-huit états européens montrent un recul de 21 % du nombre d'espèces agricoles et de 17 % pour les espèces forestières. La tendance générale d'évolution pour les 123 espèces est de -10 %.

Les causes du déclin sont multiples. La dégradation ou la perte des habitats demeurent les principales menaces.

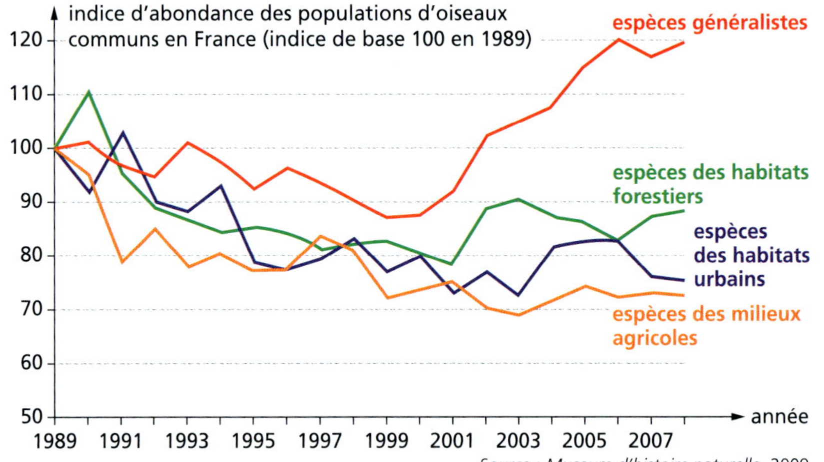

Source : *Museum d'histoire naturelle*, 2009

Doc. 1 L'évolution de la biodiversité des oiseaux communs.

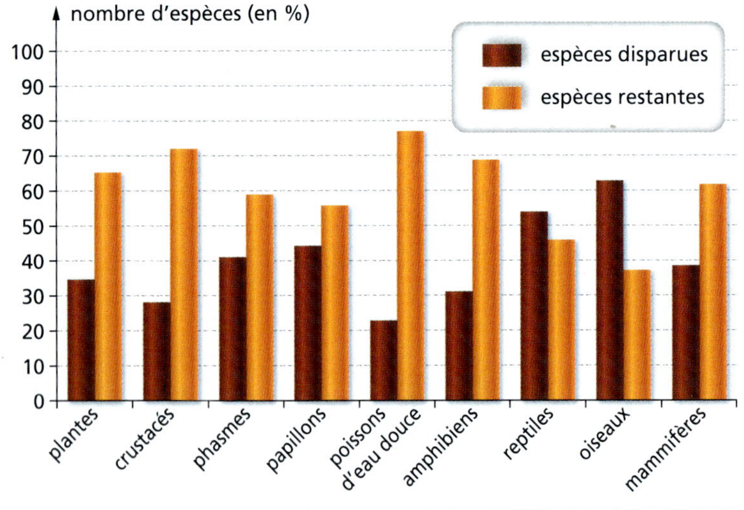

Depuis la première installation des Britanniques à Singapour, en 1819, plus de 95 % de la forêt ont été totalement défrichés.

On dispose, pour cette région du monde, d'inventaires faunistiques et floristiques historiques.

Par confrontation à des recensements récents, des taux d'extinction en relation avec la déforestation ont pu être établis. Sur 3 996 espèces ainsi recensées, 881 s'étaient éteintes, soit 28 %.

Doc. 2 Déforestation et extinction à Singapour (Asie).

Quel constat les scientifiques dressent-ils du déclin de la diversité biologique ?

Selon le dernier décompte de l'Union internationale pour la conservation de la nature, 36 % des espèces évaluées sont aujourd'hui menacées d'extinction.

Le cas des vertébrés est assez parlant : alors que leur taux de disparition naturelle est d'environ une espèce tous les cent ans, près de 260 espèces ont disparu au cours du XXe siècle !

À la différence des cinq crises d'extinction qu'a déjà connues la Terre, l'humain est aujourd'hui le premier responsable.

Plusieurs grands facteurs, agissant de concert, sont incriminés. Tout d'abord l'altération des habitats naturels opérée par l'intensification agricole, la déforestation, l'urbanisation, etc.

Le second facteur est l'introduction de végétaux et d'animaux envahissants, de manière volontaire ou accidentelle.

La surexploitation des ressources vivantes est également mise en cause.

D'après *Journal du CNRS*, mai 2010, entretien avec Robert Barbault.

Doc. 3 La sixième crise biologique.

B Réduire l'impact de l'Homme sur la biodiversité

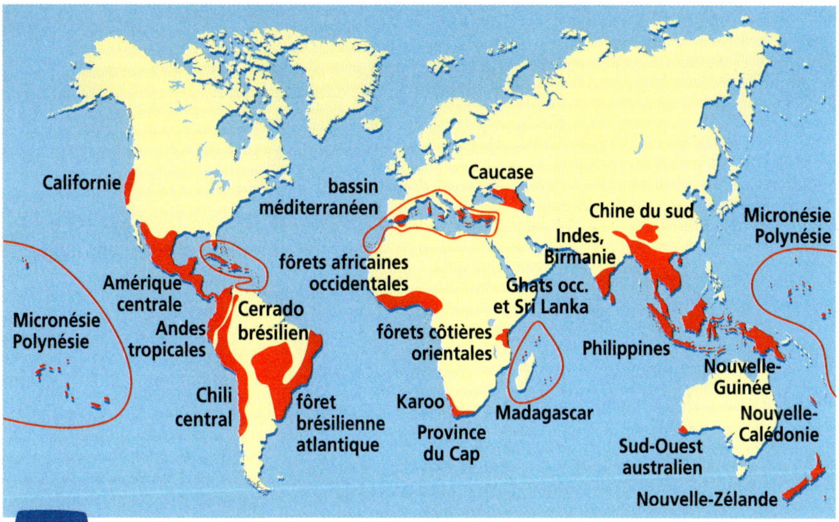

Doc. 4 Les points chauds (en rouge) de la biodiversité.

La biodiversité est inégalement répartie sur la planète. Par exemple, les forêts tropicales, qui ne constituent que 7 % de surface émergée, représentent 50 % de la biodiversité faunistique et floristique de la Terre. L'Union internationale pour la conservation de la nature identifie les points chauds de la biodiversité planétaire terrestre. Ils correspondent à des zones qui présentent conjointement une forte richesse en espèces et un taux d'endémisme élevé, et pour lesquelles cette biodiversité semble menacée à court terme.

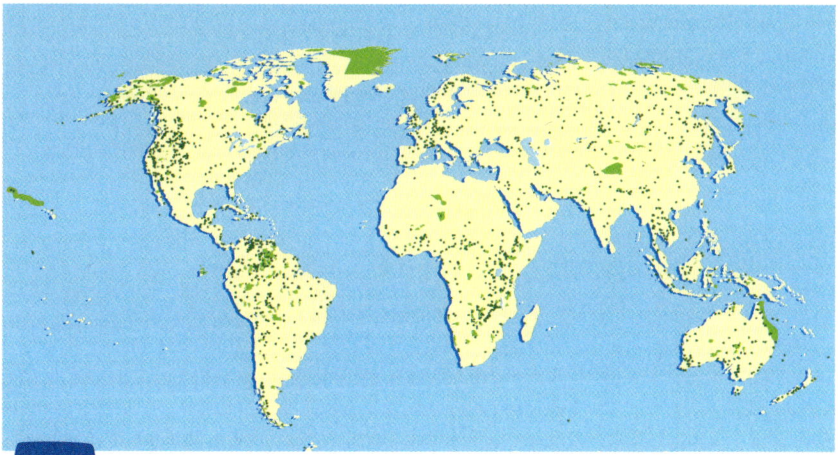

Doc. 5 Localisation (en vert) des réserves de biosphère dans le monde.

Des réserves de biosphère sont créées afin de réconcilier le maintien d'une forte biodiversité et la présence humaine.
Elles sont reconnues sur le plan international (UNESO), proposées par les gouvernements nationaux et restent sous la seule souveraineté de l'État où elles sont situées. Elles constituent en quelque sorte des laboratoires vivants d'étude et de démonstration de la gestion intégrée des terres, de l'eau et de la biodiversité.

Au siècle dernier, le vautour fauve vivait dans toutes les régions bordant la Méditerranée et en particulier dans les moyennes montagnes du sud de la France. Au début des années 1960, seuls vingt à trente couples se maintenaient dans notre pays. La réintroduction a nécessité tout d'abord de protéger l'espèce, puis d'assurer une disponibilité alimentaire en plaçant des cadavres dans les zones de réintroduction. La reconnaissance du rôle de charognard des vautours a permis une évolution favorable de la réglementation.
Le lâcher d'individus a été précédé, puis accompagné, par des actions intensives d'information et d'éducation du public et de tous les acteurs potentiellement concernés, chasseurs, fermiers, bergers.

Doc. 6 Une action symbolique, la réintroduction d'une espèce.

QUESTION Décrire les impacts de l'activité humaine sur la biodiversité.

Pistes pour répondre

- Identifier les impacts de l'Homme sur la diminution de la biodiversité. > Doc. 1, 2 et 3
- Identifier le rôle de l'Homme dans le maintien de la biodiversité. > Doc. 4, 5 et 6

La biodiversité, un enjeu

I Les divers aspects de la biodiversité [pp. 66-67]

• Le terme **biodiversité** est la contraction de l'expression « diversité biologique ». La biodiversité reflète le nombre et la diversité des organismes vivants, ainsi que leur évolution au cours du temps et d'un endroit à l'autre. La biodiversité recouvre la diversité génétique au sein d'une même espèce, la diversité des espèces et la diversité des **écosystèmes**.

• Naturellement, la biodiversité est importante dans tous les écosystèmes. Elle est difficile à quantifier avec précision.

• Divers indicateurs écologiques, comme l'évaluation du nombre d'individus et d'espèces dans un **milieu** donné, sont utilisés pour quantifier la biodiversité.

II La biodiversité au cours du temps [pp. 68-69]

• L'étude de la biodiversité au cours du temps montre que les espèces se sont développées, diversifiées et bien souvent éteintes, laissant place à d'autres espèces. Il en est de même pour les écosystèmes, qui passent par différentes étapes. Chacune de ces étapes est caractérisée par une communauté d'êtres vivants qui modifie les caractéristiques de l'écosystème.

• Les écosystèmes naissent, se développent et finissent par disparaître. Malgré une apparente stabilité à l'échelle humaine, ils sont en perpétuel renouvellement.

• La biodiversité actuelle correspond donc à une étape de l'évolution de la biodiversité au cours du temps. Les espèces actuelles représentent une infime partie de la totalité des espèces ayant existé depuis les premières formes de vie sur Terre. Actuellement comme dans le futur, cette biodiversité fait l'objet de modifications.

III L'influence de l'Homme sur la biodiversité [pp. 70-71]

• Presque tous les écosystèmes sur Terre ont été transformés de façon considérable suite aux activités humaines.

• Actuellement, la perte de biodiversité et les changements dans l'environnement qui y sont liés sont plus rapides qu'à aucune autre période de l'histoire humaine et rien n'indique que ce processus soit en train de ralentir. De nombreuses populations animales et végétales sont en déclin, que ce soit en termes de nombre d'individus, d'étendue géographique, ou les deux. La disparition d'espèces fait partie du cours naturel de l'histoire de la Terre. Cependant, l'activité humaine a accéléré le rythme d'extinction, qui est au moins cent fois supérieur au rythme naturel.

• Des actions de sauvegarde sont menées à l'initiative d'organismes nationaux et internationaux.

Mots-clés, voir page 253

Biodiversité - Écosystème - Milieu

L'essentiel

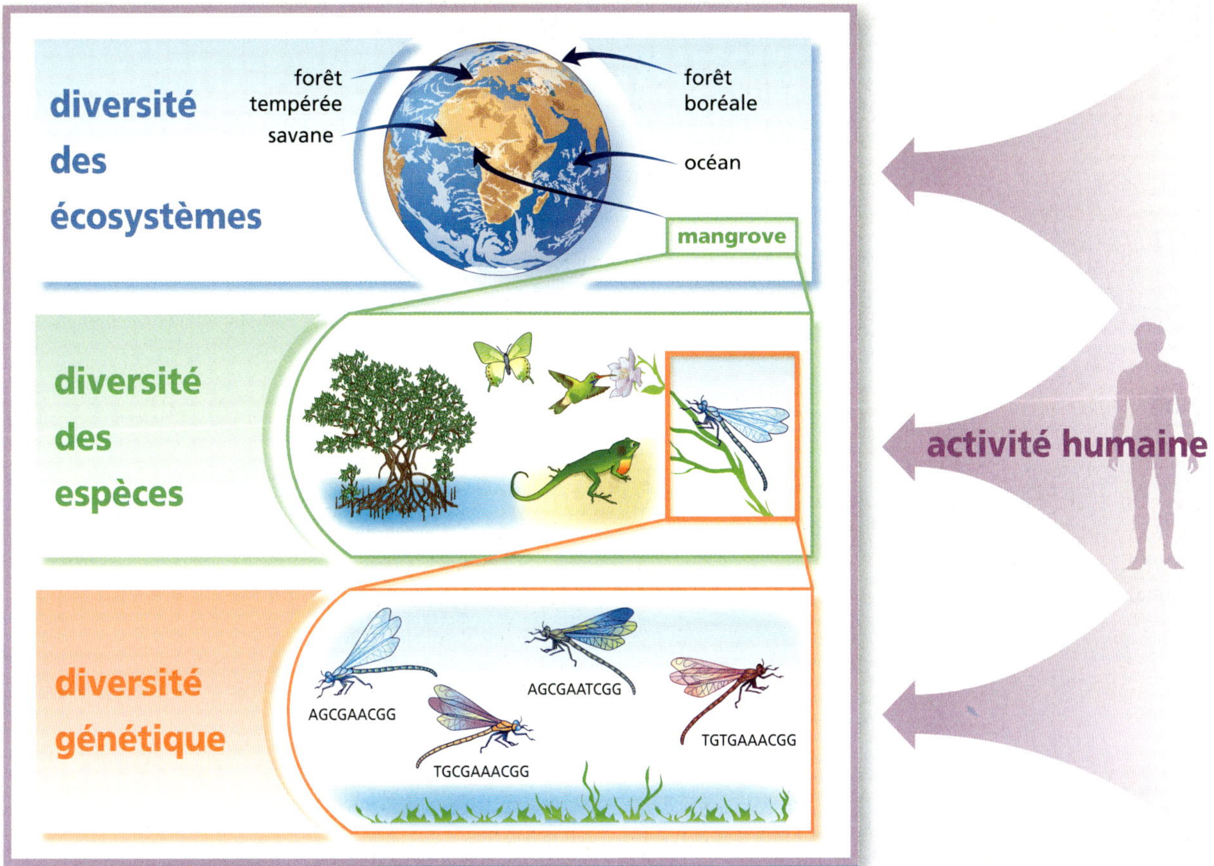

biodiversité il y a 500 Ma

biodiversité il y a 300 Ma

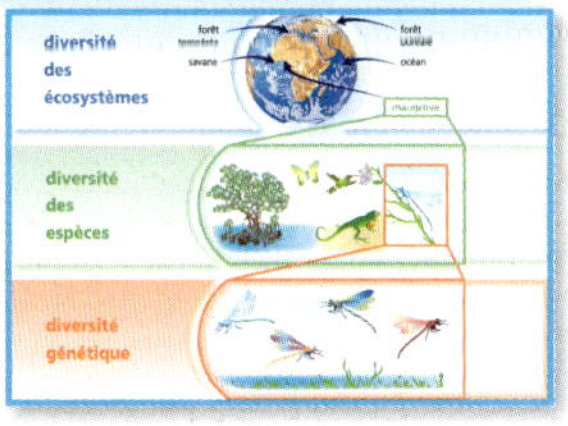
biodiversité aujourd'hui

biodiversité demain

modification de la biodiversité au cours du temps

Compétences

Savoir que :

- La biodiversité est à la fois la diversité des écosystèmes, la diversité des espèces et la diversité génétique au sein des espèces.
- L'état actuel de la biodiversité correspond à une étape de l'histoire du monde vivant : les espèces actuelles représentent une infime partie de la totalité des espèces ayant existé depuis les débuts de la vie.
- La biodiversité se modifie au cours du temps sous l'effet de nombreux facteurs, dont l'activité humaine.

Être capable de :

- Manipuler, extraire et organiser des informations pour :
  – repérer les divers aspects de la biodiversité dans une situation donnée ;
  – mettre en évidence l'influence de l'Homme sur la biodiversité.
- Utiliser des outils simples de détermination d'espèces végétales ou animales pour mettre en évidence la biodiversité actuelle ou passée d'un milieu.
- Prendre conscience de la responsabilité humaine face à l'environnement et au monde vivant.

Pour développer des compétences

B2i

> Être conscient de sa responsabilité face à l'environnement, la santé, le monde vivant.
> Être capable d'attitude critique face aux ressources documentaires.

Ensemble, préservons la nature

Doc. 1 La presqu'île de la Caravelle, une réserve naturelle.

Une réserve naturelle nationale ou un parc naturel sont des territoires recouvrant une ou plusieurs communes. L'accès y est réglementé.

Doc. 2 Une réserve naturelle est un endroit protégé.

- Avant de commencer un travail de recherche, déterminer les mots-clés, puis réaliser une recherche précise les utilisant.
- Utiliser au moins deux moteurs de recherche différents. En effet, les bases de données des différents moteurs ne sont pas les mêmes.
- Utiliser les outils de recherche avancée que proposent les moteurs : la date, la langue, mais aussi les types de sites peuvent être précisés.
- Vérifier sur quel site la recherche conduit : site gouvernemental, site de spécialiste... Si le site n'appartient pas à ces deux catégories, réaliser une recherche sur un autre site pour croiser l'information.
- Être attentif à celui qui a rédigé le texte trouvé : l'auteur est-il identifié ? Est-il spécialiste de ce domaine ? S'il est inconnu, l'information trouvée doit être croisée avec d'autres. Les informations trouvées dans les forums doivent être considérées avec beaucoup de précautions.
- Être attentif à la date de rédaction du texte. Une mise à jour trop ancienne implique de relativiser l'information trouvée.

Doc. 3 Quelques conseils pour valider une information trouvée sur Internet.

Questions :

- Quel est l'intérêt de réglementer l'accès à une réserve ou à un parc naturel ?
- Réaliser une recherche sur Internet pour identifier la signification des panneaux.
- Produire un document numérique rendant compte de la recherche réalisée.

Si j'ai réussi, je peux demander la validation des items du B2i :

L.4.4.1 : Je sais interroger les bases documentaires à ma disposition.
L.4.4.2 : Je sais utiliser les fonctions avancées des outils de recherche sur Internet.
L.4.4.3 : Je sais énoncer des critères de tri d'informations.
L.3.3.1 : Je sais créer et modifier un document numérique composite transportable et publiable.

Les Parcs naturels régionaux

Les Parcs nationaux ont été créés à partir de 1960 avec un objectif unique : protéger le milieu naturel.

Les Parcs naturels régionaux ont été créés à partir de 1966 avec différents objectifs : protéger et mettre en valeur de grands espaces ruraux habités, dont les paysages, les milieux naturels et le patrimoine culturel sont de grande qualité, mais aussi assurer le développement économique et social de leur territoire.

Aussi, un parc naturel régional s'organise autour d'un projet fondé sur la protection et la valorisation de son patrimoine naturel mais aussi culturel (traditions populaires, savoir-faire techniques).

Des professionnels de la nature y exercent des activités complémentaires : gardes, moniteurs, scientifiques, communicateurs, gestionnaires...

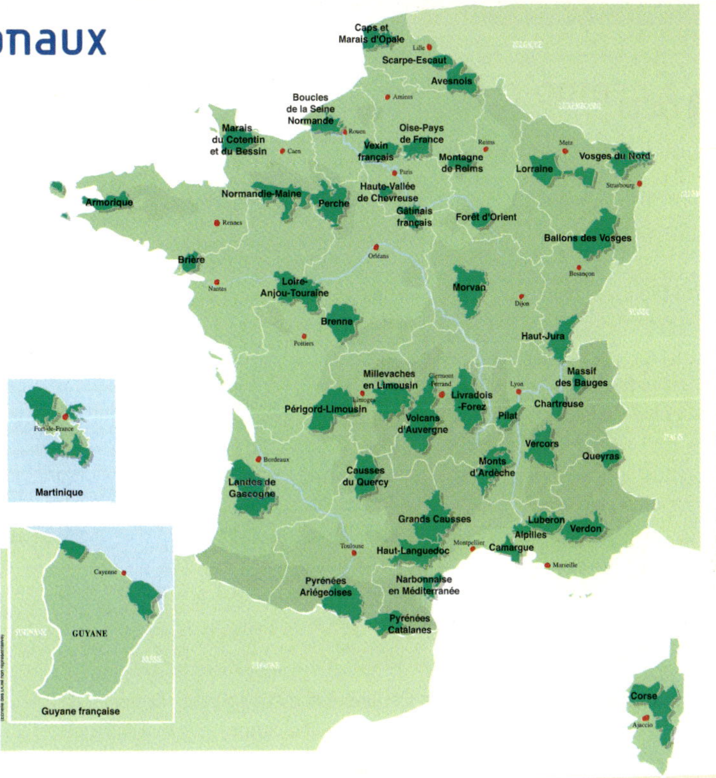

INTERVIEW | Métier

Maxime, chercheur ethnoécologue

Quel métier souhaitiez-vous exercer lorsque vous étiez adolescent ?

> Je voulais être ingénieur dans le bâtiment.

En quoi consiste votre métier ?

> J'étudie les relations entre les populations et leur environnement naturel afin de préserver la planète et les cultures locales. Actuellement, j'étudie les techniques de chasse chez les aborigènes d'Australie.

Quels conseils donneriez-vous aux jeunes qui voudraient travailler dans ce secteur ?

> Ce métier est exigeant et passionnant. Un chercheur ethnoécologue doit être autonome et posséder un fort esprit d'initiative, il doit être mobile et être capable de vivre dans des pays divers et variés pendant de longues périodes. Il doit aimer les relations humaines et être curieux des autres.

PARCOURS

Après un baccalauréat scientifique et une formation universitaire, Maxime a suivi un master au Muséum d'histoire naturelle dans les domaines de l'écologie et l'anthropologie. Il a fait une thèse sur le statut du cheval chez les nomades de Mongolie.

Exercices

S'auto-évaluer

> *Restituer des connaissances.*

1 QCM

Choisir la (ou les) bonne(s) réponse(s).

	Propositions de réponses			En cas d'erreur, revoir :
	A	B	C	
1. La biodiversité est	la diversité des écosystèmes	la diversité des espèces	la diversité génétique au sein des espèces	pp. 66-67
2. La biodiversité d'un milieu peut être évaluée par	son âge	sa richesse en espèces et en individus	sa localisation géographique	pp. 66-67
3. Actuellement, la biodiversité se modifie au cours du temps sous l'effet	de l'action de l'Homme uniquement	des conditions du milieu uniquement	des conditions du milieu et de l'action de l'Homme	pp. 70-71
4. L'état actuel de la biodiversité correspond à	l'étape finale de la biodiversité planétaire	l'étape entre la biodiversité passée et la biodiversité future	l'étape entre l'environnement passé et futur	pp. 68-69
5. Un écosystème est	un ensemble d'êtres vivant dans un milieu donné	le milieu dans lequel vivent les êtres vivants	un niveau de la biodiversité	pp. 66-67
6. Les activités humaines	n'influent pas sur la biodiversité	modifient uniquement la diversité des espèces	modifient la biodiversité	pp. 70-71
7. La prise de conscience de la responsabilité humaine face à l'environnement et au monde vivant est	nécessaire pour connaître la biodiversité	indispensable à la préservation de la biodiversité	indispensable à la réintroduction d'une espèce dans un milieu	pp. 70-71

2 Définir des termes

a. Écosystème

b. Biodiversité

c. Crise de la biodiversité

3 Rédiger une phrase

a. Espèces / biodiversité / milieu.

b. Biodiversité / crise biologique.

c. Biodiversité / temps.

d. Biodiversité / espèce humaine.

4 Expliquer comment...

a. La biodiversité a évolué au cours du temps.

b. La biodiversité a évolué sous l'action de l'Homme.

c. L'Homme peut agir pour préserver la biodiversité.

5 Trouver et expliquer le lien...

Entre biodiversité, activité humaine et diminution du nombre d'espèces.

Voir corrigés p. 254.

Rédiger

> *Restituer des connaissances.*

6 Après avoir rappelé quelques particularités de la biodiversité, montrer que l'Homme peut avoir une action positive sur celle-ci.

Exercice résolu

> Être capable d'attitude critique face aux ressources documentaires.

7 Étude comparative de trois milieux

Énoncé

On étudie trois milieux. Le document ci-dessous rend compte du nombe d'espèces trouvé et de l'abondance relative des individus de ces espèces.

1. Comparer la biodiversité des trois milieux.
2. Discuter de la pertinence des informations permettant d'évaluer ou de comparer la biodiversité de ces trois milieux.

Comprendre l'énoncé

1. Comparer la diversité des groupes zoologiques, le nombre d'espèces par milieu, le nombre d'individus.

2. Reprendre la définition de la biodiversité. Relier cette définition avec les facteurs représentés sur les documents.

Éléments de réponse

1. Chacun des milieux est le plus diversifié des trois, par certaines caractéristiques :
- Le milieu 1 est celui qui possède le plus grand nombre d'espèces. En revanche la moitié des individus appartiennent à la même espèce.
- Le milieu 2 présente un moins grand nombre d'espèces. En revanche les trois espèces sont équitablement représentées.
- Le milieu 3 est celui qui abrite la moins grande diversité en espèces. En revanche, les espèces présentes appartiennent à des groupes zoologiques beaucoup plus variés que les deux milieux précédents.

2. Les documents proposés ne permettent d'aborder que la diversité des espèces, ce qui ne représente qu'un niveau de la biodiversité. Il manque des informations sur l'écosystème (est-ce le même ? les conditions écologiques sont-elles identiques ?) ainsi que sur la diversité génétique.

Application

8 La disparition des haies

Le remembrement, outil d'aménagement de l'espace rural, doit en priorité permettre à l'agriculture de rester l'une des premières activités productrices de richesses et offrir aux collectivités la possibilité de réaliser des équipements et favoriser d'autres activités dans un paysage préservé et entretenu. Dès lors que l'idée d'un remembrement est avancée par un conseil municipal, et jusqu'à l'aboutissement de celui-ci, en accompagnement de l'aménagement des structures agricoles, la préservation de l'environnement et plus particulièrement des éléments constitutifs du paysage bocager et l'avenir de l'économie agricole doivent guider les choix effectués par les partenaires de l'aménagement foncier. À cette fin, des garanties sont apportées par les signataires et les communes concernées.

D'après http://www.manche.chambagri.fr/environnementremembrement.asp

Doc. 1 L'environnement pris en compte dans le remembrement.

Doc. 2 Un région agricole non remembrée.

1. Montrer que le remembrement a des conséquences sur la biodiversité.
2. Discuter de l'intérêt du remembrement.

Exploiter des documents

9 La tempête de 1999 en France : un plus pour la biodiversité

> S'informer à partir d'un texte, raisonner.

La tempête de l'hiver 1999 a détruit de nombreux peuplements forestiers, créant des trouées plus ou moins vastes.
Ces trouées accroissent la ressource en lumière, en eau et en nutriments pour les plantes du sous-bois.
Des chercheurs du Cemagref à Nogent-sur-Vernisson ont voulu savoir si la « mise en lumière » du sol suite à la chute des arbres était favorable à la biodiversité et quel était l'impact de l'exploitation forestière. Pour cela, ils ont comparé la richesse, l'abondance et la composition en espèces de relevés de végétation effectués sur des peuplements témoins et des trouées. Au total, quarante-cinq trouées ont été échantillonnées. Leurs observations montrent que la « mise en lumière » provoque un enrichissement important en espèces : contre cinq espèces présentes en moyenne en forêt, ils en comptent dix dans la trouée.
Leurs relevés révèlent aussi une augmentation importante de l'abondance de ces espèces. Le pourcentage de recouvrement au sol est multiplié par quatre ou cinq dans la trouée. Plus encore, les trouées ont un impact fort sur des « micro-conditions de vie » formant autant d'écosystèmes différents.

1. Préciser les conséquences de la tempête sur le milieu et les êtres vivants.
2. Identifier l'explication fournie à l'enrichissement en espèces des trouées.

10 La réintroduction de l'esturgeon européen

> Recenser, extraire et organiser des informations.

L'esturgeon européen fréquentait autrefois les côtes et rivières de l'Europe de l'Ouest.
Un programme de recherche a été mis en place pour relâcher de jeunes poissons produits en captivité afin de restaurer cette espèce en France et en Europe.
Après plus d'une dizaine d'années d'efforts quotidiens, une femelle (Francine née en 1994 et pesant 8,5 kg) et deux mâles (Justin né en 1984, 24 kg et Émile né en 1994, 17,6 kg) ont permis l'obtention d'un peu plus de 11 000 larves. Une grande partie de ces larves serviront à repeupler les rivières françaises et une autre à constituer un groupe de reproducteurs qui pourra être exploité ou permettre un futur repeuplement.

1. Comment a évolué la population d'esturgeons au cours des siècles ?
2. Quelles sont les raisons possibles expliquant sa disparition ?
3. Identifier l'objectif du repeuplement des rivières envisagé par l'Homme.

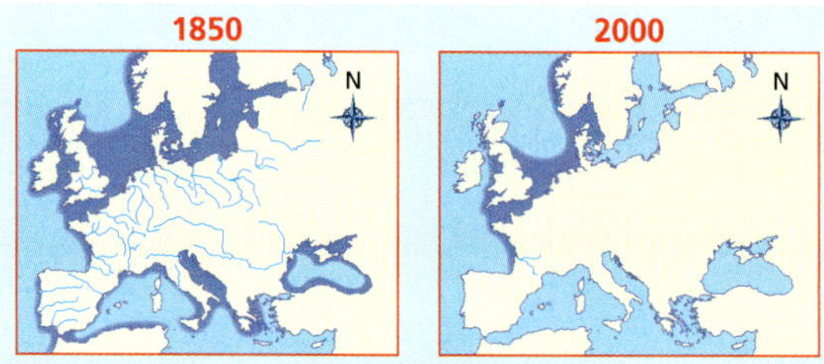

Zones de présence des esturgeons (mer et rivière)

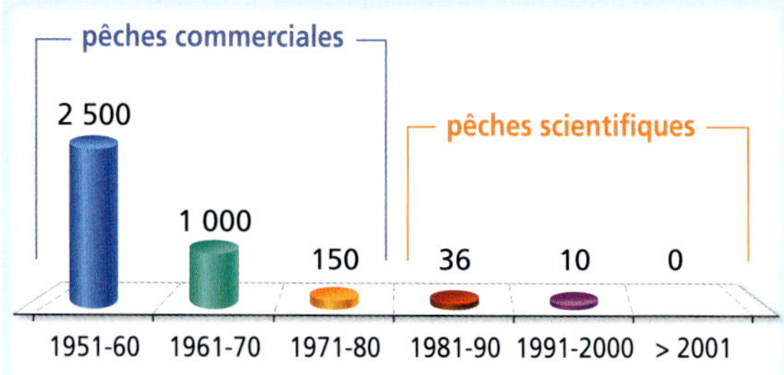

Nombre de captures d'esturgeons
(Gironde, Garonne, Dordogne)

11 Le rôle des trames vertes en ville ?

> Recenser, extraire et organiser des informations.

La fragmentation des espaces naturels sépare les populations et réduit le brassage génétique entre individus d'une même espèce.
La « trame verte » est un outil d'aménagement du territoire, constituée de grands ensembles naturels et de corridors les reliant. Elle est complétée par une « trame bleue » formée des cours d'eau et de zones couvertes de végétaux le long de ces cours d'eau. Des projets liés au maintien de la biodiversité au sein des zones urbaines sont mises en place grâce à l'installation de ces trames.

- Expliquer l'intérêt de créer des trames vertes et bleues pour la conservation de la biodiversité en milieu urbain.

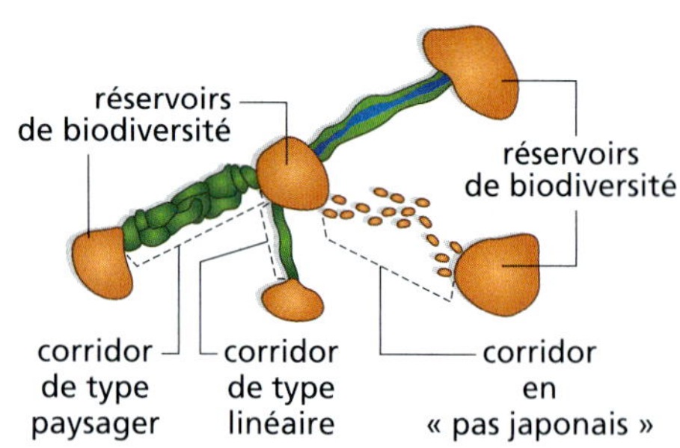

Organisation des vertébrés et parenté

Unité 6

Reconstitution d'un environnement océanique passé.

La présence de fossiles dans les roches sédimentaires montre que des groupes d'organismes vivants sont apparus, se sont développés et ont disparu depuis plus de trois milliards d'années. La comparaison des espèces constituant ces groupes conduit à leur imaginer une origine commune ainsi que des liens de parenté.

Quels sont les arguments scientifiques, à l'échelle de l'organisme, permettant de suggérer que les vertébrés partagent un ancêtre commun ?

1 L'organisation des vertébrés

La présence de vertèbres est l'un des critères utilisés pour former le groupe des vertébrés.
Quelles sont les caractéristiques d'organisation des vertébrés qui permettent de les classer dans un même groupe ?

A L'organisation interne d'une sardine

Doc. 1 Préparation de la dissection.

Protocole de dissection

- Positionner la sardine sur le dos.
- Faire une boutonnière (incision) aux ciseaux en avant de la papille ano-génito-urinaire.
- Insérer la sonde cannelée, glisser la pointe des ciseaux dans la boutonnière.
- Couper la peau et les muscles jusqu'à la bouche.
- Couper à la base de l'opercule, puis la paroi du corps le long du dos.
- Dérouler délicatement le tube digestif.
- Écarter le tube digestif pour faire apparaître l'appareil uro-génital.

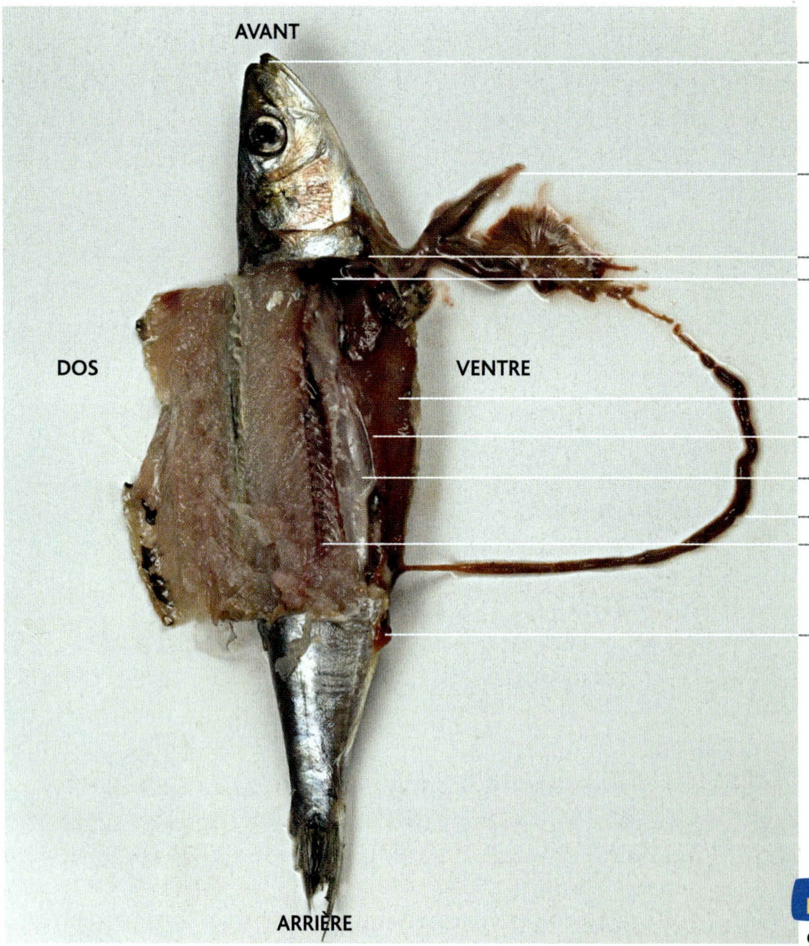

Doc. 2 Résultat de la dissection d'une sardine.

B L'organisation interne d'un poussin

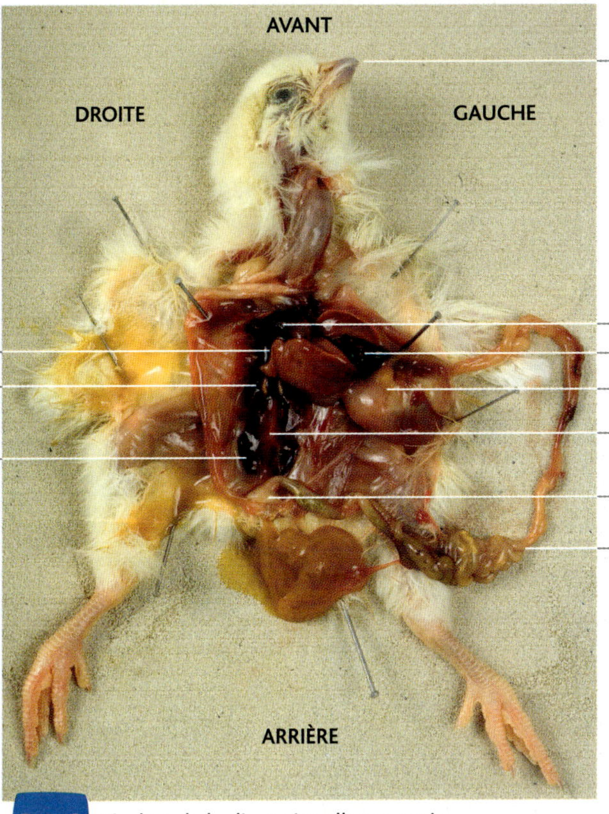

Doc. 3 Résultat de la dissection d'un poussin.

Protocole de dissection

- Positionner l'animal sur le dos.
- Faire une boutonnière aux ciseaux en avant du cloaque.
- Inciser la peau, de la boutonnière à la base du bec.
- Détacher la peau des muscles, puis l'épingler.
- À l'aide d'un scalpel, couper les muscles pectoraux de chaque côté du bréchet, puis enlever le sternum.
- Dérouler délicatement le tube digestif.
- Écarter le tube digestif pour faire apparaître l'appareil uro-génital.

C L'organisation interne d'un insecte

Doc. 4 Résultat de la coupe longitudinale d'un criquet (insecte).

QUESTION **Montrer que l'organisation des vertébrés présente des similitudes.**

Pistes pour répondre

- Comparer l'organisation de la sardine et du poussin (**polarité** des organes, symétrie, etc.). > Doc. 1 à 3
- Confronter l'organisation des vertébrés à celle du criquet. > Doc. 1 à 4

Vocabulaire

Polarité : propriété d'un élément présentant deux côtés opposés différents.

2 Des ressemblances aux groupements zoologiques

Les vertébrés présentent une organisation interne commune qui permet de les classer en un même groupe. Il est possible de préciser cette classification en étudiant d'autres caractères.

Comment préciser la classification des vertébrés grâce aux caractères anatomiques ?

A Le squelette osseux de quatre vertébrés

Squelette de pigeon

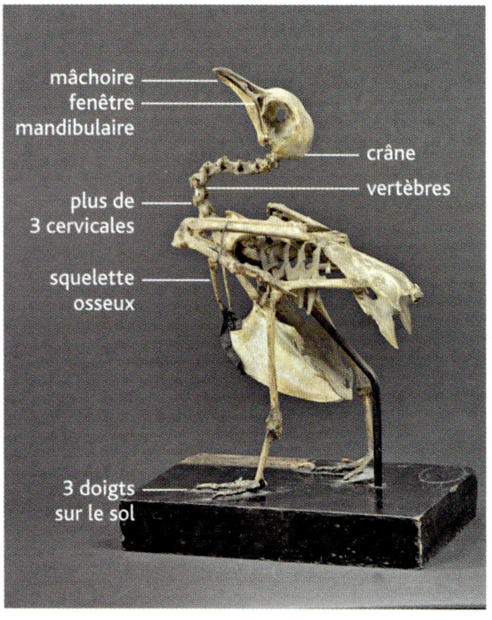

Squelette de chat

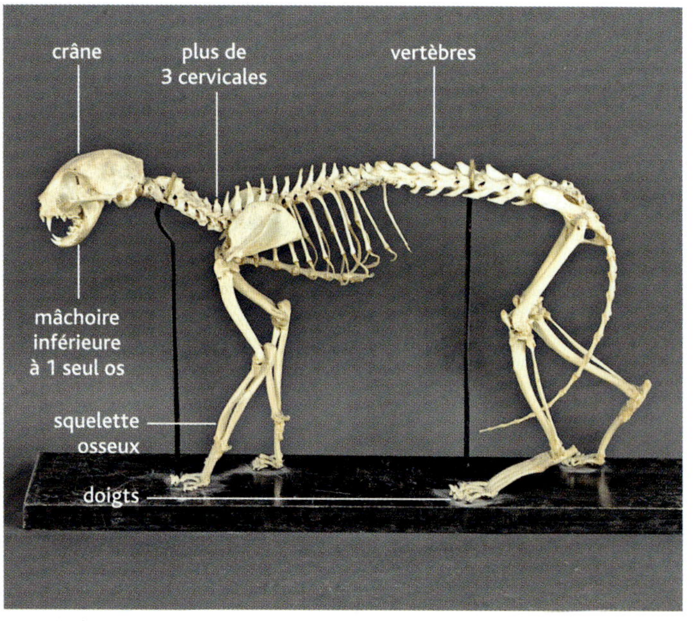

Squelette de carpe

Squelette de grenouille

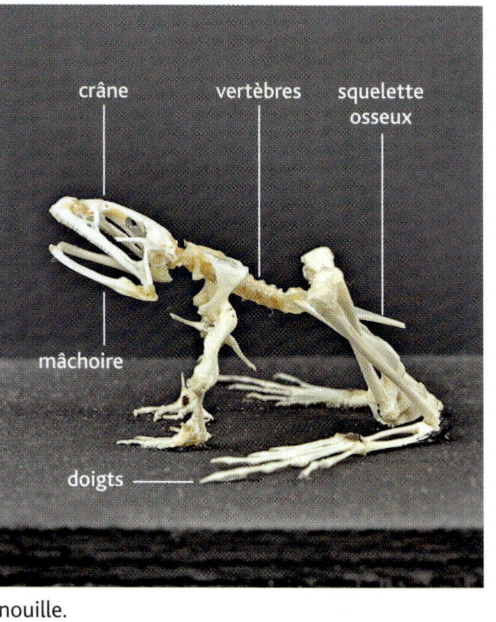

Doc. 1 Squelette osseux d'un pigeon, d'un chat, d'une carpe et d'une grenouille.

B L'organisation des membres antérieurs de quatre vertébrés

L'homologie de structure, chez des organismes différents, se définit par une même organisation et par les mêmes connexions aux structures voisines.

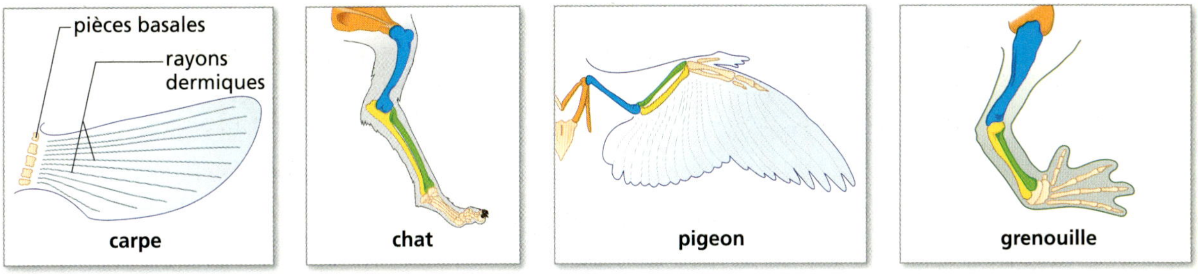

omoplate — humérus — cubitus — radius

Doc. 2 Le membre antérieur d'une carpe, d'un chat, d'un pigeon et d'une grenouille.

C Le regroupement zoologique de quelques vertébrés

À partir du partage d'**attributs**, il est possible de réaliser une classification par emboîtement.

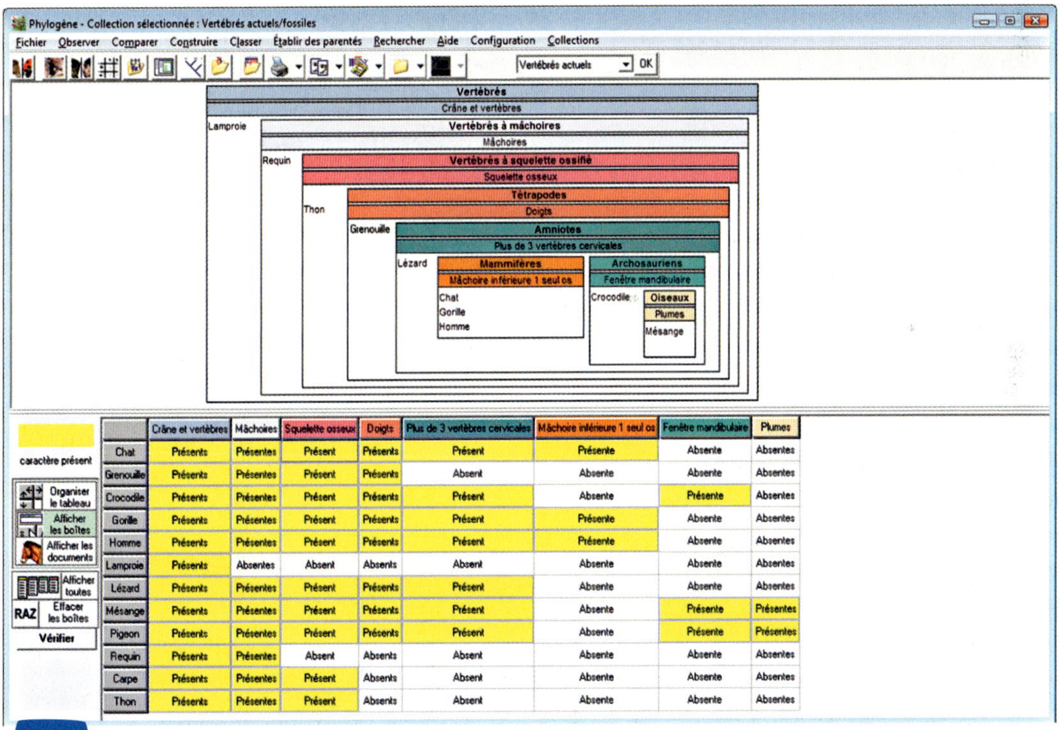

caractère présent

Organiser le tableau — Afficher les boîtes — Afficher les documents — Afficher toutes — RAZ Effacer les boîtes — Vérifier

	Crâne et vertèbres	Mâchoires	Squelette osseux	Doigts	Plus de 3 vertèbres cervicales	Mâchoire inférieure 1 seul os	Fenêtre mandibulaire	Plumes
Chat	Présents	Présentes	Présent	Présents	Présent	Présente	Absente	Absentes
Grenouille	Présents	Présentes	Présent	Présents	Absent	Absente	Absente	Absentes
Crocodile	Présents	Présentes	Présent	Présents	Présent	Absente	Présente	Absentes
Gorille	Présents	Présentes	Présent	Présents	Présent	Présente	Absente	Absentes
Homme	Présents	Présentes	Présent	Présents	Présent	Présente	Absente	Absentes
Lamproie	Présents	Absentes	Absent	Absents	Absent	Absente	Absente	Absentes
Lézard	Présents	Présentes	Présent	Présents	Présent	Absente	Absente	Absentes
Mésange	Présents	Présentes	Présent	Présents	Présent	Absente	Présente	Présentes
Pigeon	Présents	Présentes	Présent	Présents	Présent	Absente	Présente	Présentes
Requin	Présents	Présentes	Absent	Absents	Absent	Absente	Absente	Absentes
Carpe	Présents	Présentes	Présent	Absents	Absent	Absente	Absente	Absentes
Thon	Présents	Présentes	Présent	Absents	Absent	Absente	Absente	Absentes

Doc. 3 Résultat du classement d'une collection de vertébrés effectué à l'aide du logiciel *Phylogène*.

QUESTION **Montrer qu'au sein des vertébrés, il existe des ressemblances importantes qui permettent d'établir des groupes zoologiques.**

Pistes pour répondre

- Comparer l'organisation du squelette osseux des quatre vertébrés présentés. > Doc. 1
- Rechercher une homologie dans l'organisation du membre antérieur des vertébrés. > Doc. 2
- Classer le chat et le pigeon. > Doc. 1 à 3
- Valider, à l'aide des données anatomiques, le regroupement réalisé avec *Phylogène*. > Doc. 1 à 3

Vocabulaire

Attribut : caractère homologue observable.

3 Le partage d'un ancêtre commun

B2i

La classification en groupes emboîtés met en évidence le partage d'attributs au sein des vertébrés.
Comment établir et préciser les liens de parenté entre les vertébrés à l'aide d'une classification ?

A Établir des relations de parenté

La représentation de la classification du vivant par des arbres phylogénétiques a pour but de retracer les relations de parenté entre groupes (phylogénie) et non entre ascendants et descendants (généalogie). Chacun des nœuds de l'arbre représente l'ancêtre commun hypothétique d'un groupe donné. La classification en groupes emboîtés traduit des degrés de parenté entre les espèces. Le fait que deux groupes partagent le même attribut permet d'émettre l'hypothèse que cet attribut leur a été transmis par un ancêtre commun (doc. 2). À partir du regroupement effectué (doc. 3 p. 83), il est possible de construire un arbre phylogénétique à l'aide de *Phylogène*.

Doc. 1 L'arbre phylogénétique.

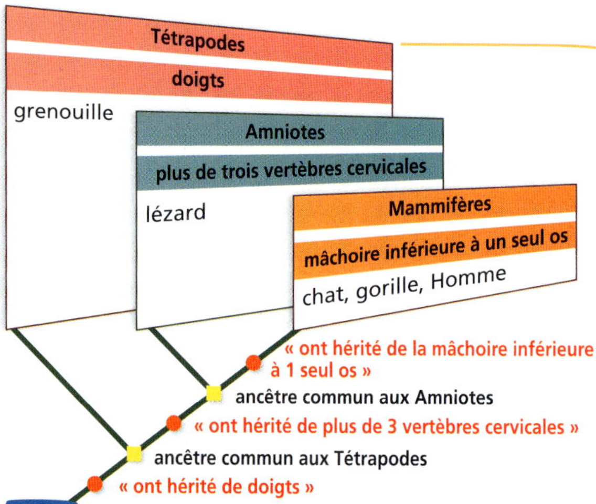

Doc. 2 De la classification en groupes emboîtés à l'arbre de parenté.

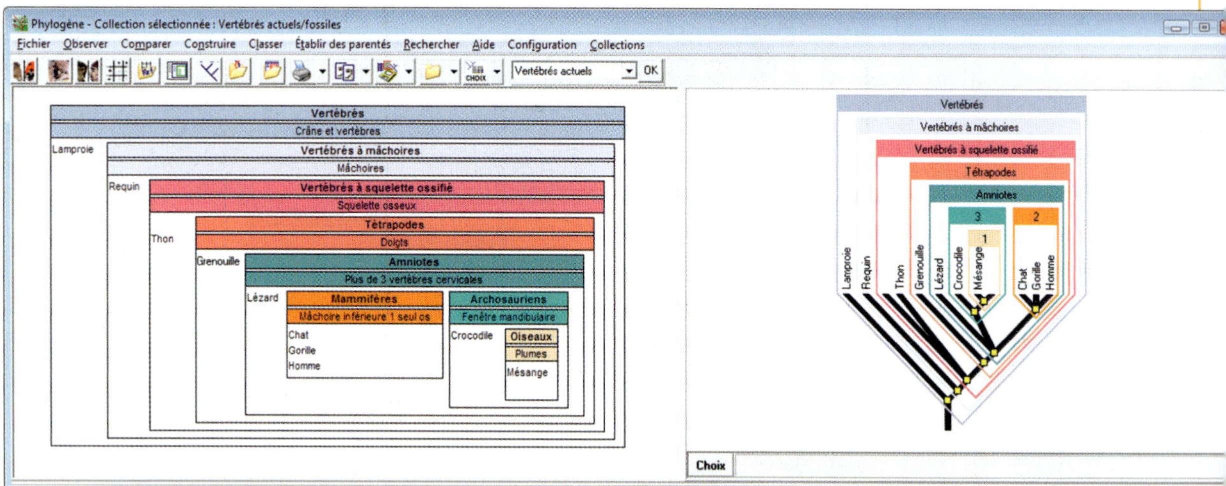

caractère présent

	Crâne et vertèbres	Mâchoires	Squelette osseux	Doigts	Plus de 3 vertèbres cervicales	Mâchoire inférieure 1 seul os	Fenêtre mandibulaire	Plumes
Chat	Présents	Présentes	Présent	Présents	Présent	Présente	Absente	Absentes
Grenouille	Présents	Présentes	Présent	Présents	Absent	Absente	Absente	Absentes
Crocodile	Présents	Présentes	Présent	Présents	Présent	Absente	Présente	Absentes
Gorille	Présents	Présentes	Présent	Présents	Présent	Présente	Absente	Absentes
Homme	Présents	Présentes	Présent	Présents	Présent	Présente	Absente	Absentes
Lamproie	Présents	Absentes	Absent	Absents	Absent	Absente	Absente	Absentes
Lézard	Présents	Présentes	Présent	Présents	Présent	Absente	Absente	Absentes
Mésange	Présents	Présentes	Présent	Présents	Présent	Absente	Présente	Présentes
Pigeon	Présents	Présentes	Présent	Présents	Présent	Absente	Présente	Présentes
Requin	Présents	Présentes	Absent	Absents	Absent	Absente	Absente	Absentes
Carpe	Présents	Présentes	Présent	Absents	Absent	Absente	Absente	Absentes
Thon	Présents	Présentes	Présent	Absents	Absent	Absente	Absente	Absentes

Organiser le tableau
Afficher les boîtes
Afficher les documents
Masquer l'arbre
Revoir
RAZ Remettre à zéro
Dater

Doc. 3 L'établissement de relations de parenté à l'aide d'un arbre phylogénétique.

B La validation de l'arbre de parenté par des vertébrés fossiles

L'ancêtre commun au chat, à l'Homme et au gorille n'est pas le même que celui des autres groupes de vertébrés étudiés. Il possédait nécessairement les attributs partagés par ces trois espèces. On peut ainsi définir un portrait robot des ancêtres communs successifs jusqu'à l'ancêtre de tous les vertébrés. Cela signifie que ces ancêtres communs sont de plus en plus éloignés dans le temps. On peut donc supposer que les attributs qui caractérisent ces ancêtres communs sont apparus successivement.

L'étude de fossiles comme ce *Compsognathus*, archosaure d'une soixantaine de centimètres vivant il y a 150 millions d'années, permet d'établir dans quel ordre les attributs sont apparus. Ces attributs permettent de tester l'arbre phylogénique construit avec des espèces actuelles.

Doc. 4 *Compsognathus* et arbre de parenté.

Démarche

- Dans le logiciel *Phylogène*, ouvrir la collection « vertébrés actuels/fossiles ».
- Réaliser le groupement emboîté et l'arbre de parenté.
- Vérifier la correspondance de l'ordre d'apparition des attributs et de l'âge des plus anciens fossiles découverts possédant cet attribut.

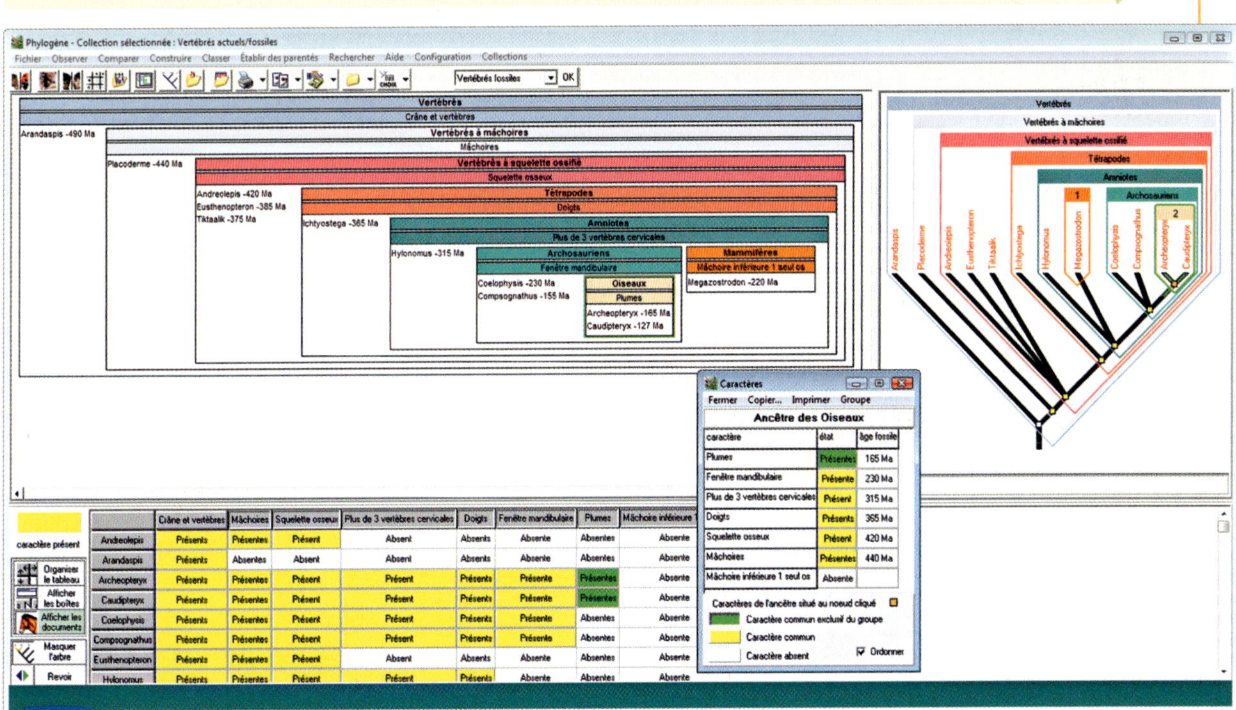

Doc. 5 Tester l'arbre phylogénétique à l'aide de fossiles (voir fiche 4).

QUESTION **Montrer que les parentés d'organisation des espèces actuelles et fossiles d'un groupe suggèrent qu'elles partagent toutes un ancêtre commun.**

Pistes pour répondre

- Expliquer le lien entre classification par groupes emboîtés et arbre phylogénétique. > Doc. 1
- Citer les attributs communs à l'ensemble des tétrapodes et l'attribut caractéristique des tétrapodes. > Doc. 3
- Préciser les relations de parenté entre la carpe et le pigeon. > Doc. 3
- Valider les relations de parenté établies à l'aide des fossiles. > Doc. 4 et 5

I L'organisation des vertébrés [pp. 80-81]

• Chez les vertébrés adultes, on trouve un grand nombre d'organes positionnés de la même manière. Cette disposition permet de définir des éléments communs à tous les vertébrés :
- un axe de **polarité** antéropostérieure (de la tête à la hanche) ;
- un axe de polarité dorsoventrale (du dos vers le ventre) ;
- un **plan de symétrie** bilatérale (droite-gauche).

• Chez tous les vertébrés, le système nerveux, formé du cerveau et de la moelle épinière, est placé dorsalement. Le système digestif est placé ventralement. Chez les insectes à l'inverse, le système nerveux est ventral.

• Les vertébrés possèdent une organisation interne commune, indice d'une parenté.

II Des ressemblances aux groupements zoologiques [pp. 82-83]

• Les êtres vivants sont classés en groupes emboîtés définis uniquement à partir des attributs possédés en commun.

• L'aspect externe des êtres vivants et leur organisation interne fournissent de nombreux critères utilisables pour classer les vertébrés.

• Ce sont donc des ressemblances importantes observées au sein de la biodiversité qui fondent les groupes zoologiques.

III Le partage d'un ancêtre commun [pp. 84-85]

• Chaque espèce est issue d'une longue succession de générations au cours de laquelle les attributs qui caractérisent ces espèces sont apparus, et ce à différentes périodes de l'histoire de la Terre.

• Les parentés d'organisation des espèces d'un groupe suggèrent qu'elles partagent toutes un **ancêtre commun**. Ainsi, l'Homme possède, entre autres, des cellules à noyau, une polarité antéropostérieure et dorsoventrale, un plan de symétrie bilatérale, des **vertèbres**, un **squelette osseux**, des doigts, des poils et des mamelles. Cela revient à dire qu'un ancêtre commun aux eucaryotes a transmis ce caractère à tous ses descendants, qui forment aujourd'hui le groupe des eucaryotes. De la même façon, l'attribut vertèbres caractérisant les vertébrés, l'attribut doigt caractérisant les tétrapodes, etc. ont été transmis à ces différents groupes par un ancêtre commun exclusif. Il y a donc eu descendance avec modification, ce qui caractérise l'évolution.

• La classification par groupes emboîtés traduit donc la parenté entre les êtres vivants.

Mots-clés, voir page 253

Polarité
Plan de symétrie
Ancêtre commun
Vertèbre
Squelette osseux

L'essentiel

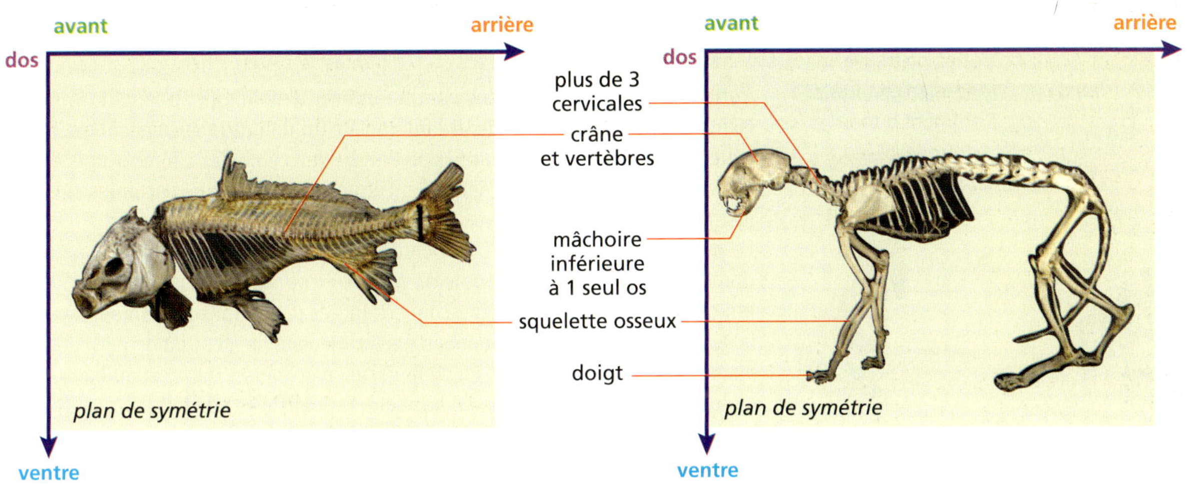

L'organisation commune des vertébrés

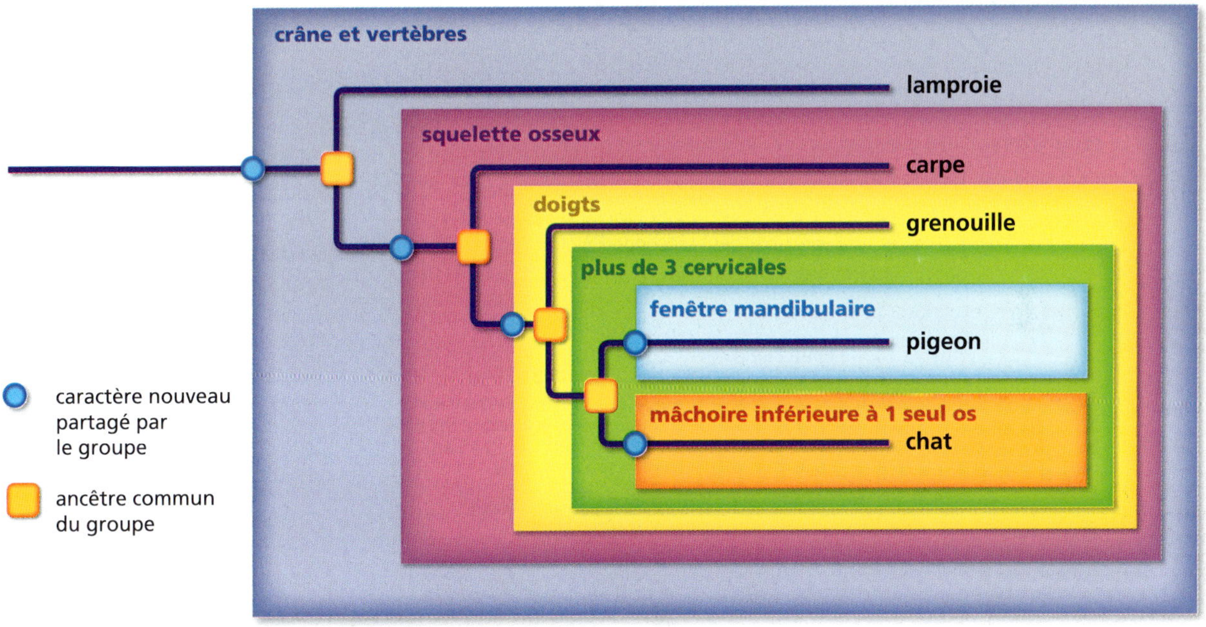

L'organisation commune des vertébrés suggère qu'ils partagent tous un ancêtre commun

Compétences

Savoir que :

- Au sein de la biodiversité, des parentés existent qui fondent les groupes d'êtres vivants. Ainsi, les vertébrés ont une organisation commune.
- Les parentés d'organisation des espèces d'un groupe suggèrent qu'elles partagent toutes un ancêtre commun.

Être capable de :

- Réaliser une dissection pour comparer l'organisation de quelques vertébrés.
- Manipuler, recenser, extraire et organiser des informations sur l'organisation de quelques vertébrés actuels ou fossiles.

Pour développer des compétences

B2i

> Savoir choisir un parcours de formation.

S'orienter au lycée

L'orientation est un processus continu qui se déroule tout au long de la scolarité. À la fin de la seconde, il faut choisir un début de spécialisation. Ses goûts et ses résultats scolaires doivent guider ce choix. L'intérêt doit être bien réel, car ces enseignements peuvent représenter dans certaines séries jusqu'à 8 heures par semaine.

Le passage en classe de 1re et le choix de la série sont soumis à l'approbation du conseil de classe. Inutile de préciser que les résultats scolaires sont importants, en particulier ceux concernant les disciplines fondamentales de la série visée. Les enseignements d'exploration suivis en seconde permettent aux élèves de choisir un bac en connaissance de cause. Il est cependant possible de demander une série de bac sans rapport avec ces E.D.D.

Pour vous aider à choisir : http://www.onisep.fr

Les filières du supérieur ont chacune leurs caractéristiques. Pour être sûr de réussir dans celle que vous aurez sélectionnée, vous allez, dès la 1re, envisager un début de spécialisation que vous confirmerez en terminale. Ce choix n'est pas définitif, il est possible éventuellement de changer de projet en 1re.

En **série ES**, l'accent est mis sur la compréhension du monde économique et social d'aujourd'hui.

En **série L**, outre la littérature et la philosophie, les langues deviennent indispensables.

En **série S**, les sciences avec l'apport de l'informatique seront prépondérantes.

Plus polyvalentes, les **formations technologiques** sont organisées dès la 1re par grands domaines : sciences de la gestion, sciences et technologies industrielles, sciences appliquées en laboratoire, santé et social, etc.
Il est conseillé de se projeter sur l'après-bac dès la seconde. En effet, selon la série du bac préparée, les possibilités d'études supérieures ne seront pas les mêmes.

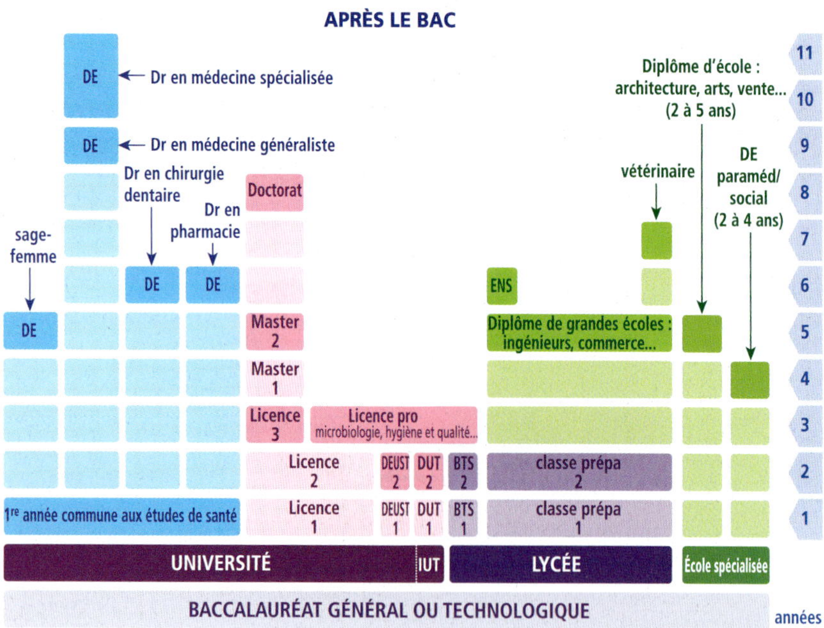

Questions :

- Trouver les informations sur un métier ou un champ professionnel et les confronter à ses représentations.
- Évaluer les liens avec des domaines scientifiques et leurs applications dans divers secteurs.
- Décrire les objectifs et le fonctionnement de différents établissements de formation (université, lycée, etc.).

Pour en savoir plus

Phylogénie et préservation des tortues

La tortue de Kemp est la plus petite tortue marine du monde. Sa carapace mesure environ 60 centimètres et son poids ne dépasse pas 45 kilogrammes. La tortue-luth adulte pèse environ 500 kilogrammes pour une longueur de 1,80 mètre. Ces deux espèces sont gravement menacées par le braconnage, les animaux domestiques et l'urbanisation du littoral. Elles sont classées parmi les espèces « en danger critique d'extinction ».

Devant l'accélération de la pression humaine sur l'environnement, les gouvernements nationaux et les autorités internationales vont devoir définir des priorités quant aux espèces menacées à protéger. Les plus classiques des critères de choix sont : la rareté de l'espèce, l'étendue de son aire de répartition, son rôle dans l'écosystème. À cette liste peuvent s'ajouter des critères phylogénétiques.

Si l'on doit choisir entre une espèce qui n'a plus de proches parents dans la nature et une espèce qui en possède encore de nombreux, il est préférable de prendre la première : sa disparition représenterait une perte qualitative importante en termes de diversité génétique.

Quelle réponse donne l'outil phylogénique lorsqu'on l'applique à la question de la conservation des tortues marines ?

La tortue de Kemp est très proche d'une autre espèce de tortue, la tortue olivâtre. On a longtemps pensé qu'elles ne formaient qu'une seule et même espèce. La situation est bien différente pour la tortue-luth : elle constitue aujourd'hui la seule représentante de son genre et de sa famille.

Si l'on doit à l'avenir choisir, pour des raisons économiques, entre des programmes concernant ces deux espèces, l'analyse phylogénétique suggère de donner la priorité à la tortue-luth.

Pour en savoir plus :
http://suivi-animal.u-strasbourg.fr/luth.htm

INTERVIEW | Métier Sandrine, enseignant-chercheur

■ Quel métier souhaitiez-vous exercer lorsque vous étiez adolescente ?

> Au collège, je voulais être professeur des écoles. Ensuite, j'ai changé vingt fois d'avis !

■ En quoi consiste votre métier ?

> Je mène des recherches en laboratoire sur la contribution des facteurs maternels et environnementaux sur les caractères héréditaires. Cette recherche est à l'interface entre l'écologie et la physiologie. En parallèle, j'enseigne à l'université afin de transmettre les connaissances acquises en recherche et lors de ma formation.

■ Quels conseils donneriez-vous aux jeunes qui voudraient travailler dans ce secteur ?

> Ce métier demande d'être organisé, ordonné et rigoureux. Il faut être passionné car cela requiert beaucoup de temps. Je passe une grande partie des étés à faire des mesures sur le terrain par 40° à l'ombre.

PARCOURS

Après un bac scientifique, Sandrine a obtenu une licence, puis un master et enfin un doctorat. Après avoir candidaté sur un poste de maître de conférences dans une grande université parisienne, elle alterne aujourd'hui recherche sur le terrain, enseignement et recherche en laboratoire.

Exercices

S'auto-évaluer

> *Restituer des connaissances.*

1 QCM

Choisir la (ou les) bonne(s) réponse(s).

	Propositions de réponses			En cas d'erreur, revoir :
	A	B	C	
1. Tous les vertébrés ont une organisation	identique	semblable	différente	pp. 80-81
2. Chez les vertébrés, le système nerveux est	dorsal	ventral	médian	p. 82
3. Les vertébrés sont différents des insectes par	la position ventrale du système nerveux	la position ventrale du système digestif	la présence de trois axes d'organisation	pp. 80-81
4. Les vertébrés ont en commun	un même squelette	un même plan d'organisation du squelette	la présence de membres articulés dans leur squelette	p. 83
5. Des organes homologues ont	une forme semblable	une organisation commune	des connexions semblables avec les structures voisines	p. 83
6. Dans un groupe de classification, des vertébrés partagent	des attributs communs	des caractères homologues	des ressemblances anatomiques	p. 83
7. Les groupes emboîtés peuvent être représentés par	un arbre philosophique	un arbre phylogénétique	un arbre généalogique	p. 83
8. Un arbre phylogénétique traduit	les relations de parenté entre les espèces	les différences anatomiques entre les espèces	les ressemblances anatomiques entre les espèces	p. 84
9. Les scientifiques affirment que les vertébrés partagent un ancêtre commun, car	ils sont tous parents	ils présentent une organisation commune	ils ont en commun les mêmes caractères anatomiques	p. 85

2 Définir des termes

a. Homologie

b. Plan d'organisation

c. Ancêtre commun

3 Rédiger une phrase

a. Biodiversité / parentés / groupes.

b. Vertébrés / plan d'organisation.

c. Plan d'organisation / axes de polarité / plan de symétrie.

4 Expliquer comment...

a. Les fossiles renforcent l'idée de parenté des vertébrés.

b. Le système nerveux et l'appareil digestif s'organisent chez les vertébrés.

5 Expliquer le lien...

a. Entre arbre phylogénétique et classification.

b. Entre ancêtre commun et vertébrés.

Voir corrigés p. 254.

Rédiger

> *Restituer des connaissances.*

6 Expliquer, à l'aide d'un exemple, les différentes méthodes utilisées par les scientifiques pour établir des liens de parenté entre deux espèces.

7 Après avoir décrit les caractéristiques principales du plan d'organisation des vertébrés, montrer que celui-ci est un argument en faveur de la parenté entre les vertébrés.

Exercice résolu

> Manifester sens de l'observation, curiosité et esprit critique.

8 Tester l'hypothèse d'une origine commune du membre antérieur en forme d'aile.

Énoncé

Un attribut peut soit provenir d'un ancêtre commun, soit provenir de l'apparition de celui-ci dans deux lignées distinctes. Ce dernier cas est rare. La construction d'arbres phylogénétiques permet de tester cette hypothèse.
Pour tester l'hypothèse d'une origine commune du membre antérieur en forme d'aile chez le pigeon ramier et la pipistrelle (chauve-souris), on a étudié six attributs :

attribut / espèce	crâne et vertèbres (1)	plus de trois vertèbres cervicales (2)	membre antérieur en forme d'aile (3)	mâchoire inférieure formée d'un seul os (4)	plumes (5)	poils (6)
grenouille verte	présents	absentes	absent	absente	absentes	absents
pigeon	présents	présentes	présent	absente	présente	absents
homme	présents	présentes	absent	présente	absentes	présents
pipistrelle	présents	présentes	présent	présente	absentes	présents

Arbre phylogénétique ne faisant pas l'hypothèse d'une origine commune de l'aile :

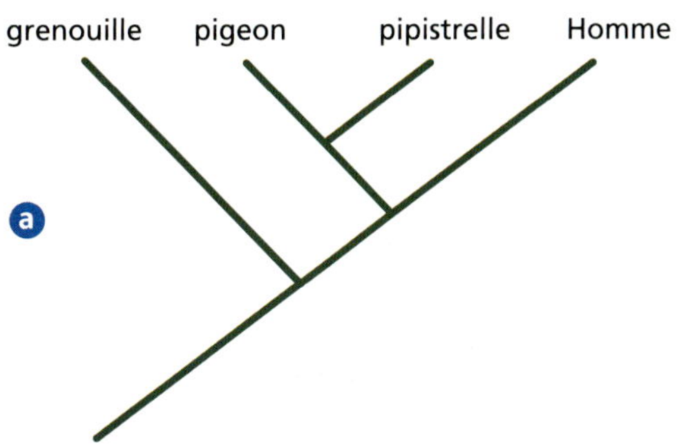

Arbre phylogénétique faisant l'hypothèse d'une origine commune de l'aile :

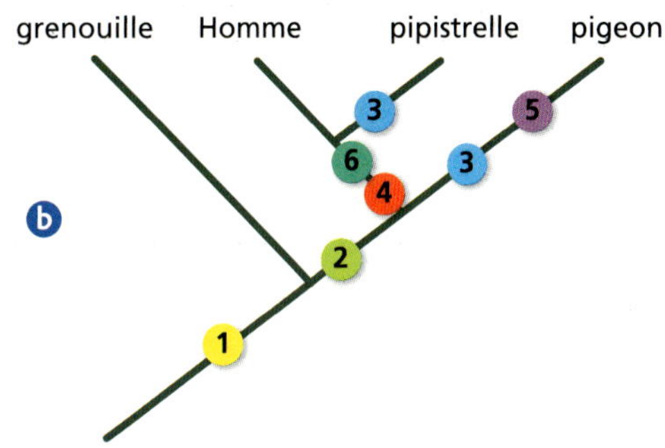

1 crânes et vertèbres — 2 plus de trois vertèbres cervicales — 3 membres antérieurs en forme d'aile — 4 machoire inférieure formée d'un seul os — 5 plumes — 6 poils

1. Reproduire l'arbre (a) et positionner les attributs testant l'hypothèse de l'origine commune de l'aile décrits dans le tableau.
2. Comparer les deux arbres et en déduire si l'hypothèse semble validée ou non.

Comprendre l'énoncé

1. Positionner les attributs. Certains vont apparaître plusieurs fois dans deux lignées distinctes (poils, mâchoire inférieure formée d'un seul os).

2. Le fait qu'un attribut apparaisse indépendamment sur deux lignées différentes est rare. Or ce phénomène se serait réalisé une fois dans l'arbre (b) tandis qu'il se serait produit deux fois dans la configuration (a).

Éléments de réponse

1.

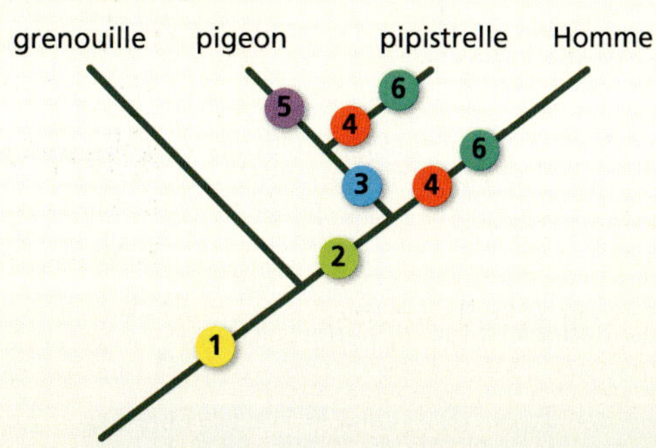

2. Il semble que l'hypothèse d'une origine commune du membre antérieur en forme d'aile soit invalidée, car cela impliquerait l'apparition de deux attributs identiques (4 et 6) dans la lignée des pipistrelles et de l'Homme.

Exploiter des documents

9 Des représentations historiques de l'arbre de parenté

> Manifester sens de l'observation, curiosité et esprit critique.

Extrait de *L'Origine des espèces* (1859) où Darwin explique son point de vue sur l'arbre de parenté.

« Les affinités de tous les êtres de la même classe ont parfois été représentées sous la forme d'un grand arbre. Je crois que cette comparaison est très juste. Les rameaux verts et bourgeonnants peuvent représenter les espèces existantes; les branches produites les années précédentes peuvent représenter la longue succession des espèces éteintes. Dès la première croissance de l'arbre, de nombreuses branches ont péri et sont tombées; et ces branches tombées, de taille variable, peuvent représenter ces ordres, ces familles et ces genres tout entiers, qui n'ont plus de représentants vivants, et que nous ne connaissons qu'à l'état de fossile. De la même façon que nous voyons ici et là une branche menue et isolée, surgissant d'une bifurcation inférieure, et qui par chance a été favorisée et est encore vivante au sommet de l'arbre. »

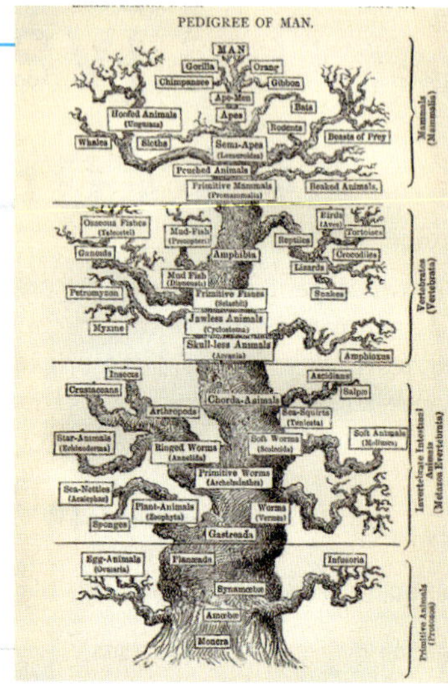

La conception d'un arbre de vie au XIXe siècle, par Ernst Haeckel dans *L'Évolution de l'Homme* (1879).

1. Réaliser une représentation simple de l'arbre décrit par Darwin.
2. Comparer la représentation de l'arbre de parenté chez Darwin et chez Haeckel.
3. Faire une critique de l'arbre de parenté d'Haeckel.

10 Le dernier ancêtre commun au crocodile et au canard

> S'informer à partir d'un graphique et d'un tableau, raisonner.

On cherche à préciser les relations de parenté entre différents vertébrés à partir de données anatomiques et morphologiques. Les données prises en compte sont les suivantes:

	espèces			
caractères	**saumon**	**crocodile**	**canard**	**Homme**
choanes*	absentes	présentes	présentes	présentes
gésier	absent	présent	présent	absent
plumes	absentes	absentes	présentes	absentes
poils	absents	absent	absent	présent

* Choanes: ouvertures crâniennes faisant communiquer les narines extérieures avec la cavité buccale.

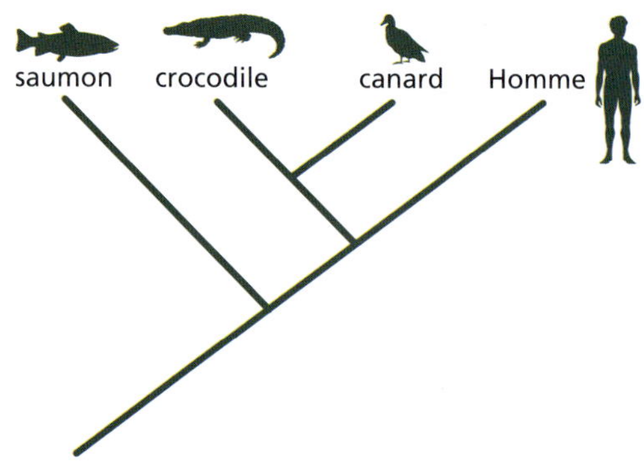

Un arbre phylogénétique a été construit à partir de ce tableau.

1. À l'aide du tableau ci-dessus, placer les attributs sur l'arbre proposé.
2. Situer sur l'arbre le dernier ancêtre commun au crocodile et au canard et citer les caractères rencontrés chez cet ancêtre.

11 L'organisation interne d'une souris

> S'informer à partir d'un document, raisonner.

On cherche à identifier l'organisation d'une souris afin de pouvoir la classer parmi les vertébrés.

1. Comparer l'organisation de la souris à celle des autres vertébrés (voir pp. 80-81).
2. Montrer que l'étude de l'organisation de la souris permet de la classer parmi les mammifères (voir p. 83).

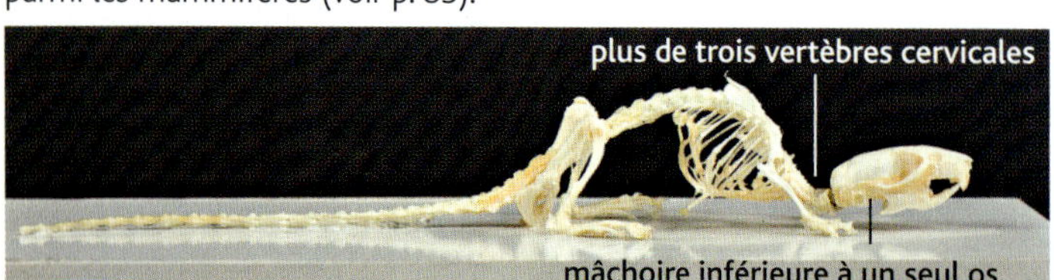

Doc. 1 Squelette osseux d'une souris.

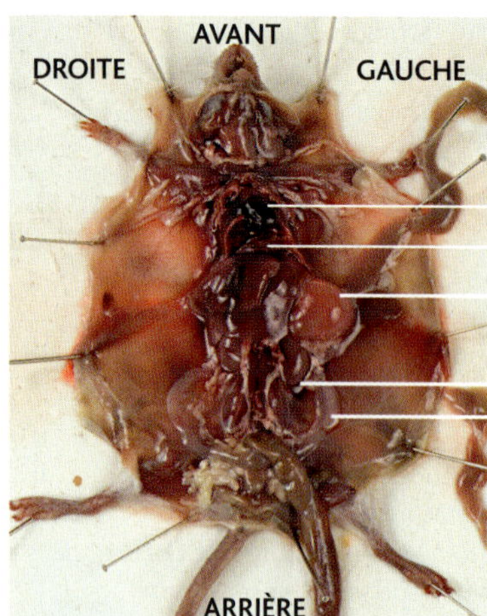

Doc. 2 Résultat de la dissection d'une souris.

La dérive génétique et ses conséquences

Unité 7

La diversité au sein de la population humaine.

La biodiversité s'observe à différentes échelles : écosystèmes, espèces et allèles. Elle évolue dans l'espace et au cours du temps.

Quels sont les mécanismes permettant l'évolution de la biodiversité ?

1 La dérive génétique

Au sein d'une espèce, les gènes sont les mêmes pour toute la population. En revanche, le patrimoine génétique d'un individu est unique, car il provient d'une combinaison allélique particulière. La diversité des allèles est l'un des aspects de la biodiversité.

Comment évolue la diversité des allèles dans une population ?

A La fréquence des allèles dans une population

Le gène du système ABO possède trois allèles : A, B et O. Ainsi, un individu peut posséder différentes combinaisons de ces allèles : AB, AA ou AO, par exemple. Lorsque les deux allèles sont différents, ils peuvent s'exprimer tous les deux (cas des allèles A et B, par exemple), ou non (cas de l'allèle O).

Il existe une grande diversité d'allèles au sein d'une famille.

génotype du père \ génotype de la mère	00	AA	BB	AO	BO	AB
00	00					
AA	AO	AA				
BB	BO	AB	BB			
AO	AO 00	AA AO	AB BO	AO AA 00		
BO	BO 00	AB AO	BB BO	AB AO BO 00	BO BB 00	
AB	AO BO	AA AB	AB BB	AB BO AA AO	AB BB AO BO	AB AA BB

Doc. 1 Des **génotypes** possibles de la descendance en fonction de celui des parents.

La distribution de la fréquence des allèles du système ABO dans le monde a été largement étudiée. Elle correspond à la mesure de la fréquence relative (établie en pourcentage) d'un allèle dans une **population**.

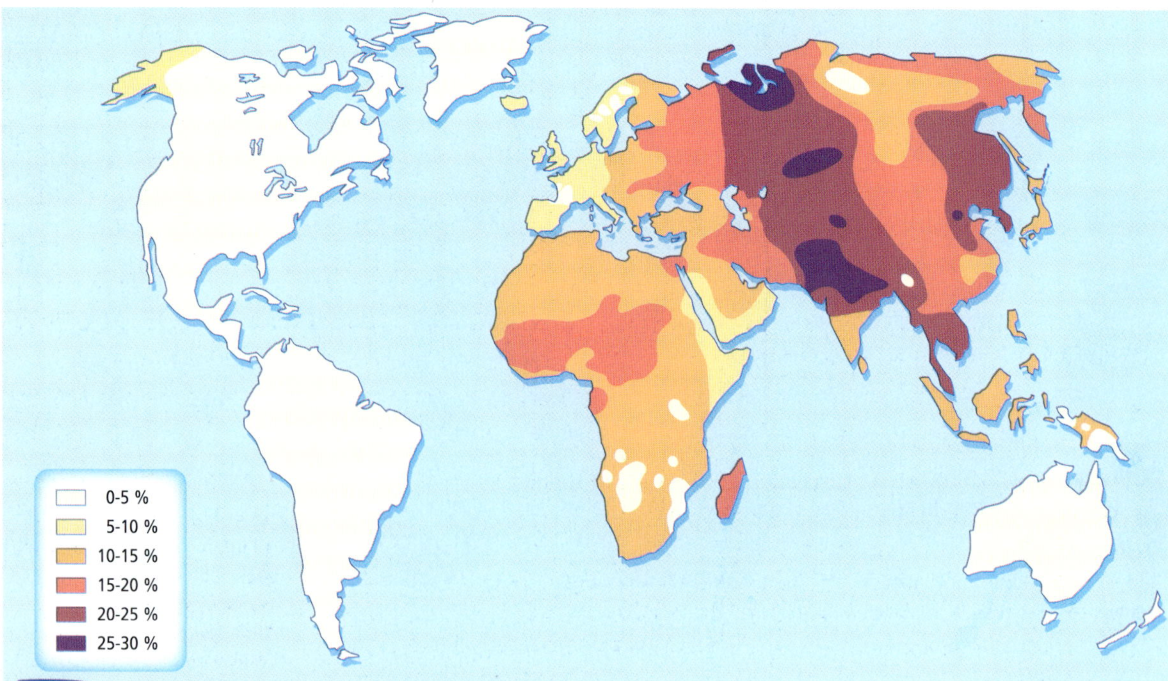

Doc. 2 Distribution de la fréquence de l'allèle B dans le monde.

B L'évolution de la fréquence allélique dans une population

Dans une population, la fréquence des allèles peut évoluer de façon aléatoire. Cette modification est appelée **dérive génétique**. Pour étudier l'évolution de la fréquence allélique, on modélise quatre allèles d'un même gène par des billes de quatre couleurs différentes. Les individus sont modélisés par des sacs contenant deux billes.

Protocole

Matériel utilisé : 40 billes de couleur (10 blanches, 10 vertes, 10 rouges et 10 bleues) et 20 sacs représentant 20 individus.
Un tirage au sort est réalisé pour répartir les 40 billes dans les 20 sacs (2 billes par sac).

Calculer la fréquence de chaque allèle (allèle rouge, allèle bleu, allèle blanc et allèle vert) dans la population de départ.

1. On supprime au hasard quatre sacs représentant quatre individus ne s'étant pas reproduits et donc n'ayant pas transmis leur patrimoine génétique.

2. On prélève au hasard une bille dans chaque sac pour constituer la descendance des seize individus restants.
Remettre à chaque fois dans le sac une bille identique à celle tirée. Faire un tirage au sort de quarante billes puis les placer deux par deux dans vingt nouveaux sacs.

3. Au hasard, on supprime de nouveau quatre sacs.

4. On procède de nouveau comme à l'étape 2 pour constituer la descendance des quatre individus restants que l'on met dans deux nouveaux sacs.

Calculer la fréquence des quatre allèles dans la population constituée par ces vingt individus.
Confronter ces résultats à ceux des autres groupes ayant réalisé la même simulation.

Doc. 3 Simulation de fréquences alléliques.

Une simulation numérique permet de suivre la variation de la fréquence d'un couple d'allèles en fonction de la taille de la population. Cela permet de déterminer dans quel cas on observe une dérive génétique. Chaque couleur correspond à une simulation indépendante des autres. L'axe horizontal correspond aux générations successives. L'axe vertical correspond à la variation de la fréquence allélique.

Population : 1 000 individus

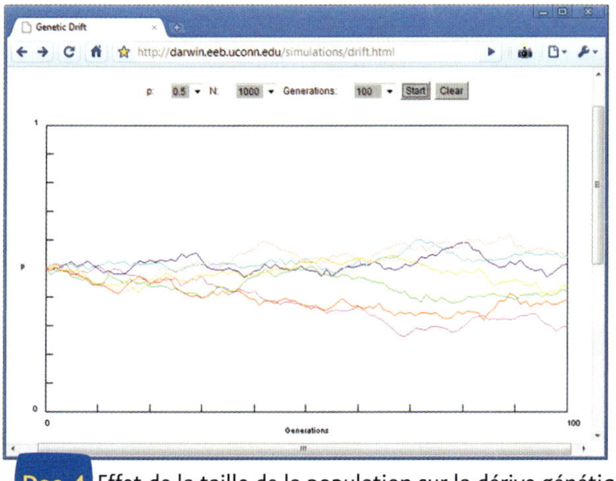

Population : 10 individus

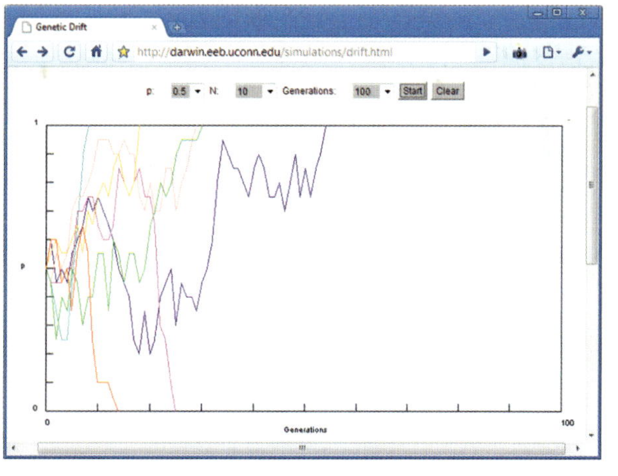

Doc. 4 Effet de la taille de la population sur la dérive génétique.

QUESTION Montrer que l'effectif de la population joue un rôle sur l'évolution de la fréquence des allèles, et donc sur la biodiversité.

Pistes pour répondre

- Décrire la répartition de l'allèle B dans le monde et relier ces observations à la transmission de l'allèle B au sein des populations. > Doc. 1 et 2
- Réaliser la simulation proposée dans le document 3. Rendre compte des résultats obtenus. > Doc. 3
- Relier dérive génétique et taille de la population. > Doc. 3 et 4

Vocabulaire

Génotype : ensemble de l'information génétique (allèles) d'un individu.

Population : ensemble d'individus d'une même espèce vivant dans un même espace géographique.

2 La sélection naturelle

En 1859, Darwin et Wallace présentent leur théorie de la sélection naturelle.
Comment agit la sélection naturelle sur une population ?

A Sélection naturelle et évolution d'un caractère

Les girafes naissent avec un cou de longueur légèrement différente les unes des autres. Cette variation héréditaire est aléatoire.

En revanche, il n'y a plus rien d'aléatoire dans le fait que la girafe ayant le cou le plus long accède à plus de feuilles. Mieux nourrie, elle aura plus de chances de se reproduire et de donner une descendance à laquelle elle va transmettre cette particularité du cou le plus long.

De cette manière, la population évolue en se modifiant en fonction de son environnement. C'est Darwin, le premier, qui décrivit ce phénomène et le nomma « sélection naturelle ».

Doc. 1 Les variations individuelles au sein d'une espèce et leurs conséquences.

Les îles Galápagos abritent quatorze espèces différentes de géospizes (pinsons de Darwin), qui se différencient par la taille de leur corps et de leur bec.

Des études génétiques ont permis d'identifier le gène contrôlant la grosseur du bec. Plusieurs allèles de ce gène existent dans la population.

L'année 1977 a été marquée par une sécheresse importante provoquant une raréfaction des graines tendres, aliment principal de l'espèce *Geospize fortis*. Les individus de *G. fortis*, à petit bec, n'ont donc pas pu s'alimenter convenablement et la plupart en sont morts. En revanche, les individus à gros bec ont survécu en mangeant des graines plus dures. Ces individus se sont reproduits, ce qui a entraîné une augmentation de la grosseur moyenne du bec dans la population à la génération suivante.

Comme, sur cette île, la composition et la taille de la nourriture changent d'une année à l'autre, la taille du bec pour cette espèce évolue sans cesse en fonction des ressources alimentaires.

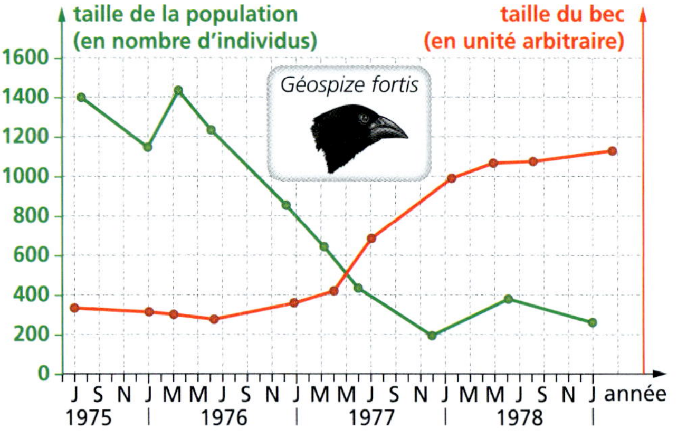

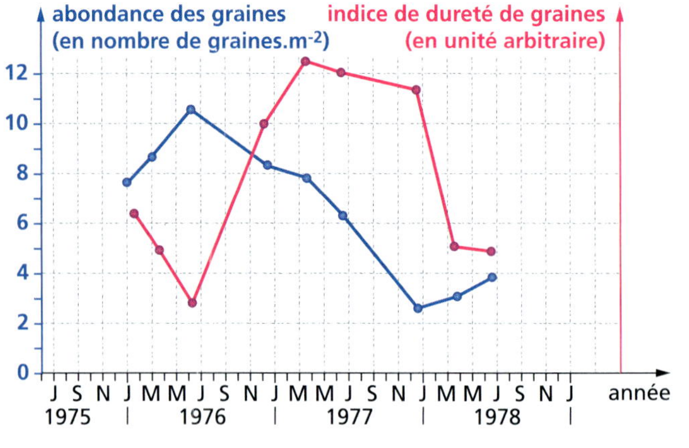

Doc. 2 L'évolution de la population d'une espèce de géospizes.

B Sélection naturelle et fréquence des allèles

Le paludisme est une maladie infectieuse due à un parasite unicellulaire *(Plasmodium)* qui se développe en partie dans les hématies. Ce parasite est transmis à l'Homme lors d'une piqûre par un moustique. Le paludisme est l'un des principaux fléaux mondiaux, tuant chaque année entre 1,5 et 2,5 millions d'enfants de moins de cinq ans.

La drépanocytose est une maladie génétique (voir unité 4, p. 52). Cette maladie se développe uniquement chez les individus portant les deux allèles S responsables de la forme S de l'hémoglobine. Des études cliniques ont montré que la présence d'hémoglobine S dans les hématies réduisait la sensibilité au *Plasmodium*. Elle atténue ainsi la gravité des crises de paludisme.

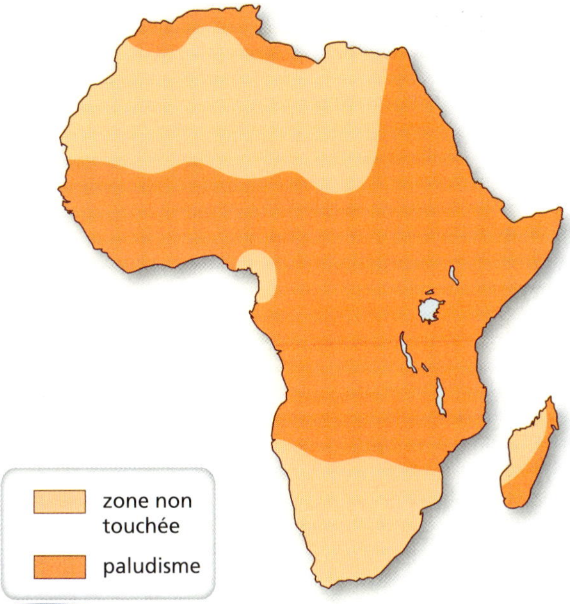

Doc. 3 Distribution du paludisme en Afrique.

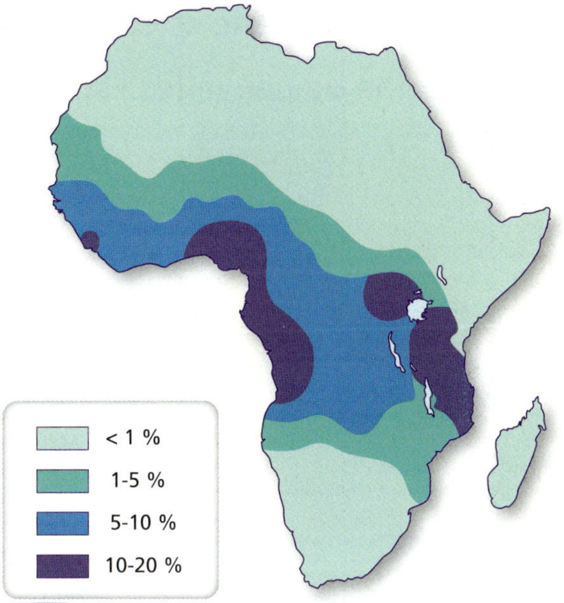

Doc. 4 Distribution de la fréquence de l'allèle S de la drépanocytose en Afrique.

Cette simulation permet de suivre l'évolution de la fréquence allélique d'organismes fictifs au fil des générations, en réponse à la pression de la sélection naturelle. Le nombre de générations est fixé à 100. Il est possible de moduler la valeur sélective du génotype w11 entre cinq niveaux différents pour chacun des trois génotypes. Le niveau 1 correspond à un génotype responsable d'un avantage sélectif neutre.

L'axe vertical correspond à la variation de ce génotype dans la population (0 = 0 % ; 1 = 100 %).

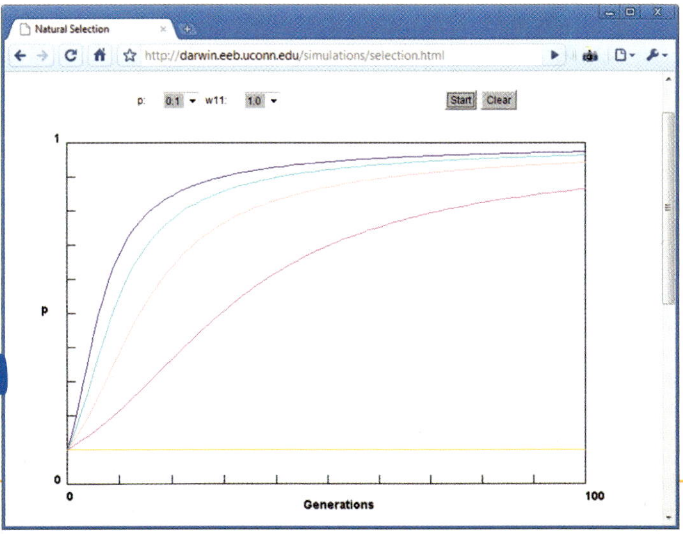

Doc. 5 Simulation de l'évolution de la fréquence d'un couple d'allèles.

QUESTION Expliquer comment la sélection naturelle agit sur l'évolution des espèces.

Pistes pour répondre

- Montrer comment le milieu peut exercer une sélection sur une population. > **Doc. 1 et 2**
- Expliquer le lien existant entre la répartition de l'allèle S et la présence du paludisme. > **Doc. 3 et 4**
- Montrer comment le milieu peut exercer une sélection sur la distribution des allèles dans une population. > **Doc. 2 à 5**

3 L'apparition de nouvelles espèces

Une espèce est constituée d'individus qui peuvent se reproduire entre eux dans des conditions naturelles et dont la descendance fertile est viable. L'évolution repose sur l'apparition de nouvelles espèces qui, progressivement, remplacent les espèces plus anciennes dans les milieux.

Quels sont les mécanismes à l'origine de l'apparition de nouvelles espèces ?

A Formation de nouvelles espèces et isolement d'une population

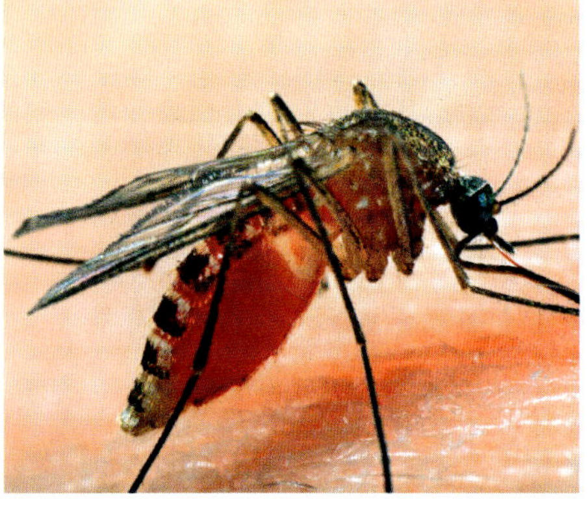

À l'origine existait à Londres une seule espèce de moustique *(Culex pipiens)*, se nourrissant du sang des oiseaux.

Au cours des travaux de réalisation des voies du métro, quelques individus se sont introduits dans les galeries. Cette population a progressivement évolué pour donner une sous-espèce particulière, appelée *molestus*, possédant des caractéristiques différentes de *Culex pipiens* : ils piquent en priorité les mammifères même en présence d'oiseaux et n'ont pas de **diapause**. De plus, les sous-populations du métro sont génétiquement très hétérogènes d'une ligne à l'autre, tandis que les populations aériennes sont génétiquement plus homogènes. Cela vient du fait que les échanges génétiques entre les différents moustiques d'une ligne à l'autre sont réduits. Aujourd'hui cette population de moustiques n'est plus capable de se reproduire avec les moustiques de surface.

Doc. 1 La naissance d'une nouvelle espèce de moustique dans le métro londonien.

La souris commune de Madère a été introduite avec les premiers bateaux portugais qui ont accosté sur l'archipel vers 1419.

Cette île présente un relief particulièrement escarpé. Aujourd'hui, on y trouve plusieurs populations de souris se différenciant par leur caryotype. Chaque symbole de couleur indique la présence d'une population de souris génétiquement différente des autres.

Les individus issus d'un croisement entre des souris de vallées différentes sont stériles. Cette **spéciation** s'est produite en deux mille à quatre mille générations, ce qui est extrêmement rapide. Les données paléontologiques permettent d'estimer qu'une spéciation prend habituellement plusieurs centaines de milliers d'années.

(a)

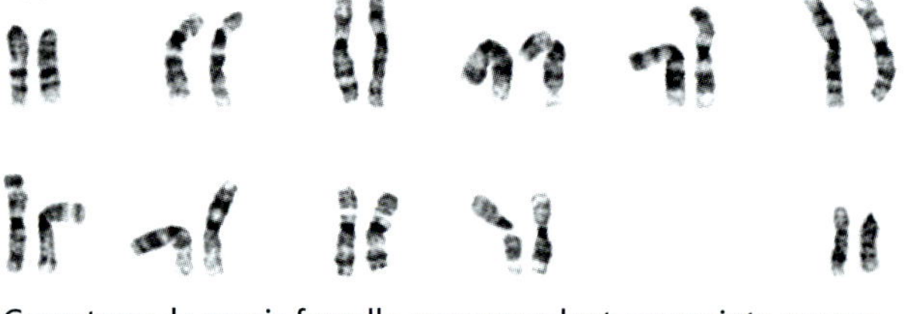

Caryotype de souris femelle correspondant aux points rouges.

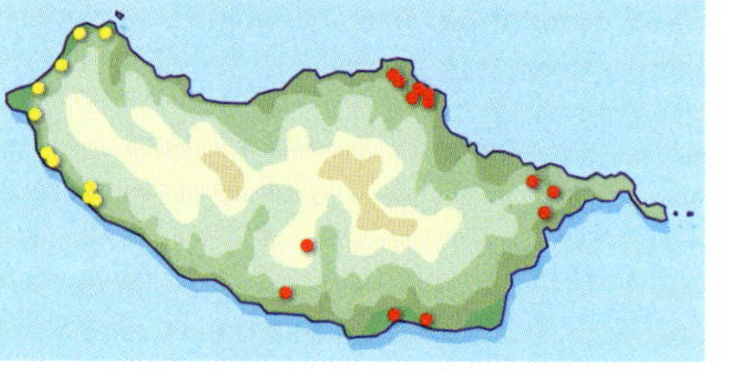

(b)

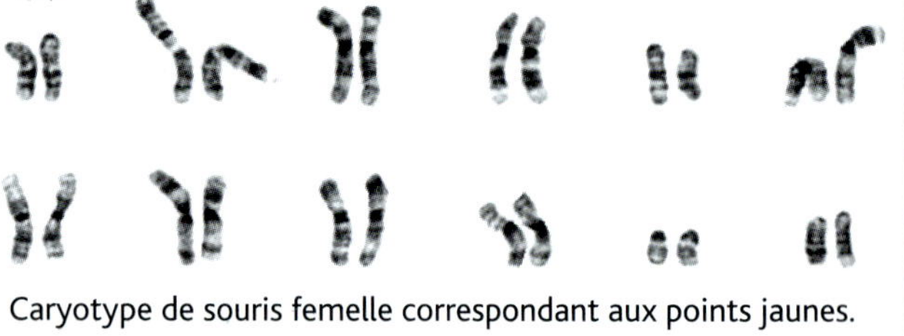

Caryotype de souris femelle correspondant aux points jaunes.

Doc. 2 L'apparition de nouvelles espèces de souris dans l'archipel de Madère.

B Formation de nouvelles espèces et crises biologiques

L'histoire de la vie sur Terre est ponctuée par de nombreuses crises d'extinctions, brèves périodes de fortes diminutions de la biodiversité. Ces crises sont suivies par des phases où les individus qui ont survécu reconquièrent la biosphère. Cette reconquête des écosystèmes laissés inoccupés suite à la disparition d'un grand nombre d'espèces favorise l'apparition de nouvelles espèces.

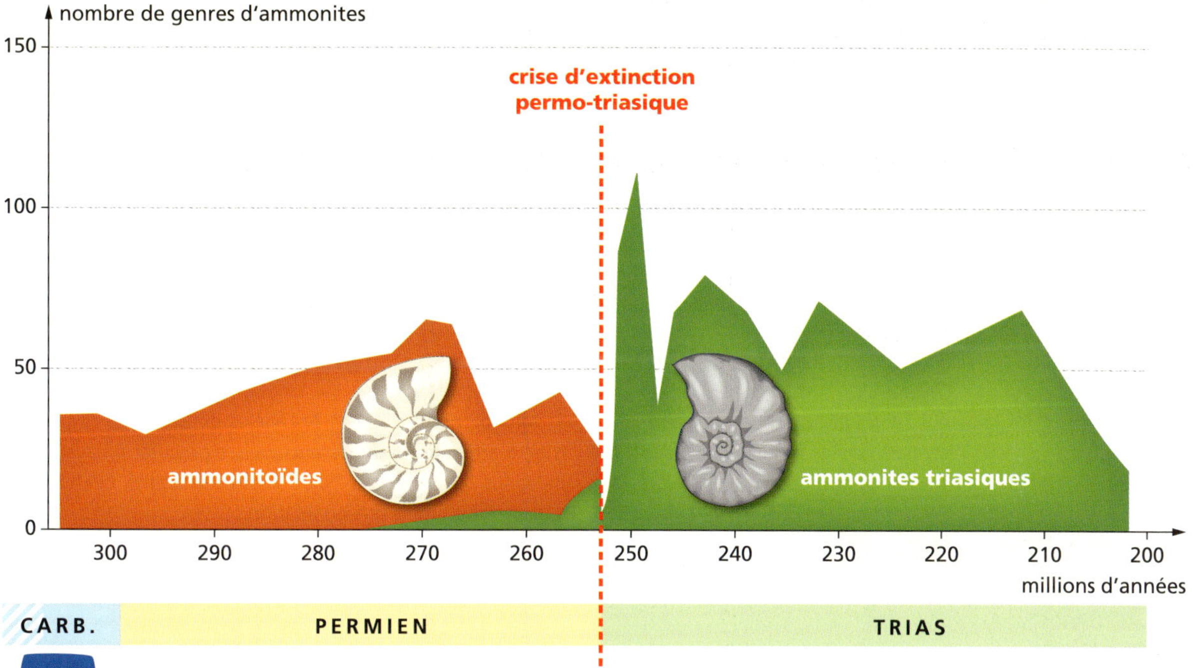

Doc. 3 Évolution du nombre de genres d'ammonites.

Modélisation de l'effet de la réduction d'une population sur la diversité allélique

Protocole

- Remplir une bouteille avec des billes de couleurs différentes, chaque bille représentant un allèle porté par un individu de la population initiale.
- Verser quelques billes dans un récipient pour modéliser la réduction de la population.
- Observer la diversité des billes isolées : elles caractériseront les caractères portés par la population finale.

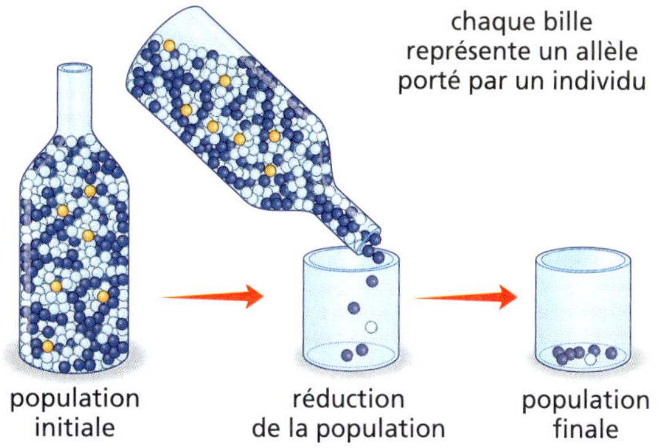

Doc. 4 Principe de la modélisation.

QUESTION **Expliquer comment de nouvelles espèces apparaissent.**

Pistes pour répondre

- Montrer comment l'isolement conduit à l'apparition de nouvelles espèces. > Doc. 1 et 2
- Montrer que les crises biologiques engendrent des disparitions d'espèces, mais aussi l'apparition et la diversification de nouvelles espèces. > Doc. 3 et 4

Vocabulaire

Diapause : période de repos et d'arrêt dans le développement présente chez de nombreux insectes.

Spéciation : formation d'une nouvelle espèce.

Bilan La dérive génétique

I La dérive génétique [pp. 94-95]

• Au sein d'une espèce, les gènes sont les mêmes quel que soit l'individu. En revanche, la combinaison allélique est unique pour chaque individu, ce qui est source de variabilité génétique.

• Dans une population, la fréquence des allèles peut évoluer de façon aléatoire. Cette modification est appelée **dérive génétique**.

• La dérive génétique dépend de l'effectif de la population. Plus la population est restreinte, plus la modification de la fréquence allélique est importante.

II La sélection naturelle [pp. 96-97]

• Dans la nature, les individus sont soumis à différentes conditions environnementales. Certains individus sont mieux adaptés, car ils portent des allèles leur conférant un avantage sélectif : ils se reproduiront mieux que les autres. Les allèles dont ils sont porteurs seront transmis à leurs descendants ; il s'agit d'un processus de **sélection naturelle**.

• Dans de nombreux cas, les allèles défavorables disparaissent, mais il arrive que leur présence puisse procurer un avantage aux individus qui les portent dans un milieu donné, ce qui entraîne leur maintien dans une population.

III L'apparition de nouvelles espèces [pp. 98-99]

• Lorsqu'une population conquiert un nouveau territoire, elle fonde une nouvelle population à partir des individus pionniers. Ces pionniers ont peu de chance d'avoir la totalité des allèles présents dans la population d'origine, ce qui entraîne une fréquence allélique différente de celles d'origine. Séparée génétiquement de la population d'origine, la nouvelle population peut évoluer et former une nouvelle espèce.

• Des populations sont susceptibles de traverser occasionnellement des périodes durant lesquelles seul un petit nombre d'individus survit, en particulier lors de crises biologiques majeures. Les individus qui réussissent à survivre et à se reproduire forment une nouvelle population. Ces conditions sont favorables à la formation de nouvelles espèces.

Mots-clés, voir page 253

Dérive génétique - Sélection naturelle

L'essentiel

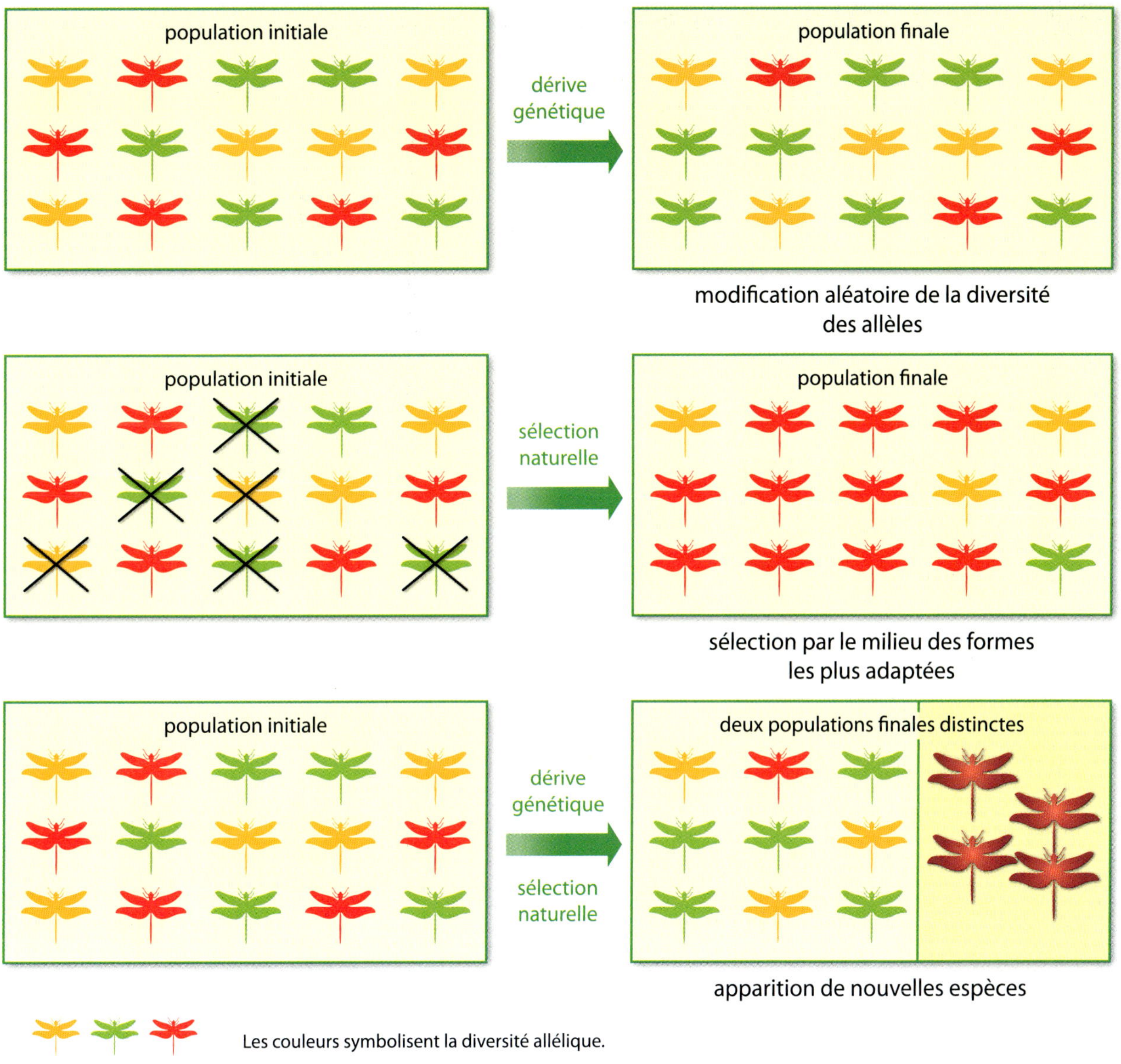

Compétences

Savoir que :

- Dans une population, la fréquence des allèles varie en fonction :
  – de la taille de la population ;
  – de l'environnement qui peut exercer une pression.
- L'apparition de nouvelles espèces peut être engendrée par :
  – la sélection naturelle qui permet aux individus possédant des allèles plus avantageux de survivre ;
  – la dérive génétique qui peut modifier aléatoirement les fréquences des allèles dans une population.
- Une baisse des effectifs des populations contribue à la dérive génétique.

Être capable de :

- Exploiter des documents, des informations permettant de comprendre les mécanismes de la dérive génétique.
- Utiliser un logiciel pour modéliser l'évolution des allèles dans une population.
- Utiliser des modèles pour mimer la sélection naturelle et la dérive génétique.

Pour développer des compétences

> *Manifester sens de l'observation, curiosité et esprit critique.*
> *Comprendre la nature provisoire et en devenir du savoir scientifique.*

L'émergence de la théorie de l'évolution

Longtemps, le monde vivant a été considéré comme stable. Les espèces observées apparaissaient si complexes qu'elles ne pouvaient avoir été créées que par un être supérieur. Chaque espèce avait été créée puis ne variait plus. Pourtant, certains faits d'observation posaient problème, comme les fossiles d'espèces disparues.
Deux savants ont profondément modifié cette conception du monde vivant : Lamarck et Darwin.

Jean-Baptiste de Lamarck (1744-1829), scientifique français.

Lamarck n'est pas le premier à constater que le monde vivant se transforme au cours du temps. Mais il est un des premiers à proposer une explication cohérente à cette transformation. Ses travaux sur les mollusques lui permettent de formuler trois idées :

- les différentes espèces se succèdent dans le temps et présentent une organisation de plus en plus complexe. Elles dérivent les unes des autres grâce à de petites variations qui s'accumulent ;
- les modifications de l'environnement sont à l'origine de l'apparition de ces variations. Celles-ci sont une réponse à ces modifications ;
- les variations qui surviennent lors de la vie d'un individu sont transmises à ses descendants.

Doc. 1 Lamarck et le transformisme.

Darwin est très jeune lorsqu'il participe à un voyage scientifique autour du monde en 1831. Les découvertes réalisées, en particulier l'observation de pinsons dans l'archipel des Galápagos, l'amènent à publier sa théorie sur l'évolution dans son ouvrage *L'Origine des espèces* en 1859. Cette théorie repose sur différents principes :

- les espèces dérivent les unes des autres, une espèce « ancêtre » pouvant générer diverses espèces « filles » ;
- au sein d'une même espèce, les individus sont divers. Cette diversité peut être transmise aux descendants ;
- dans les milieux, certains caractères favorisent certains individus. Ceux-ci survivent et se reproduisent, ils deviennent de plus en plus nombreux dans les populations. Cela constitue la sélection naturelle.

Charles Darwin (1809-1882), scientifique anglais.

Doc. 2 Darwin et la théorie de l'évolution.

Questions :

- Quels sont les arguments qui ont permis aux scientifiques d'élaborer des hypothèses conduisant à la théorie de l'évolution ?
- Identifier ce qui oppose les deux théories.
- Montrer que les données scientifiques récentes valident la théorie de Darwin.

Pour en savoir plus

Des caractères différents entre mâle et femelle

Dans de nombreuses espèces, le mâle et la femelle sont différents l'un de l'autre. C'est ce que l'on appelle le dimorphisme sexuel. Ainsi chez le paon, le mâle possède un magnifique plumage, alors que celui de la femelle présente des couleurs plus discrètes.

Pour les scientifiques, ce dimorphisme est le résultat d'une sélection naturelle.

Cette sélection ne repose pas sur une lutte pour l'existence liée aux conditions du milieu avec d'autres individus, mais sur la lutte entre individus mâles pour la conquête des femelles.

Chez les oiseaux, le plumage coloré des mâles sert à attirer les femelles qui choisissent le plus coloré. C'est donc lui qui est considéré comme le plus apte à se reproduire et qui laisse le plus grand nombre de descendants, auxquels il transmet ses caractères.

INTERVIEW | Métier Ramuntxo, chercheur en océanologie

Que souhaitiez-vous faire comme métier lorsque vous étiez adolescent ?

> J'habitais à Biarritz et j'ai toujours aimé la mer et les sports d'eau. J'ai découvert très tôt la plongée et j'étais fasciné par la vie aquatique. J'ai toujours voulu travailler dans la biologie marine.

En quoi consiste votre métier ?

> Je récolte des échantillons dans les océans, je les identifie et je les comptabilise. Cela permet de mettre en évidence de nouvelles espèces non encore identifiées.
> Je suis spécialisé dans la faune tropicale.

Quels conseils donneriez-vous aux jeunes qui voudraient travailler dans ce secteur ?

> Il faut être très autonome et surtout aimer la solitude, la mer et les voyages. Je passe une grande partie de ma vie sur des bateaux dragueurs.

PARCOURS

Après son baccalauréat, Ramuntxo est allé à Paris pour faire des études universitaires en biologie marine à l'université de Pierre et Marie Curie (Paris VI). Puis, il a continué avec une thèse de doctorat au Muséum d'histoire naturelle sur la faune marine profonde de l'Indopacifique.

Exercices

S'auto-évaluer

> Restituer des connaissances.

1 QCM

Choisir la (ou les) bonne(s) réponse(s).

	Propositions de réponses			En cas d'erreur, revoir :
	A	B	C	
1. Les allèles sont	différentes versions d'un même gène	des protéines	des gènes différents	p. 94
2. La dérive génétique	est due au hasard	dépend de l'effectif des populations	est due à la sélection naturelle	p. 95
3. La diminution de l'effectif d'une espèce	peut conduire à la dérive génétique	conduit à l'apparition de nouvelles espèces	conduit à sa disparition	p. 95
4. La fréquence allélique correspond	au nombre d'allèles sur un chromosome	à la fréquence relative d'un allèle chez un individu	à la fréquence relative d'un allèle dans une population	p. 94
5. Des modifications de conditions de milieu	peuvent conduire à la disparition d'espèces	peuvent entraîner des changements des conditions de sélection naturelle	passent inaperçues	p. 97
6. La sélection naturelle provoque	la survivance du plus fort	la modulation du nombre de descendants	La disparition de certains individus	pp. 96-97

2 Définir des termes

a. Disparition d'espèce

b. Dérive génétique

c. Sélection naturelle

3 Rédiger une phrase

a. Dérive génétique / effectif / allèles.

b. Homme / pression / baisse des effectifs / dérive génétique.

c. Crise biologique / disparition / changement de conditions.

d. Drépanocytose / allèle défavorable / paludisme.

4 Expliquer comment…

a. La fréquence d'un allèle évolue dans une population à faible effectif.

b. Une espèce nouvelle peut apparaître.

5 Trouver le lien…

a. Entre dérive génétique et évolution des espèces.

b. Entre sélection naturelle et évolution des espèces.

Voir corrigés p. 254.

Rédiger

> Restituer des connaissances.

6 Montrer que la sélection naturelle a des conséquences sur la distribution d'un allèle dans une population.

7 Expliquer en quoi la diminution des effectifs des populations comporte des risques.

Exercice résolu

> Pratiquer une démarche scientifique.

8 Migration et dystrophie myotonique

Énoncé

Le nombre de personnes atteintes de la dystrophie myotonique* est en moyenne de 1 sur 20 000. Cette maladie est présente dans le monde entier mais inégalement répartie : elle est rare en Afrique mais très répandue chez les Canadiens français du pourtour du lac Saint-Jean (environ 1 malade pour 500 personnes) situé sur la rive nord du Saint-Laurent.

La population du lac Saint-Jean provient en grande partie de l'installation d'une trentaine de familles françaises dans les années 1675-1750. Parmi ces familles, certains individus portaient les allèles responsables de la dystrophie myotonique. Ces familles étaient très prolifiques (plus de dix enfants par couple). Elles ont vécu pendant presque un siècle en autarcie avant que des échanges ne s'effectuent entre cette région et le reste du Québec.

* Maladie entraînant une atrophie et une faiblesse musculaire.

- Proposer une hypothèse expliquant la fréquence élevée de la dystrophie myotonique au Québec.

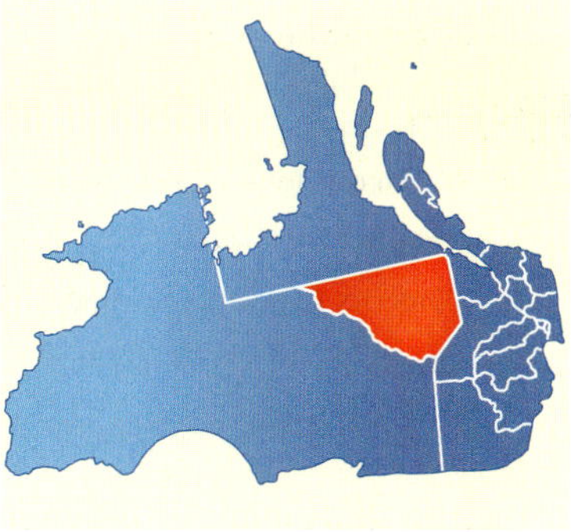

Localisation de Saguenay-Lac-Saint-Jean, une région administrative du Québec.

Comprendre l'énoncé

L'hypothèse doit expliquer la fréquence élevée d'un allèle, pourtant défavorable aux organismes le possédant, dans une population du Nord du Québec.

Éléments de réponse

Lors de l'installation des familles françaises au Québec, la frequence de l'allèle dans la population d'origine était beaucoup plus elevée que la moyenne car l'effectif était réduit.

L'isolement et la forte fécondité de la population ont participé à augmenter la fréquence de ce génotype.

Application

9 La diversité des papillons

Énoncé

Certaines espèces de papillons de la forêt amazonienne présentent de fortes ressemblances entre eux.
C'est le cas des espèces *Napeogenes sylphis*, toxique pour les oiseaux, et *Dismorphia theucharita*, qu'ils peuvent manger.

Document 1

Une expérience a été menée dans une serre d'élevage contenant des *Napeogenes sylphis* et d'autres papillons comestibles nettement différents. Des oiseaux sont lâchés dans la serre.

– On constate que les oiseaux consomment de moins en moins de *Napeogenes sylphis* qui les font vomir. Après deux ou trois « mauvaises expériences », les oiseaux ne les chassent plus.

– Lorsqu'on remplace *Napeogenes sylphis* par *Dismorphia theucharit*, les oiseaux ne les chassent plus.

Napeogenes sylphis (Ithomiinae)

Dismorphia theucharita (Pieridae)

1. Formuler une hypothèse permettant d'expliquer l'origine de la ressemblance de *Dismorphia theucharita*.
2. Valider l'hypothèse à l'aide du document 1.

Exploiter des documents

10 Répartition des individus albinos dans une population

> Pratiquer une démarche scientifique.

Une étude des tribus indiennes d'Arizona et du Nouveau-Mexique a montré que les individus albinos étaient très rares dans la plupart des tribus.

Toutefois dans trois populations d'Indiens, la fréquence des albinos est exceptionnellement élevée :

– 1/277 Indiens d'Arizona ;

– 1/140 Indiens Jemez du Nouveau-Mexique ;

– 1/247 Indiens Zuni du Nouveau-Mexique.

Ces trois populations sont apparentées par leur culture mais pas par leur langue. Dans le reste des USA la fréquence de la maladie est de 1 sur 20 000.

• Quels facteurs peut-on envisager pour expliquer la fréquence élevée d'indivus albinos dans ces trois tribus ?

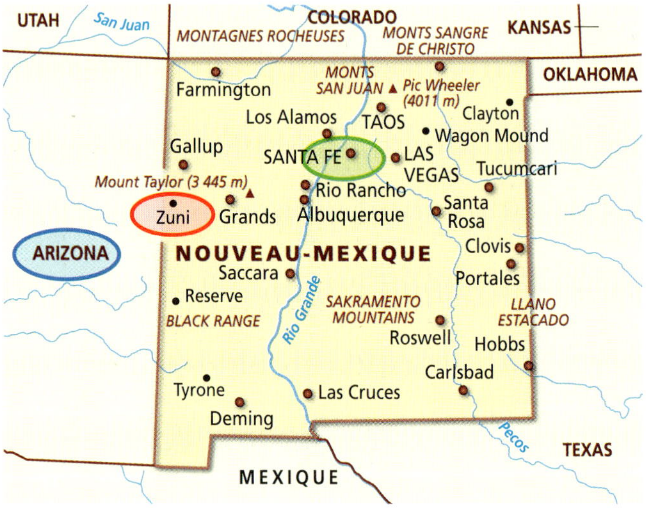

11 La drosophile

> S'informer à partir d'un graphique, raisonner.

La petite mouche *Drosophila pseudoobscura* est très répandue en Amérique. On la rencontre dans des régions de climats forts différents.

L'analyse des populations vivant à basse altitude montre que la proportion de la fréquence allélique de deux allèles (AR et ST) d'un même gène n'est pas constante. L'été est marqué par une prédominance de l'allèle ST, tandis que AR domine en hiver.

On constitue expérimentalement une population comportant ces deux allèles dans la proportion de 10 % de ST et 90 % de AR.

Le milieu est maintenu à 25 °C et on suit l'évolution de la population pendant 23 générations.

On renouvelle l'expérience précédente en modifiant la proportion initiale (90 % de ST et 10 % de AR) et la température d'élevage : elle est fixée à 16 °C. On suit également l'évolution de la population pendant 23 générations.

• À partir de l'étude du document 2, expliquer la variation de la fréquence des allèles AR et ST en fonction de l'altitude observée dans le document 1.

altitude (en m)	0	1 000	2 000	3 000
AR	15	50	80	95
ST	85	50	20	5

Doc. 1 Fréquence allélique (en pourcentage) de deux allèles (AR et ST) en fonction de l'altitude dans les populations de la Sierra Nevada chez *Drosophila pseudoobscura*.

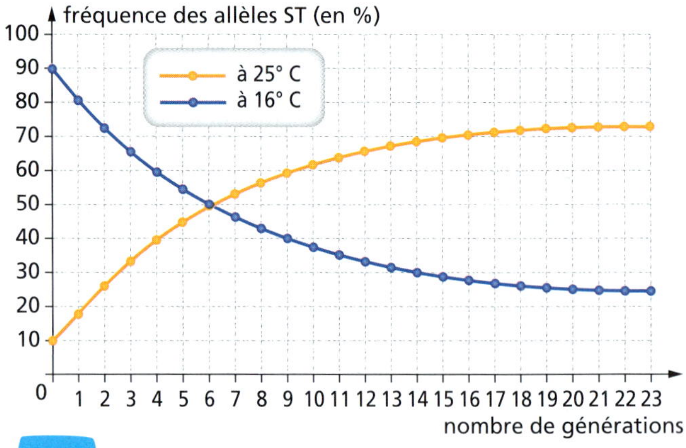

Doc. 2 Composition des populations au cours des générations.

L'essentiel à retenir sur le thème 1 pour la classe de 1re

Les êtres vivants possèdent une organisation et un fonctionnement propres.
Leurs formes montrent une diversité importante, variable dans le temps.

Quelles sont les particularités de la Terre lui permettant d'abriter la vie aujourd'hui ?
Quels sont les mécanismes à l'origine de la biodiversité ?
Quels sont les arguments en faveur de la parenté des espèces ?

POSITION DANS LE SYSTÈME SOLAIRE
TAILLE DE LA TERRE

- **présence d'eau liquide**
- **présence d'une atmosphère**
- **compatibilité avec la vie**

La présence de caractères communs chez des espèces différentes, à plusieurs niveaux d'organisation, est l'indice d'une origine commune des êtres vivants.

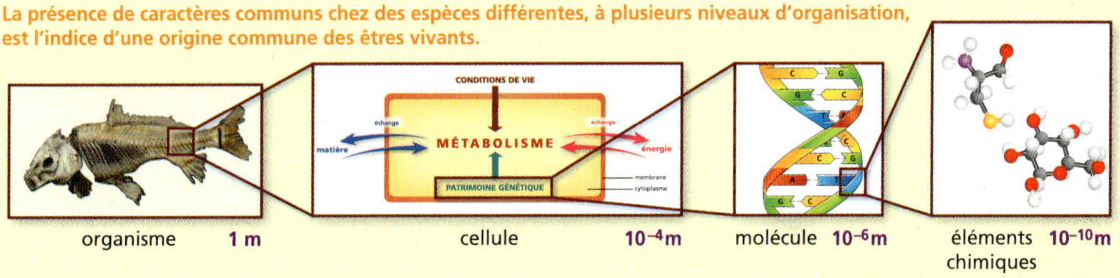

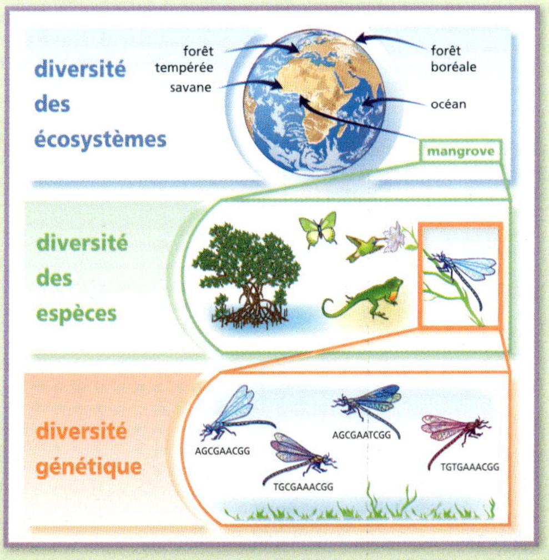

L'état actuel de la biodiversité correspond à une étape de l'histoire du monde vivant.

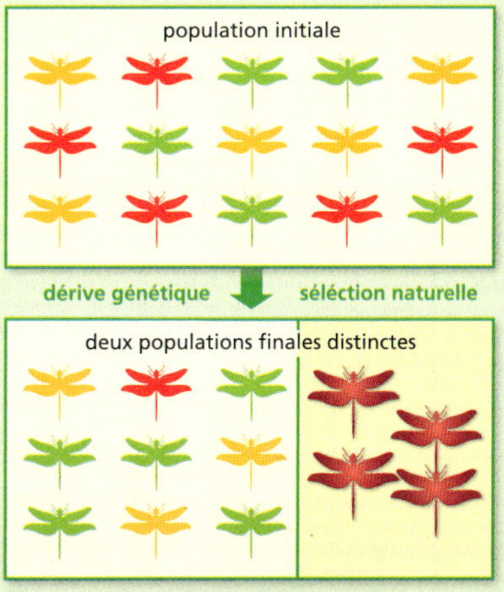

apparition de nouvelles espèces

La biodiversité se modifie au cours du temps, notamment sous l'effet de la sélection naturelle et de la dérive génétique.

Programme

Connaissances

- Dans les parties chlorophylliennes des végétaux, la lumière solaire permet la synthèse de matière organique à partir d'eau, de sels minéraux et de dioxyde de carbone. À l'échelle de la planète, ce processus fournit matière minérale et énergie à la biosphère. La présence de restes organiques dans les combustibles fossiles montre qu'ils sont issus de la biomasse. Dans certains cas, une faible proportion de la matière organique échappe à l'action des décomposeurs et se transforme en combustible fossile au cours de son enfouissement.

- La répartition des gisements de combustibles fossiles montre que transformation et conservation de la matière organique se déroulent dans des circonstances géologiques bien particulières. La connaissance de ces mécanismes permet de découvrir les gisements et de les exploiter par des méthodes adaptées. Cette exploitation a des implications économiques et environnementales. L'utilisation de combustible fossile restitue rapidement au milieu du dioxyde de carbone piégé depuis longtemps et de façon progressive. Brûler un combustible fossile, c'est en fait utiliser une énergie solaire du passé. Cette rapide augmentation de la concentration du dioxyde de carbone dans l'atmosphère interfère avec le cycle naturel du carbone.

- L'énergie solaire est inégalement reçue à la surface de la planète. La photosynthèse en utilise moins de 1 %. Le reste chauffe l'air (par l'intermédiaire du sol) et l'eau (ce qui est à l'origine des vents et courants), qu'elle fait évaporer (ce qui permet le cycle de l'eau). Utiliser l'énergie des vents, des courants marins et des barrages hydroélectriques revient à utiliser indirectement de l'énergie solaire. Ces ressources énergétiques sont rapidement renouvelables. La comparaison entre l'énergie reçue par la planète et les besoins humains permet de discuter de la place actuelle ou future de ces différentes formes d'énergie solaire.

- Pour satisfaire les besoins alimentaires de l'humanité, l'Homme utilise à son profit la photosynthèse. L'agriculture nécessite des sols cultivables et de l'eau : deux ressources très inégalement réparties à la surface de la planète, fragiles et disponibles en quantités limitées. Elle entre en concurrence avec la biodiversité naturelle.

- La biomasse végétale produite par l'agriculture est une source de nourriture, mais aussi une source de combustibles et d'agrocarburants. Ces deux productions entrent en concurrence. Un sol résulte d'une longue interaction entre les roches et la biosphère, conditionnée par la présence d'eau et la température. Le sol est lent à se former, facilement dégradé et souvent détourné de sa fonction biologique. Sa gestion est un enjeu majeur pour l'humanité.

Enjeux planétaires contemporains : énergie, sol

Thème 2

A La production de matière des êtres vivants

- Tous les organismes vivants sont des producteurs.

Tout organisme vivant produit sa propre matière, la matière organique, à partir de celle qu'il prélève dans le milieu.

- Les végétaux n'ont besoin pour se nourrir que de matière minérale, à condition de recevoir de la lumière. Ce sont des producteurs primaires.

Tous les autres organismes se nourrissent de matière minérale et de matière organique : ce sont des producteurs secondaires.

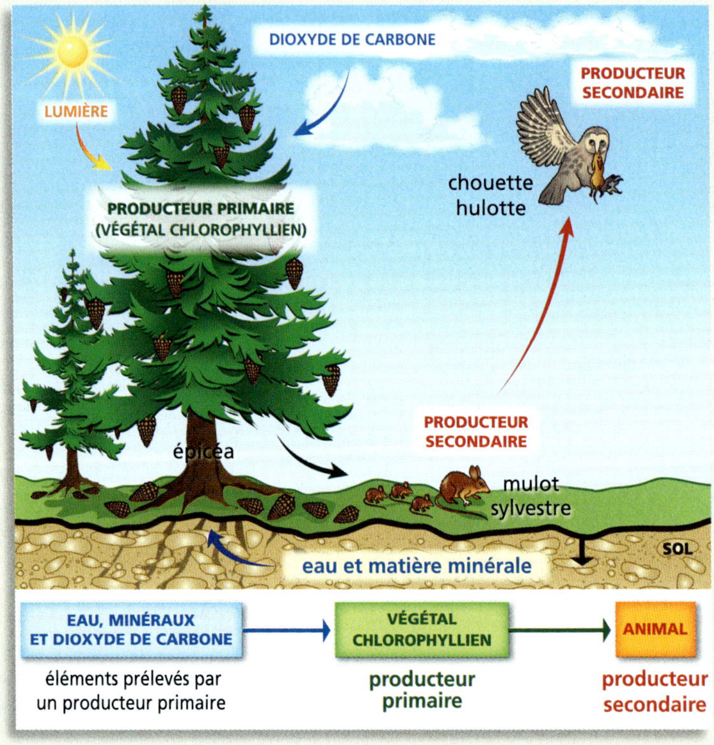

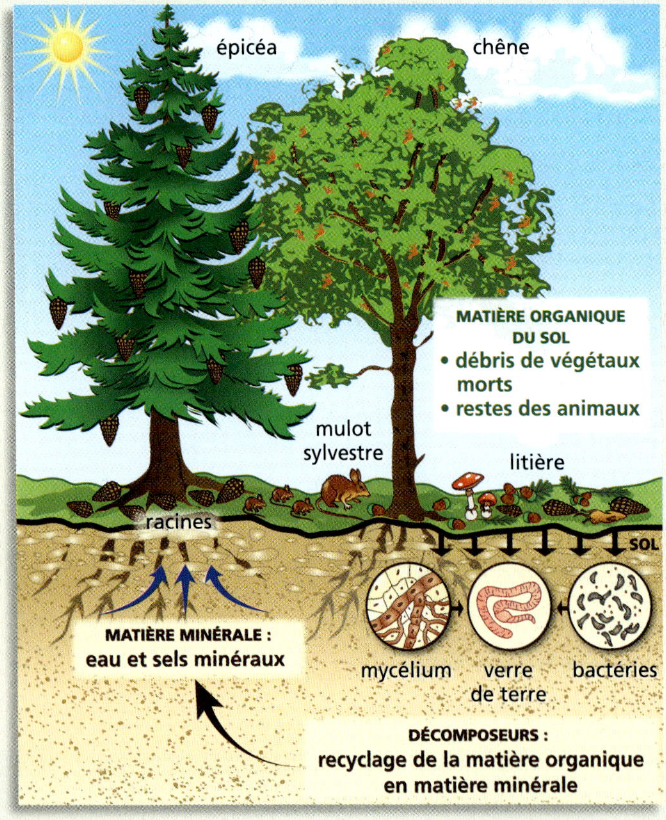

B Le sol, un milieu fragile

- Le sol abrite des êtres vivants qui transforment les restes d'organismes en matière minérale : ce sont des décomposeurs.

- L'activité des êtres vivants du sol assure la transformation de la matière organique au travers de réseaux alimentaires.

La matière des organismes vivants se transforme en matière minérale.

Le sol est composé :
– de microorganismes et restes d'organismes vivants,
– de matière minérale provenant de la transformation de la matière organique et des roches du sous-sol.

- Les sols ou l'eau peuvent être pollués par les substances chimiques ou organiques que l'Homme y déverse en trop grande quantité.

L'adoption de comportements réfléchis, le développement d'une agriculture raisonnée et de nouvelles technologies sont nécessaires pour associer développement économique, respect de l'environnement et santé publique.

C Les roches sédimentaires, archives géologiques

- Les roches sédimentaires peuvent contenir des fossiles : traces ou restes d'organismes ayant vécu dans le passé.

L'être vivant à l'origine du fossile est contemporain de la sédimentation.

Les observations faites dans les milieux actuels, transposées aux phénomènes du passé, permettent de reconstituer certains éléments des paysages anciens.

- Les roches sédimentaires sont donc des archives des paysages anciens.
- Les énergies fossiles utilisées par l'Homme sont le charbon, le pétrole et le gaz naturel. Les données statistiques actuelles montrent un épuisement prévisible de ces énergies.

Ces matériaux du sous-sol, formés en plusieurs millions d'années, sont des ressources non renouvelables à une échelle de temps humaine.

- L'épuisement de ces ressources et les conséquences de leur utilisation sur l'environnement ont conduit à l'émergence d'autres sources d'énergie renouvelable.

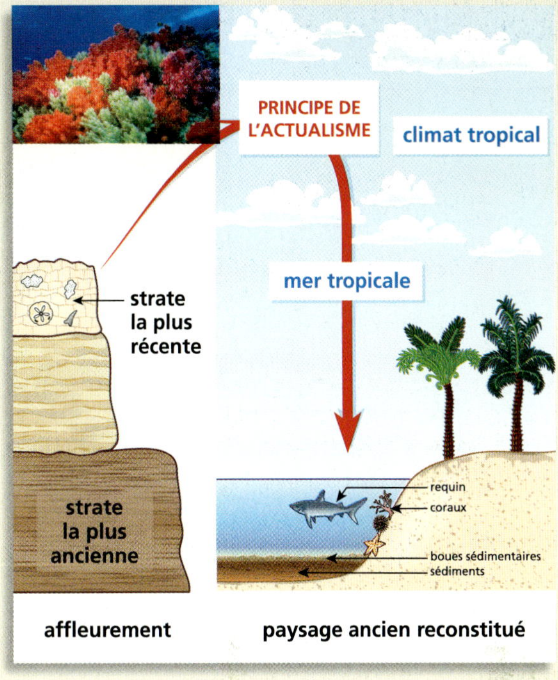

Avant de démarrer... Faire le diagnostic de ses connaissances

Unité 8
- Qu'est-ce que la photosynthèse ?
- Dans quelle partie du végétal se déroule la photosynthèse ?
- Qu'est-ce-que la biomasse ?

Unité 9
- Comment se forme un combustible fossile ?
- Comment peut-on localiser puis exploiter un gisement de combustibles fossiles ?
- Quelles sont les conséquences de l'utilisation des combustibles fossiles ?

Unité 10
- Quelles sont les conséquences de la répartition de l'énergie solaire à la surface de notre planète ?
- Comment l'énergie solaire peut-elle être exploitée par l'Homme ? En quoi les énergies renouvelables peuvent-elles satisfaire les besoins croissants en énergie de l'humanité ?

Unité 11
- Qu'est-ce qu'un agrosystème ?
- Comment peut-il subvenir aux besoins alimentaires de l'humanité ?
- Quelles sont les ressources de la planète indispensables à l'agriculture ?
- Comment l'Homme utilise-t-il ses productions agricoles végétales ?

Unité 12
- Quelles sont les caractéristiques d'un sol ?
- Comment un sol évolue-t-il et en fonction de quels paramètres ?
- Comment l'Homme peut-il gérer les sols en vue de répondre à ses besoins ?

Thème 2 Enjeux planétaires contemporains : énergie, sol

L'Homme a besoin de matière et d'énergie. La croissance démographique place l'humanité face à un enjeu majeur : trouver et exploiter des ressources (énergie, sol) tout en gérant le patrimoine naturel.

Le Soleil : une source d'énergie essentielle

Le sol : un patrimoine durable ?

L'énergie lumineuse et les végétaux

Unité **8**

Une forêt de hêtres dans le nord-est de la France.

De nombreux êtres vivants ont besoin de la lumière du Soleil. Ce besoin est vital pour les végétaux : sans lumière, ils dépérissent rapidement.

Comment les végétaux produisent-ils de la matière organique ?

Quelle est l'importance de la photosynthèse à l'échelle de l'écosystème et de la biosphère ?

1 La production de matière organique par les végétaux

Comme tout être vivant, les végétaux fabriquent de la matière organique.
Comment les végétaux produisent-ils leur matière organique ?

A La production de glucides par les végétaux

Les végétaux produisent des glucides grâce à une réaction appelée la *photosynthèse* qui a lieu en présence de lumière. Cette réaction s'accompagne d'échanges gazeux que l'on peut mettre en évidence grâce à l'ExAO.

Protocole

- Placer des fragments de feuilles d'élodée dans une eau riche en hydrogénocarbonate de potassium, source de dioxyde de carbone, puis placer le tout dans le bioréacteur d'un dispositif ExAO.
- Mesurer la concentration en CO_2 et O_2 au cours du temps grâce à des sondes; mesurer également la luminosité grâce à un luxmètre.

Lancer la mesure sur 6 minutes : 2 minutes à l'obscurité, puis 2 minutes à la lumière, enfin 2 minutes à l'obscurité.

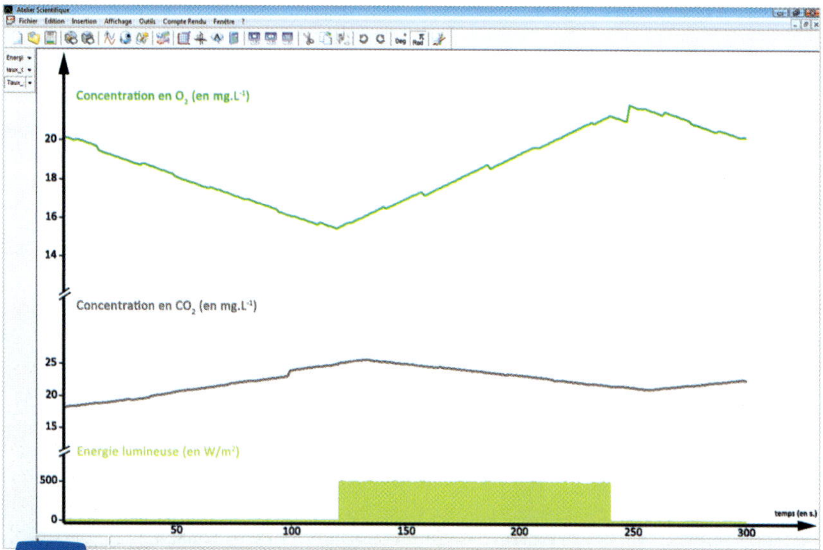

Doc. 1 Dispositif expérimental permettant d'observer les échanges gazeux caractéristiques de la photosynthèse.

En 1941, les expériences de deux scientifiques américains, Ruben et Kamen, ont permis de comprendre le bilan de la photosynthèse. Pour cela, des végétaux sont placés en présence de molécules d'eau et de dioxyde de carbone dont les éléments chimiques sont marqués à l'aide d'une technique biochimique. Les molécules produites sont ensuite analysées [Expérience 1, Doc. 2].

Une expérience complémentaire, réalisée par d'autres chercheurs, a permis de suivre le devenir du dioxyde de carbone [Expérience 2, Doc. 2].

	expérience 1		expérience 2
	L'élément chimique O de la molécule d'eau est marqué. H_2O et CO_2 	**Les deux éléments chimiques O de la molécule de dioxyde de carbone sont marqués.** H_2O et CO_2 	**L'élément chimique C de la molécule de dioxyde de carbone est marqué.** H_2O et CO_2 
molécules produites	O_2	O_2	$C_6H_{12}O_6$ (glucose) et O_2

Doc. 2 Expériences permettant d'établir le bilan de la photosynthèse.

B La production d'autres matières organiques par les végétaux

En 1950, les scientifiques américains Benson et Calvin étudient la synthèse de molécules organiques par les chlorelles, des algues unicellulaires. Pour cela, ils placent une suspension de chlorelles à la lumière et pour suivre la synthèse de nouvelles molécules, ils fournissent à ces algues du dioxyde de carbone dont l'élément chimique C est marqué. Ce marquage permet de suivre le devenir de cet élément chimique quelle que soit la molécule dans laquelle il est incoporé.

	molécules synthétisées			
	glucides simples	**glucides complexes**	**protides**	**lipides**
début de l'expérience	–	–	–	–
quelques secondes plus tard	+	–	+	–
quelques minutes plus tard	++	++	++	+

Doc. 3 L'expérience de Benson et Calvin (le signe + signale la présence de l'élément chimique C).

Pour étudier les besoins en éléments minéraux des plantes, on réalise des cultures avec différentes solutions nutritives. L'aspect des feuilles de maïs est alors observé ainsi que la production de protides et de lipides.

solution nutritive	solution témoin contenant du potassium, du phosphore et de l'azote	même solution sans potassium	même solution sans phosphore	même solution sans azote
aspect des feuilles				
production de matière organique	production normale	production faible voire absente	production faible voire absente	production faible voire absente

Doc. 4 Étude des besoins en éléments minéraux.

QUESTION **Montrer que les végétaux produisent de la matière organique à partir de matière minérale.**

Pistes pour répondre
- Établir le bilan de la photosynthèse. > Doc. 1 et 2
- Déterminer le devenir de l'élément chimique C provenant du dioxyde de carbone. > Doc. 2 et 3
- Montrer que les éléments minéraux des végétaux sont nécessaires à la production de matière organique. > Doc. 4

2 La photosynthèse, de la cellule à un écosystème

Au sein des **écosystèmes**, les végétaux chlorophylliens ont une place particulière. Leur mode de production de matière organique est différent de celui des autres êtres vivants.
Quelle est la place de la photosynthèse dans un écosystème ?

A Rôle et localisation de la photosynthèse à l'échelle d'un végétal

Pour mettre en évidence le rôle et la localisation de la photosynthèse dans un végétal, une expérience a été réalisée sur des pins maritimes âgés de 10 ans.
Les feuilles de ces pins ont toutes été arrachées aux printemps 1960 et 1961. Les années suivantes, les feuilles n'ont pas été arrachées.

La circonférence des pins a été mesurée entre 1960 et 1965.

Des mesures similaires ont été réalisées sur des pins maritimes (pins témoins) n'ayant pas subi d'effeuillage.
Remarque : le tronc est la tige du végétal, il ne contient pas de cellules **chlorophylliennes**.

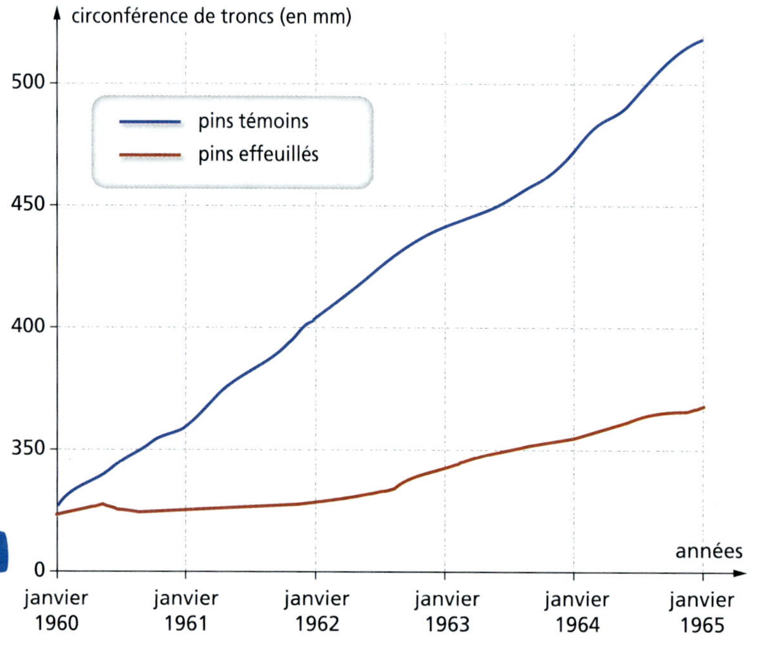

Doc. 1 Évolution de la circonférence de troncs de pins dans les années 1960.

Pour mettre en évidence la localisation de la photosynthèse dans les cellules chlorophylliennes, on place des élodées à l'obscurité et à la lumière.

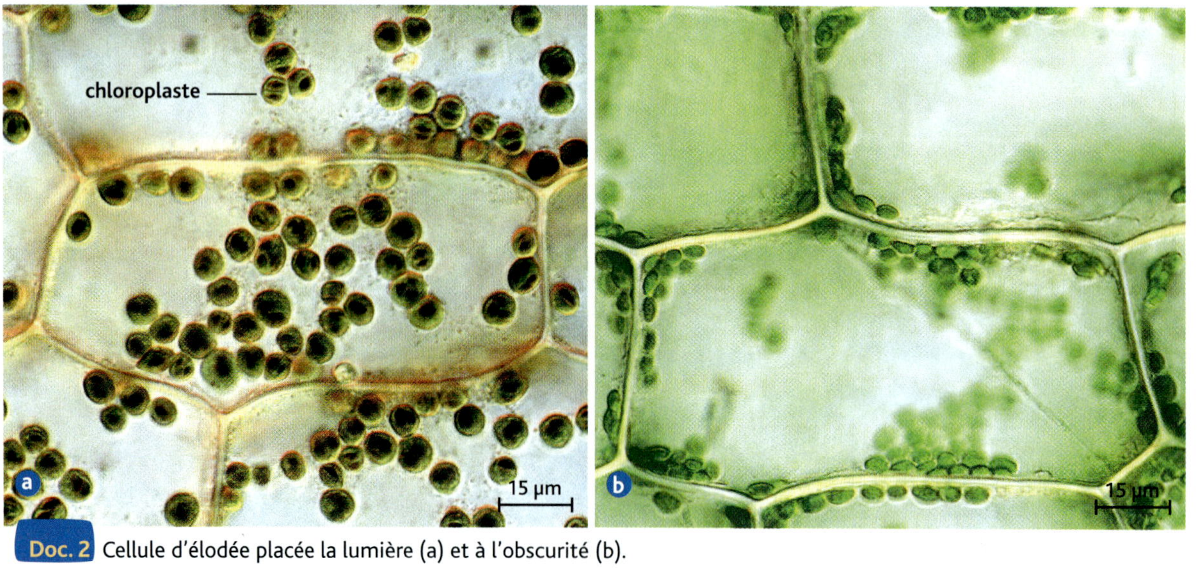

Doc. 2 Cellule d'élodée placée la lumière (a) et à l'obscurité (b).
Une coloration des cellules à l'eau iodée permet de mettre en évidence la présence d'amidon (glucide) qui prend une coloration bleu-noir.

B Le rôle des végétaux au sein d'un écosystème

L'étude des échanges d'énergie et de matière entre les êtres vivant dans une forêt permet de préciser le rôle des végétaux dans un écosystème et de regrouper les êtres vivants en différents ensembles.

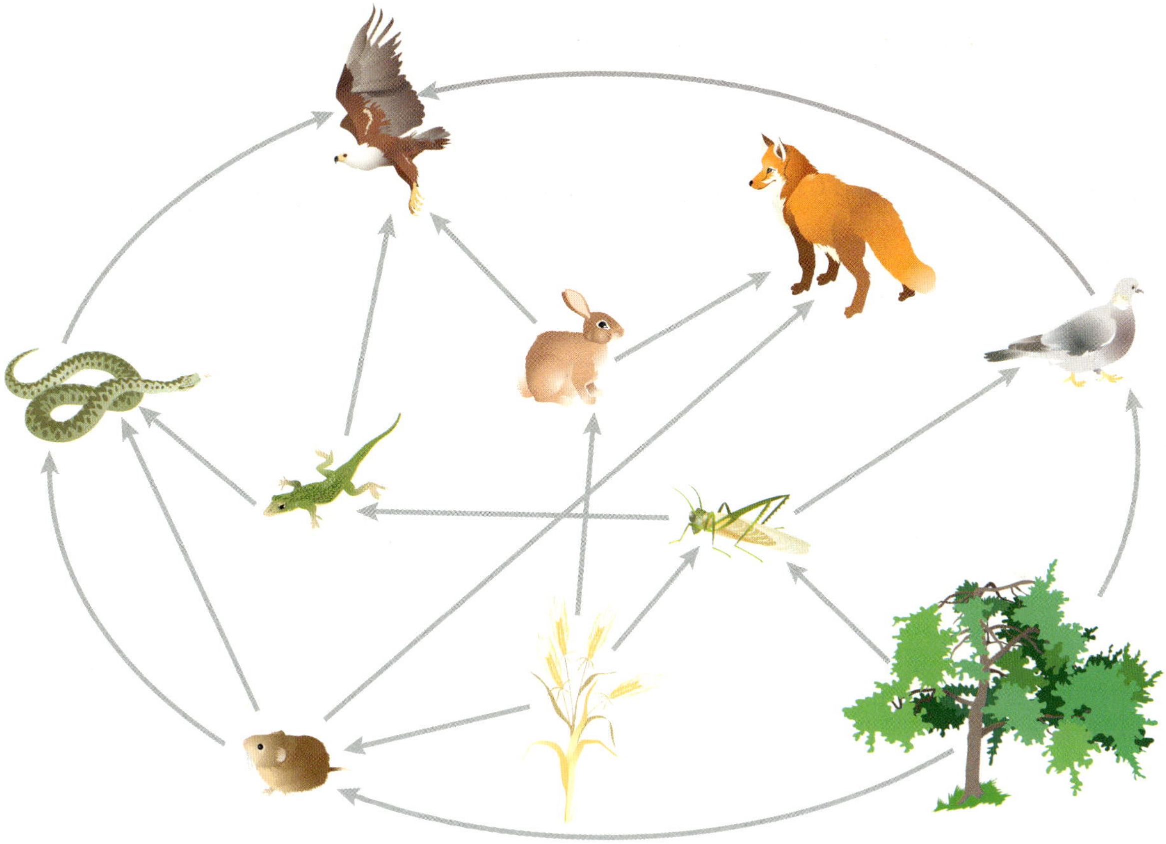

Doc. 3 Une partie du réseau trophique au sein d'un écosystème forestier.

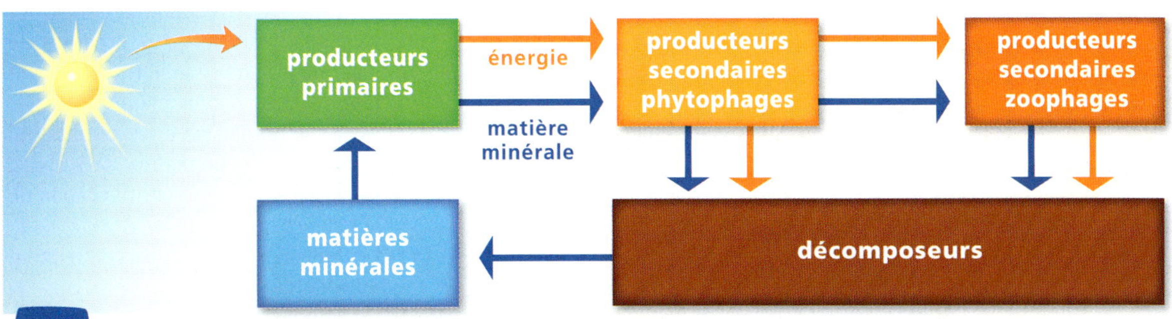

Doc. 4 La place des producteurs primaires dans l'entrée de matière minérale et d'énergie dans un écosystème.

QUESTION **Montrer que le mode de production de matière organique des végétaux leur confère un rôle particulier au sein d'un écosystème.**

Pistes pour répondre

- Situer le lieu de production de matière organique au sein des végétaux. > Doc. 1 et 2
- Identifier le rôle des végétaux au sein d'un écosystème. > Doc. 3 et 4

Vocabulaire

Écosystème : ensemble des êtres vivants, du milieu de vie et de toutes les relations qui existent dans ce système.

Chlorophyllien : qui contient un pigment de couleur verte, la chlorophylle.

3 La photosynthèse à l'échelle de la biosphère

Les végétaux chlorophylliens produisent leur propre matière organique grâce à la photosynthèse.
Ce métabolisme leur confère une place particulière au sein de l'écosystème.
Quelle est l'importance de la photosynthèse à l'échelle de la biosphère ?

A Les végétaux chlorophylliens et la lumière

La planète Terre présente une diversité d'écosystèmes. Ceux-ci diffèrent par leurs caractéristiques physico-chimiques, mais aussi par la **biomasse** végétale qu'ils contiennent.
Cette biomasse végétale est à l'origine d'une production primaire qu'il est possible d'estimer. La productivité primaire permet de comparer la production des écosystèmes. Elle correspond à la production par unité de surface et par an.
Le tableau ci-dessous présente des valeurs de productivité primaire pour différents écosystèmes.

écosystème	surface (en 10^6 km^2)	biomasse végétale (en kg.m^{-2})	productivité primaire (en t.ha^{-1}.an^{-1})
forêt tropicale	20	40	20
forêt tempérée	18	30	13
forêt boréale	12	20	8
prairies tempérées	8	1,5	5
toundras et alpages	8	0,6	1,4
lacs et cours d'eau	2	0,02	5
ensemble des écosystèmes continentaux	148	12,5	7,3
ensemble des écosystèmes océaniques	361	0,008	1,55

Doc. 1 La productivité primaire à l'échelle de la Terre.

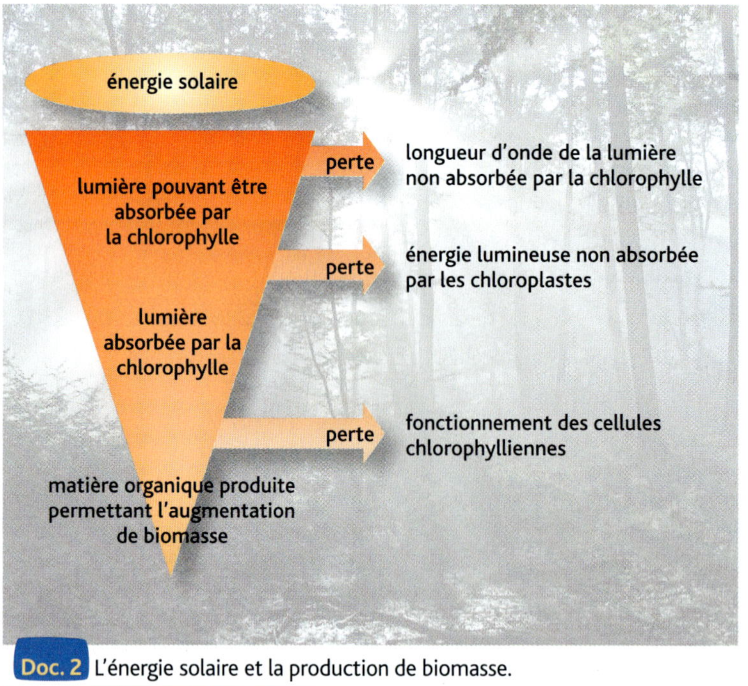

Doc. 2 L'énergie solaire et la production de biomasse.

La matière organique produite par les végétaux peut servir à produire de l'énergie. Cette transformation peut être réalisée par la plante dont elle est issue ou par les êtres vivants qui consomment cette matière organique. L'énergie est libérée par oxydation de la matière organique.
Les molécules organiques contiennent une énergie chimique.
Des études au laboratoire permettent de quantifier la quantité d'énergie pouvant être produite par différents types de molécules organiques.

molécules	énergie produite (en kJ.g^{-1})
glucides	16,72
lipides	37,62
protides	16,72

Doc. 3 La matière organique, une source d'énergie.

B Les végétaux chlorophylliens et les substances minérales

Des études réalisées dans un champ de blé ont permis de quantifier les éléments minéraux intégrés dans la biomasse.

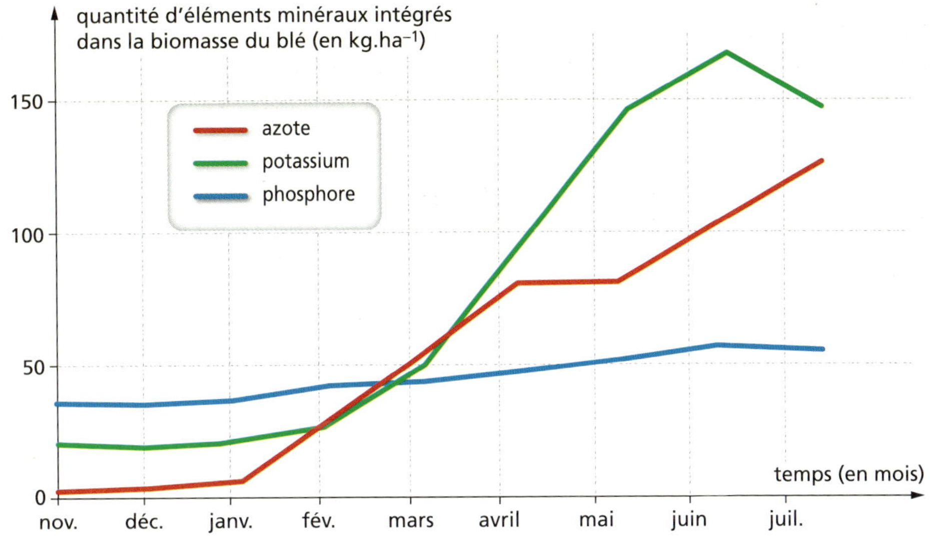

Doc. 4 Évolution de la quantité d'éléments minéraux intégrés par les végétaux entre les mois de décembre et juillet.

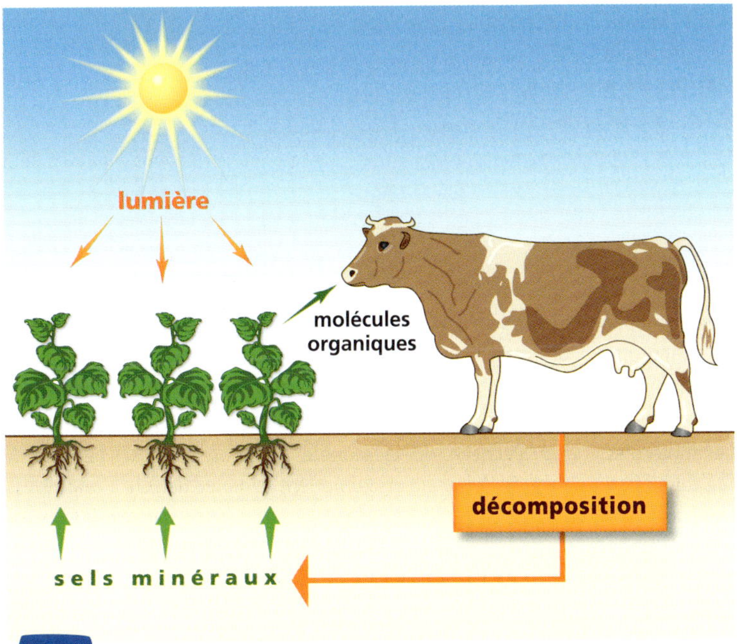

Les végétaux prélèvent des sels minéraux dans le sol. Grâce à la photosynthèse, ils produisent des glucides, sources d'énergie et de matière. Avec les sels minéraux puisés dans le sol, les végétaux élaborent des protides. Ces deux processus sont créateurs de biomasse.

Les animaux phytophages consomment la matière organique des végétaux, la digèrent, puis produisent à leur tour leur propre matière organique.

À la mort des êtres vivants, la matière organique les composant est transformée en matière minérale par les « décomposeurs » du sol. C'est la minéralisation de la matière organique. Des sels minéraux sont alors libérés dans le sol et peuvent à nouveau être prélevés par les végétaux.

Doc. 5 La place des végétaux dans les flux de matière minérale.

QUESTION **Préciser l'importance des végétaux chlorophylliens au sein de la biosphère.**

Pistes pour répondre

- Montrer que la photosynthèse permet la formation d'énergie chimique à partir de l'énergie lumineuse. > **Doc. 1 à 3**
- Montrer que les végétaux assurent l'entrée de la matière minérale dans la biosphère. > **Doc. 4 et 5**

Vocabulaire

Biosphère : ensemble des êtres vivants.

Biomasse : masse totale d'êtres vivants présente à un moment donné, dans un milieu donné.

L'énergie lumineuse

I La production de matière organique par les végétaux [pp. 114-115]

• À la lumière, les végétaux synthétisent des glucides à partir de deux molécules minérales : le dioxyde de carbone (CO_2) et l'eau (H_2O). Cette synthèse est accompagnée de la libération de dioxygène (O_2).

Pour que la synthèse de glucides ait lieu, il faut un apport d'énergie lumineuse.

• Le bilan de la **photosynthèse** peut donc être établi comme ci-dessous :

$$CO_2 + H_2O \xrightarrow{\text{lumière}} \text{glucides} + O_2$$

• À partir des glucides et des sels minéraux, les végétaux élaborent de nombreuses molécules organiques telles que des protides ou des lipides.

II La photosynthèse, de la cellule à un écosystème [pp. 116-117]

• Les cellules végétales contiennent des chloroplastes contenant eux-mêmes de la **chlorophylle**. En présence d'énergie lumineuse, les parties chlorophylliennes des végétaux assurent la photosynthèse.

• Dans les **écosystèmes**, les végétaux occupent une place particulière. En effet, ce sont les seuls êtres vivants à pouvoir synthétiser de la matière organique à partir de matière minérale et de lumière. Les autres êtres vivants doivent consommer de la matière organique provenant d'autres êtres vivants.

• Les végétaux chlorophylliens se trouvent ainsi à la base des réseaux alimentaires dans les écosystèmes. Ces végétaux sont les producteurs primaires.

• Les autres êtres vivants sont des producteurs secondaires. Ils dépendent plus ou moins directement des végétaux pour élaborer leur matière organique.

III La photosynthèse à l'échelle de la biosphère [pp. 118-119]

• Les végétaux chlorophylliens se trouvent sur la majeure partie de la surface terrestre. Ils produisent chaque année une **biomasse** considérable par photosynthèse on parle de **productivité primaire**.

• La lumière est utilisée comme source d'énergie. Les molécules organiques produites représentent une énergie chimique. En effet, ces molécules peuvent être utilisées comme source d'énergie et de matière par les végétaux eux-mêmes, mais aussi par l'ensemble des êtres vivants. Pour cela, les molécules organiques sont digérées, ce qui libère de la matière. Certaines molécules sont oxydées, ce qui libère une énergie chimique utilisable.

• À l'échelle de la planète, la photosynthèse permet donc l'entrée d'énergie et de matière minérale dans la **biosphère**.

Mots-clés, voir page 253

Photosynthèse
Chlorophylle
Écosystème
Biomasse
Biosphère
Productivité primaire

L'essentiel

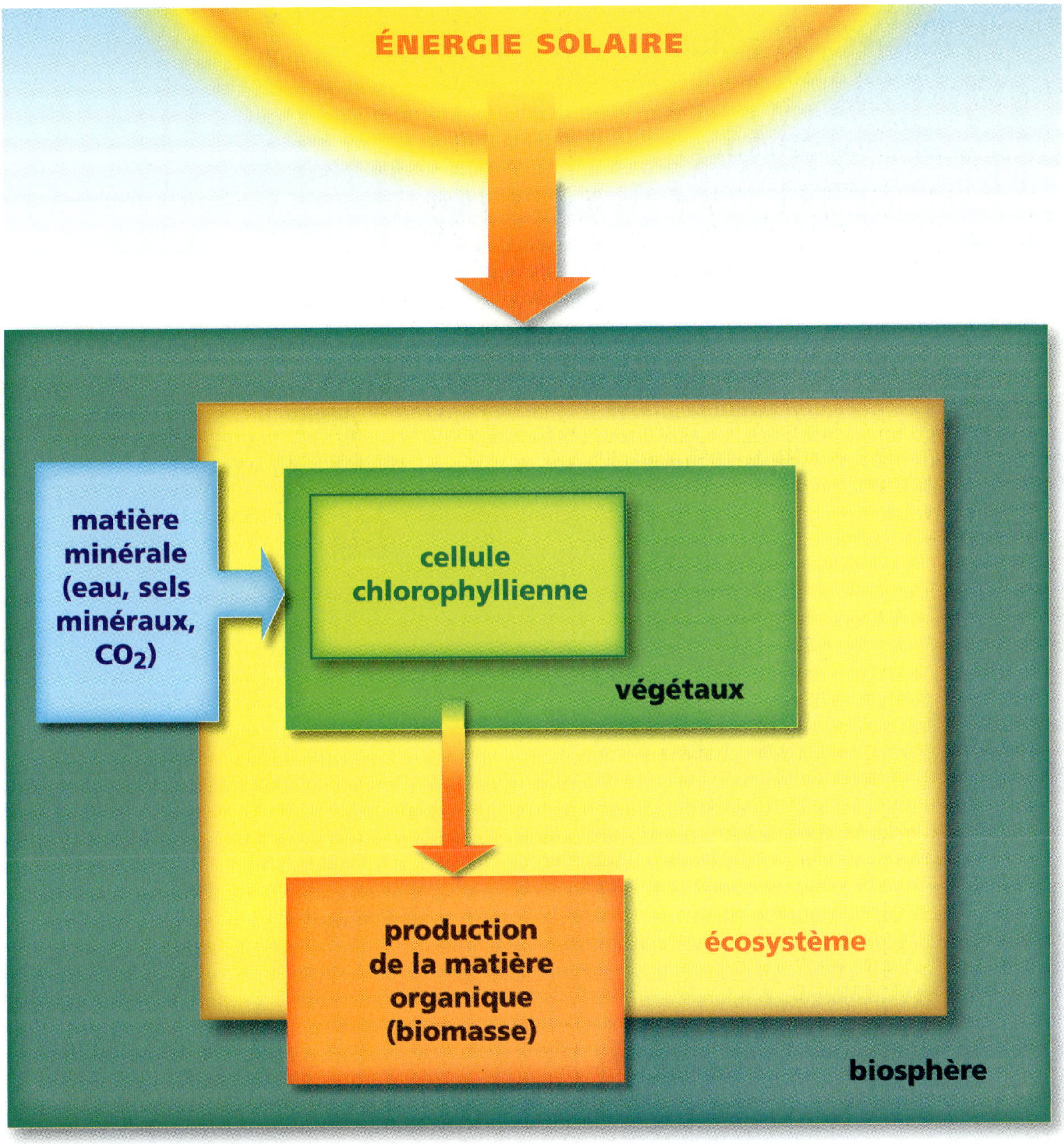

Compétences

Savoir que :

- L'énergie lumineuse permet dans les parties chlorophylliennes des végétaux la synthèse de matière organique à partir d'eau, de sels minéraux et de dioxyde de carbone.
- Ce processus permet, à l'échelle de la planète, l'entrée de matière minérale et d'énergie dans la biosphère.

Être capable de :

- Établir, à l'aide d'arguments expérimentaux, les grands éléments de bilan de la photosynthèse.
- Recenser, extraire et organiser des informations pour prendre conscience de l'importance de la photosynthèse au niveau de la planète.

Pour développer des compétences

B2i

> *Communiquer dans un langage scientifiquement approprié : oral, écrit, graphique, numérique.*

Les élodées, des cellules chlorophylliennes

Il est possible de réaliser un schéma légendé de cellules d'élodées observées au microscope optique à la main ou en utilisant le logiciel *Mesurim*.

Protocole d'utilisation du logiciel *Mesurim*

- Télécharger gratuitement le logiciel Mesurim à partir du site : http://pedagogie.ac-amiens.fr/svt/info/logiciels/Mesurim2/Telecharge.htm
- Lancer le logiciel et prendre connaissance de l'aide fournie avec le logiciel.
- Choisir la source d'acquisition en sélectionnant la webcam reliée à l'ordinateur.
- Acquérir alors une image de l'observation microscopique réalisée.
- Utiliser l'outil « schéma » du logiciel.
- Surligner avec l'outil « crayon » sur la photographie les éléments utiles pour le dessin.
- Quand le dessin est achevé, transférer le fichier pour pouvoir l'enregistrer.
- Agrandir la zone de travail en augmentant la largeur et la longueur du canevas de l'image.
- Utiliser les fonctions « trait » et « texte » pour placer une légende et un titre.

Doc. 1 Le matériel à disposition.

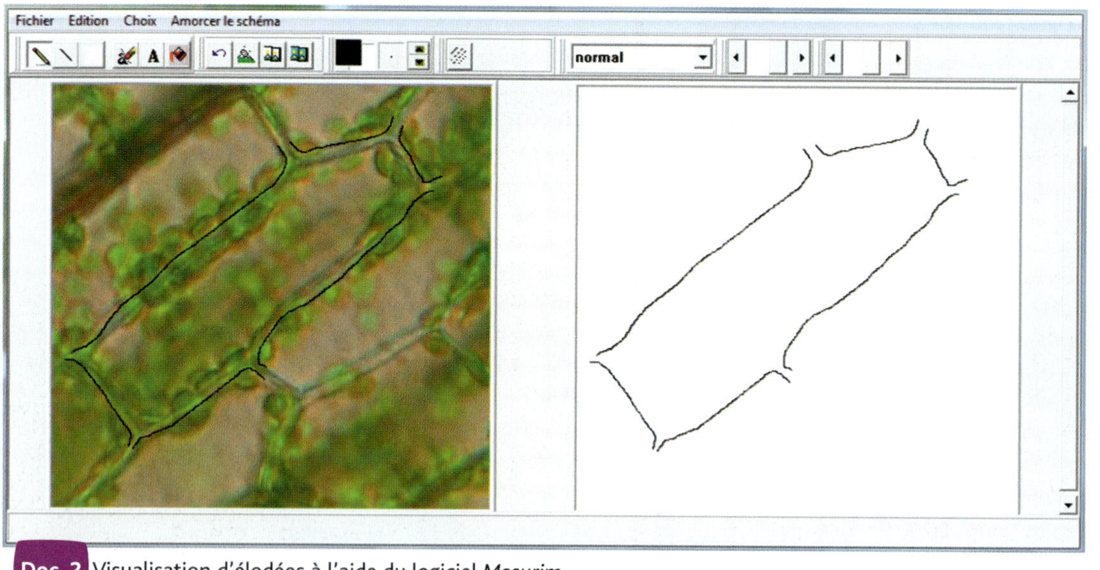

Doc. 2 Visualisation d'élodées à l'aide du logiciel *Mesurim*.

Questions :

- Réaliser le schéma légendé d'une cellule d'élodée.
- Compléter la légende en utilisant les termes suivants : *cellule, paroi cellulaire, vacuole, chloroplaste*.
- Donner un titre au document.
- Enregistrer le document en vue d'une correction.

Si j'ai réussi, je peux demander la validation des items du B2i :

L 3.3.1 : Je sais créer et modifier un document numérique composite transportable et publiable.
L 3.3.7 : Je sais publier un document numérique sur un espace approprié.

Pour en savoir plus

Les plantes carnivores

On estime que le nombre d'espèces végétales à fleurs est de l'ordre de 250 000. Parmi celles-ci, on a recensé 450 espèces carnivores.

Les végétaux sont des producteurs primaires. Ils fabriquent leur matière organique à partir de matière minérale et de lumière.

Qu'en est-il des plantes carnivores ?

Ces plantes réalisent la photosynthèse et prélèvent dans leur milieu des sels minéraux mais elles se développent sur des sols qui en sont pauvres.

Les proies qu'elles capturent et digèrent leur assurent un complément alimentaire vital, en azote et en phosphore.

Les proies capturées peuvent différer selon les espèces : insectes, crustacés, vers, limaces, grenouilles…

INTERVIEW | Métier Paul, paysagiste et maître d'œuvre

Quel métier aviez-vous envie d'exercer quand vous étiez adolescent ?

> Je voulais être éducateur auprès de jeunes en difficulté. Mon idée était d'aider ces jeunes en favorisant un contact avec la nature. Pour cela, je me suis d'abord formé aux métiers de la nature. Plus tard, cette orientation a pris le dessus.

En quoi consiste votre métier ?

> Mon métier est varié. Je travaille dans une structure qui aide les municipalités à développer leurs espaces verts : je construis des projets et les fais mettre en œuvre.
Je suis également formateur pour des jeunes en école post-baccalauréat.
Enfin, je fais partie de l'association, *Terra Botanica*, qui participe à l'échange de savoirs autour du jardinage naturel.

Quels conseils donneriez-vous aux jeunes qui voudraient travailler dans ce secteur ?

> Plusieurs qualités sont utiles pour ce métier : la polyvalence professionnelle, le goût de la formation, une curiosité pour la diversité des techniques et aussi le souci de l'avenir. Bien sûr, il faut aimer la nature !

PARCOURS

Après un baccalauréat scientifique, Paul a obtenu un BTS en pépinière et entreprise du jardin.

Après diverses expériences professionnelles en pépinière, chez un pisciculteur, il est entré dans son entreprise actuelle.

Exercices

S'auto-évaluer

> *Restituer des connaissances.*

1 QCM

Choisir la (ou les) bonne(s) réponse(s).

	Propositions de réponses			En cas d'erreur, revoir :
	A	**B**	**C**	
1. Les végétaux synthétisent leur matière organique à partir de	la matière organique d'autres vivants	la lumière	la lumière et la matière minérale	p. 114
2. La photosynthèse est réalisée grâce	au glucose	à la chlorophylle	aux chloroplastes	p. 116
3. La photosynthèse est réalisée dans	les parties chlorophylliennes de la plante	les parties non chlorophylliennes de la plante	les parties chlorophylliennes et non chlorophylliennes de la plante	p. 116
4. Au cours de la photosynthèse, il y a consommation	du dioxyde de carbone et du dioxyène	du dioxyde de carbone seul	du dioxyde de carbone et de l'eau	p. 114
5. Les végétaux chlorophylliens sont des producteurs	secondaires	primaires	tertiaires	p. 117
6. Un producteur primaire	est à la base d'un réseau alimentaire	est au sommet d'un réseau alimentaire	a une place quelconque dans un réseau alimentaire	p. 117
7. La matière minérale permet aux végétaux de synthétiser	des glucides	des lipides	des protides	p. 115
8. La biomasse produite par la production primaire est	de l'ordre de milliards de tonnes de carbone fixé	négligeable dans les océans	en moyenne plus forte dans les océans que sur les continents	p. 118
9. Les molécules organiques synthétisées contiennent	uniquement des sels minéraux	uniquement des glucides	de l'énergie chimique	p. 118
10. La productivité primaire permet l'entrée dans la biosphère	de lumière	d'énergie	d'énergie chimique	p. 119

2 Définir des termes

a. Écosystème **b.** Chlorophyllien **c.** Biosphère
d. Biomasse **e.** Photosynthèse **f.** Productivité primaire

3 Rédiger une phrase

a. Photosynthèse / glucides / dioxyde de carbone / eau.
b. Producteur primaire / végétaux chlorophylliens / réseau alimentaire.

4 Expliquer comment…

a. Les végétaux chlorophylliens permettent l'entrée de matière minérale et d'énergie dans la biosphère.
b. Les besoins nutritifs des végétaux en matière minérale peuvent être mis en évidence.

Voir corrigés p. 254

Rédiger

> *Restituer des connaissances.*

5 Établir le bilan de la photosynthèse.

6 Montrer que les caractéristiques des végétaux les placent à la base des réseaux alimentaires.

Exercice résolu

> Présenter des données sous forme d'un graphique, raisonner.

7 Le rôle des organes chlorophylliens

Énoncé

Des graines d'érable ont été plantées sous serre au printemps. Les jeunes plants obtenus sont placés dans des atmosphères contenant des concentrations différentes en CO_2. L'automne suivant, juste avant la chute des feuilles, on a pesé les différentes parties des plants. Les résultats sont des moyennes obtenues par plant (voir tableau ci-contre).

concentration en CO_2 (en ppm*)	masse de la tige (en g)	masse des feuilles (en g)	masse des racines (en g)	masse totale du plant (en g)
350	2,1	1,5	6,3	9,9
500	3,4	1,6	9,2	14,2
650	3,5	1,7	9,3	14,5

* parties par million.

1. Construire un histogramme qui rend compte de la masse des différents organes et du plant en entier en fonction de la concentration en CO_2.
2. Exploiter le graphique obtenu pour identifier l'influence de la concentration en CO_2 sur la croissance des végétaux.

Comprendre l'énoncé

1. Placer la concentration en CO_2 en abscisses et les masses en ordonnées. Choisir une échelle appropriée.
Les grandeurs doivent présenter des unités. Donner un titre au graphique.

2. On identifie comment la masse de chacun des organes du plant et du plant en entier est modifiée et on met cette modification en relation avec la concentration en CO_2 de la culture.

Éléments de réponse

1. Un exemple de graphique est fourni ci-contre, ne présentant que les données relatives à la tige.
Titre : Modification de la masse de la tige en fonction de la concentration en CO_2.

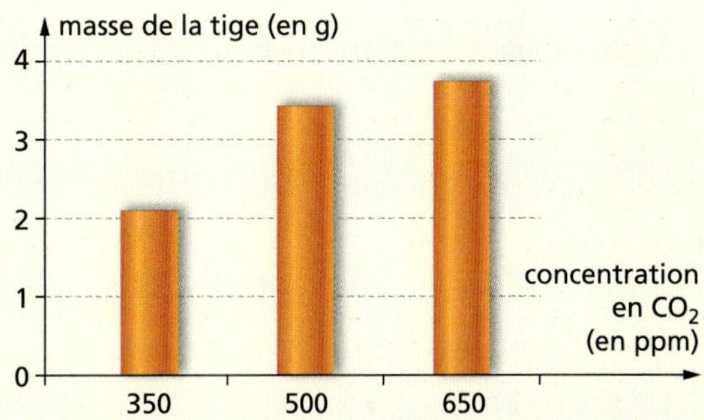

2. On constate que la masse de la tige, des feuilles, des racines et du plant augmente avec la concentration en CO_2 du milieu. Les parties chlorophylliennes des végétaux élaborent de la matière organique à partir du CO_2 entre autres. En augmentant la concentration en CO_2, on favorise la synthèse de matière organique qui permet l'augmentation de la masse des différents organes et donc du plant en entier.

Application

8 Substances minérales et photosynthèse

Énoncé

Des études sont menées sur l'eucalyptus pour mesurer l'influence des éléments minéraux sur la photosynthèse. Pour cela, on mesure la teneur en azote des feuilles et l'intensité de la photosynthèse chez différents eucalyptus (E1, E2, etc.).

	E1	E2	E3	E4	E5	E6	E7	E8	E9
teneur en azote (en %)	0,7	0,9	1,1	1,2	1,5	1,9	2,2	2,9	4,2
intensité de la photosynthèse (en ng de carbone incorporé.$mg^{-1}.s^{-1}$)	0,8	1,0	1,5	1,7	2,2	3,5	4,7	5,8	8,1

1. Construire le graphique « Intensité de la photosynthèse en fonction de la teneur en azote ».
2. Exploiter le graphique obtenu pour montrer l'influence de la teneur en azote sur la photosynthèse.

9 La synthèse de matière organique dans la feuille

> Traduire des informations par un schéma.

Une plante d'élodée est placée dans une cuve contenant une eau enrichie en dioxyde de carbone dissous. L'ensemble est placé en éclairement continu.

Au bout de 24 heures, une feuille est prélevée, puis placée dans de l'eau iodée qui révèle la présence d'amidon. Le tout est monté entre lame et lamelle et observé au microscope.

Si la manipulation est réalisée en l'absence de dioxyde de carbone dissous ou de lumière, le test à l'eau iodée demeure négatif.

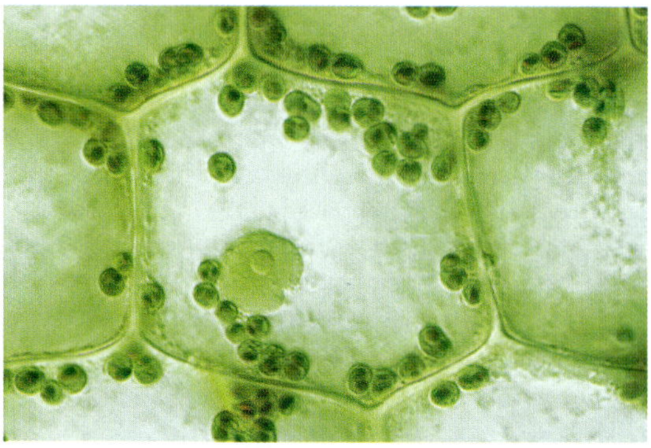

1. Réaliser un schéma légendé d'une cellule d'élodée.
2. Schématiser les réactions qui ont lieu dans cette cellule.

10 Les végétaux et la concentration atmosphérique en CO_2

> S'informer à partir d'un graphique, Raisonner.

La concentration atmosphérique en CO_2 a été mesurée entre 1956 et 2000. Deux stations ont enregistré ces variations. L'une est localisée à Mauna Loa sur l'île d'Hawaï, l'autre au niveau du pôle Sud. La végétation est riche à Mauna Loa, tandis qu'elle est quasi absente au pôle Sud.

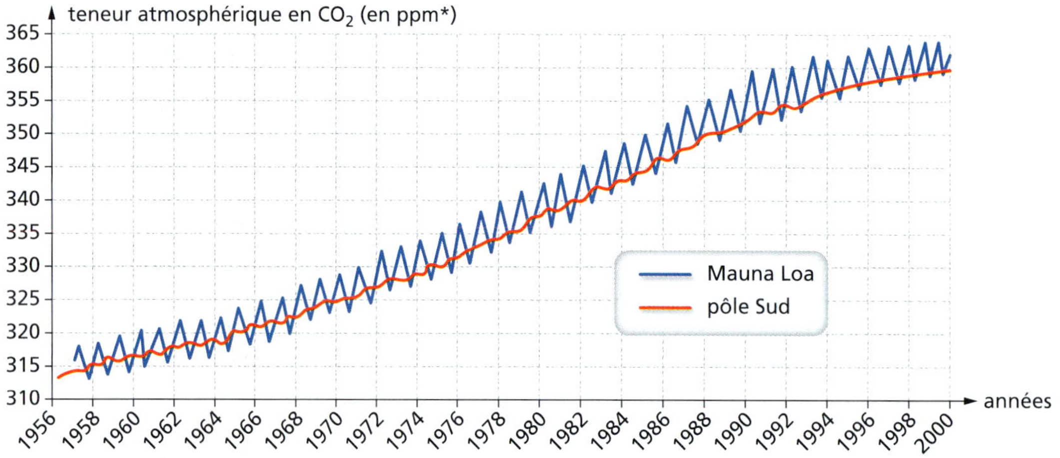

* parties par million.

1. Identifier ce qui différencie les deux enregistrements.
2. Relier la richesse de chaque station en végétaux à la différence observée entre les deux enregistrements.

11 La diversité des écosystèmes

> S'informer à partir d'un graphique, raisonner.

La productivité primaire est estimée dans différents écosystèmes.

1. Proposer une explication aux différences de productivité primaire constatées dans les différents écosystèmes étudiés.
2. Montrer que les résultats permettent d'affirmer que les végétaux, à l'échelle de la Terre, assurent l'entrée de matière minérale dans la biosphère.

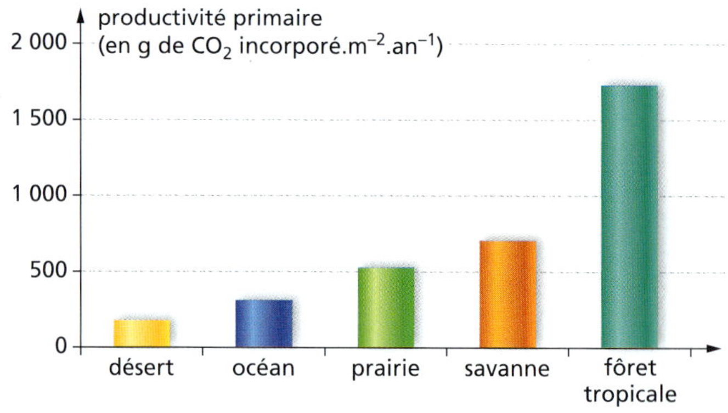

Les combustibles fossiles

Unité
9

Extraction et exploitation minière du charbon.

Parallèlement à la population mondiale qui devrait atteindre plus de sept milliards d'individus en 2020, les besoins en énergie ne cessent d'augmenter. Aujourd'hui, 87 % de l'énergie utilisée dans le monde proviennent de combustibles fossiles. Le charbon est un combustible fossile connu et utilisé depuis la haute Antiquité. Les Chinois l'exploitaient déjà il y a 3000 ans. **Quelle est l'origine d'un combustible fossile comme le charbon ? Comment localiser et exploiter des gisements de combustibles fossiles ? Quelles sont les conséquences de leur utilisation par l'Homme ? En quoi leur utilisation constitue-t-elle un enjeu planétaire ?**

1 L'origine d'un combustible fossile

Les combustibles fossiles sont utilisés comme source d'énergie. Ils peuvent être à l'état solide (charbon, uranium, houille, tourbe), liquide (pétrole) ou gazeux (gaz naturel).
Quelle est l'origine d'un combustible fossile comme le charbon ?

A L'étude du gisement de charbon de Graissessac

Dans le Massif central, il existe plusieurs **bassins houillers** dont le bassin de Graissessac qui comporte d'anciennes carrières de charbon exploitées à ciel ouvert. L'exploitation du charbon a débuté en 1769, d'abord à ciel ouvert, puis par galerie. Au milieu du XIXe siècle, le bassin minier couvre plus de 80 km². Cette activité s'industrialise à partir de 1863. La mine est fermée en 2004.

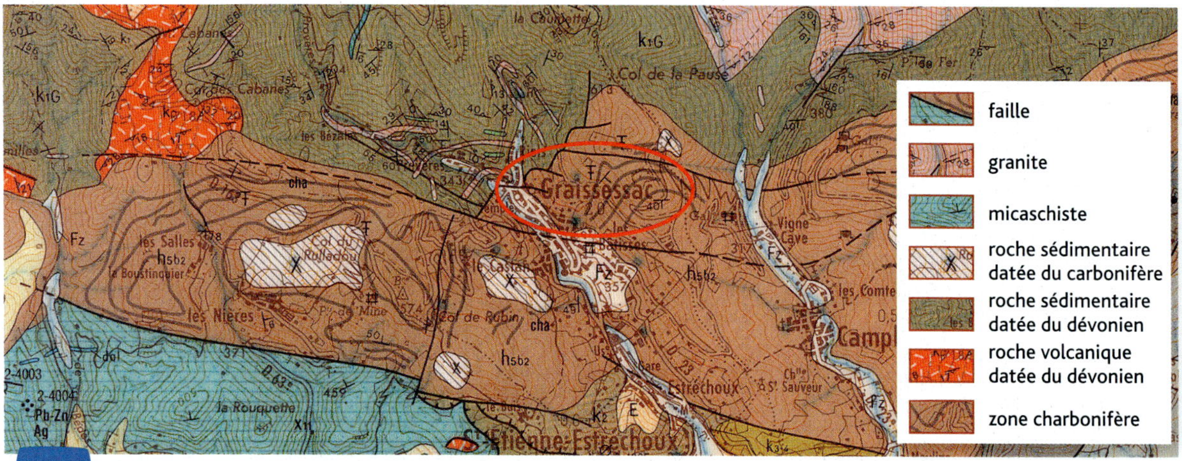

Doc. 1 Extrait de la carte géologique BRGM au 1/50 000 de Graissessac.

Doc. 2 Affleurement d'un gisement de charbon.

De nombreuses exploitations de charbon étaient souterraines. Les mineurs descendaient chaque jour, parfois à plusieurs centaines de mètres de profondeur.

Doc. 3 Mineur au travail dans un **gisement** souterrain de charbon (vers 1930).

B Étude d'une série charbonnifère

De nombreux fossiles ont été retrouvés dans les couches de charbon.

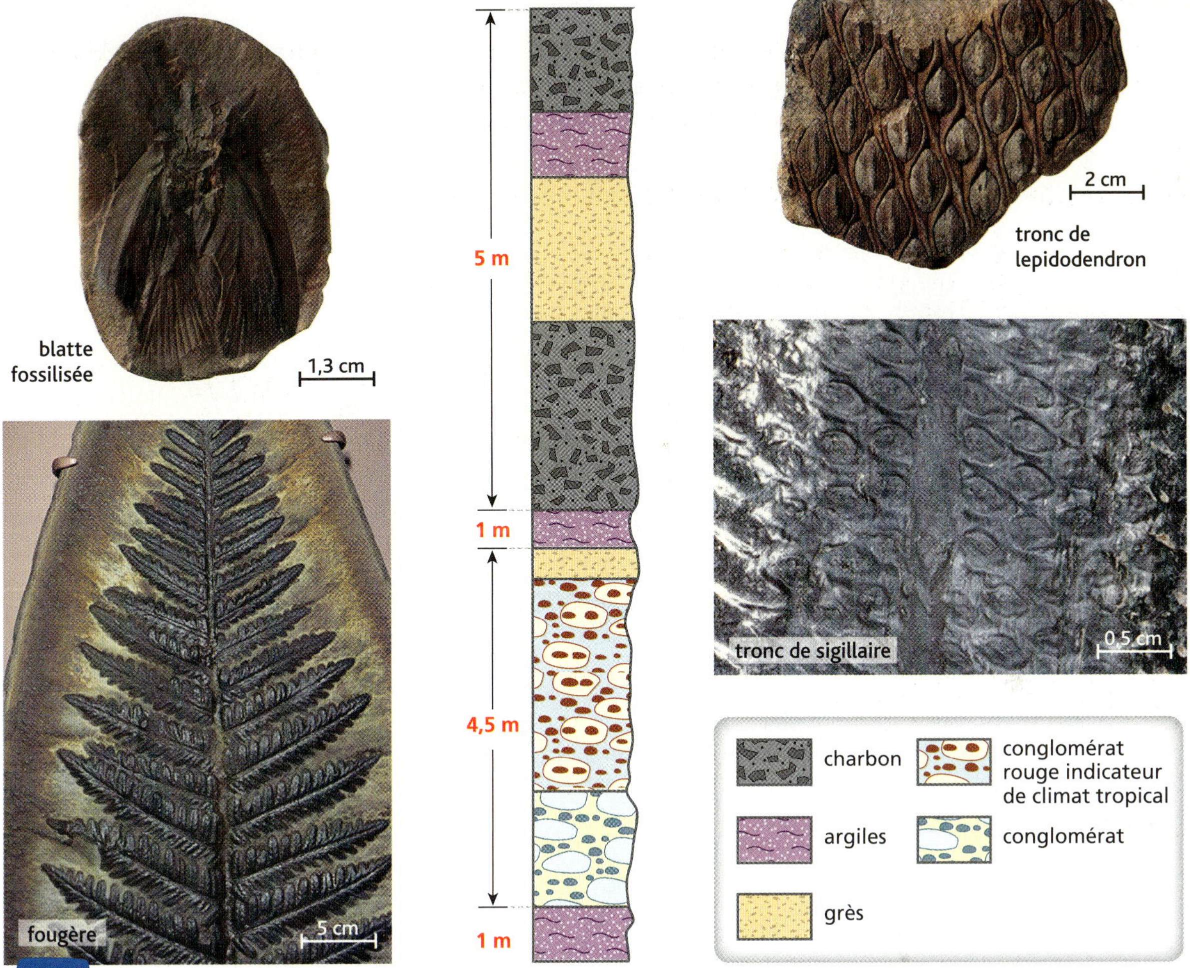

Doc. 4 Colonne stratigraphique de la région de Graissessac, présentant les terrains âgés de -290 Ma à -280 Ma et quelques fossiles retrouvés.

Les combustibles comme le charbon contiennent de nombreuses molécules ayant une structure complexe. Ce sont des dérivés de glucides, lipides ou protides. Divers échantillons ont été prélevés sur place et des analyses chimiques ont pu être réalisées.

échantillon	C	H	O	N	Si	Al	autres
végétal	45,1	5,9	44,9	1,5	-	-	2,6
charbon	86,7	4,1	3,5	0,6	-	-	5,1
grès	-	-	52,8	-	35,4	8,7	3,1

Doc. 5 La composition chimique de divers échantillons en %.

QUESTION **Montrer que le charbon est issu d'une biomasse fossilisée.**

Pistes pour répondre

- Associer des durées caractéristiques de la fossilisation avec l'âge du charbon. > Doc. 1 et 4
- Relier l'existence d'une biomasse passée à la présence de charbon. > Doc. 4 et 5

Vocabulaire

Bassin houiller : zone où l'on peut exploiter le charbon.

Gisement : lieu où la substance à exploiter est présente en quantité suffisante pour envisager une exploitation.

Biomasse : masse d'êtres vivants présente à un moment donné, dans un milieu donné.

2 La formation des combustibles fossiles

La présence de restes organiques dans les combustibles fossiles montre qu'ils sont issus d'une biomasse.
Comment la biomasse peut-elle se fossiliser ?

A Des zones favorables aux dépôts de la matière organique

La photosynthèse permet, grâce à l'énergie lumineuse, de fabriquer de la matière organique.

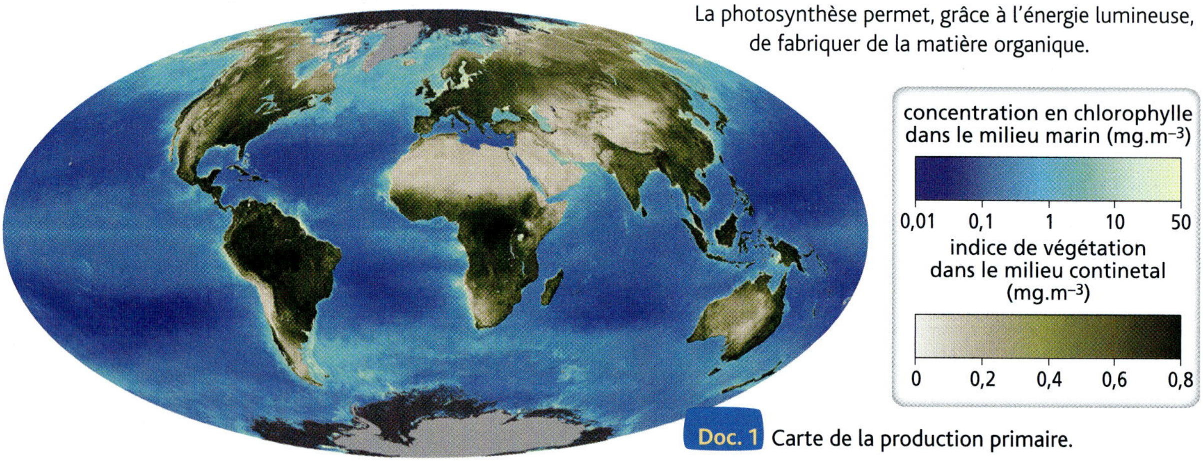

Doc. 1 Carte de la production primaire.

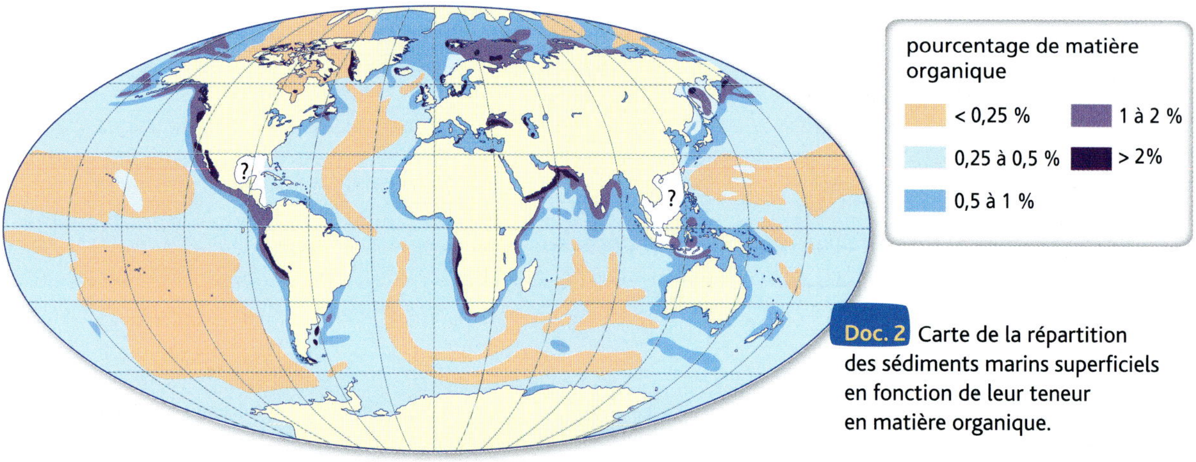

Doc. 2 Carte de la répartition des sédiments marins superficiels en fonction de leur teneur en matière organique.

En milieu continental, la production de matière organique est forte en zone équatoriale et faible en zone polaire.

Dans les sols, la matière organique est transformée en matière minérale sous l'action des décomposeurs. Toutefois, dans certains cas, cette transformation n'est pas totale.

La tourbière en est un exemple. C'est une zone caractérisée par sa très forte teneur en matière organique d'origine végétale, peu ou pas décomposée dans le sol, formant de la tourbe, matière combustible. La tourbière se forme généralement dans les milieux humides, peu oxygénés et froids.

Doc. 3 Tourbière.

B Transformation de la matière organique en combustible fossile

Le charbon provient de l'accumulation de végétaux sans que cette matière organique ait le temps d'être décomposée. Cette accumulation peut intervenir en bord de mer ou dans une zone marécageuse.

ⓐ Dans un premier temps, les végétaux se déposent dans des **bassins sédimentaires**.

ⓑ La **subsidence** de cette zone provoque l'enfouissement de la végétation, ce qui empêche sa décomposition.

ⓒ Un ralentissement de la subsidence favorise le retour de la végétation.

Ce phénomène, qui se produit sur une durée d'environ 400 000 ans, se répète, expliquant ainsi l'alternance dans le sous-sol des couches de charbon avec des couches d'argiles ou de grès.

Les sédiments et les couches de végétaux morts se transforment progressivement (en plusieurs dizaines de millions d'années) en roches sous l'effet de bactéries puis de la pression et de la température qui augmentent. Cette transformation aboutit à la formation de charbon.

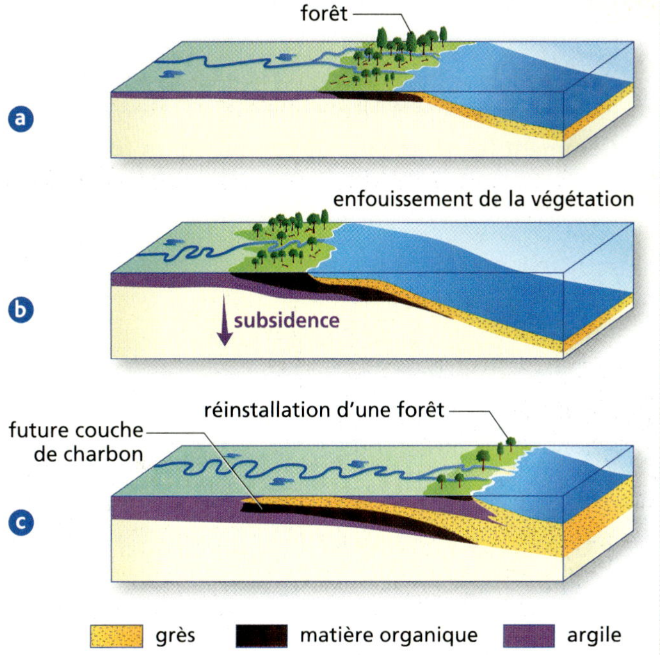

Doc. 4 La formation du charbon.

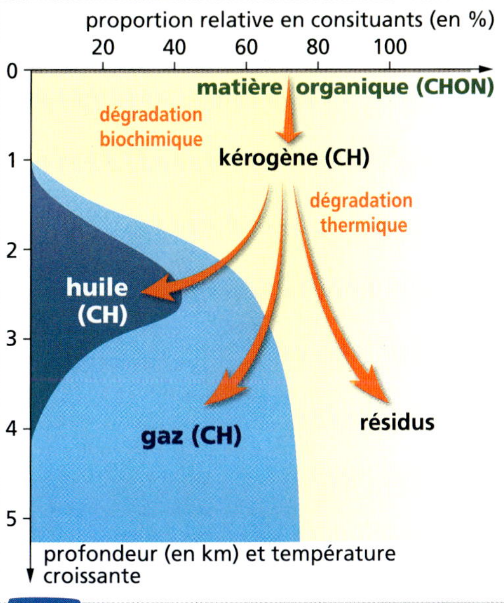

Comme le charbon, le pétrole se forme au niveau des bassins sédimentaires océaniques par transformation de la matière organique d'origine planctonique. Une des conditions essentielles à sa formation réside dans l'accumulation d'une importante quantité de matière organique qui doit être enfouie rapidement, afin de limiter les dégradations biologiques en présence de dioxygène. Une dégradation biochimique a alors lieu, conduisant à la formation de matière organique appauvrie en O et N, le kérogène

La température croît au cours de l'enfoncement de 3 °C tous les 100 m en moyenne. Cet enfouissement conduit d'une part à une transformation progressive des sédiments en roches et d'autre part à la dégradation thermique du kérogène en pétrole, mélange d'huile et de gaz. Cette dégradation correspond à un enrichissement en carbone et une élimination des éléments O, H et N (volatils) sous forme de gaz (H_2O, CO_2, CH_4 et N_2). Le pétrole, de faible densité, migre jusqu'à se retrouver bloqué par une structure géologique favorable : une roche poreuse surmontée d'une couche de roche imperméable.

Doc. 5 La formation du pétrole.

QUESTION **Décrire les étapes de la transformation de la matière organique en combustible fossile.**

Pistes pour répondre

- Identifier les zones qui présentent des conditions favorables à un fort dépôt de matière organique. > Doc. 1 à 3
- Identifier les facteurs favorables à la transformation de la matière organique en combustible fossile. > Doc. 4 et 5

Vocabulaire

Bassin sédimentaire : zone plus ou moins circulaire où s'accumulent les sédiments.

Subsidence : enfoncement progressif du fond d'un bassin sédimentaire.

3 La découverte et l'exploitation de gisements de combustibles fossiles

La première exploitation d'un gisement de charbon en France a débuté au XIe siècle : on la doit aux moines de Cendras dans le Gard qui utilisèrent « les pierres noires qui brûlent » pour chauffer leur monastère.
Comment les gisements de combustibles fossiles sont-ils localisés et exploités aujourd'hui ?

A Localiser des gisements de combustibles fossiles

L'étude des grandes structures géologiques permet de repérer des zones susceptibles de contenir des combustibles fossiles.

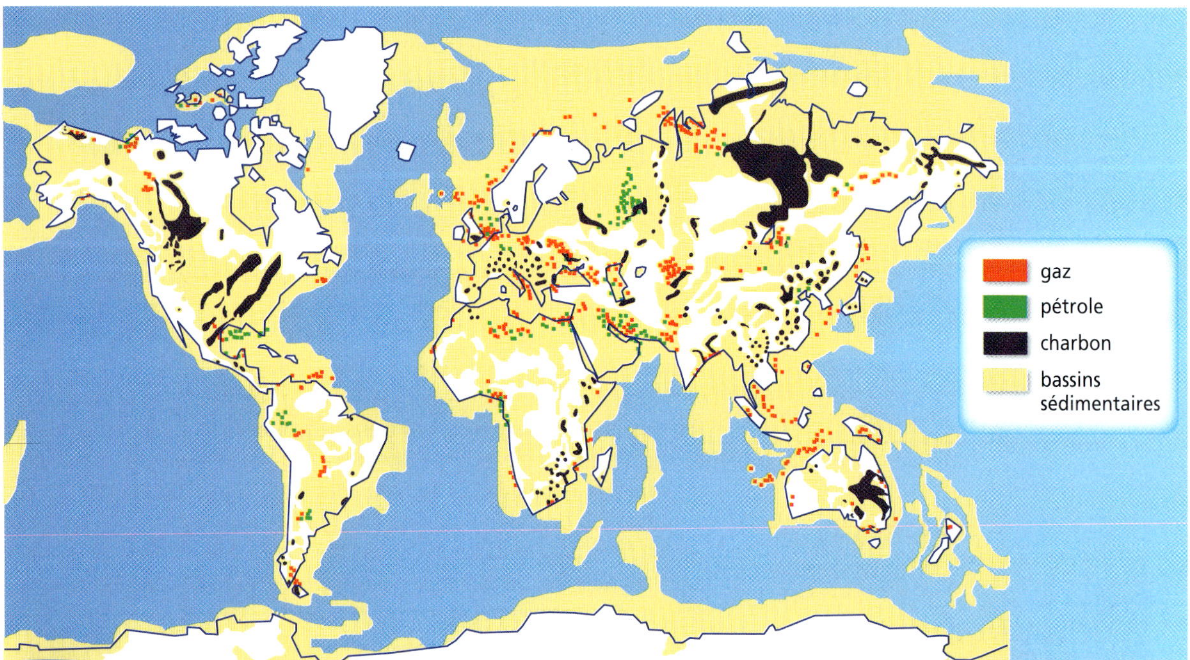

Doc. 1 Localisation des bassins sédimentaires, actuels et passés, des gisements de gaz et de pétrole.

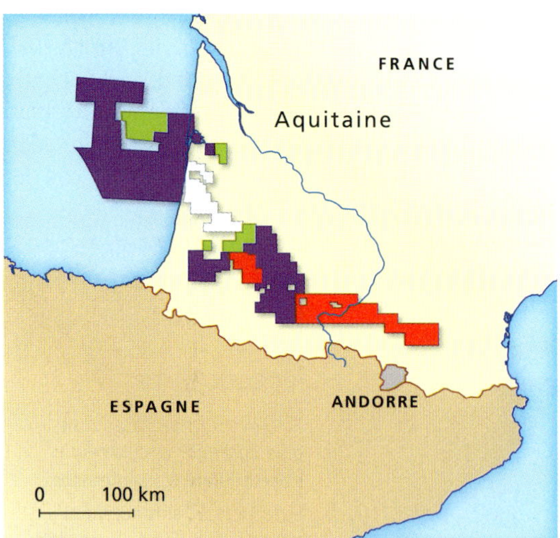

Le bassin aquitain est un bassin sédimentaire susceptible de renfermer des gisements de pétrole ou de gaz.
De nombreuses sociétés sont à la recherche d'un gisement exploitable. La **prospection** et l'exploitation d'un gisement sont contrôlées par le bureau d'exploration et de production des hydrocarbures.

- exploitations en cours
- demandes de prospection enregistrées en 2006
- demandes de prospection accordées
- abandon de prospection

Doc. 2 Localisation des zones d'exploitation ou de prospection de gisements de combustibles fossiles dans le bassin aquitain.

B L'exploitation d'un gisement

Doc. 3 L'extraction de charbon d'un gisement souterrain.

Les gisements de charbon de surface sont exploités prioritairement. Toutefois, la majorité des réserves est située en profondeur. Les mines descendent parfois jusqu'à plus de 1 000 m, où la température avoisine les 50 °C. Des mesures de sécurité doivent être prises afin de protéger les mineurs des dangers associés à ce travail en grande profondeur.

Le grisou est un gaz inflammable, incolore et inodore, qui se dégage des couches de charbon. Les étincelles dues au fonctionnement des outils et machines peuvent provoquer un coup de grisou, explosion violente à l'origine d'effondrements de galeries. De nombreux accidents mortels surviennent encore de nos jours, les conditions d'exploitations modernes n'étant pas identiques dans tous les pays.

Quelques années après l'abandon de l'exploitation, des affaissements de terrain se produisent souvent au-dessus des anciennes galeries.

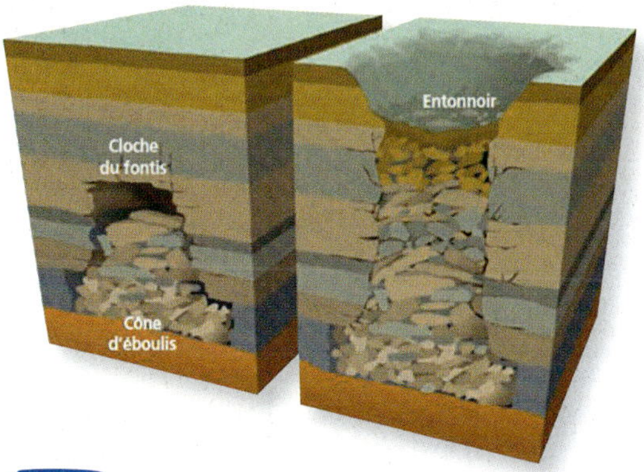

Doc. 4 Modélisation d'un affaissement de terrain.

Un important gisement pétrolier se cacherait en France

« Situé au large de la station balnéaire de Lacanau, près de Bordeaux, ce gisement permettrait d'extraire près de 40 000 barils par jour.
Un chiffre énorme au regard de la production française, qui atteint à peine les 30 000 barils par jour. Ce chiffre reste néanmoins infime quand on le compare à la consommation journalière mondiale, qui approche les 85 millions de barils par jour, et hexagonale, qui atteint 2 millions.
Le coût de l'exploitation nécessiterait « un investissement de 450 millions d'euros sur 10 ans ». Mais ceci ne semble plus rebuter les compagnies pétrolières.
L'exploration se fera à 45 km des côtes, à une profondeur comprise entre 2 500 et 2 800 m.

Doc. 5 Extrait du *Figaro*, 22 août 2007.

QUESTION Montrer comment les gisements de combustibles fossiles sont localisés et exploités de nos jours.

Pistes pour répondre

- Relier le positionnement des gisements de combustibles à l'emplacement des anciens bassins sédimentaires. > Doc. 1 et 2
- Relever quelques implications économiques et environnementales associées à la découverte et à l'exploitation des gisements. > Doc. 3 à 5

Vocabulaire

Prospection : recherche de nouveaux gisements susceptibles d'être exploités.

4 L'utilisation des combustibles fossiles

Avec la révolution industrielle et le développement rapide des chemins de fer et de la navigation à vapeur, le charbon est devenu, dès le milieu du XIXe siècle, la source principale d'énergie. La seconde moitié du XXe siècle a été marquée, quant à elle, par une utilisation massive du pétrole.

Quelles sont les conséquences de l'utilisation de combustibles fossiles par l'Homme ?

A Les combustibles fossiles, un réservoir d'énergie solaire du passé

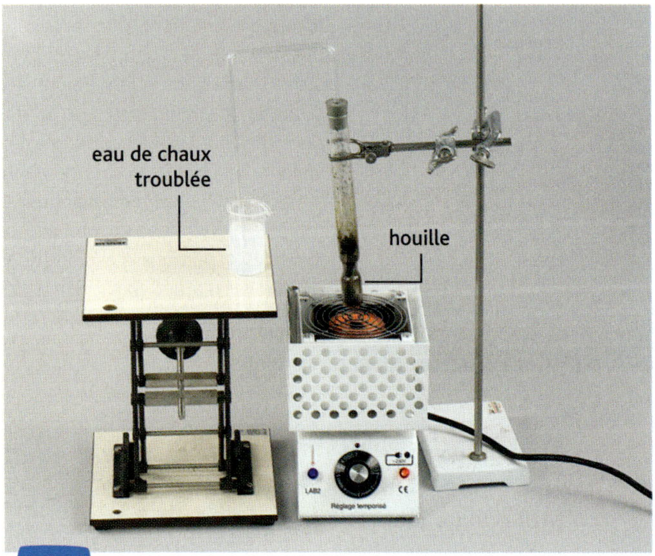

Doc. 1 Mise en évidence du principal gaz libéré lors de la combustion de houille.

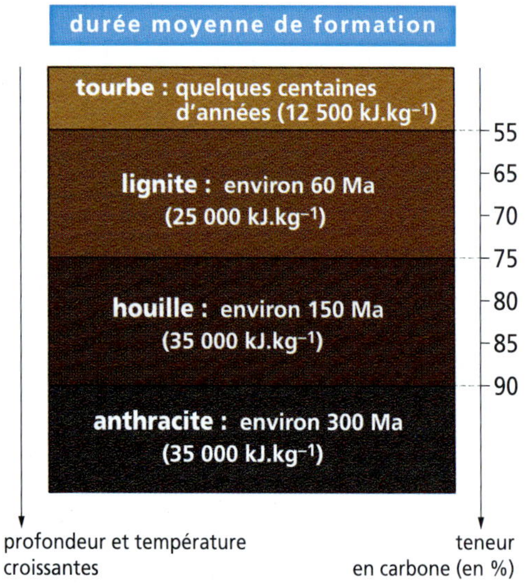

Doc. 2 Étapes, durées moyennes de formation et pouvoir calorifique de différents types de charbons.

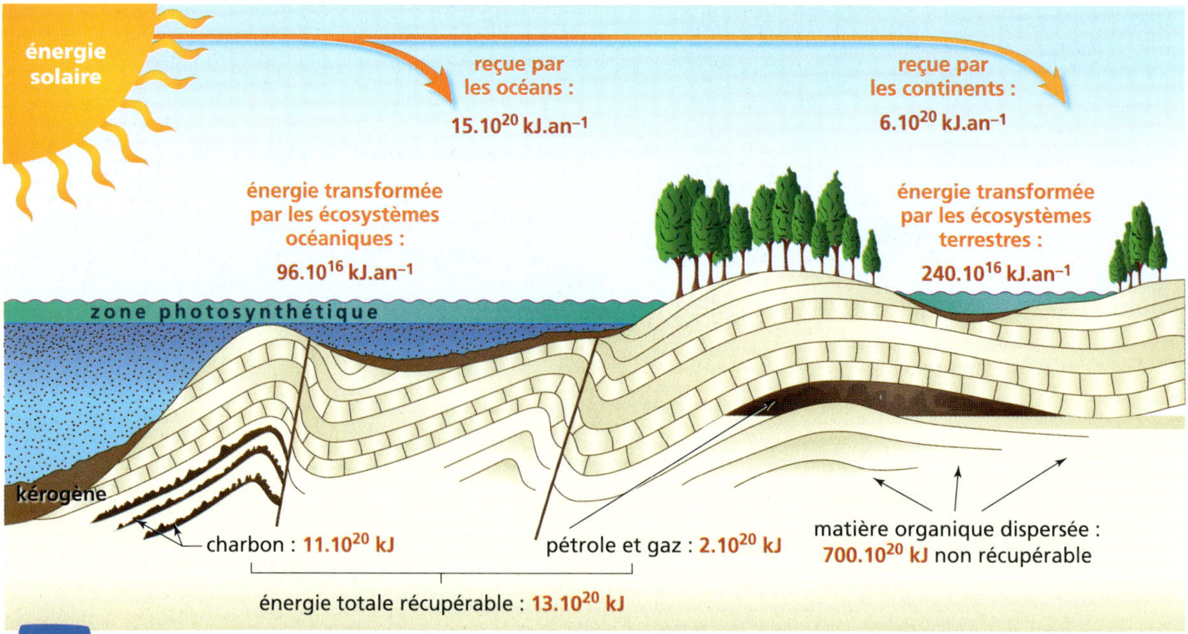

Doc. 3 L'origine de l'énergie contenue dans les combustibles fossiles.

B Les conséquences de l'utilisation intensive de combustibles fossiles

On a estimé les quantités de dioxyde de carbone libérées par la combustion du pétrole, du gaz et du charbon entre 1980 et 2006. Les résultats sont présentés dans le tableau ci-dessous.

Par ailleurs, grâce à l'analyse de minuscules bulles d'air emprisonnées dans les glaces de l'Antarctique, il est possible d'obtenir des indications sur la composition de l'atmosphère au moment où s'est formée la glace. La concentration atmosphérique en dioxyde de carbone à cette époque a ainsi pu être estimée.

	1980	1986	1992	1998	2006
pétrole (en milliard de tonnes)	8816	8574	9157	9846	11219
gaz (en milliard de tonnes)	3105	3130	4293	4739	5912
charbon (en milliard de tonnes)	6581	7896	8060	8575	12064
total (en milliard de tonnes)	18502	19600	21510	23160	29195

Doc. 4 Quantité de CO_2 émise par type de combustible fossile entre 1980 et 2006.

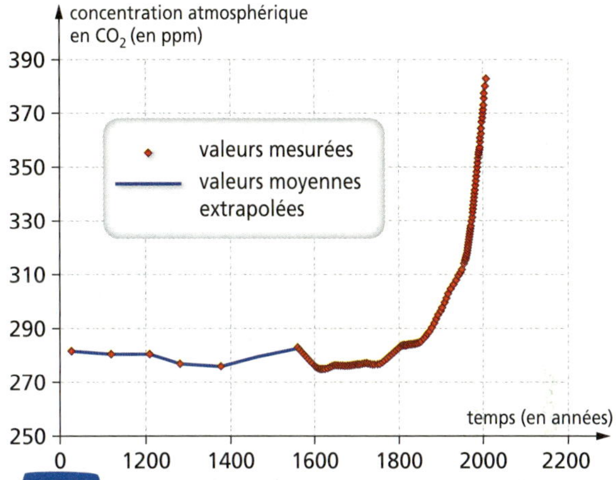

Doc. 5 Variations de la concentration en CO_2 atmosphérique au cours du temps.

On appelle gaz à effet de serre tout gaz absorbant le rayonnement infrarouge (IR).
Le méthane (CH_4), le protoxyde d'azote (N_2O) ou encore le dioxyde de carbone (CO_2) ou la vapeur l'eau (H_2O) sont des gaz à effet de serre. En retenant les rayons infrarouges émis par la Terre, les gaz à effet de serre participent au réchauffement climatique.

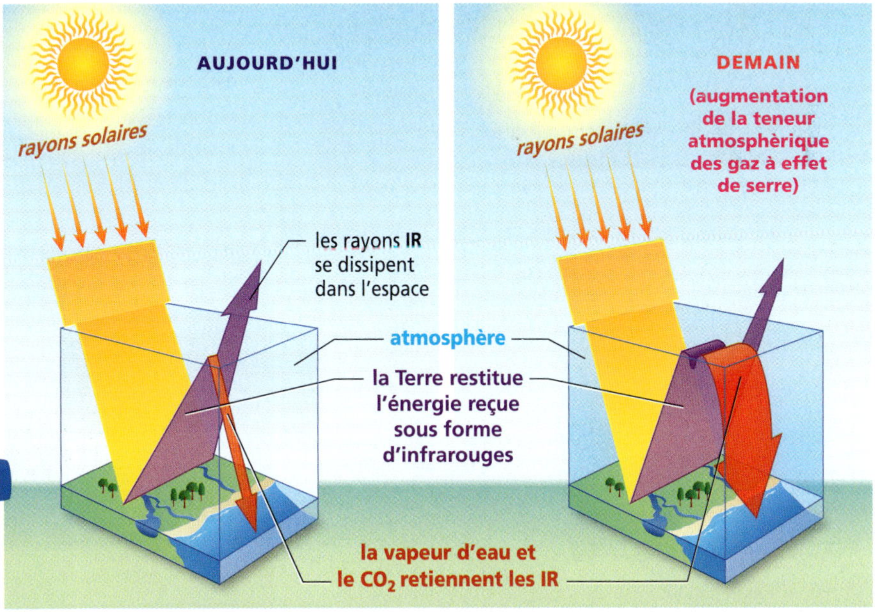

Doc. 6 Conséquences climatiques de la variation de la teneur de dioxyde de carbone dans l'atmosphère.

QUESTION **Expliquer les conséquences de l'utilisation de combustibles fossiles.**

Pistes pour répondre

- Relier le temps de formation des combustibles fossiles à la vitesse à laquelle le carbone est restitué à l'atmosphère lors de leur utilisation. > Doc. 1 à 3
- Repérer les indices d'une variation d'origine humaine de la concentration en dioxyde de carbone dans l'atmosphère. > Doc. 4 à 6

5 Le cycle du carbone

L'utilisation par l'Homme de combustibles fossiles entraîne une libération de dioxyde de carbone dans l'atmosphère.
En quoi l'utilisation des combustibles fossiles a-t-elle un impact planétaire ?

A Réservoirs naturels et transferts de carbone

Un réservoir est une partie de l'environnement servant de stockage du carbone pour une durée plus ou moins longue. On distingue quatre grands réservoirs (chacun étant subdivisé en sous-réservoirs) entre lesquels il existe des transferts de molécules contenant du carbone.

LITHOSPHÈRE	HYDROSPHÈRE	ATMOSPHÈRE	BIOSPHÈRE + SOL
sédiments : 50 000 000 combustibles fossiles : 5 000	39 000	845	2055

Doc. 1 Les principaux réservoirs de carbone (valeurs données en **Gtc**).

Des criquets ont été placés dans une enceinte fermée, un air dépourvu de CO_2 est apporté en continu.

Protocole

- Faire bouillir de l'eau afin de s'assurer qu'elle ne comporte plus de dioxyde ce carbone.
- Mettre une sonde à dioxyde de carbone dans le cristallisoir contenant l'eau bouillie.
- Effectuer des relevés de la concentration en dioxyde de carbone toutes les 3 minutes grâce à un dispositif ExAO.
- Construire le graphique illustrant la concentration en dioxyde de carbone de l'eau en fonction du temps.

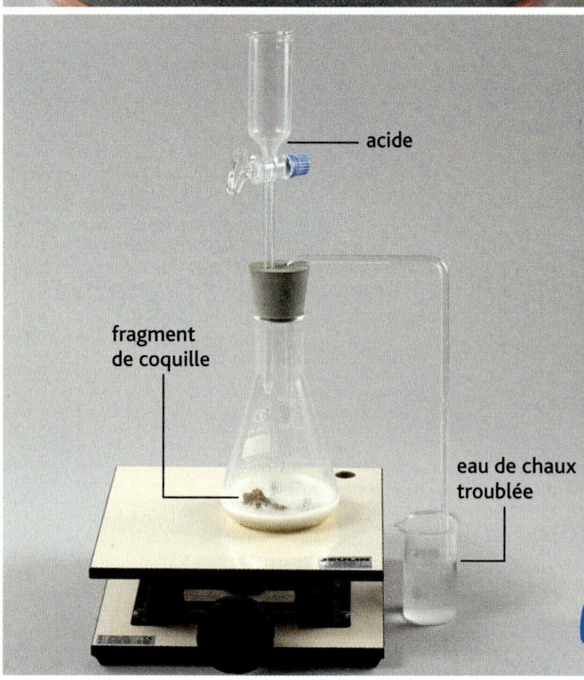

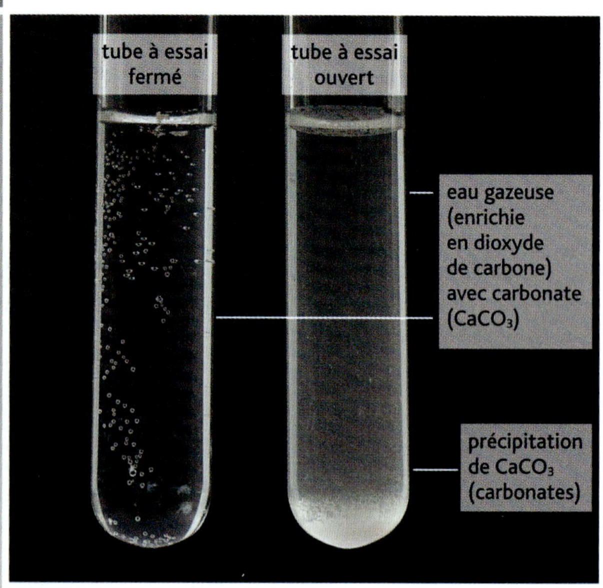

Doc. 2 Mise en évidence de quelques exemples de transferts de carbone entre les réservoirs.

B L'impact des émissions humaines sur le cycle du carbone

L'utilisation par l'Homme des combustibles fossiles, la déforestation et la combustion du bois et du charbon de bois libèrent de grandes quantités de dioxyde de carbone dans l'atmosphère.

Doc. 3 Déforestation.

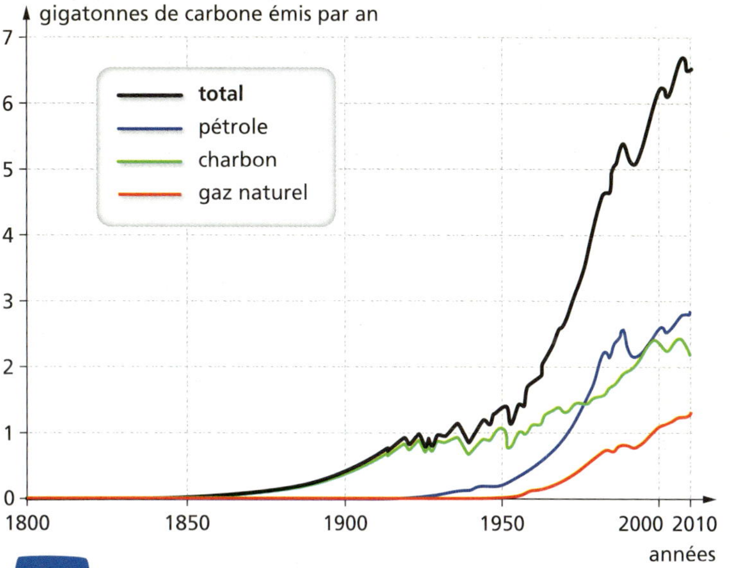

Doc. 4 Évolution des émissions de carbone issu de combustibles fossiles.

réservoir donneur	réservoir récepteur	transferts (Gtc.an^{-1})
atmosphère	biosphère	122
biosphère + sol	atmosphère	119
volcanisme	atmosphère	0,1
atmosphère	océan	92
océan	atmosphère	90

Doc. 5 Principaux transferts de carbone entre les différents réservoirs.

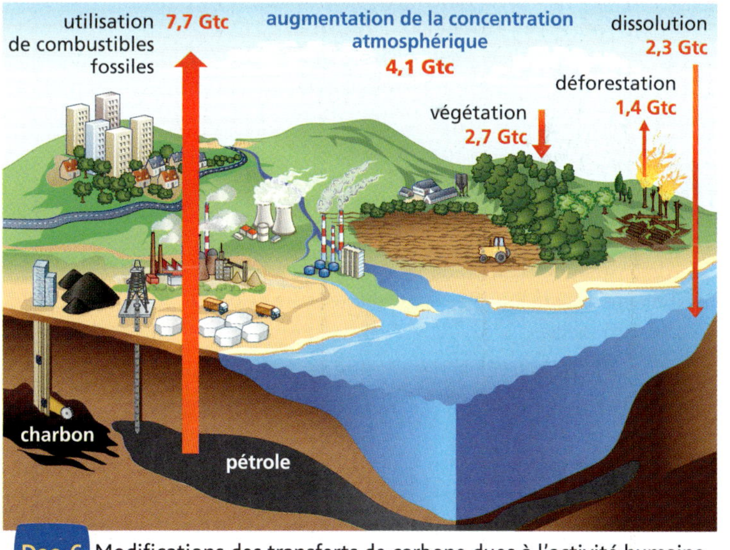

Doc. 6 Modifications des transferts de carbone dues à l'activité humaine.

QUESTION **Construire un schéma du cycle du carbone montrant les modifications dues à l'Homme.**

Pistes pour répondre

- Indiquer les réservoirs et les principaux transferts entre les réservoirs. > Doc. 1 et 2
- Quantifier les transferts entre les réservoirs. > Doc. 5
- Ajouter en rouge les modifications du cycle de carbone dues à l'Homme. > Doc. 3 à 6

Vocabulaire

Gtc: gigatonne de carbone.

I L'origine d'un combustible fossile [pp. 128-129]

• L'étude des **gisements** permet d'obtenir des indices concernant l'origine des combustibles fossiles comme le charbon. La présence de restes organiques d'origine végétale montre qu'ils sont issus d'une biomasse qui a été transformée et fossilisée au cours des temps géologiques. Il en est de même pour les autres combustibles fossiles.

II La formation des combustibles fossiles [pp. 130-131]

• Dans les environnements de haute productivité, une **subsidence** sédimentaire peut favoriser l'enfouissement rapide de la matière organique accumulée, limitant ainsi sa décomposition.

• La transformation de la matière organique en combustible fossile s'effectue très lentement et de façon progressive. Elle nécessite un enfouissement responsable d'une augmentation de la pression et de la température, indispensable à la transformation de la matière organique en combustible fossile. L'enfoncement du bassin sédimentaire permet d'assurer une accumulation de sédiments sur des épaisseurs importantes.

III La découverte et l'exploitation de gisements de combustibles fossiles [pp. 132-133]

• Les conditions de transformation et de conservation de la matière organique se déroulent dans des conditions géologiques particulières. La connaissance de ces mécanismes permet de localiser les zones susceptibles d'accueillir des **réserves** de combustibles fossiles. Toutefois, toutes les prospections n'aboutissent pas toujours à la découverte de **ressources** exploitables.

• L'exploitation d'un gisement dépend de sa localisation. Elle peut se faire à ciel ouvert, être souterraine ou en mer. Des méthodes adaptées permettent d'assurer une extraction optimale du combustible fossile tout en respectant les règles de sécurité. Les dimensions économiques et environnementales sont prises en considération, notamment entre le moment où le gisement est découvert et la décision qui est faite de l'exploiter.

IV L'utilisation des combustibles fossiles [pp. 134-135]

• La combustion de charbon ou de pétrole est à l'origine de la libération importante et rapide dans l'atmosphère de dioxyde de carbone et d'énergie.

• Le CO_2 avait été prélevé par des végétaux et piégé depuis des millions d'années dans le combustible fossile.

• L'énergie libérée correspond en fait à de l'énergie solaire stockée dans le passé sous forme de matière organique par les végétaux grâce à la photosynthèse.

• La libération de dioxyde de carbone suite à l'utilisation des combustibles fossiles a des conséquences climatiques.

V Le cycle du carbone [pp. 136-137]

• Des transferts de carbone se produisent constamment entre l'atmosphère, les océans, les roches, les sols et les êtres vivants. On nomme ce phénomène le cycle du carbone. Chaque compartiment contenant du carbone est qualifié de réservoir. Des études scientifiques ont permis de quantifier les échanges entre les différents réservoirs. L'émission massive de dioxyde de carbone par les activités humaines modifie ces échanges et donc le cycle du carbone.

Mots-clés, voir page 253

Gisement **Réserve**
Subsidence **Ressource**

L'essentiel

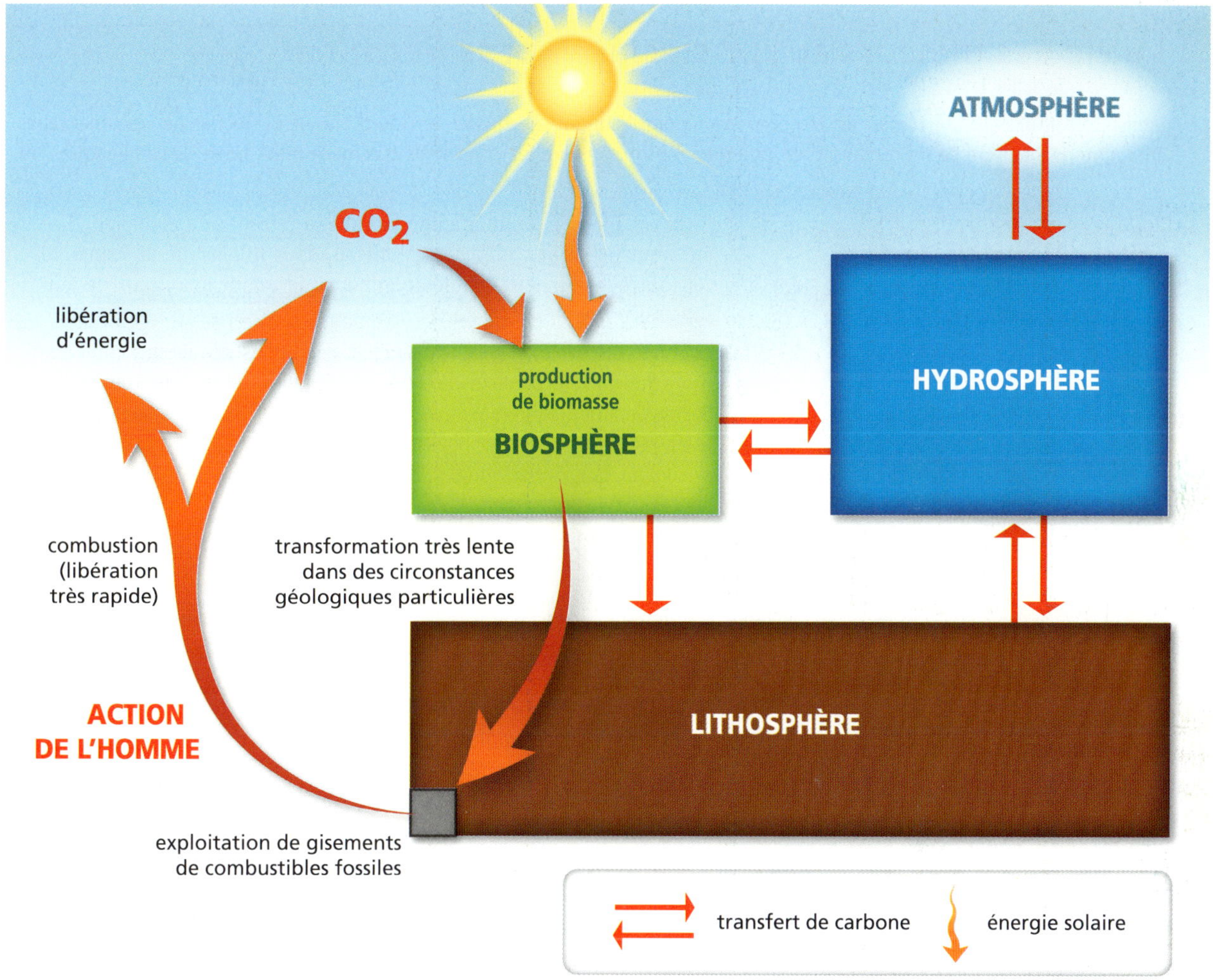

Compétences

Savoir que :

- La présence de restes organiques dans les combustibles fossiles montre qu'ils sont issus d'une biomasse.
- Dans des environnements de haute productivité, une faible proportion de la matière organique échappe à l'action des décomposeurs puis se transforme en combustibles fossiles au cours de son enfouissement.
- La répartition des gisements de combustibles fossiles montre que transformation et conservation de la matière organique se déroulent dans des circonstances géologiques particulières.
- La connaissance de ces mécanismes permet de découvrir les gisements et de les exploiter par des méthodes adaptées. Cette exploitation a des implications économiques et environnementales.
- La combustion de pétrole ou de charbon restitue rapidement à l'atmosphère du dioxyde de carbone prélevé par photosynthèse et piégé durant des millions d'années dans la roche. La rapide augmentation d'origine humaine de la concentration en dioxyde de carbone dans l'atmosphère modifie le cycle naturel du carbone.

Être capable de :

- Repérer les indices d'une origine biologique d'un combustible fossile.
- Exploiter des informations pour comprendre les caractéristiques d'un gisement de combustible fossile.
- Exploiter des informations pour repérer les indices d'une variation d'origine humaine de la concentration atmosphérique en dioxyde de carbone.
- Représenter un cycle du carbone pour comprendre en quoi l'utilisation des combustibles fossiles constitue un enjeu planétaire.

Pour développer des compétences

> Montrer de l'intérêt pour les progrès scientifiques et techniques.

La vie des mineurs au XIXe siècle, d'après *Germinal*

Émile Zola (1832-1883), romancier français, avait pour habitude de mener un lourd travail de recherche documentaire en amont de l'écriture de ses romans. C'est pourquoi, ils sont aujourd'hui considérés comme le reflet fidèle de son époque.

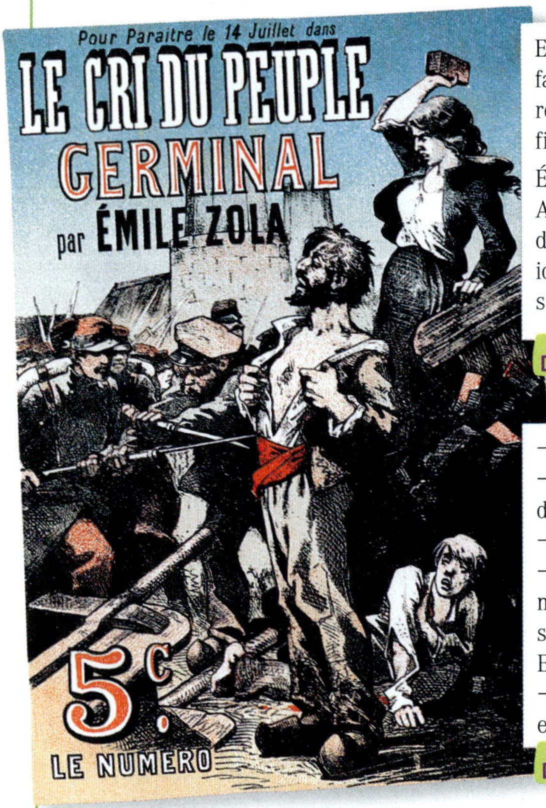

En mars 1866, le jeune Étienne Lantier se retrouve au chômage. Il se fait embaucher aux mines de Montsou, dans le nord de la France. Il rencontre les Maheu, famille de mineurs, et tombe amoureux de leur fille Catherine.

Étienne est révolté par les misérables conditions de vie des mineurs. Alors que dans un contexte de crise économique, la Compagnie des mines décide de diminuer les salaires, sa révolte s'exaspère. Il propage alors des idées révolutionnaires et pousse les mineurs à la grève. Les semaines s'écoulent, la grève se durcit et les mineurs se retrouvent affamés...

Doc. 1 Un résumé de l'œuvre *Germinal*.

- Étienne Lantier, 20 ans, le héros, est épris de Catherine.
- Catherine Maheu, 15 ans, maîtresse de Chaval, est amoureuse d'Étienne.
- Chaval, jaloux et brutal, est l'amant de Catherine.
- Les Maheu, une famille de mineurs composée du grand-père Bonnemort, du fils Toussaint Maheu, de la belle-fille la Maheude et de leurs sept enfants (Zacharie, Catherine, Jeanlin, Alzire, Lénore, Henri et Estelle).
- Les Levaque: Jérome Levaque et sa femme, la Levaque, ont deux enfants; Philomène (maîtresse de Zacharie) et Bébert.

Doc. 2 Les personnages de *Germinal*.

Les quatre haveurs venaient de s'allonger les uns au-dessus des autres, sur toute la montée du front de taille. Séparés par les planches à crochets qui retenaient le charbon abattu, ils occupaient chacun quatre mètres environ de la veine; et cette veine était si mince, épaisse à peine en cet endroit de cinquante centimètres, qu'ils se trouvaient là comme aplatis entre le toit et le mur, se traînant des genoux et des coudes, ne pouvant se retourner sans se meurtrir les épaules. Ils devaient, pour attaquer la houille, rester couchés sur le flanc, le cou tordu, les bras levés et brandissant de biais la rivelaine, le pic à manche court. En bas, il y avait d'abord Zacharie; Lavaque et Chaval s'étageaient au-dessus; et, tout en haut enfin, était Maheu. Chacun havait le lit de schiste, qu'il creusait à coups de rivelaine; puis, il pratiquait deux entailles verticales dans la couche, et il détachait le bloc, en enfonçant un coin de fer, à la partie supérieure. La houille était grasse, le bloc se brisait, roulait en morceaux le long du ventre et des cuisses. Quand ces morceaux, retenus par la planche, s'étaient amassés sous eux, les haveurs disparaissaient, murés dans l'étroite fente.

Doc. 3 Extrait du chapitre 4 de la première partie de *Germinal*.

Questions :

- Étudier le champ lexical du travail du mineur: relever et définir les mots associés.
- Émile Zola fait allusion à un lit de schiste. Rechercher la signification de ce terme.
- Identifier les modifications du travail dans la mine depuis l'époque d'Émile Zola.

L'art d'utiliser la matière organique

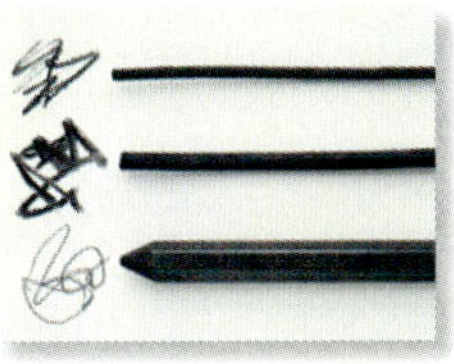

Le charbon de bois fait partie des premiers ustensiles à dessin ayant été utilisés pour la réalisation de peintures rupestres.

De nos jours, le charbon de bois est toujours utilisé sous l'appellation de fusain. Autrefois fabriqué à partir du bois de l'arbuste nommé fusain, il est aujourd'hui issu du bois de saule, de platane, de tilleul ou encore de vigne. C'est une carbonisation à l'abri de l'air de fragments de bois taillés, qui conduit à l'obtention de différents bâtonnets. On désigne le fusain obtenu selon son diamètre : mignonnette, petit buisson, moyen buisson, gros buisson, gros décor.

Selon l'essence utilisée, le fusain sera plus ou moins tendre et le tracé plus ou moins facile à réaliser.

Edgar Degas, *Danseuse saluant*, 1877, Musée du Louvre.

INTERVIEW | Métier Mathieu, responsable du service transport d'une société d'ingénierie

Quel métier souhaitiez-vous exercer lorsque vous étiez adolescent ?

> Je souhaitais être garde forestier.

En quoi consiste votre métier ?

> Mon métier consiste à ce que tous les éléments d'un équipement (fours industriels) arrivent au bon endroit, au bon moment et à moindre coût, afin qu'ils soient assemblés et ensuite livrés dans une raffinerie.

Qu'est-ce qui vous a conduit à exercer ce métier ?

> J'étais attiré par le transport international et les challenges à relever dans ce métier. La variété des contacts à l'international et les différences de cultures enrichissent une activité déjà très variée.

PARCOURS

Après un baccalauréat scientifique, Mathieu a suivi un DUT Transport et Logistique. Il a ensuite effectué 2 années à l'École Européenne des Transports dont un stage de 3 mois à Londres, dans le domaine maritime. Enfin, il a passé un Master de Logistique à l'École Supérieure de Management en Alternance (ESMA). Aujourd'hui, Mathieu travaille pour la société Heurtey Petrochem dont l'activité consiste à concevoir des fours industriels destinés aux raffineries et autres sites pétrochimiques.

Exercices

S'auto-évaluer

> Restituer des connaissances.

1 QCM

Choisir la (ou les) bonne(s) réponse(s).

	Propositions de réponses			En cas d'erreur, revoir :
	A	**B**	**C**	
1. On appelle gisement de combustible fossile un endroit où	on découvre des traces de combustible	on découvre une quantité importante de combustible	on découvre une quantité importante et exploitable économiquement de combustible	p. 129
2. La formation de combustible fossile nécessite une zone	de forte productivité primaire	où il y a une importante dégradation de la matière organique	où la productivité primaire est supérieure à la dégradation de la matière organique	p. 130
3. La transformation de la matière organique en combustible fossile nécessite	une augmentation de pression	une augmentation de la température	un enfouissement	p. 131
4. Les gisements de combustibles fossiles sont recherchés dans	les bassins sédimentaires actuels	les bassins sédimentaires anciens	les massifs montagneux	p. 132
5. Une exploitation souterraine de charbon présente	uniquement des risques pendant l'exploitation	uniquement des risques après l'arrêt de l'exploitation	des risques pendant et après l'arrêt de l'exploitation	p. 133
6. Le principal gaz libéré par la combustion de combustible fossile est	du dioxygène	du dioxyde de carbone	de la matière organique	p. 134
7. La formation du charbon nécessite	plusieurs centaines d'années	plusieurs dizaines de millions d'années	plusieurs centaines de millions d'années	p. 134
8. Le réservoir de carbone le plus important est	l'atmosphère	la lithosphère	l'hydrosphère	p. 136
9. Les émissions humaines de CO_2 modifient le transfert de carbone se produisant entre	la biosphère et l'atmosphère	la lithosphère et l'atmosphère	l'hydrosphère et l'atmosphère	p. 137

2 Élaborer un schéma

À partir des éléments graphiques suivants, élaborer un schéma fonctionnel illustrant la formation des hydrocarbures.

Voir corrigés p. 254.

Rédiger

> Restituer des connaissances.

3 Après avoir rappelé l'origine des combustibles fossiles, montrer que la combustion d'un combustible fossile revient à utiliser une énergie solaire du passé.

4 Après avoir rappelé les conséquences d'une combustion d'énergie fossile, montrer que l'activité humaine interfère avec le cycle naturel du carbone.

Exercice résolu

> Comprendre qu'un effet peut avoir une ou plusieurs causes.

5 Le charbon de Sumatra

Énoncé

Sumatra est une île indonésienne située sur l'Équateur où la production primaire est très forte. Sur cette île, de nombreux gisements de charbon sont exploités. Ils sont situés à des endroits bien précis, présentés sur la carte ci-contre.

- Expliquer l'inégale répartition des gisements de charbon sur l'île de Sumatra.

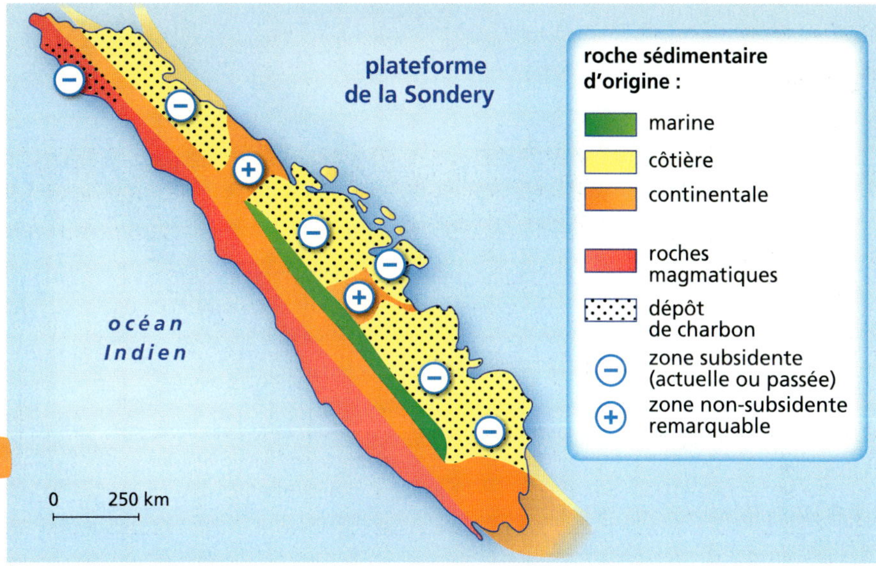

Doc. 1 Carte de Sumatra avec positionnement des gisements de charbon.

Comprendre l'énoncé

La formation de charbon est due à une accumulation de matière organique. Identifier les causes de cette accumulation, puis rechercher si ces éléments sont présents partout.

Éléments de réponse

L'accumulation de matière organique est rendue possible par une forte productivité primaire associée à un enfouissement lent et progressif. L'enfouissement de la matière organique est assuré par l'enfoncement (subsidence) du bassin sédimentaire. L'étude de la carte géologique permet d'observer la superposition des zones à forte subsidence et les zones de formation de charbons.

Pour qu'il y ait dépôt de charbon, il faut une zone subsidente; or il y a des zones où la subsidence est très faible sur l'île. Ces zones ne permettent pas l'accumulation de matière organique, ce qui explique l'absence de charbon dans ces zones.

Application

6 Calcul de l'épaisseur initiale du dépôt de sédiment à l'origine d'une couche de charbon

Énoncé

Le bassin houiller de l'Aveyron comporte plusieurs couches charbonneuses, dont une couche de 80 m, exploitable d'abord à ciel ouvert, puis par galerie.

Le charbon provient du fonctionnement d'une tourbière ayant empêché la décomposition de la totalité de la matière organique produite. On peut mesurer actuellement la vitesse de croissance annuelle des tourbières. Elle est en moyenne proche de 4 mm.an^{-1}.

En observant le charbon au microscope, on a pu déterminer le taux de compaction (rapport entre l'épaisseur initiale des sédiments et l'épaisseur finale de la couche), qui est estimé à 10.

1. Expliquer les différentes causes permettant la formation de charbon au niveau d'un bassin sédimentaire.
2. Calculer l'épaisseur initiale de la couche de sédiment à l'origine de la couche de charbon.
3. Calculer la durée nécessaire au dépôt d'une telle épaisseur de tourbe.

Exploiter des documents

7 Variation de la concentration en dioxyde de carbone atmosphérique

> Exploiter un graphique.

Montrer que les variations d'émissions de CO_2 d'origine humaine ont sensiblement modifié sa concentration dans l'atmosphère.

*ppm : partie par million.

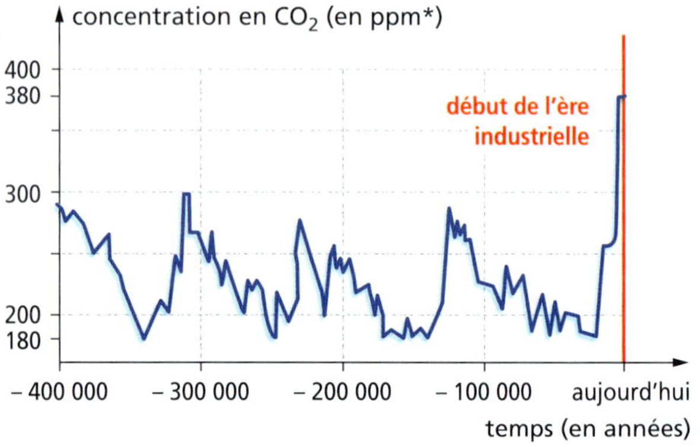

8 La tourbe, un combustible fossile ?

> Mettre en relation des informations entre elles.

Dakar – Le ministre des Mines, de l'Industrie, de la Transformation alimentaire des produits agricoles et des PME, Ousmane Ngom, a annoncé, lundi à Dakar, l'installation prochaine d'une unité de fabrication de fours à tourbe.

« Nous avons mis au point un projet d'exploitation de la tourbe présente en abondance dans la zone des Niayes. Nous avons commandé une usine de fabrication de fours à tourbe destinés aux ménages et aux industries », a-t-il indiqué au cours de l'examen par le Sénat du projet de budget du ministère qu'il dirige. Ce sera « une alternative au gaz butane utilisé par les ménages qui coûte très cher. Les Niayes regorgent d'un potentiel de 52 millions de tonnes de tourbe et l'unité va en produire 52 000 tonnes par an », selon Ousmane Ngom.

Les sénateurs ont adopté le même jour à l'unanimité, le budget 2010 du ministère des Mines, de l'Industrie, de la Transformation alimentaire des produits agricoles et des PME arrêté à 14,2 milliards de francs CFA (environ 22 millions d'euros), contre 13,8 pour l'exercice en cours, soit une hausse 2,77 %.

Communiqué de presse, d'après http://fr.allafrica.com

	tourbe
durée moyenne de formation	quelques centaines d'années
pouvoir calorifique KJ.kg^{-1}	12 500
humidité %	> 50
matières volatiles %	> 75
teneur en cendres %	50

1. Montrer que la tourbe est une ressource limitée.
2. Montrer que la tourbe peut être à ce titre considérée comme un combustible fossile.

9 Les conditions de préservation de la matière organique

> Exploiter un graphique.

On appelle COT le pourcentage de carbone constitutif de la matière organique contenue dans les sédiments.

Lors du processus de formation des charbons, on assiste à un enrichissement des matériaux en carbone. On a évalué le pourcentage de COT et la concentration en dioxygène dissous dans différents sédiments. Les résultats sont présentés sur le graphique ci-contre. La courbe correspond à la moyenne obtenue à partir de l'ensemble des mesures.

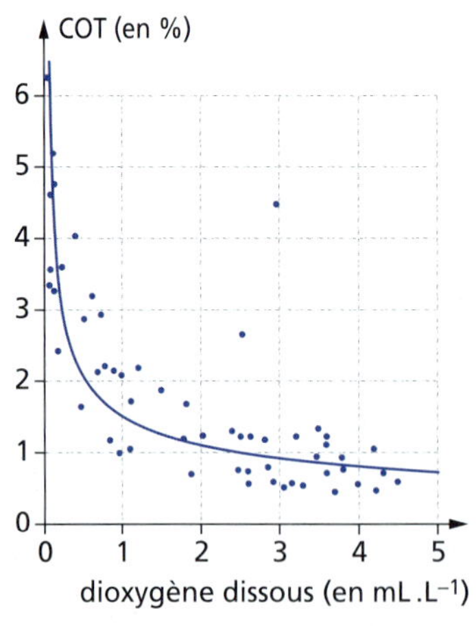

1. Déduire du document les conditions favorables à la conservation de la matière organique.
2. Sachant que les décomposeurs participent à la dégradation de la matière organique, proposer une explication aux observations précédentes.

10 Une fenêtre sur le cycle du carbone

> Organiser l'information pour réaliser un schéma.

« Notre personnage gît donc depuis des centaines de millions d'années, combiné avec trois atomes d'oxygène et un de calcium*, sous la forme de roches calcaires. Il a déjà derrière lui une très longue histoire cosmique, mais nous l'ignorerons. À un moment quelconque, que moi, le narrateur, je décide d'être un moment de 1840, un coup de pic le détacha et le fit prendre en chemin du four à chaux, le précipitant dans le monde des choses qui changent. On le chauffa afin de le séparer du calcium [...]. Toujours solidement accroché à deux des trois atomes d'oxygène, ses anciens compagnons, il sortit par la cheminée et prit la voie des airs. Il fut saisi par le vent, rabattu au sol [...], fut respiré par un faucon, descendit dans ses poumons haletants, mais il ne pénétra pas dans son sang riche et fut expulsé [...], eut la chance de frôler une feuille, d'y pénétrer et d'y être fixé par un rayon de soleil. [...] Il fait maintenant partie d'une molécule de glucose. Il voyagea donc, au pas lent des sucs végétaux [...] et descendit jusque dans une grappe presque mûre. La suite est de la compétence des marchands de vin. »

*$CaCO_3$: carbonate de calcium, minéral caractéristique des calcaires.

Extrait du *Système périodique*, de Primo Lévi, Albin Michel, 1987.

- Retracer la partie du cycle du carbone évoquée par l'auteur en identifiant les différents réservoirs et les transferts évoqués.

L'énergie d'origine solaire

Unité

10

Une éolienne en Mer du Nord, au large du Danemark.

La Terre est située à 150 millions de kilomètres du Soleil dont elle reçoit 342 $W.m^{-2}$. L'utilisation de cette énergie représente une alternative durable face aux autres ressources énergétiques non renouvelables.

Comment l'énergie solaire est-elle répartie à la surface de la Terre ? Comment cette énergie peut-elle être utilisée par l'Homme ? Quelle place occupera-t-elle demain ?

1 La répartition de l'énergie solaire et ses conséquences

L'énergie produite dans l'espace par le Soleil atteint les planètes. Plus une planète est éloignée de celui-ci, moins elle reçoit d'énergie. Cette énergie, reçue principalement sous forme de lumière, est en partie réfléchie et en partie absorbée par la surface et les enveloppes externes des planètes.
Comment est répartie l'énergie solaire à la surface de la Terre et quelles en sont les conséquences ?

A Répartition de l'énergie solaire : conséquences sur l'atmosphère

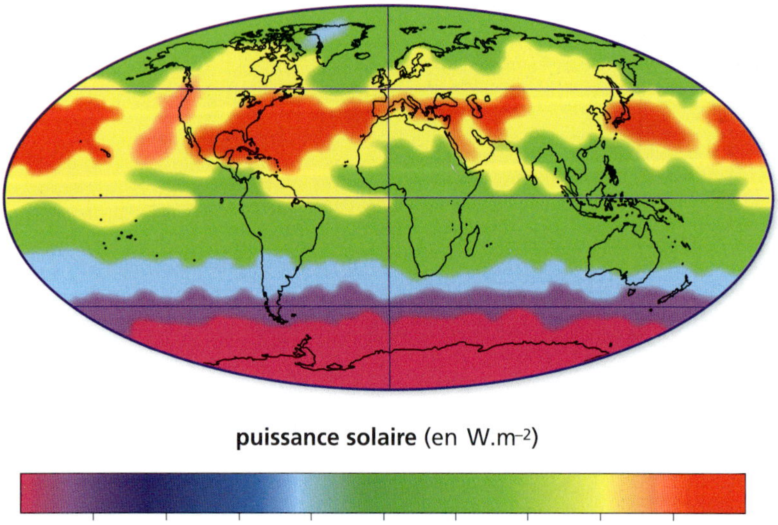

Doc. 1 Répartition de l'énergie solaire reçue au sol en fonction de la latitude à la surface de la Terre au mois de juillet 2010.

Doc. 2 Un modèle analogique pour comprendre l'origine de l'inégale répartition de l'énergie solaire.

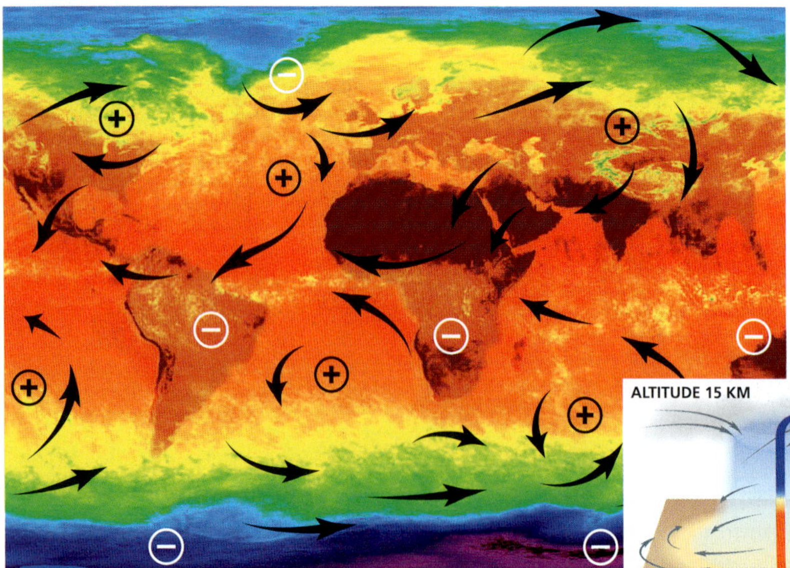

Doc. 3 Carte des vents et des températures moyennes (en °C) de l'air. Mesures effectuées au mois de janvier grâce à des observations satellitales.

Dans certaines zones, l'air devient moins dense et a tendance à s'élever : la pression au sol diminue. Ce sont des régions de basse pression ⊖.
Inversement, dans d'autres régions, l'air descend : la pression atmosphérique au sol augmente. Ce sont des régions de haute pression ⊕.
L'air se déplace d'une région de haute pression vers une région de basse pression pour parvenir à équilibrer ces pressions. Ce mouvement d'air est le vent.

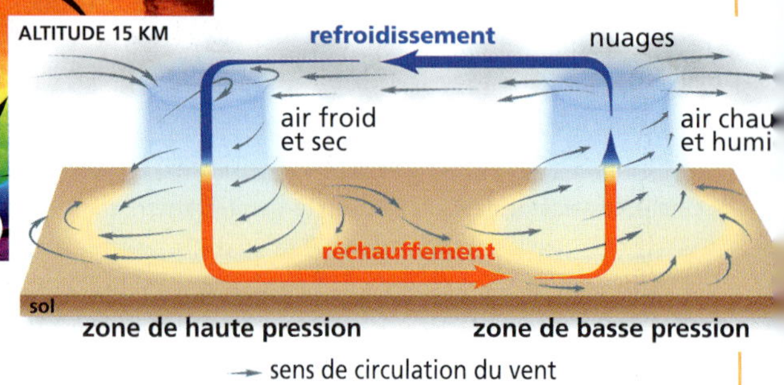

B Répartition de l'énergie solaire : conséquences sur l'hydrosphère

a

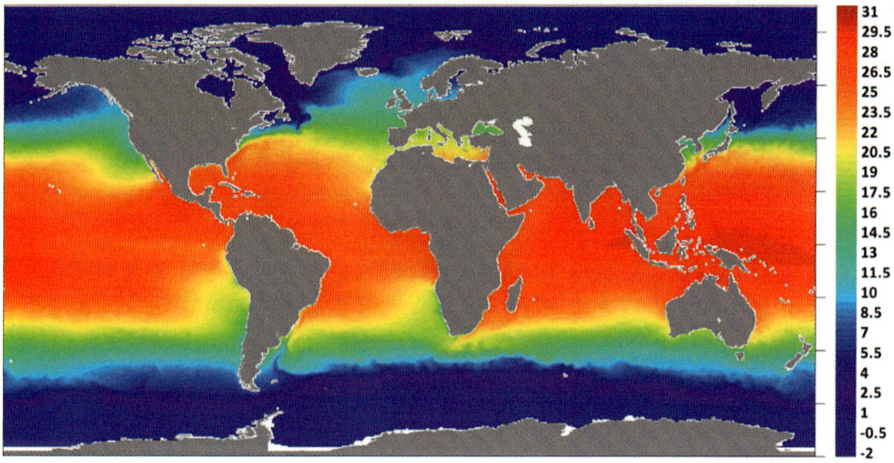

b

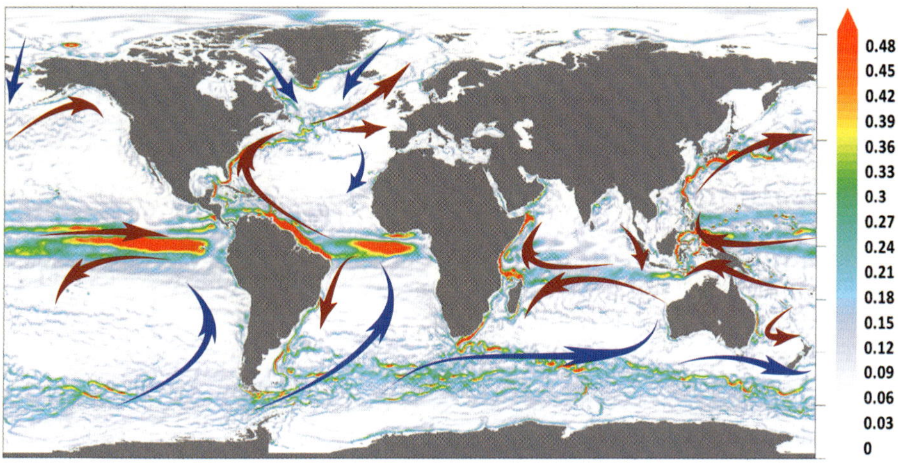

Doc. 4 Température moyenne (en °C) à la surface des océans (a) et courants marins de surface (en $m.s^{-1}$) (b).

En chauffant la surface de la Terre, le Soleil sert de moteur au cycle de l'eau : les molécules d'eau s'évaporent, principalement au niveau des océans, puis se condensent sous forme de fines gouttelettes dans l'atmosphère.

Elles retombent sur la Terre sous forme de pluie ou de neige lors de précipitations. L'eau s'infiltre ensuite dans le sol ou ruisselle jusqu'aux océans.

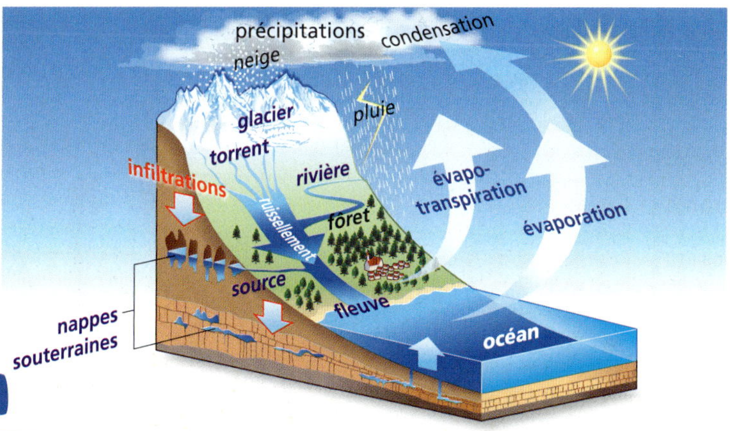

Le cycle de l'eau. **Doc. 5**

QUESTION **Expliquer l'inégale répartition de l'énergie solaire reçue selon la latitude et les conséquences de cette répartition.**

Pistes pour répondre

- Établir un lien entre la latitude et la quantité d'énergie reçue par unité de surface sur une sphère. > Doc. 1 et 2
- Expliquer comment l'inégale répartition de l'énergie solaire est à l'origine des vents. > Doc. 3
- Mettre en relation les vents et les courants océaniques de surface. > Doc. 3 et 4
- Montrer que le Soleil fournit l'énergie nécessaire au cycle de l'eau. > Doc. 5

2 L'énergie solaire, une ressource exploitable par l'Homme

L'énergie provenant du Soleil est à l'origine des vents, des courants marins et du cycle de l'eau. Elle permet également aux végétaux de produire de la matière organique par la photosynthèse. **Comment les mouvements atmosphériques ou hydrosphériques engendrés par l'énergie solaire peuvent-ils être utilisés par l'Homme ?**

A Produire de l'énergie grâce aux mouvements atmosphériques

Une éolienne est un dispositif qui utilise la force motrice du vent pour produire de l'électricité.
Lorsque le vent se lève (environ 5 km.h^{-1}), un **anémomètre** et une girouette placés sur la nacelle commandent aux moteurs de positionner l'éolienne face au vent. Un mât positionne le rotor à une hauteur suffisante pour être entraîné par un vent plus fort et régulier qu'au niveau du sol.
Une éolienne de 2 **MW** produira une puissance moyenne de 600 kW, ce qui équivaut à produire l'électricité domestique, hors chauffage, pour 4 000 personnes sur le quart d'une année.
La France bénéficie d'un gisement éolien important, le deuxième en Europe après les îles Britanniques.
Les vents soufflent rarement en même temps sur la façade ouest du pays, en vallée du Rhône et sur la côte languedocienne, ce qui les rend complémentaires les uns des autres.

Doc. 1 Produire de l'énergie grâce à des éoliennes.

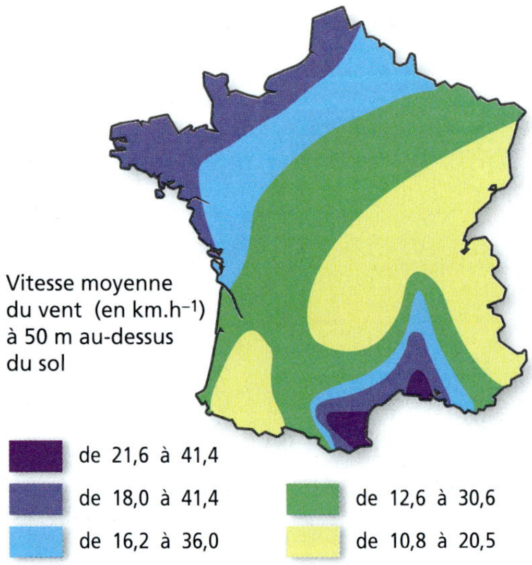

Doc. 2 Vitesse des vents en France.

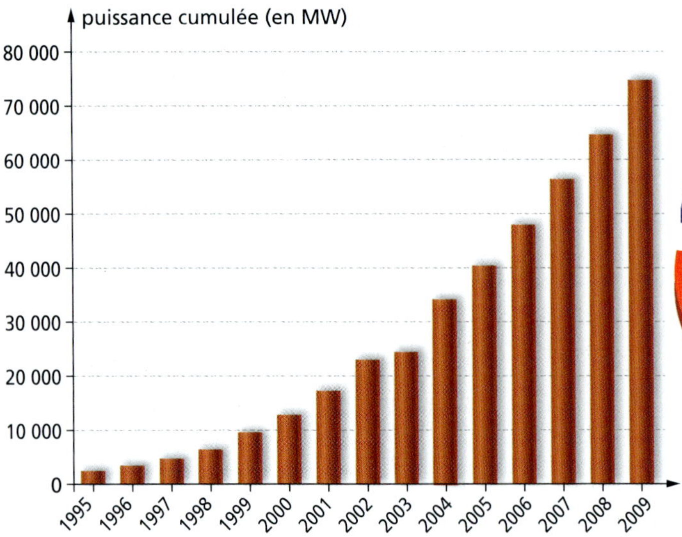

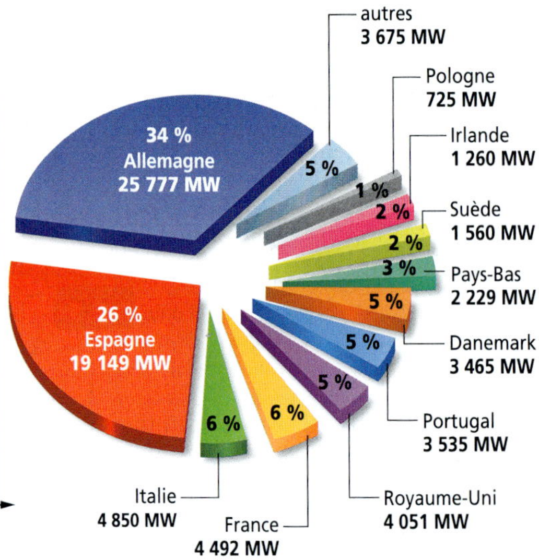

Doc. 3 Puissance éolienne cumulée dans l'Union européenne depuis 1995 et répartition selon les pays.

B Produire de l'énergie grâce aux mouvements hydrosphériques

Un barrage hydroélectrique est une construction réalisée en travers d'un cours d'eau. En contrebas, une centrale exploite l'énergie des courants d'eau, dus à la gravité. Cette énergie, appelée énergie hydraulique, est convertie en énergie mécanique par une turbine, puis en énergie électrique par un alternateur. La puissance délivrée par l'alternateur dépend donc du débit d'eau.
En France, l'hydroélectricité produit l'équivalent de la consommation annuelle de la région Île-de-France à partir de 640 barrages. Grâce à sa rapidité de mise en route et aux 7,5 milliards de m^3 d'eau stockés dans les lacs de retenues, l'hydraulique peut répondre aux brusques fluctuations de la demande en électricité.

Doc. 4 Produire de l'énergie grâce à des barrages hydroélectriques.

Doc. 5 Le barrage de Monteynard Avignonet (Isère).

Actuellement, la France possède une usine marémotrice (usine de la Rance) implantée en Bretagne, qui transforme l'énergie de l'onde marée en électricité. Par ailleurs, la construction d'une ferme hydrolienne exploitant les courants marins pour produire de l'électricité est prévue au large de Paimpol-Bréhat ⓐ (Côtes-d'Armor). La France concentre 20 % du potentiel hydrolien européen au large de la Bretagne et du Cotentin, soit l'équivalent de la puissance de deux centrales nucléaires.

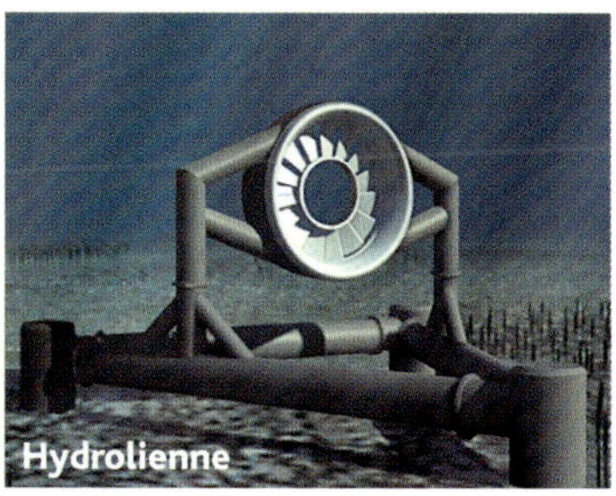

Composé de plusieurs hydroliennes, ce parc d'une capacité de 2 à 4 MW sera raccordé au réseau d'électricité dès son inauguration et permettra d'alimenter environ 4 000 foyers.

Doc. 6 Produire de l'énergie grâce à des courants océaniques.

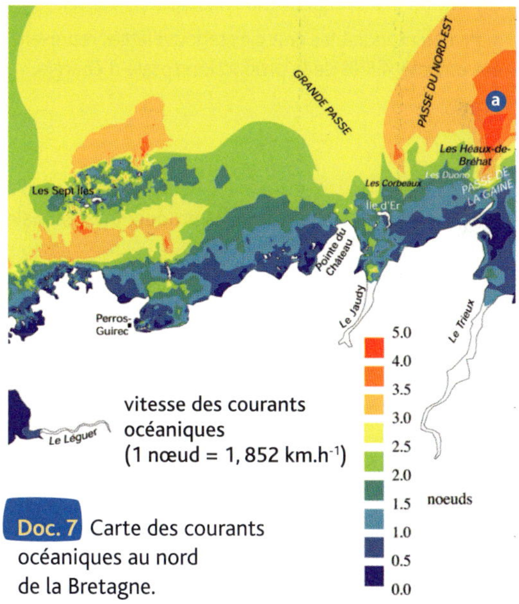

Doc. 7 Carte des courants océaniques au nord de la Bretagne.

QUESTION **Résumer comment l'Homme peut produire de l'énergie électrique en utilisant l'effet de l'énergie solaire sur la circulation atmosphérique ou hydrosphérique.**

Pistes pour répondre

- Relever les indices montrant que la force du vent peut être un moyen de produire de l'énergie en France. > Doc. 1 et 2
- Évaluer l'importance quantitative de ce moyen de production d'énergie en France par rapport aux autres pays. > Doc. 3
- Expliquer, à partir d'un exemple, comment la force de l'eau permet de produire de l'énergie. > Doc. 4 à 6

Vocabulaire

Anémomètre : instrument mesurant la vitesse du vent.
MW : mégawatt = 1 million de watts.

3 Les places actuelle et future de l'énergie d'origine solaire

Utiliser l'énergie des vents, des courants marins ou du cycle de l'eau revient à utiliser indirectement de l'énergie solaire.

Quelle place occuperont demain ces énergies dans la production d'électricité ?

A La place actuelle de l'énergie d'origine solaire

L'ensoleillement total de la Terre correspond à une énergie annuelle moyenne de 134 000 GTep. Cette valeur est à comparer avec la consommation mondiale annuelle de combustibles fossiles qui est de 12 GTep.

Le Soleil nous envoie en 40 minutes l'énergie correspondant aux besoins annuels de l'humanité. Cela fait du Soleil l'une des ressources énergétiques les plus abondantes. Elle constitue historiquement la première source d'énergie utilisée par les Hommes.

Aujourd'hui, son utilisation est à nouveau en augmentation, principalement pour la production d'électricité, mais également pour la production de chaleur (38 % de l'utilisation des énergies renouvelables en France).

Au niveau mondial, les énergies renouvelables représentent environ 4,5 % de la production totale d'énergie.

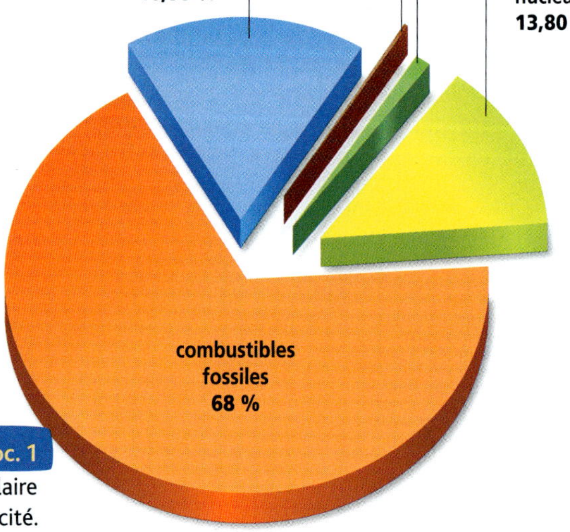

Doc. 1 La part de l'énergie d'origine solaire dans la production mondiale d'électricité.

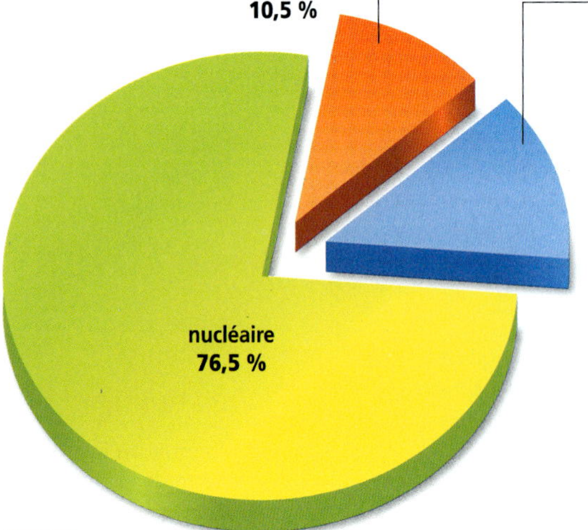

Doc. 2 La part de l'énergie d'origine solaire dans la production française d'électricité.

Au cours de la période 1973-2008, la part du charbon utilisé comme ressource énergétique est passée de 15 % à 4 % et celle du pétrole de 68 % à 32 %, alors que la part du gaz est multipliée par 2 (de 7 % à 15 %) et celle de l'électricité d'origine nucléaire par 10 (de 4 % à 43 %).

En 2009, le secteur résidentiel consomme deux fois plus d'électricité que l'industrie : 65 % contre 27 %.

La part des transports ne dépasse pas 3 % ; comme la sidérurgie, celle de l'agriculture est de 2 %.

Doc. 3 Évolution de la part de l'énergie non renouvelable entre 1973 et 2008 en France.

B Le potentiel futur de l'énergie d'origine solaire

La demande d'électricité à l'échelle mondiale devrait augmenter en moyenne de 2,5 % par an, pour atteindre un niveau deux fois plus élevé en 2030. Ces besoins futurs en électricité proviendront essentiellement des pays émergents.

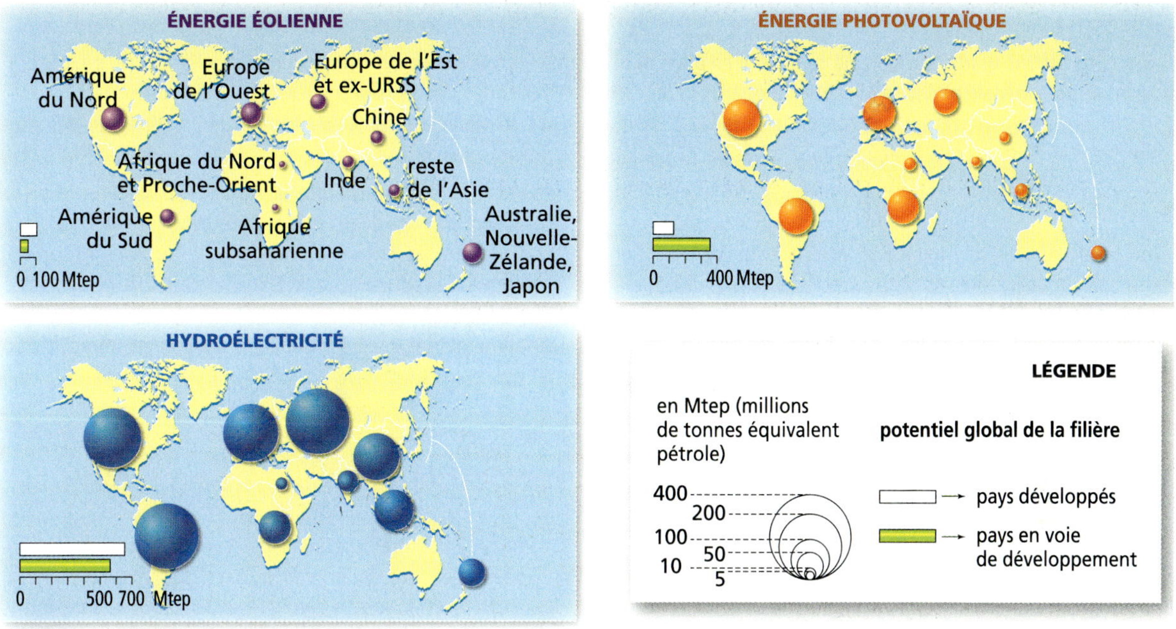

Doc. 4 Estimation du potentiel des énergies renouvelables en 2020. (D'après B. Dessus, *Énergies renouvelables : où, comment et pour quoi faire ?*, Global Chance, 2005.)

Le potentiel mondial de production d'électricité à partir des courants marins est de 44 000 TWh dont une fraction importante pourrait être récupérée au moyen d'hydroliennes.

En France, le potentiel marémoteur, très élevé sur toute la façade nord-ouest, devrait pouvoir rapidement produire 25 TWh par an.

Le potentiel houlomoteur (énergie des vagues) dans le monde est encore plus important et reste à exploiter. Son exploitation est envisageable assez rapidement, sous forme de fermes marines ou de centrales.

Doc. 5 L'exploitation future des énergies marines.

L'énergie renouvelable offre des réserves qui se reconstituent en permanence et en accord avec les problématiques de **développement durable**. Elle combine ainsi une double approche :

– dans le temps : avoir le droit d'utiliser les ressources de la Terre et le devoir d'en assurer la pérennité pour les générations à venir ;

– dans l'espace : tout le monde a droit aux ressources de la Terre.

D'après http://www.science-decision.net/cgi-bin/topic.php?topic=ENP&chapter=0#1

Doc. 6 L'énergie renouvelable s'inscrit dans la durée.

QUESTION **Discuter de la place actuelle et future des différentes formes d'énergie d'origine solaire.**

Pistes pour répondre

- Comparer les besoins humains en énergie à la quantité d'énergie reçue par la planète. > Doc. 1 à 3
- Identifier la part de l'énergie solaire dans le monde et en France de nos jours et dans le futur. > Doc. 1 à 7

Vocabulaire

Tep : la tonne d'équivalent pétrole est une unité d'énergie d'un point de vue économique et industriel.

Photovoltaïque : énergie électrique produite directement à partir du rayonnement du Soleil.

I La répartition de l'énergie solaire et ses conséquences [pp. 146-147]

• La Terre reçoit une quantité d'énergie constante en provenance du Soleil. Cependant, sa sphéricité fait varier la quantité d'énergie reçue par unité de surface en fonction de la latitude. L'énergie solaire est donc inégalement reçue à la surface de la planète. Cette inégale répartition est à l'origine des zones climatiques et des mouvements de l'atmosphère et des océans.

• Une partie de l'énergie reçue est absorbée par l'atmosphère, les continents et les océans. Dans certaines zones, cette énergie chauffe l'air qui, devenu moins dense, s'élève dans les hautes altitudes. Cela crée une dépression au niveau du sol. Au niveau d'autres zones, l'air froid descend des hautes altitudes vers le sol provoquant un anticyclone, zone à haute pression. Cette différence de pression génère des **vents** de surface et en hautes altitudes. Les vents de surface sont à l'origine de **courants océaniques**.

• L'**énergie solaire** chauffe la surface des océans et provoque l'évaporation de l'eau. Dans l'atmosphère, la vapeur d'eau se condense et forme les nuages qui, lors des précipitations, provoquent la chute de l'eau. Une grande partie de l'eau s'écoule jusqu'aux océans, le restant s'infiltre dans le sol ou ruisselle et alimente les rivières. L'énergie solaire est donc le moteur du **cycle de l'eau**.

II L'énergie solaire, une ressource exploitable par l'Homme [pp. 148-149]

• Une partie de l'énergie solaire arrivant sur Terre sert à alimenter le cycle de l'eau, les vents, les courants et à fabriquer de la biomasse par photosynthèse.

• L'Homme exploite la force des vents (éoliennes), les courants marins (hydroliennes) et le cycle de l'eau (barrages hydroélectriques) pour produire de l'électricité. Ces ressources énergétiques sont rapidement renouvelables.

• Vents et courants marins sont provoqués par l'inégale répartition de l'énergie solaire sur la Terre. L'espèce humaine utilise donc de façon indirecte l'énergie solaire pour la transformer en d'autres formes d'énergie.

III Les places actuelle et future de l'énergie d'origine solaire [pp. 150-151]

• Le Soleil est une source inépuisable et considérable d'énergie. L'énergie d'origine solaire semble être la seule source d'énergie susceptible de répondre durablement à la demande toujours croissante de l'Homme.

• La production d'électricité à partir d'**énergies renouvelables**, notamment l'éolien et le solaire, connaît un essor depuis quelques années. Les énergies renouvelables devraient continuer à se développer.

Panneaux photovoltaïques sur des habitations.

Mots-clés, voir page 253

- Vent
- Courants océaniques
- Énergie solaire
- Cycle de l'eau
- Énergies renouvelables

L'essentiel

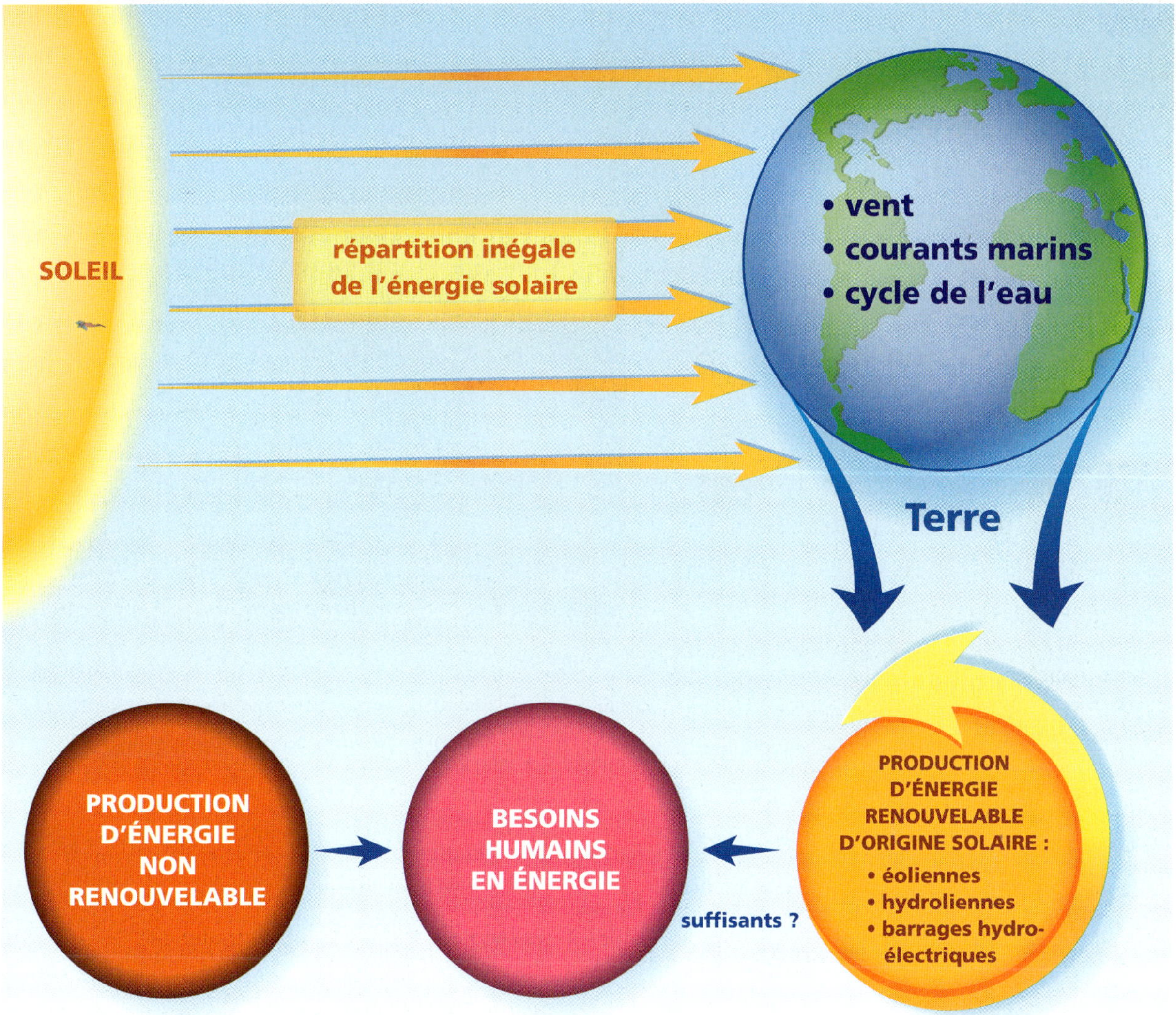

Compétences

Savoir que :

• L'énergie solaire est inégalement reçue à la surface de la planète. La photosynthèse en utilise une très faible part. Le reste chauffe l'air (par l'intermédiaire du sol) et l'eau (ce qui est à l'origine des vents et des courants) et évapore l'eau (ce qui permet le cycle de l'eau).

• Utiliser l'énergie des vents, des courants marins et des barrages hydroélectriques revient à utiliser indirectement l'énergie solaire. Ces ressources énergétiques sont rapidement renouvelables.

• La comparaison de l'énergie reçue par la planète et des besoins humains en énergie permet de percevoir l'intérêt d'une exploitation accrue du gisement important et renouvelable des différentes formes d'énergie d'origine solaire.

Être capable de :

• Exploiter des informations et les mettre en relation pour comprendre l'effet de l'énergie solaire sur la circulation atmosphérique ou hydrosphérique.

• Expliquer l'inégale répartition de l'énergie solaire reçue selon la latitude et ses conséquences.

Pour développer des compétences

> Percevoir le lien entre sciences et techniques.

Histoire des Sciences

L'histoire des sources d'énergie

Depuis toujours, l'humanité sait utiliser les ressources énergétiques de la nature. Un parcours historique rend compte de la diversité de l'ingéniosité humaine.

L'utilisation de l'énergie éolienne est née avec les moulins à vent chez les Perses, vers 200 avant Jésus-Christ. Plus de mille ans plus tard, cette technique est utilisée surtout pour moudre le grain ou pomper de l'eau en Hollande et en Angleterre.
Les moulins à eau sont apparus à l'Antiquité : ils montrent qu'il existait déjà une domestication de l'énergie hydraulique. Après la découverte de l'électricité, bien plus tard, ils servirent à produire de l'énergie.

Doc. 1 L'utilisation du vent et de l'eau : du moulin à l'éolienne.

Les énergies modernes ont permis les deux grandes révolutions industrielles : le charbon au XIXe siècle, le pétrole et le gaz au XXe siècle. Cela a rendu possible la mise à disposition à tous d'importantes quantités d'énergie, bouleversant ainsi les modes de vie.
La radioactivité naturelle, phénomène physique de dégagement d'énergie à partir de la fission de noyaux atomiques instables tel l'uranium, fut découverte en 1896. Elle a ouvert la voie aux premières centrales nucléaires dans les années 1950.

Doc. 2 Les énergies de la révolution industrielle.

Depuis les années 1970, suite au premier choc pétrolier, des sources d'énergie nouvelles se développent. C'est le cas de l'utilisation de l'énergie solaire. Bien que la découverte de la transformation de la lumière du Soleil en courant électrique date de 1839. L'utilisation de la géothermie comme source d'énergie date aussi de la seconde moitié du XXe siècle.
Actuellement, le parc éolien se développe et des recherches se poursuivent pour capter l'énergie des marées et des courants marins à grande échelle (l'usine marémotrice de la Rance, en Bretagne).

Doc. 3 Vers de nouvelles énergies.

La différence de température entre la surface et le fond des océans doit permettre de produire de l'électricité, mais cette énergie semble pour l'instant difficile et coûteuse à récupérer.
La foudre produit de l'électricité, que l'on ne sait pas récupérer aujourd'hui.
L'énergie peut être issue de la fusion nucléaire, transformation de deux atomes d'hydrogène (qui existe en quantité abondante) en un atome d'hélium. Mais cette technique dite « énergie des étoiles » (la bombe H) n'est pas contrôlable.
Une technique particulière de la fission nucléaire, celle des réacteurs surgénérateurs, permettrait d'utiliser d'autres combustibles nucléaires que l'uranium. Cette technique couvrirait des dizaines de milliers d'années de besoins en énergie.

Doc. 4 Et le futur...

Questions :

- Sur une frise chronologique, repérer les techniques qui ont permis de fournir de l'énergie.
- Discuter de la place de nos connaissances actuelles dans l'exploitation des sources d'énergie.

Pour en savoir plus

Une biopile : convertir l'énergie solaire en énergie électrique

Des chercheurs du CNRS de Bordeaux ont mis au point une biopile qui fonctionne à partir de la photosynthèse : en présence de lumière, le dioxyde de carbone et l'eau sont transformés en glucose et en dioxygène.

Après avoir inséré cette pile dans un cactus, les chercheurs ont pu constater l'augmentation du courant électrique lorsqu'une lampe est allumée et une diminution lorsque celle-ci est éteinte.

À très long terme, on peut penser qu'un tel dispositif pourrait produire de l'énergie électrique de façon écologique et renouvelable. Toutefois, l'objectif de ces travaux est médical. La biopile pourrait alimenter des dispositifs médicaux implantés, comme des capteurs autonomes sous-cutanés.

Biopile insérée dans un cactus.

INTERVIEW | Métier Fabian, Animateur en énergie

Quel métier souhaitiez-vous exercer lorsque vous étiez adolescent ?

› Je ne savais pas, mais j'ai toujours souhaité être en contact avec les autres, et dans mes études, j'avais une préférence pour les sciences. Je ne pensais pas pouvoir associer ces goûts au sein d'un même métier.

Quelles sont vos missions ?

› Je développe une offre d'animation et d'information sur le thème de l'utilisation rationnelle des énergies renouvelables auprès du grand public et du monde scolaire. Dans ce cadre, je suis amené à sensibiliser et éduquer les enfants sur ces thèmes et ainsi montrer que l'école peut devenir un modèle de gestion et de respect de l'environnement. Je réalise des actions en direction du grand public et je rédige des plaquettes d'information sur ces thèmes pour le compte d'associations à vocation environnementale ou même de communes.

Quelles sont les compétences particulières nécessaires à votre métier ?

› Le métier d'animateur en énergie nécessite des connaissances techniques (énergétique, thermique, etc.) et générales sur l'énergie ainsi que des qualités manuelles.
Étant en relation avec le monde scolaire, il faut également posséder un bon sens du contact, de la créativité et des aptitudes en pédagogie.

PARCOURS

Après un bac scientifique et une maîtrise sciences et technique, Fabian a obtenu son BEATEP (Brevet d'État d'animateur technicien d'éducation populaire).

Exercices

S'auto-évaluer

> *Restituer des connaissances.*

1 QCM

Choisir la (ou les) bonne(s) réponse(s).

	Propositions de réponses			En cas d'erreur, revoir :
	A	B	C	
1. La quantité d'énergie solaire reçue par unité de surface est	plus importante aux pôles qu'à l'équateur	la même partout à la surface de la planète	plus importante à l'équateur qu'aux pôles	p. 146
2. Les vents sont dus	à une inégale répartition de l'énergie solaire reçue	aux courants marins de surface	à une différence de pression entre deux latitudes	p. 146
3. Les masses d'air circulent	des zones de faible pression vers les zones de forte pression	des zones de forte pression vers les zones de faible pression	le long de lignes de même pression	p. 146
4. Les courants marins de surface sont	dus à une inégale répartition de l'énergie solaire reçue	dus aux vents	indépendants des mouvements atmosphériques	p. 147
5. L'énergie solaire	chauffe l'atmosphère et l'hydrosphère	chauffe uniquement l'atmosphère	chauffe l'hydrosphère seulement	pp. 146-147
6. Est une énergie renouvelable	l'énergie éolienne	l'énergie issue du charbon	l'énergie hydraulique	p. 151
7. L'énergie du vent est	une énergie indirectement d'origine solaire	une énergie renouvelable	une énergie non renouvelable	p. 148
8. Les courants marins sont utilisés	pour produire de la chaleur	pour produire de l'électricité	pour produire de l'énergie nucléaire	p. 149
9. Le potentiel énergétique de la France	peut contribuer à répondre aux besoins en électricité	est largement insuffisant pour répondre aux besoins en électricité	est conséquent pour les vents et les courants marins	p. 150

2 Définir des termes

a. Énergie renouvelable **b.** Cycle de l'eau **c.** Vent

3 Rédiger une phrase

a. Énergie solaire / cycle de l'eau / moteur / exploite / énergie renouvelable.

b. Relation / mouvements atmosphériques / courants océaniques de surface.

4 Expliquer comment...

a. L'inégale répartition de l'énergie solaire sur la Terre peut être à l'origine du cycle de l'eau.

b. Le soleil chauffe l'air.

c. Le vent se forme à la surface du sol.

d. L'Homme exploite l'énergie des courants de l'hydrosphère.

5 Établir et expliquer le lien...

Entre l'inégale répartition de l'énergie solaire, les vents et les courants océaniques de surface.

Voir corrigés p. 254.

Rédiger

> *Restituer des connaissances.*

6 L'Homme utilise les vents pour produire de l'énergie et donc il utilise indirectement l'énergie solaire.
Expliquer le principe de production d'énergie à partir des mouvements atmosphériques, puis l'origine des vents.

7 Montrer en s'appuyant sur un ou plusieurs schémas que l'énergie solaire sert à alimenter le cycle de l'eau, les vents et les courants océaniques.

Exercice résolu

> S'informer à partir d'une carte, raisonner.

8 Capacité photovoltaïque en Europe

Énoncé

La carte ci-contre représente la répartition de la puissance photovoltaïque en Europe en 2007.

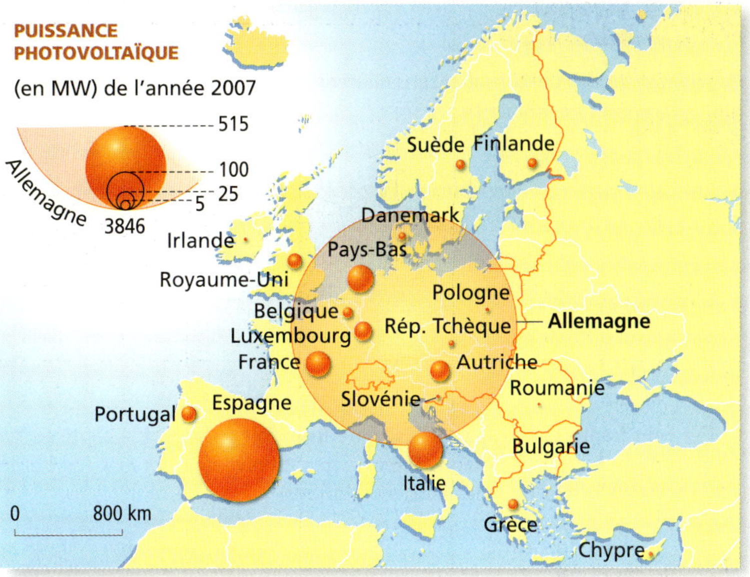

(Source : EurOberv'ER, 2008.)

1. Déterminer graphiquement les cinq premiers pays producteurs d'énergie photovoltaïque.
2. Préciser en quoi l'Allemagne est un pays précurseur en matière d'énergie renouvelable.

Comprendre l'énoncé

1. Identifier le figuré représentant la valeur de la puissance photovoltaïque. Mesurer, pour chaque pays, le diamètre du figuré et établir le lien avec la légende. En déduire la valeur de la puissance photovoltaïque de chaque pays et identifier les cinq premiers.
2. Repérer et estimer l'importance de l'énergie photovoltaïque allemande par rapport au reste de l'Europe.

Éléments de réponse

1. Le premier pays producteur d'énergie d'origine photovoltaïque est l'Allemagne suivie de l'Espagne, l'Italie, les Pays-Bas et la France.

2. L'Allemagne est un pays précurseur, car bien que située plus au nord que la France, l'Espagne et l'Italie, donc avec un ensoleillement moindre, elle possède une puissance photovoltaïque 5 à 10 fois supérieure. Elle a fait le choix de ce type de production bien avant les autres pays européens.

Application

9 Production d'électricité d'énergie éolienne

1. Déterminer graphiquement les trois pays dont la capacité de production d'énergie éolienne est la plus importante.
2. Estimer la différence de production entre l'Allemagne et la France ainsi qu'entre l'Espagne et la France.
3. Formuler plusieurs hypothèses permettant d'expliquer ces différences.

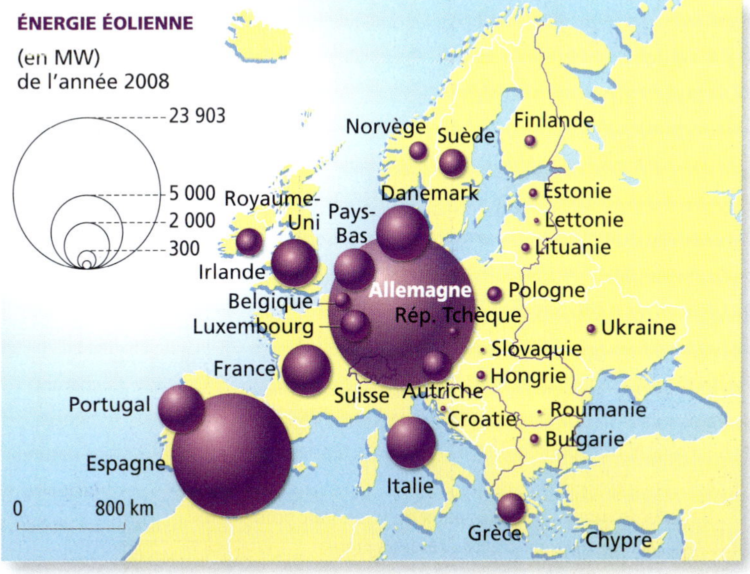

(Source : The Wind Power, BTM Consult, 2008.)

Exploiter des documents

10 Modéliser les courants atmosphériques

> Réaliser une modélisation, illustrer la formation de zones de dépression, raisonner.

On dispose de deux bâtons d'encens allumés, d'un bloc glacé et d'un autre bloc à température ambiante.

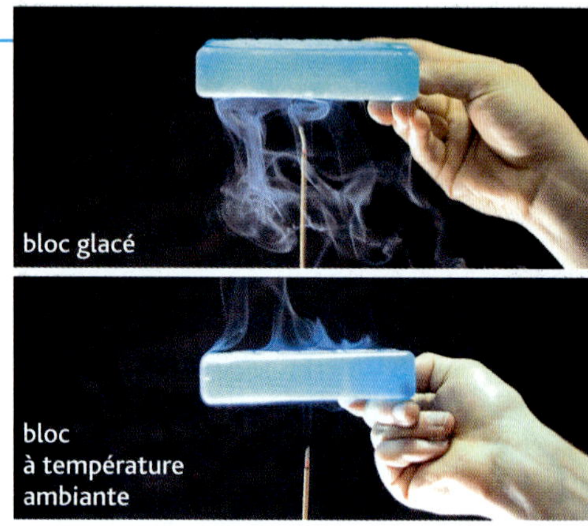

1. Réaliser un schéma du montage de l'expérience permettant de visualiser des mouvements atmosphériques.
2. Préciser l'intérêt d'utiliser un bloc à température ambiante.
3. Expliquer les mouvements d'air observés dans les deux cas.

11 La tempête *Xynthia*

> S'informer à partir de cartes et d'images satellitales, raisonner.

Après avoir frappé le Portugal et l'Espagne, une violente tempête baptisée *Xynthia* a touché la France le 28 février 2010. *Xynthia* a produit des élévations importantes du niveau de la mer (de l'ordre de 1,50 m à La Rochelle), qui, associées à un fort coefficient de marée, ont causé des inondations.

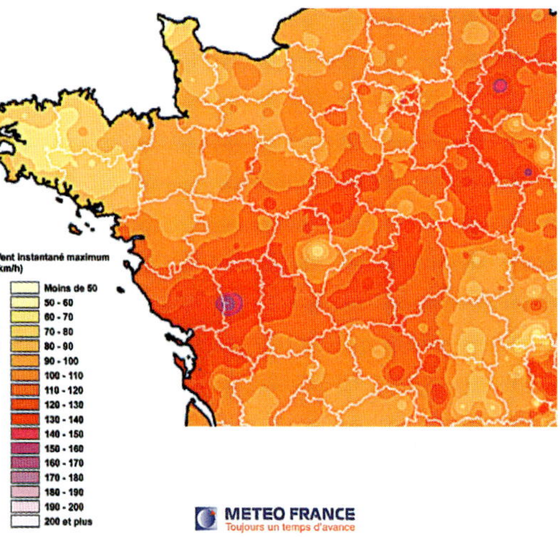

Doc. 1 Carte des vents. (Vitesses maximales mesurées entre le 27 février à midi et le 28 février au soir.)

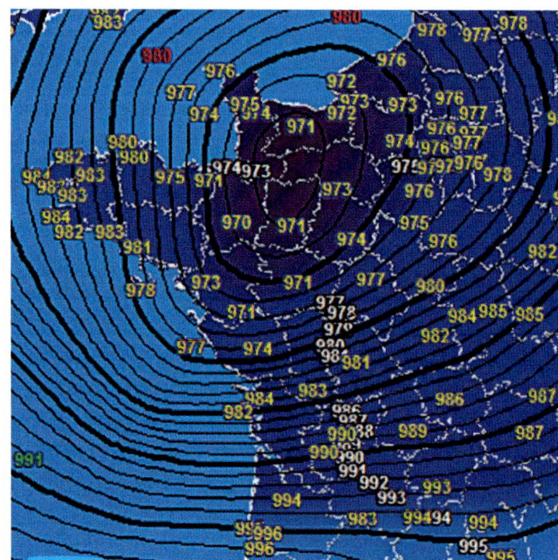

Doc. 2 Carte des pressions au niveau de la mer.

1. Décrire le trajet de la tempête *Xynthia* sur la France.
2. Identifier deux facteurs à l'origine de l'élévation importante du niveau de la mer en Charente-Maritime.

12 Territoire français et panneaux solaires

> S'informer à partir d'un texte, raisonner.

La production d'un panneau photovoltaïque est d'environ 100 kWh.m^{-2}. Par ailleurs, la production métropolitaine française en électricité est d'environ 550 TWh (T : tera = 10^{12}). La surface bâtie de la France représente 10 000 km^2 pour une surface totale de 500 000 km^2.

1. Calculer la surface qu'il faudrait couvrir en panneaux solaires pour satisfaire la production d'électricité. Préciser quel pourcentage du territoire représente une telle installation.
2. Calculer le nombre de panneaux qu'il faudrait pour subvenir aux besoins en électricité de la France.

13 La part de l'énergie solaire en France

> S'informer à partir d'un tableau, construire un histogramme, raisonner.

1. À partir du tableau ci-dessous, construire l'histogramme de la production d'énergie en France en 1973, 1990, 2006 et 2007.
2. Indiquer comment évolue la part de l'énergie solaire en France par rapport aux autres formes d'énergie.

	production d'énergie (en Mtep)*			
formes d'énergie	**1973**	**1990**	**2006**	**2007**
charbon	17,3	7,7	0,2	0,2
pétrole	2,2	3,5	1,3	1,1
gaz naturel	6,3	2,5	1,1	0,9
nucléaire	3,8	81,7	117,3	114,6
hydraulique, éolien, solaire	4,1	5	5,5	5,9

Mtep : Méga tonne équivalant pétrole. Chiffres arrêtés au 28 mars 2008.

Extrait du site www.developpement-durable.gouv.fr

Produire de la biomasse végétale

Unité 11

Champ irrigué dans le désert d'Arabie Saoudite.

Dans un avenir proche, l'agriculture devra faire face à des défis majeurs : couvrir l'augmentation des besoins alimentaires et optimiser l'utilisation de la biomasse, tout en préservant l'environnement et les ressources naturelles. **Comment satisfaire les besoins alimentaires de l'Humanité ? Comment sont réparties les ressources nécessaires à l'agriculture ? Comment la responsabilité humaine est-elle engagée dans la gestion des ressources agricoles ?**

1 Satisfaire les besoins alimentaires de l'Humanité

Sur une population mondiale qui approche les 6 milliards d'habitants en 2010, 800 millions sont sous-alimentés. Selon les prévisions des Nations Unies, la population globale devrait s'accroître de 4 milliards d'individus d'ici 2050. **Comment satisfaire les besoins alimentaires de l'Humanité ?**

A Les besoins alimentaires de l'Humanité

Les régimes alimentaires des différentes populations de la planète sont très divers. Ils résultent des ressources naturelles, mais aussi d'un ensemble de facteurs comme l'histoire, la culture, le niveau de développement et les ressources locales.

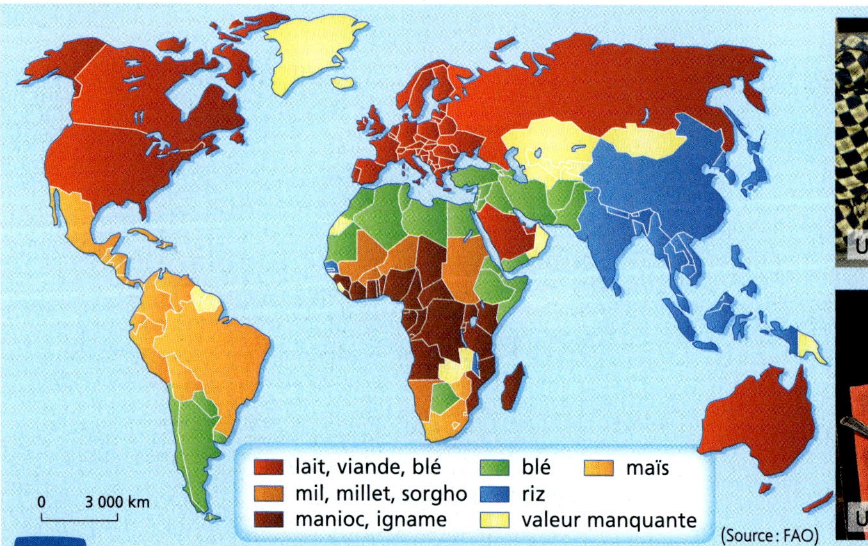

Doc. 1 Principaux ingrédients entrant dans les régimes alimentaires des populations de la planète.

Les besoins énergétiques sont calculés en tenant compte de l'âge, du sexe et de l'activité de l'individu.
Une femme a des besoins quotidiens compris entre 7 500 et 10 000 kJ tandis que ceux d'un homme oscillent entre 9 200 et 11 000 kJ.

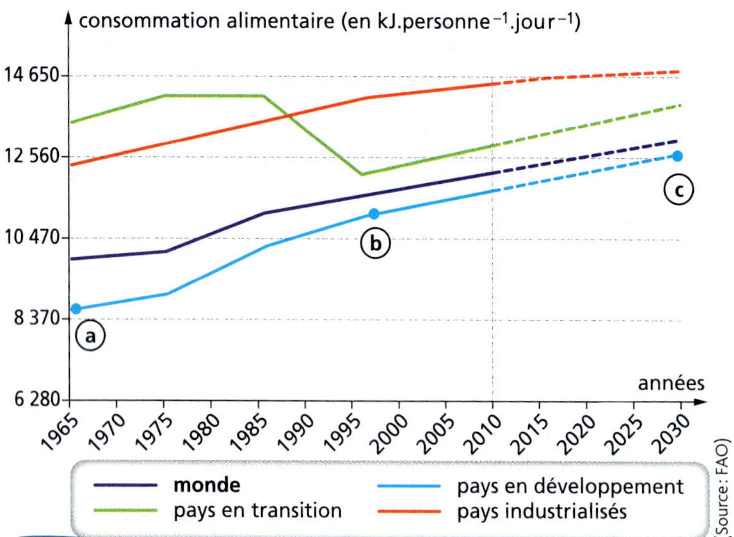

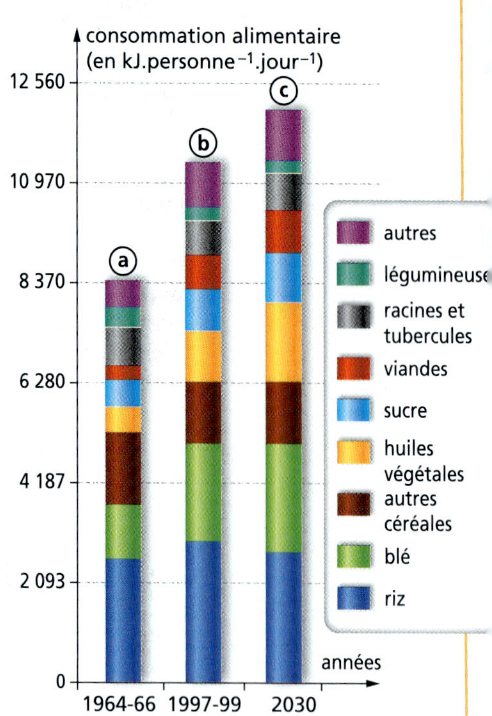

Doc. 2 Évolution du régime alimentaire dans les pays en développement.

B Détourner des écosystèmes pour nourrir l'Humanité

L'agriculture bénéficie de la biodiversité : elle puise dans le vivant les ressources qu'elle met en culture pour couvrir les besoins alimentaires et industriels. Mais dans le même temps, elle a cherché à [...] réduire le nombre de populations concurrentes de ses productions, pour éliminer les parasites ou lutter contre les ravageurs de culture. Cette stratégie a atteint son paroxysme avec l'intensification des modes de production à partir des années 1950, fondée sur l'utilisation de produits chimiques et de techniques mécanisées en lieu et place des services écologiques : les engrais remplaçant la décomposition organique, les pesticides la régulation entre populations de ravageurs et d'auxiliaires, le labour profond ameublissant la terre à la place de la faune des sols.

D'après *Agriculture & biodiversité : développer les synergies*, INRA, 2010.

Doc. 3 Le champ cultivé, un écosystème contrôlé.

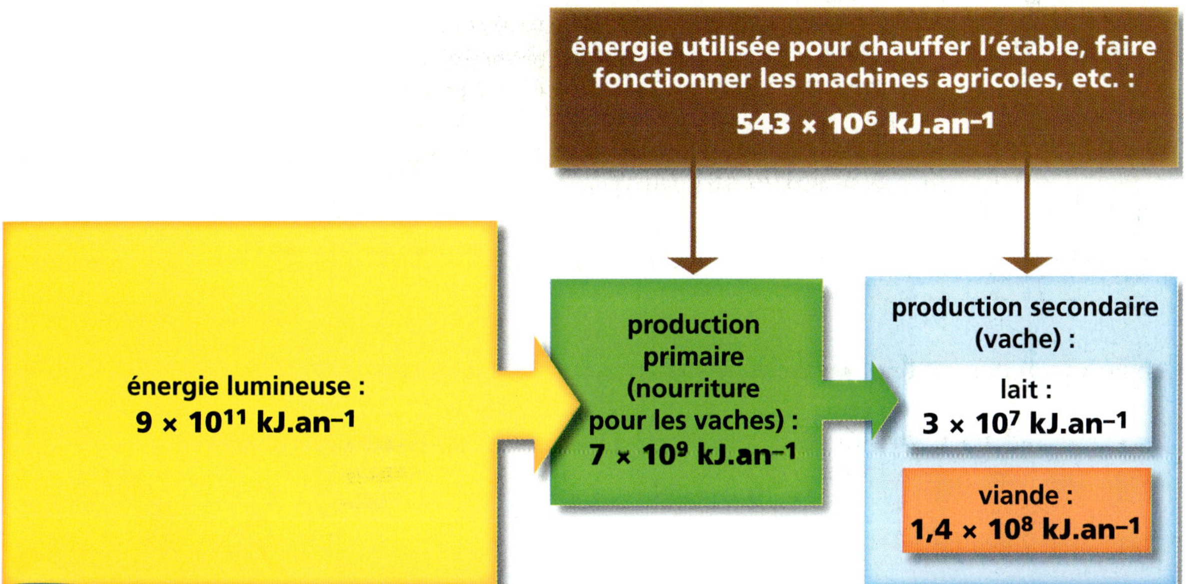

Doc. 4 Bilan énergétique d'une ferme organisée pour la production bovine (viande et lait). (D'après Davigneaud, 1977.)

Des études, basées sur les quantités de biomasse formée, ont permis d'évaluer le rendement photosynthétique, rapport entre la biomasse issue de la photosynthèse et l'énergie solaire reçue à la surface du champ.

type de culture	rendement photosynthétique
champ non cultivé	0,2 %
champ de maïs	1 à 2 %
champ de canne à sucre	8 %

Doc. 5 Comparaison du rendement photosynthétique de différentes cultures.

QUESTION **Montrer que l'Homme utilise à son profit la photosynthèse pour répondre à ses besoins alimentaires.**

Pistes pour répondre

- Analyser les besoins de l'Humanité et en relever les implications. > Doc. 1 et 2
- Préciser de quelle façon l'Homme utilise à son profit la photosynthèse pour produire des aliments. > Doc. 3 et 5

2 Gérer les ressources indispensables à l'agriculture

L'agriculture a besoin d'eau et de sols cultivables pour produire de la biomasse. La répartition de ces ressources sur la planète Terre implique une responsabilité de l'Homme dans leur gestion.
Comment la responsabilité humaine est-elle engagée dans la gestion des ressources agricoles ?

A La répartition mondiale des ressources en eau et en sols cultivables

L'agriculture est le premier utilisateur mondial d'eau. L'irrigation absorbe 70 % des prélèvements effectués.

Quantité d'eau nécessaire pour la production de quelques aliments :

une salade	25 ℓ
1 kg de blé	1 500 ℓ
1 kg de riz	4 500 ℓ
un verre de lait	200 ℓ
un œuf	135 ℓ
un filet de bœuf (500 g)	4 500 ℓ

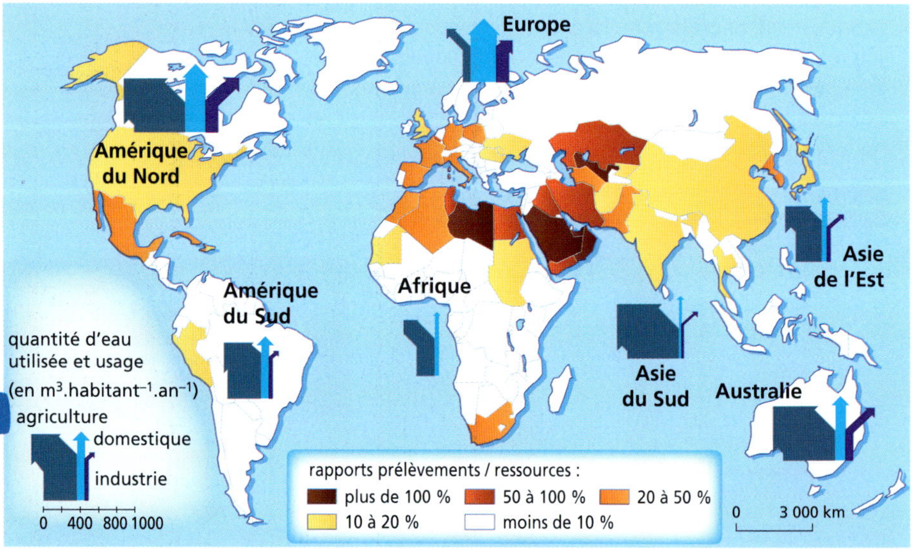

Doc. 1 Prélèvements en eau pour l'agriculture, en pourcentage des ressources en eau disponible.

(Source : AQUASTAT/FAO)

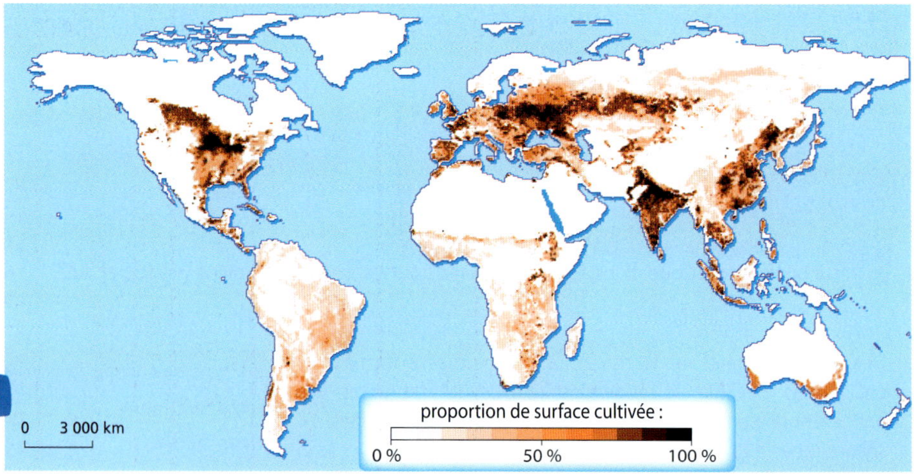

Doc. 2 Proportion des sols cultivés à l'échelle mondiale.

(Source : The state of food and agriculture, FAO)

	Europe et Amérique du Nord	Afrique	Asie	Amérique du Sud	Amérique centrale	total mondial
terres émergées (en millions d'hectares)	5 773	2 886	2 690	1 770	272	13 392
% total mondial	*43*	*21*	*19*	*13*	*2*	*100*
sols cultivables (en millions d'hectares)	877	1 101	472	819	75	3 031
sols cultivés (en millions d'hectares)	677	332	456	124	36	1 461

Doc. 3 Répartition des ressources en sol dans le monde. Une augmentation de 75 % de la demande mondiale en céréales et un doublement de la demande mondiale en viande sont prévus entre 2000 et 2050.

B Espace naturel et espace agricole

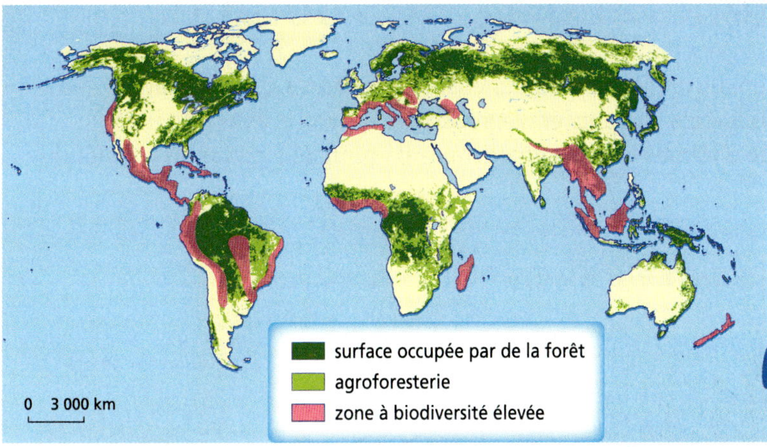

(Source : World Agroforestry Carter)

La forêt est un écosystème qui se développe sur des sols naturellement fertiles, et donc favorables à des implantations agricoles.

Un sol cultivé présente une biodiversité beaucoup plus faible qu'une forêt.

L'agroforesterie est un système associant cultures ou élevages avec une production de bois. Sur le plan environnemental, l'agroforesterie représente une amélioration de la valorisation des ressources naturelles.

Doc. 4 Carte de la répartition des zones forestières et des zones à forte biodiversité dans le monde.

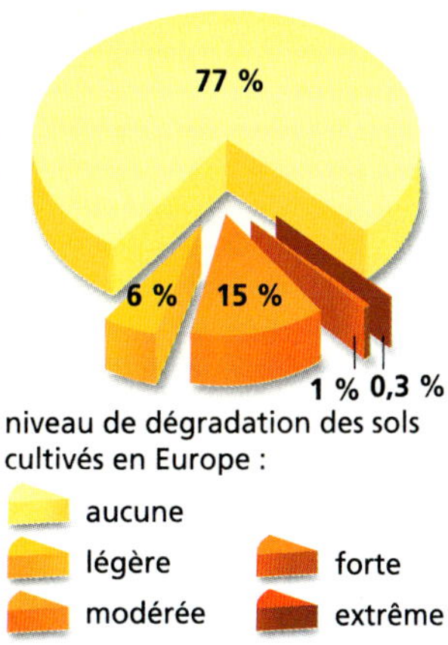

La déforestation, de mauvaises techniques agricoles ou encore la surexploitation sont les principales causes de dégradation des sols, rendant les terres non cultivables et réduisant en conséquence la biodiversité.

Doc. 5 La fragilité des sols.

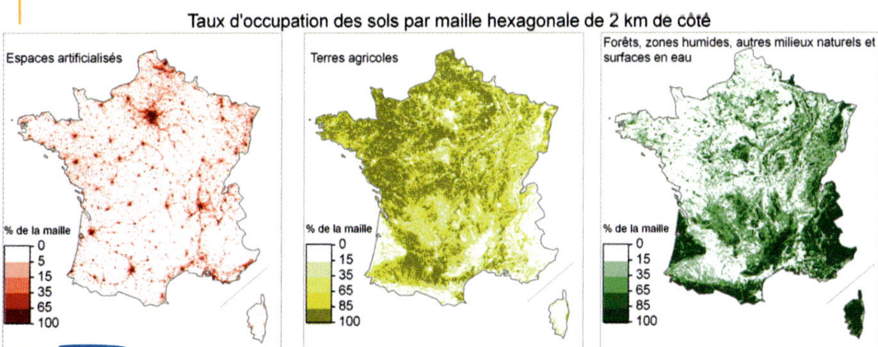

La France métropolitaine est couverte majoritairement de terres agricoles (60 %) et de forêts (34 %).
Les sols artificialisés (villes, constructions humaines) occupent un peu plus de 5 % du territoire.
Entre 2000 et 2006, les espaces artificialisés ont connu un accroissement de plus de 3 %. Parallèlement, la surface totale des terres agricoles a diminué de 0,24 %.

Doc. 6 Changements de l'occupation des sols en France métropolitaine entre 2000 et 2006. (Source : UE-SOas, CORINE Land Cover, 2006.)

QUESTION Montrer que l'inégale disponibilité des ressources nécessaires à l'agriculture impose une gestion raisonnée des terres.

Pistes pour répondre

- Décrire la répartition à l'échelle mondiale des ressources indispensables à l'agriculture. > Doc. 2 et 3
- Évaluer la disponibilité de ces ressources et ses évolutions futures. > Doc. 3
- Rechercher en quoi l'agriculture entre en concurrence avec la biodiversité. > Doc. 4 à 6

3 La biomasse végétale, source d'aliments et d'agrocarburants

La biomasse végétale correspond en moyenne à une valeur énergétique de 19 $kJ.g^{-1}$ de matière sèche. Elle est exploitée à la fois comme source d'aliments et d'agrocarburants.

En quoi la production simultanée d'aliments et d'agrocarburants peut-elle poser un problème à l'échelle planétaire ?

A La biomasse végétale, source d'aliments

La production de blé couvre près de cinq millions d'hectares en France, ce qui représente 7 500 $kg.ha^{-1}$.
Le blé est à l'origine d'aliments riches en amidon et en gluten comme le pain, la biscuiterie, les pâtes et semoules.

Composition moyenne du grain de blé

Eau : 12 à 18 %
Glucides (amidon et sucres) : 63 à 74,5 %
Protéines (gluten) : 8 à 12 %
Lipides : 1,5 à 2 %
Cellulose : 2,5 à 3 %
Matières minérales : 1,5 à 2 %

Doc. 1 Les débouchés de la culture du blé.

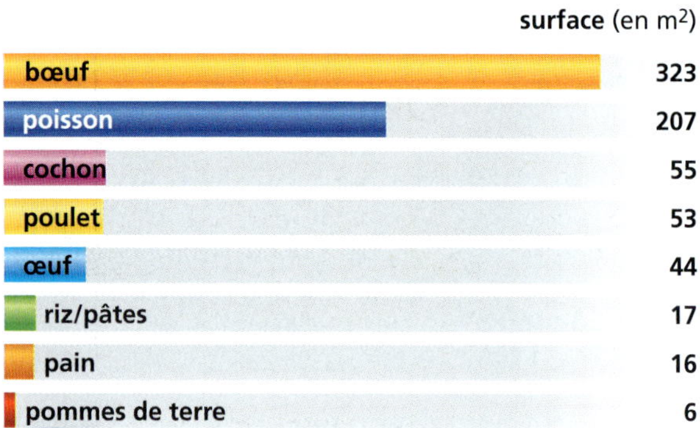

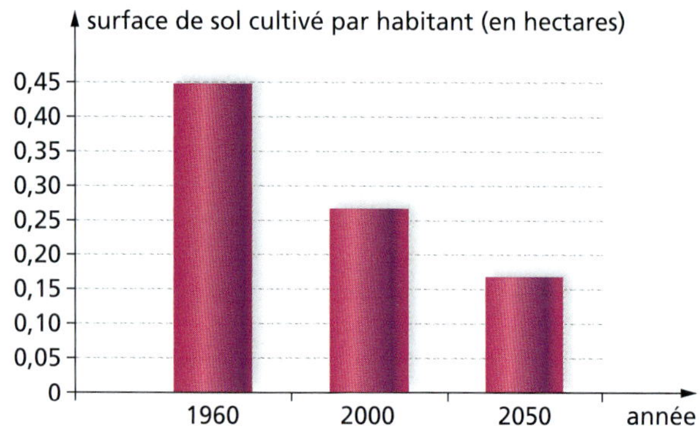

Doc. 2 Surface de sol cultivé en m² nécessaire pour la production d'un kilogramme d'aliments et disponible par habitant.

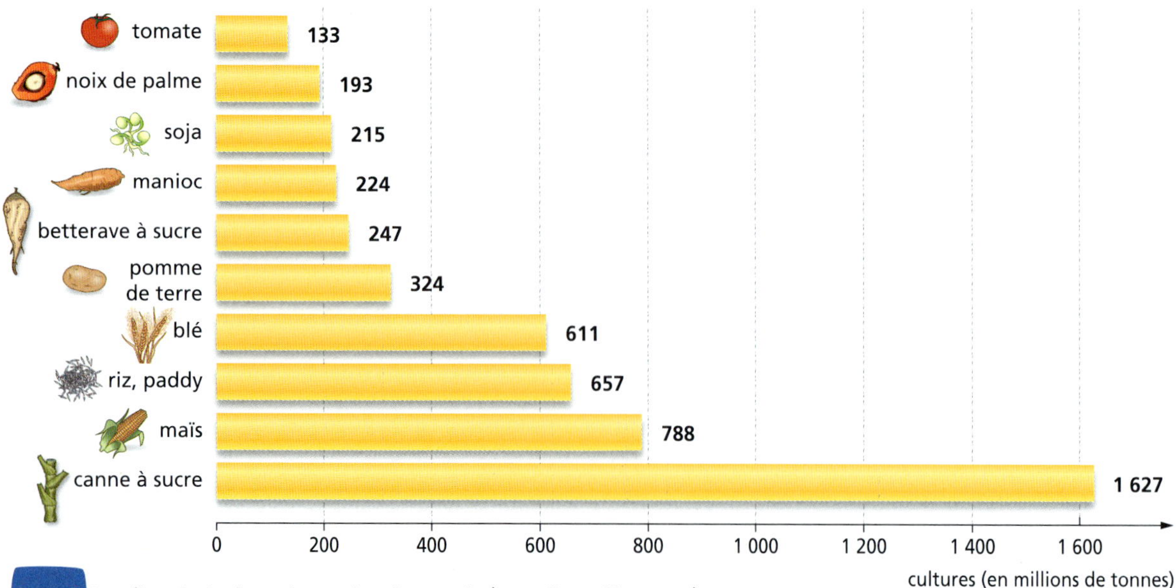

Doc. 3 Les dix principales cultures dans le monde (en milliers d'hectares). (Source : FAOSTAT.)

B La biomasse végétale, source d'agrocarburants

On appelle agrocarburant un carburant obtenu à partir des produits de l'agriculture.

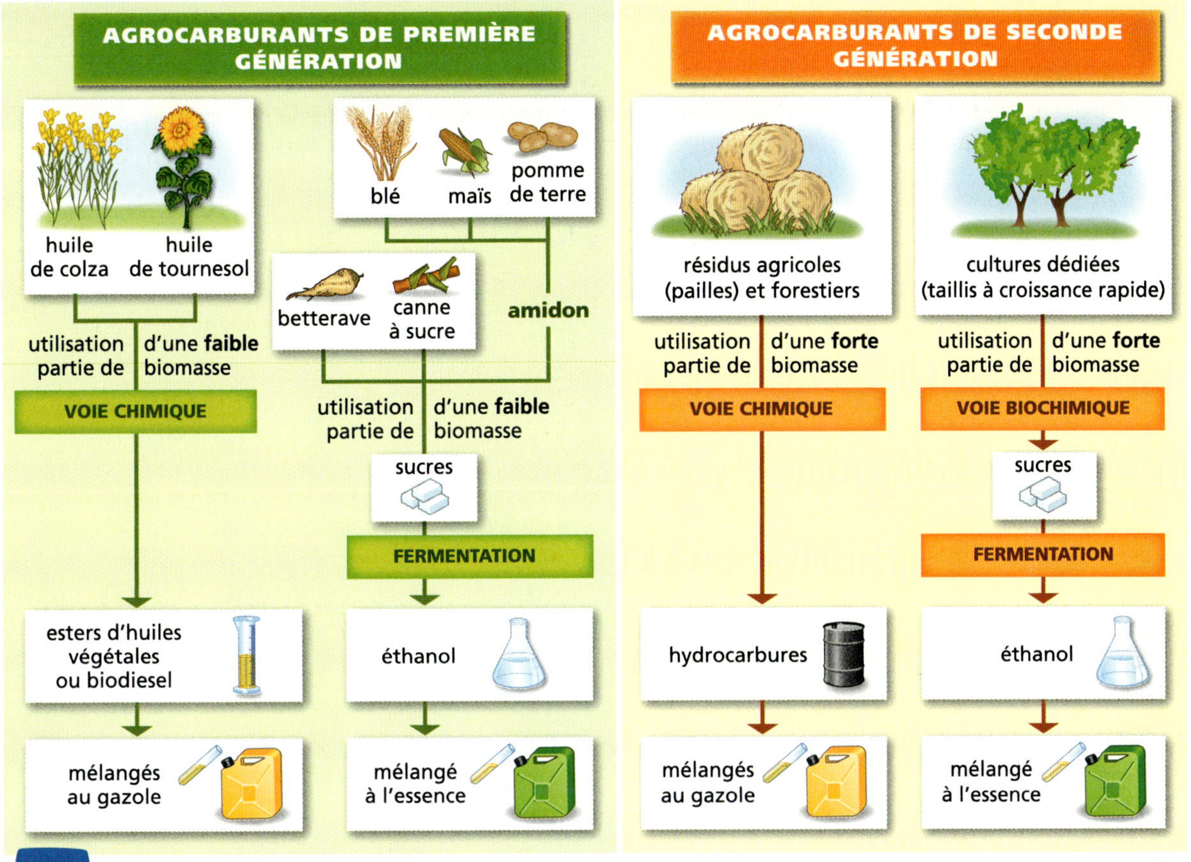

Doc. 4 Les différentes filières de fabrication d'agrocarburants.

Le développement d'agrocarburants nécessite des surfaces agricoles très importantes. En 2004, la consommation mondiale de pétrole atteignait 1,5 milliard de tonnes. Si on considère la culture de la betterave, un hectare produit en moyenne deux tonnes d'équivalent pétrole par an. Pour remplacer les combustibles fossiles, il faudrait donc consacrer un tiers de la surface agricole mondiale à cette filière.

culture initiale	filière	poids brut de carburant obtenu par hectare (en tonne)	énergie brute produite par ha (en TEP)	surface minimum mise en jeu pour la production d'agrocarburant pour assurer le transport routier en France	
				en km²	en % du territoire français
colza	huile	1,37	1,37	365 000	66
tournesol	huile	1,06	1,06	472 000	86
betterave	éthanol	5,78	3,98	125 500	23
blé	éthanol	2,55	1,76	284 000	52

Doc. 5 L'avenir des agrocarburants.

QUESTION **Montrer que la production simultanée d'aliments et d'agrocarburants peut poser un problème à l'échelle planétaire.**

Pistes pour répondre

- Relever les implications des choix alimentaires sur les besoins en sol. > Doc. 1 à 3
- Relever les avantages et les inconvénients de l'utilisation de la biomasse en tant qu'agrocarburants. > Doc. 4
- Indiquer en quoi la production alimentaire et celle d'agrocarburants peuvent entrer en concurrence. > Doc. 5

Vocabulaire

TEP : tonne équivalent pétrole.

I Satisfaire les besoins alimentaires de l'Humanité [pp. 160-161]

• Les **besoins alimentaires** de l'Humanité sont particulièrement importants. Cela s'explique par la taille de la population mondiale et par la modification des régimes alimentaires. Face à cette demande, l'Homme doit faire coïncider sa production agricole aux besoins alimentaires.

• L'exploitation des écosystèmes et leur transformation en **agrosystèmes** permettent d'utiliser au mieux la photosynthèse qui assure la synthèse de matière organique à partir de matière minérale et d'énergie solaire.

II Gérer les ressources indispensables à l'agriculture [pp. 162-163]

• L'agriculture a besoin d'eau pour produire de la biomasse.

• L'eau est une ressource limitée qui est inégalement répartie dans le monde. Certains pays ont besoin d'importer de l'eau pour leurs pratiques agricoles.

• L'agriculture n'est envisageable que sur un sol propice au développement végétal.

• Les sols cultivables sont inégalement répartis dans le monde et leur surface totale est limitée. De plus, le sol est une ressource fragile qu'une mauvaise gestion peut dégrader.

• Le sol comme l'eau sont deux ressources limitées qui doivent être gérées à l'échelle locale comme à l'échelle mondiale de façon durable, c'est-à-dire en les préservant pour les générations futures.

• Les écosystèmes naturels tels que les forêts ou les prairies se développent là où ces deux ressources sont présentes. De ce fait, l'augmentation des surfaces agricoles entre en concurrence avec les écosystèmes possédant une biodiversité importante.

III La biomasse végétale, source d'aliments et d'agrocarburants [pp. 164-165]

• La biomasse est une ressource énergétique. Elle est utilisée à la fois pour fournir des aliments et pour l'élaboration de carburants d'origine végétale (les **agrocarburants**).

• Selon le type d'alimentation, les besoins en eau et en sol sont plus ou moins importants. Par exemple, une production animale nécessite beaucoup plus de sol et d'eau qu'une production végétale pour une biomasse équivalente.

• La production de biomasse végétale peut également servir à produire des agrocarburants, combustibles renouvelables et alternatifs aux combustibles fossiles.

• Les quantités de biomasse, donc de sols et d'eau nécessaires à la production d'agrocarburants, sont très importantes.

• La production d'agrocarburants rentre donc directement en concurrence avec la production d'aliments.

Mots-clés, voir page 253

Besoins alimentaires
Agrosystème
Gestion durable
Agrocarburant

L'essentiel

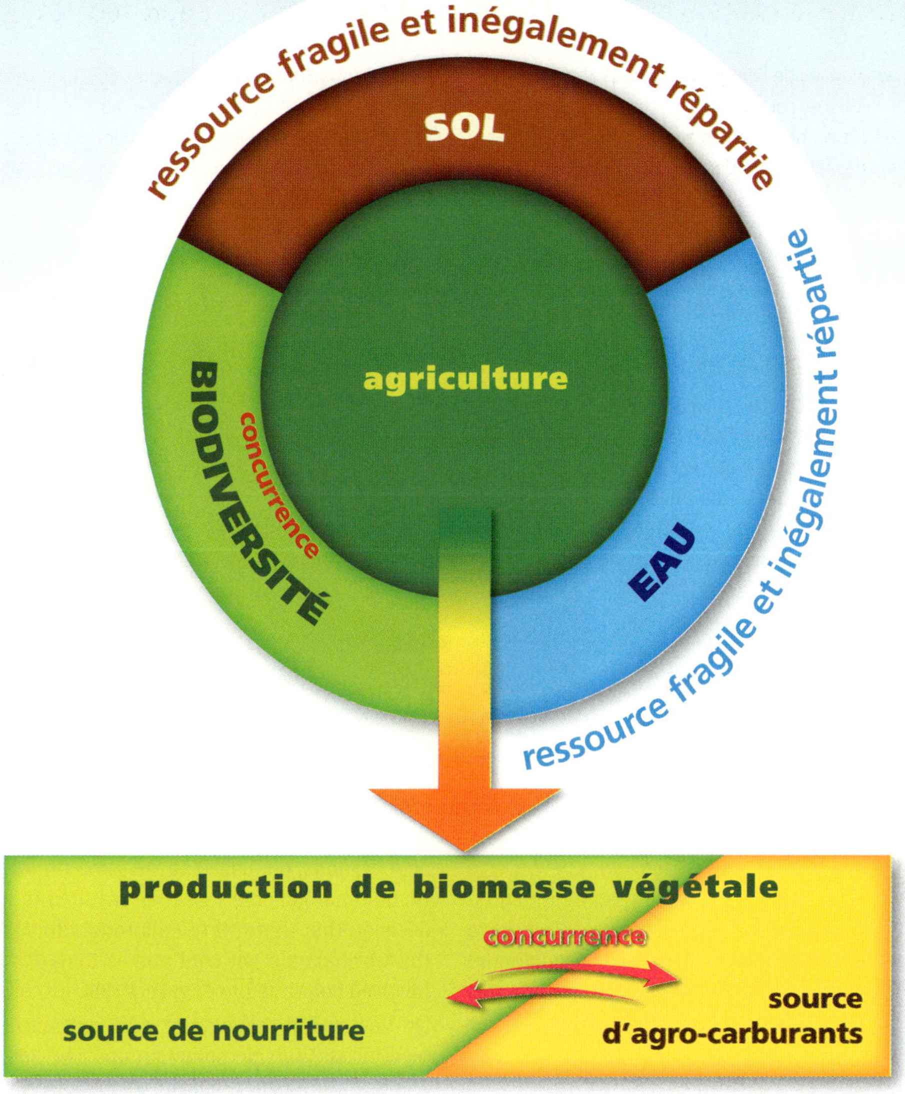

Compétences

Savoir que :

- Pour satisfaire les besoins alimentaires de l'humanité, l'Homme utilise à son profit la photosynthèse.
- L'agriculture a besoin pour cela de sols cultivables et d'eau : deux ressources très inégalement réparties à la surface de la planète, fragiles et disponibles en quantités limitées. Elle entre en concurrence avec la biodiversité.
- La biomasse végétale produite par l'agriculture est une source de nourriture mais aussi une source d'agro-carburants, combustibles alternatifs aux combustibles fossiles. Ces deux productions entrent en concurrence.

Être capable de :

- Modéliser, recenser, extraire et organiser des informations de façon à :
  – comparer la part de production de biomasse utilisée par l'Homme et le total de cette production ;
  – établir l'inégale répartition de ces deux ressources.
- Comprendre la responsabilité humaine en matière d'environnement.
- Comprendre les éléments d'un débat. Manifester un intérêt pour la vie publique et les grands enjeux de la société à l'échelle planétaire.
- Modéliser, recenser extraire et organiser des informations afin de comprendre comment l'Homme intervient sur les flux de biomasse et les détourne partiellement à son profit.

Pour développer des compétences

> Percevoir le lien entre science et technique.
> Saisir des informations à partir d'un texte en anglais.

Scientists create first synthetic bacterial genome, importance for biofuels

A team of 17 researchers at the J. Craig Venter Institute (JCVI) has created the largest **man-made** DNA structure by synthesizing and assembling the 582 970 base pair genome of a bacterium, *Mycoplasma genitalium* JCVI-1.0.

The new and potentially disruptive science field of synthetic biology is seen by many as one that promises valuable applications in medicine, chemistry, biology, materials science, climate change and energy. The handful of synthetic biologists creating life in the lab often refer to the production of highly efficient biofuels as a key application: by designing task-specific artificial microorganisms that can convert abundant biomass into fuels with ease, our energy worries could be alleviated.

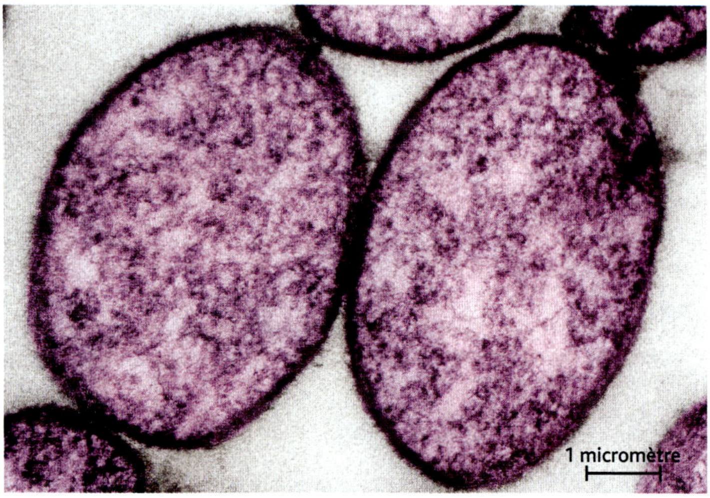

Bactérium Mycoplasma génitalium.

After the new **breakthrough**, the scientists repeat the relevance of their work for the field of bioenergy: "When we started this work several years ago, we knew it was going to be difficult because we were treading into unknown territory. Through dedicated teamwork we have shown that building large genomes is now feasible and scalable so that important applications such as biofuels can be developed". (Hamilton Smith, M.D., senior author on the publication)

Since the beginning of the quest to understand and build a synthetic genome, Dr. Venter and his team have been concerned with the societal issues surrounding the work. In 1995 while the team was doing the research on the minimal genome, the work **underwent** significant ethical review by a panel of experts at the University of Pennsylvania. The bioethical group's independent deliberations, published at the same time as the scientific minimal genome research, resulted in a unanimous decision that there were no strong ethical reasons why the work should not continue as long as the scientists involved continued to engage public discussion.

Dr. Venter and the team at JCVI continue to work with bioethicists, outside policy groups, legislative members and staff, and the public to encourage discussion and understanding about the societal implications of their work and the field of synthetic genomics generally.

Extrait de http://news.mongabay.com/bioenergy/2008/01/scientists-create-first-synthetic.html visité le 3 juin 2010.

Vocabulaire

Man-made: artificiel(le).
Breakthrough: percée, découverte.
Underwent: a subi.

Questions :

- Retrouver dans le texte en quoi consiste une bactérie synthétique.
- Quel est l'intérêt de fabriquer des bactéries synthétiques ?
- Selon vous, pourquoi le Dr. Venter a-t-il contacté des experts en bioéthique ?

La disparition de la mer d'Aral

Située sur le territoire du Kazakhstan et de l'Ouzbekistan, la mer d'Aral était, dans les années 1950, le quatrième plus grand lac mondial. Elle était alimentée par deux fleuves, l'Amou Daria et le Sur Daria.

Dans ces mêmes années, les terres bordant les deux fleuves ont été irriguées pour permettre le développement de cultures de coton et de riz.

Le détournement des eaux de l'Amou Daria et du Sur Daria a affecté la mer d'Aral : le niveau est progressivement passé de 53 mètres en 1960 à 30 mètres en 2001, la surface a diminué de deux tiers et la salinité a été multipliée par cinq, entraînant la disparition de 28 des 30 espèces de poissons qui la peuplaient.

Depuis 1989, la mer d'Aral est séparée en deux parties : au nord la Petite Aral et au sud la Grande Aral.

En 2001, un barrage de 13 kilomètres de long a été édifié pour contenir les eaux de la Petite Aral, ainsi que deux ouvrages de régulation hydraulique du débit. Depuis, le niveau des eaux de la partie nord est passé de 30 à 42 mètres, la surface a augmenté de 30 % et la plupart des espèces de poissons ont pu être réintroduites avec la diminution de la salinité. La pêche, qui avait disparu dans ce secteur, se développe à nouveau.

La grande Aral est plus difficile à maintenir en eaux : il y a plus d'eau qui s'évapore qu'il n'en arrive de l'Amou Daria.

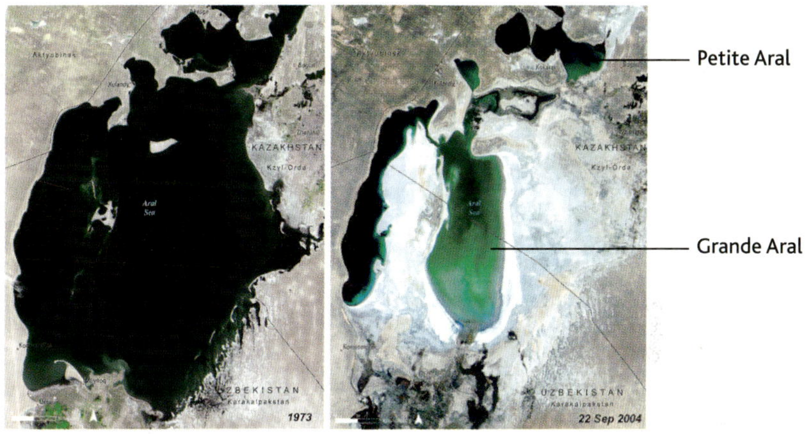

INTERVIEW | Métier Nathalie, responsable marketing

Quel métier souhaitiez-vous exercer lorsque vous étiez adolescente ?

> Enfant, je voulais devenir chercheur. Je ne savais pas vraiment dans quel domaine, mais j'ai toujours été attirée par les matières scientifiques à l'école.

En quoi consiste votre métier ?

> Aujourd'hui je suis responsable marketing dans une entreprise du domaine de la santé. Le marketing c'est la gestion d'un produit, quel qu'il soit (yaourt, assurance, voiture…), depuis sa conception et tout au long de sa vie. Cela nécessite de bien connaître le marché, la concurrence, les besoins des clients et également d'anticiper les évolutions à venir. C'est une fonction transversale dans l'entreprise, en contact avec les ventes, la recherche et développement, la production, la logistique et le contrôle de gestion.

Quels conseils donneriez-vous aux jeunes souhaitant travailler dans ce secteur ?

> Quel que soit le domaine dans lequel on souhaite travailler, la fonction de chef de produit ou de responsable marketing existe. Mon conseil serait donc de faire les études de son choix à un niveau master, et de les compléter par une spécialisation en marketing. Les qualités requises : être curieux, organisé, créatif, avoir une bonne capacité d'analyse et surtout aimer la communication.

PARCOURS

Après un baccalauréat scientifique, j'ai intégré une école d'ingénieur en agronomie. J'ai tout d'abord occupé des fonctions d'ingénieur commercial avant d'obtenir un poste de chef de produit dans un grand groupe de l'agroalimentaire. Quinze ans après la fin de mes études, je suis responsable marketing dans le domaine de la santé.

Exercices

S'auto-évaluer

> Restituer des connaissances.

1 QCM

Choisir la (ou les) bonne(s) réponse(s).

	Propositions de réponses			En cas d'erreur, revoir :
	A	B	C	
1. Aujourd'hui les populations qui ont un régime alimentaire à base de riz vivent	partout dans le monde	en Asie	en Amérique du Sud et en Asie	p. 160
2. La demande énergétique par individu dépend	de l'âge, du sexe et de l'activité de l'individu	uniquement du sexe de l'individu	du continent dans lequel vit l'individu	p. 160
3. La part d'énergie solaire exploitée par la photosynthèse est	supérieure à 20 %	autour de 50 %	inférieure à 10 %	p. 161
4. L'eau est une ressource	uniformément répartie dans le monde	inégalement répartie dans le monde	indispensable à l'agriculture	p. 162
5. Les sols sont	tous cultivables, hormis les déserts	parfois dégradés par les activités agricoles	régulièrement répartis sur chaque continent	p. 162
6. Le colza et le tournesol sont des cultures	conduites uniquement pour la fabrication d'agrocarburants	conduites uniquement pour la fabrication d'aliments	conduites pour la fabrication d'agrocarburants et d'aliments	p. 164
7. La mise en place d'un agrosystème	favorise la biodiversité	diminue la biodiversité	n'a aucun impact sur la biodiversité	p. 161

2 Définir des termes

a. Besoins alimentaires
b. Agrosystème
c. Gestion durable
d. Agrocarburant

3 Rédiger une phrase

a. Photosynthèse / besoins alimentaires / exploitation.
b. Biomasse / concurrence / agrocarburant / agriculture.

4 Expliquer comment…

a. L'agriculture peut entrer en concurrence avec la biodiversité.
b. On peut subvenir aux besoins d'une humanité toujours croissante.

Voir corrigés p. 254.

Rédiger

> Restituer des connaissances.

5 Après avoir présenté les deux principales exploitations de la biomasse que sont les aliments et les agrocarburants, montrer que ces deux productions entrent en concurrence.

Exercice résolu

6 Manger ou conduire ?

> Tirer des informations de plusieurs documents et les relier au problème posé.

Énoncé

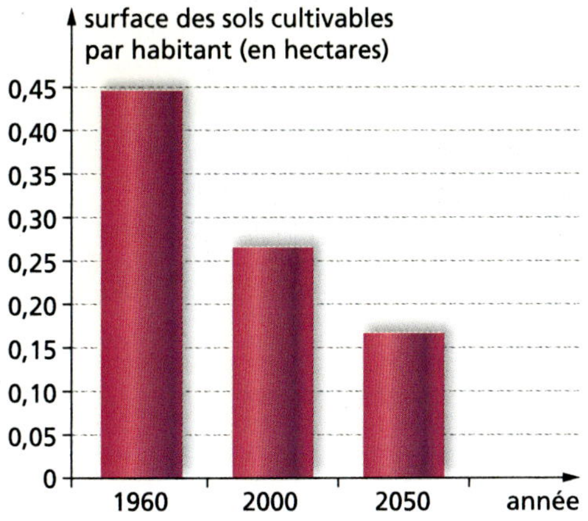

Doc. 1 Évolution de la surface des sols cultivables par habitant à l'échelle mondiale.

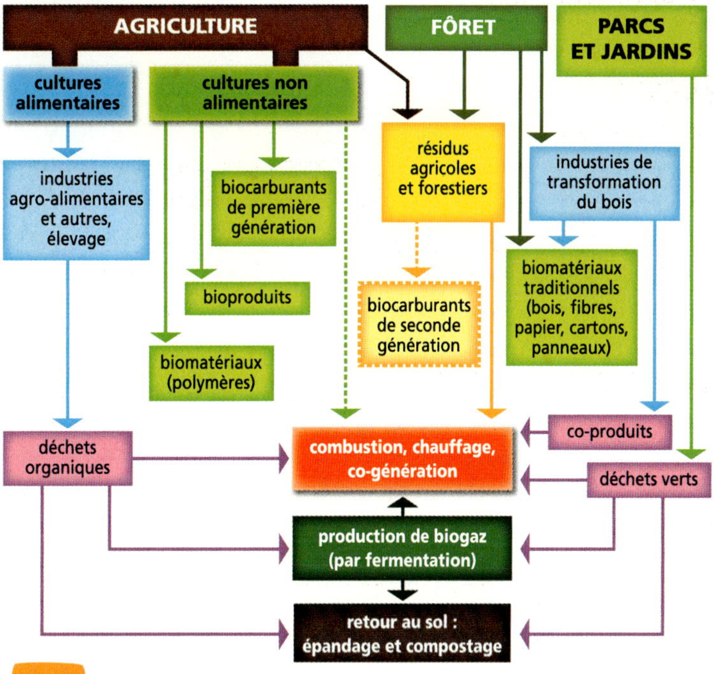

Doc. 2 Principaux usages et sources de la biomasse.

• À partir des documents, montrer que l'agriculture à des fins alimentaires et la fabrication d'agrocarburants sont deux processus qui entrent en concurrence.

Comprendre l'énoncé

– Commencer par étudier indépendamment chaque document et relever les informations qui sont en rapport avec le problème posé : production d'aliments et d'agrocarburants sont concurrents.
– Faire appel aux connaissances pour en faire la démonstration.
– Mettre en ordre les informations tirées des documents et les connaissances apportées afin de mener à bien la démonstration.

Éléments de réponse

– Partir du diagramme pour montrer qu'une partie des produits agricoles est destinée à la production d'agrocarburants et une autre à la production d'aliments.
– Amener l'idée que la population augmente.
– Opposer l'idée tirée du graphique que la surface agricole utile est en diminution.
– Conclure que, dans les années à venir, les surfaces disponibles pour l'agriculture seront plus petites et qu'il faudra ou diminuer les deux productions (aliments et agrocarburants) ou en restreindre une au profit de l'autre, d'où l'idée de concurrence entre les deux productions.

Application

7 Les bienfaits des engrais dans l'agriculture

> Tirer des informations à partir d'un graphique.

Énoncé

Entre 1960 et 2000, la production annuelle de céréales a plus que doublé. Cela correspond à une période où les engrais azotés chimiques ont été massivement utilisés. En effet, entre ces deux périodes l'utilisation annuelle est passée de 12 millions de tonnes à 80 millions de tonnes.

1. Estimer la production mondiale de céréales sans aucune utilisation d'engrais.

2. Discuter de l'efficacité de l'apport d'engrais dans un agrosystème.

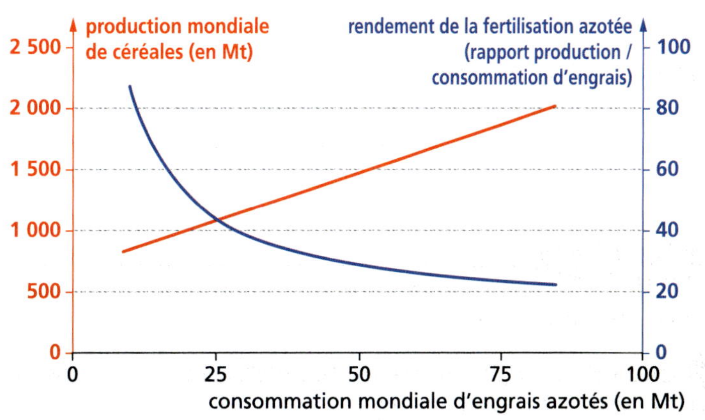

Exploiter des documents

8 Agriculture versus forêt

> Trouver des arguments en faveur d'une idée.

La moitié des sols cultivables dans le monde ont une couverture forestière d'au moins 10 % : les agriculteurs plantent des arbres spontanément et les protègent pour récolter des fruits, des noix, produire des médicaments, du combustible, des matériaux de construction, des gommes ou des résines. Les arbres servent également à fournir de l'ombre aux récoltes, à délimiter des champs, à freiner l'érosion ou le vent.
Les forêts abritent une large diversité d'espèces animales et végétales et capturent le dioxyde de carbone, l'un des principaux gaz à effet de serre.
Les arbres sont présents dans tous les paysages agricoles de la planète, à l'exception des zones arides d'Afrique du Nord et d'Asie de l'Ouest.

Doc. 1

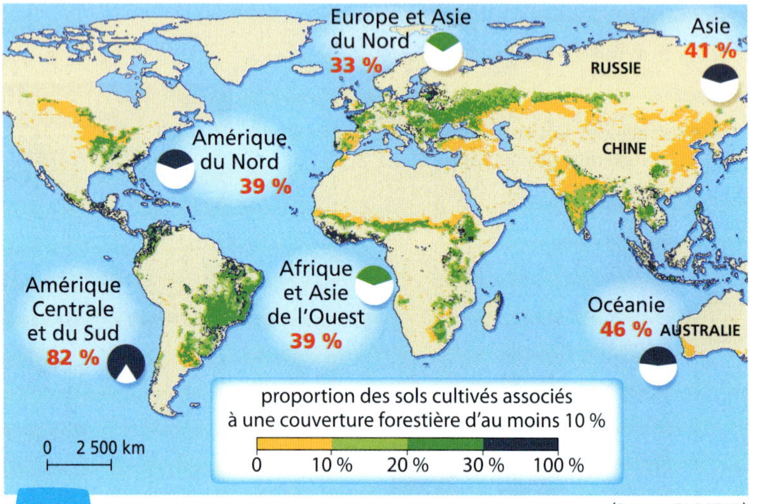

Doc. 2

(Source : FAOSTAT.)

• À partir des documents fournis, montrer que le développement de l'agriculture n'est pas toujours accompagné d'une déforestation systématique.

9 Nourrir le monde en 2050

> Montrer de l'intérêt face aux grands enjeux de la société.

« Nourrir le monde en 2050 suppose d'au moins doubler la production actuelle ! » M. Griffon, directeur général adjoint de l'Agence Nationale pour la Recherche (ANR).

• En partant du constat fait par Michel Griffon, expliquer pourquoi nourrir le monde en 2050 est un défi pour l'Humanité.

10 Économie et agriculture

> Utiliser ses connaissances pour comprendre l'actualité économique.

PARIS, 15 avril 2010 (Reuters) – L'analyste Stratégie Grains a réduit à 56,3 millions de tonnes son estimation de la récolte européenne d'orge en 2010-11 à cause principalement d'une chute importante de la surface d'orge de printemps dans l'Union européenne.
« En effet, si les conditions de semis ont été bonnes en France, ce n'est pas le cas en Europe centrale, où les pluies régulières, associées à une rentabilité faible, devraient inciter les agriculteurs à se détourner de la culture », souligne l'analyste. [...]
Pour le blé tendre, l'analyste a légèrement relevé son estimation de la récolte européenne à 134,2 millions de tonnes contre 134,1 millions le mois dernier, toujours en hausse de 3 % par rapport à 2009-10, à cause de « petits ajustements qui se sont compensés entre eux ». Le développement de la récolte de blé tendre était jugé satisfaisant à ce stade en dépit de quelques dégâts hivernaux en Europe centrale et du Nord.
Au total, Stratégie Grains ne modifie que peu son estimation mensuelle pour la récolte 2010-11 de céréales dans l'Union européenne, désormais attendue à 291,0 millions de tonnes contre 291,2 millions le mois dernier.

1. À partir de l'article de presse, expliquer les éléments qui ont permis de revoir les estimations de récoltes.

2. Quels peuvent être les enjeux de telles estimations ?

11 Exploiter la biomasse marine

> Utiliser ses connaissances pour comprendre l'actualité économique.

Le milieu aqueux est a priori non destiné aux productions agroalimentaires et est donc entièrement disponible au développement et à l'utilisation d'une biomasse, notamment pour la production d'agrocarburants. Les rendements sont particulièrement intéressants, en raison de la stabilité de la température et de la facilité de prélèvement des éléments nutritifs indispensables pour la plante.
Il se trouve que la prolifération des plantes aquatiques constitue souvent une gène aussi bien pour la navigation que pour l'irrigation. Ainsi le fleuve Congo s'est trouvé envahi, en quelques années, par la jacinthe d'eau. La production peut atteindre seize tonnes à l'hectare par mois. Il serait envisageable d'utiliser cette biomasse pour produire des agrocarburants. On peut également s'interroger sur la possible exploitation de la biomasse des grandes algues marines. Elle présente un potentiel de production intéressant (dix tonnes à l'hectare), mais leur récolte ne sera pas sans conséquences sur le réseau alimentaire marin.

1. De quelle ressource indispensable à l'agriculture la culture de biomasse végétale aquatique peut-elle se passer ? Quel en est l'intérêt ?

2. Habituellement le développement d'agrocarburants entre en concurrence avec la production alimentaire. Dans le cas d'une exploitation de la biomasse végétale aquatique, une nouvelle mise en concurrence apparaît. Quelle est-elle ?

Le sol, une ressource fragile

Unité 12

Sol dégradé.

Le sol, qui correspond aux premiers mètres de la surface terrestre, alimente les plantes et de nombreux animaux. Le sol est une ressource fragile dont la dégradation rapide et massive, du fait des pressions économiques et démographiques, a une incidence au niveau planétaire. Plus de 6 milliards d'êtres humains en dépendent.
Comment l'Homme peut-il à la fois exploiter le sol pour répondre à ses besoins et le préserver durablement ?

1 Les constituants d'un sol

Le sol est une formation naturelle qui constitue la partie la plus superficielle de la croûte terrestre.
Quels sont les éléments composant un sol ?

A L'organisation d'un sol

La coupe d'un sol montre qu'il est constitué de zones de couleur et de natures différentes. Chaque zone correspond à un horizon. L'ensemble des horizons d'un sol constitue le **profil du sol**. Le nombre d'horizons varie d'un sol à un autre.

Profil d'un sol de forêt. **Doc. 1**

Doc. 2 Les horizons d'un sol et leurs constituants.

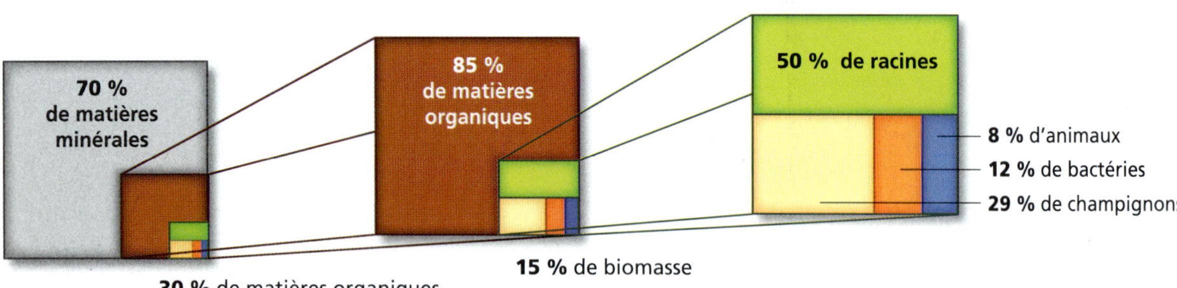

Doc. 3 Proportions relatives des constituants de l'horizon humifère d'un sol de forêt.

B La composition et les rôles d'un sol

On analyse des échantillons de sol prélevés sur le terrain :

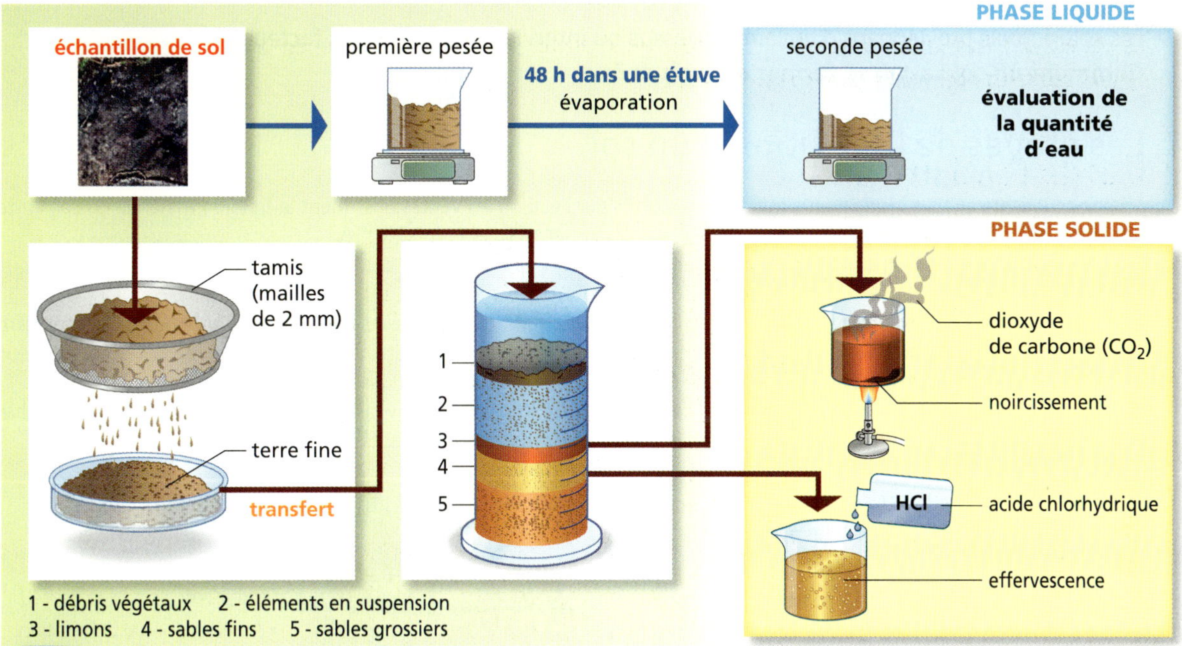

Doc. 4 Protocoles d'analyse d'un sol de forêt.

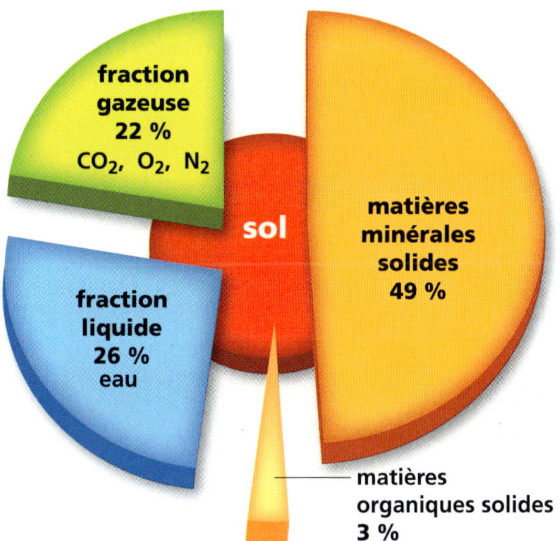

Doc. 5 Les différentes fractions constituant un sol.

« [Les sols] permettent l'ancrage des racines ; ils retiennent l'eau [...] ; ils stockent les éléments nutritifs nécessaires à la vie.
Les sols abritent des micro-organismes innombrables, qui accomplissent de multiples transformations biochimiques comme la fixation de l'azote et du carbone atmosphérique et la décomposition des êtres vivants morts. [...]
L'activité biologique contribue à fabriquer les sols : le sol n'existe pas sans vie et la vie n'existe pas sans sol. »

Le Sol épiderme vivant de la Terre, Earth Science, octobre 2007.

Le sol permet l'épuration et la régulation du milieu notamment lors de pollutions. L'Homme détourne le sol de cette fonction en l'utilisant comme support de ses productions agricoles.

Doc. 6 Les fonctions du sol.

QUESTION **Montrer que le sol est un milieu de vie organisé ayant une fonction biologique essentielle. Préciser son organisation et sa composition.**

Pistes pour répondre

- Identifier les principaux horizons d'un sol. > Doc. 1 et 2
- Réaliser et interpréter les expériences mettant en évidence les constituants du sol. > Doc. 3 à 5
- Mettre en relation la composition d'un sol et ses fonctions. > Doc. 6

Vocabulaire

Profil d'un sol : ensemble des horizons d'un sol donné.

Humus : matière organique du sol constituée de débris d'êtres vivants plus ou moins transformés.

2 Le sol, une interface en équilibre

Les sols actuels proviennent d'un lent processus où interviennent différents facteurs.
Comment un sol va-t-il se former et évoluer ?

A Les étapes de l'évolution d'un sol

La roche sous-jacente et tous les éléments minéraux apportés par l'eau ou les vents constituent la fraction minérale du sol. Cette fraction minérale subit des transformations.
Les variations de température favorisent la fracturation de la roche. L'eau et l'action des racines favorisent l'altération chimique de celle-ci par **hydrolyse**.
Des ions sont libérés, ils s'associent avec de la matière organique, formant des complexes humiques qui jouent un rôle important dans la nutrition des végétaux. Une partie des éléments formés est lessivée par les eaux de pluie et entraînée soit en profondeur, soit vers un cours d'eau. Ces actions aboutissent à une différenciation verticale du sol : les horizons.
Les quatre schémas ci-dessous présentent des étapes de la transformation d'un sol. L'évolution peut se faire dans un ordre variable, en fonction de changements dans les conditions du milieu et de l'action des êtres vivants.

- Altération de la roche par les agents d'érosion qui ont :
  – une action mécanique, entraînant la fragmentation de la roche ;
  – une action chimique, à cause des eaux acides dissolvant la roche et hydrolysant les minéraux.

- Colonisation par des végétaux pionniers apportant de la matière organique.
- Accélération de l'altération de la roche par le réseau racinaire.
- Début de la **minéralisation** de la matière organique avec formation d'un horizon humifère réduit et précaire.

- Différenciation des horizons par approfondissement de l'altération de la roche.
- Formation d'humus et parallèlement minéralisation des composants du sol.
- Augmentation de la taille de l'horizon humifère favorisant le développement de la végétation.

- Approfondissement du sol par lessivage, les eaux d'infiltration entraînant les éléments solubles des horizons supérieurs vers les horizons inférieurs.

Doc. 1 Quatre étapes d'évolution d'un sol.

B Temps d'évolution d'un sol et conditions du milieu

Le temps nécessaire pour qu'un sol apparaisse, s'approfondisse et se différencie en horizons se mesure en centaines ou milliers d'années. Ce temps dépend des facteurs climatiques et de l'action des êtres vivants.

Les sols peu évolués ne sont pas structurés en horizons bien distincts. En revanche, les sols évolués sont profonds et présentent une succession d'horizons bien marqués.

Dans le marais poitevin, par exemple, un sol s'est formé en 600 ans à partir de l'argile marine. Un autre s'est formé en 900 ans sur des amas de coquilles d'huîtres du XIe siècle. Des sols plus évolués peuvent nécessiter 15 000 ans.

Ci-contre, évolution de la profondeur d'un sol de type forestier en fonction du temps.

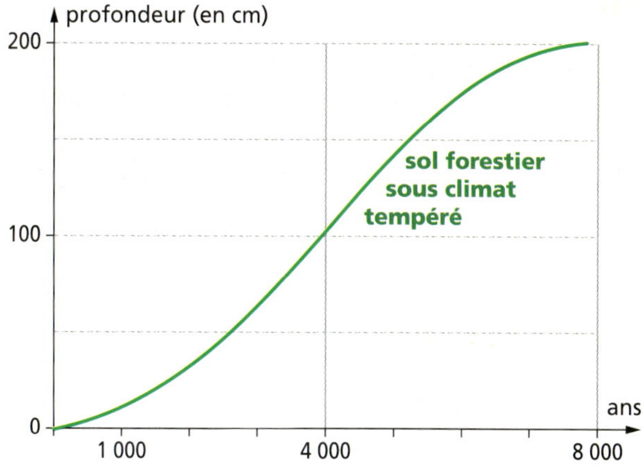

Doc. 2 Temps d'évolution d'un sol.

végétation	 demi-désert (cactées)	 forêt de chênes	 taïga, forêt d'épicéas ou de mélèzes
nature de la roche sous-jacente	sable	calcaire	sable ou grès
nature du sol	 sol désertique	 sol forestier	 sol forestier
climat	aride	tempéré	tempéré humide à boréal froid
	sec →		humide

Doc. 3 Conditions du milieu et nature du sol.

QUESTION **Montrer que l'évolution d'un sol et sa nature sont le résultat d'interactions complexes se déroulant sur une longue durée entre la végétation, le climat et la roche sous-jacente.**

Pistes pour répondre

- Indiquer les étapes de transformation d'un sol et leur durée. > Doc. 1 et 2
- Identifier les facteurs qui influent sur l'évolution d'un sol. > Doc. 3

Vocabulaire

Hydrolyse : processus au cours duquel l'eau intervient pour dégrader une substance en particules plus petites.

Minéralisation : décomposition de matière organique en matière minérale.

3 La gestion durable des sols

En climat tempéré, il faut plusieurs siècles pour former un sol cultivable et quelques heures pour le détruire. **Comment préserver les sols tout en répondant aux besoins des Hommes ?**

A Les facteurs à l'origine de la dégradation des sols

Conséquence d'une forte pluie sur un sol agricole dégradé.

Certaines pratiques agricoles (labours trop profonds, monoculture, engrais chimiques et pesticides en excès, surpâturage) entraînent l'appauvrissement du sol en matière organique et en activité biologique. Cette activité facilite la destruction des horizons superficiels des sols. Il y a alors formation d'une croûte en surface qui gêne le développement des plantes et facilite le ruissellement de l'eau et l'érosion des sols.
Une dégradation, même légère, de la qualité d'un sol, entraîne une baisse de production végétale réduisant le rendement de la culture.
Une forte dégradation rend le sol non cultivable. Il n'est alors plus possible de renverser le processus.
L'urbanisation est un des facteurs majeurs de disparition des sols.

		surfaces agricoles (en millions d'hectares)			
		légères	modérées	fortes	extrêmes
type de dégradation	dégradations dues à l'eau (érosion...)	343,2	526,7	217,2	6,6
	dégradations dues au vent (érosion, déformation...)	268,6	271,6	24,3	1,9
	dégradations d'origine chimique (salinisation, pollution...)	93	103,3	41,9	0,8
	dégradations d'origine physique (compaction...)	44,2	26,8	12,3	
	TOTAL	38,1 %	46,3 %	15,1 %	0,5 %

Doc. 1 Surfaces agricoles à l'échelle mondiale, atteintes par diverses dégradations dues aux activités humaines. (Surface agricole française : 17 000 ha.)

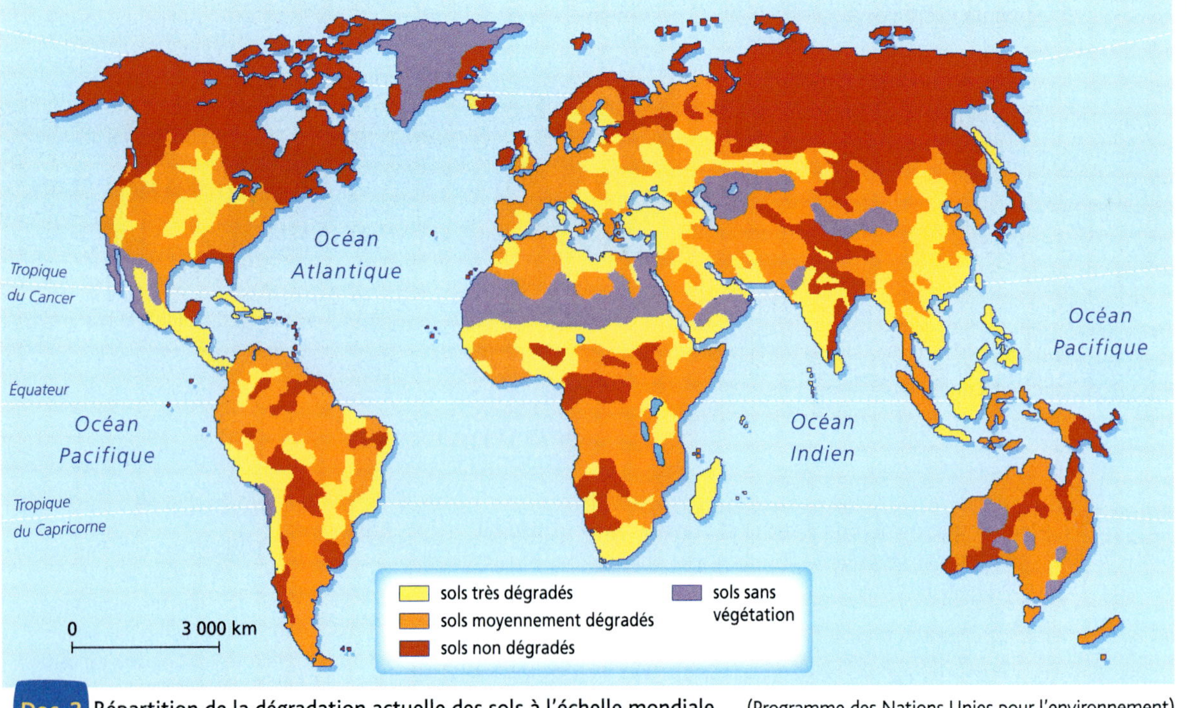

Doc. 2 Répartition de la dégradation actuelle des sols à l'échelle mondiale. (Programme des Nations Unies pour l'environnement)

B La protection des sols

« [Une étude diffusée par la FAO, le PNUE et World Soil Information (ISRIC) montre que] la dégradation des terres s'intensifie dans plusieurs parties du monde. Environ 1,5 milliard de personnes, soit le quart de la population mondiale, dépendent directement de terres qui se dégradent. Les conséquences de cette dégradation comprennent notamment la diminution de la productivité agricole, la migration, l'insécurité alimentaire, les dégâts aux ressources et aux écosystèmes de base et la perte de la biodiversité du fait des changements subis par l'habitat [...]. La dégradation des terres a également des implications importantes sur l'atténuation et l'adaptation au changement climatique, la perte de biomasse et de matière organique du sol rejetant du carbone dans l'atmosphère.

[...] Des points positifs ont été identifiés [par cette étude], à savoir une utilisation de manière durable [de 19 % des terres agricoles dans le monde] ou l'amélioration en qualité et productivité [de 10 % des forêts et de 19 % des pâturages].

La grande partie des améliorations observées dans les terres agricoles est associée à l'irrigation. Le couvert forestier s'est également amélioré.

L'étude montre que la dégradation des terres demeure une priorité qui nécessite une attention renouvelée de la part des individus, des communautés et des gouvernements ».

Extrait de http://www.fao.org/index_fr.htm d'Alison Small, 2 juillet 2008, Rome.

Doc. 3 Les enjeux de la dégradation des sols.

a Le semis direct, sans labour.

Les résidus de la culture précédente couvrent le sol. Cela favorise la biodiversité du sol et l'enrichissement en matières organiques.

b Cultures associées (association de blé, maïs et lin).

La culture associée permet des apports en éléments nutritifs plus variés et favorise la biodiversité.

c Culture en terrasses.

Les terrasses facilitent la culture sur pente en évitant le ruissellement et en retenant l'eau.

d Création de haies traditionnelles.

Les haies participent au maintien de la biodiversité, à la protection des sols et à la réduction de l'érosion.

Doc. 4 Des techniques pour une gestion durable des sols.

QUESTION **Montrer que la gestion des sols devient un enjeu majeur pour l'humanité. Donner quelques exemples montrant la possibilité d'une gestion raisonnée des sols.**

Pistes pour répondre

- Citer des menaces qui pèsent sur les sols. > Doc. 1
- Montrer l'inégale répartition de la dégradation des sols dans le monde. > Doc. 2
- Expliquer l'intérêt de préserver les sols de la dégradation. > Doc. 3 et 4

I Les constituants d'un sol [pp. 174-175]

• Le sol est la partie superficielle de la croûte terrestre émergée. Il présente une organisation verticale en **horizons** plus ou moins parallèles à la surface.

• L'ensemble des horizons constitue le profil pédologique qui varie suivant les différents types de sols.

• Le sol comprend une fraction liquide, une fraction gazeuse et une fraction solide.

• La fraction solide est formée de matière minérale et de matière organique.
La matière organique constitue l'**humus**.

• Épais de quelques centimètres à plusieurs mètres, un sol abrite une forte biodiversité.

• Les végétaux s'enracinent dans le sol et y puisent les éléments minéraux et l'eau indispensables à leur développement.

II Le sol, une interface en équilibre [pp. 176-177]

• Un sol se forme par l'**altération** mécanique et chimique (**hydrolyse**) de la fraction minérale.

• La genèse d'un sol dépend de trois facteurs :
– la fraction minérale qui, par ses propriétés physiques et par sa composition chimique, favorise une évolution plus ou moins rapide du sol ;
– les êtres vivants qui fournissent la fraction organique du sol ;
– le climat, dont la température influe sur la vitesse d'altération des fractions du sol, les précipitations entraînant la migration des ions dans le sol.

• L'échelle de temps de l'évolution d'un sol se mesure en milliers d'années. Le sol est un système dynamique en perpétuelle évolution sous l'influence des facteurs du milieu et de l'Homme. Celui-ci peut le dégrader facilement.

• Un sol résulte donc d'une longue interaction entre les roches et la biosphère, conditionnée par les facteurs de l'environnement tels que la présence d'eau et la température.

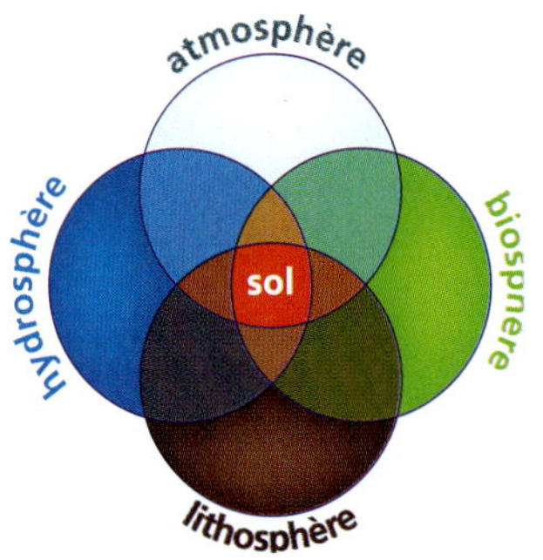

III La gestion durable des sols [pp. 178-179]

• Les sols présentent une grande diversité à la surface de la planète. Leur évolution dépend du climat. Ils sont plus ou moins dégradés.

• Les causes de dégradation sont multiples comme des pratiques culturales intensives et inadaptées. Elles provoquent inévitablement une érosion aggravée et en très peu de temps une transformation du sol plus ou moins irréversible.

• Bien adapter l'occupation des sols (choix des cultures en fonction du sol et des conditions climatiques) est la meilleure façon de les protéger.

• Une prise de conscience au niveau mondial est nécessaire et une **gestion durable** des sols représente un enjeu majeur pour l'Humanité.

Mots-clés, voir page 253

Horizon
Humus
Altération
Hydrolyse
Gestion durable

L'essentiel

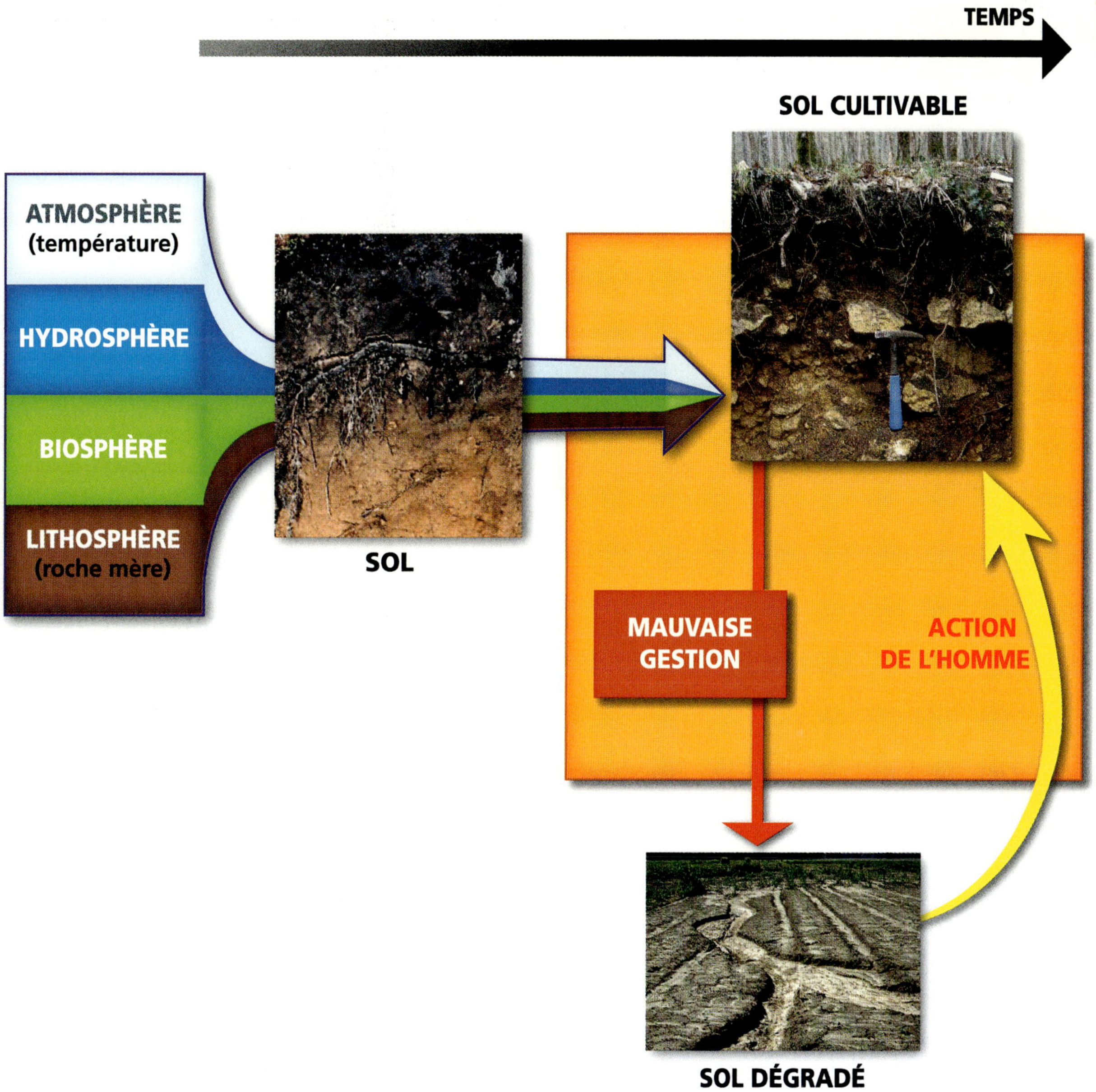

Compétences

Savoir que :

- Un sol résulte d'une longue interaction entre les roches et la biosphère, conditionnée par la présence d'eau et par la température. Le sol est lent à se former, inégalement réparti à la surface de la planète, facilement dégradé et souvent détourné de sa fonction biologique. Sa gestion est un enjeu majeur pour l'Humanité.

Être capable de :

- Manipuler, recenser, extraire et organiser des informations, si possible sur le terrain, pour :
  – comprendre la formation d'un exemple de sol ;
  – relier végétation, climat, nature de la roche-mère et nature d'un exemple de sol.
- Comprendre la responsabilité humaine en matière d'environnement.

Pour développer des compétences

> Manifester de l'intérêt pour la vie publique et les grands enjeux de la société.

L'avenir de l'agriculture en France

En France, après la Seconde Guerre mondiale, l'agriculture industrielle se développe : la mécanisation et la chimie, le drainage et les amendements calcaires permettent de mettre en valeur des terrains auparavant non cultivés. Dans les années 70-80, des problèmes environnementaux sont mis en évidence.

« En 2001, l'agriculture raisonnée bénéficie d'un cadre légal. Elle correspond à une gestion de l'exploitation visant à renforcer les impacts positifs des pratiques agricoles sur l'environnement, à en réduire les effets négatifs sans pour autant remettre en cause la rentabilité économique des exploitations. »

L'agriculture raisonnée n'interdit pas l'utilisation de produits chimiques de synthèse lorsque les méthodes de lutte mécanique et biologique sont inefficaces.

Extrait du site du ministère de l'Agriculture et de la Pêche
http://agriculture.gouv.fr/sections/thematiques/environnement/la-protection-des-sols

Doc. 1 De l'agriculture industrielle à l'agriculture raisonnée.

Tout comme l'agriculture raisonnée, l'agriculture biologique partage l'objectif commun de produire en respectant l'environnement : « elle constitue un mode de production qui trouve son originalité dans le recours à des pratiques culturales et d'élevages soucieuses du respect des équilibres naturels. Ainsi, elle exclut l'usage des produits chimiques de synthèse, des OGM et limite l'emploi d'intrants (engrais, amendements, semences...) ».

Extrait du site
http://agriculture.gouv.fr/sections/thematiques/environnement/agriculture-biologique

Doc. 2 L'agriculture biologique.

L'agroforesterie est une activité qui associe des parcelles de culture ou de pâturage (donc à production annuelle) avec une production à long terme par les arbres. Cette technique favorise la diversification des activités et une meilleure valorisation des ressources du milieu. Elle a des avantages sur le plan agricole, le plan forestier mais aussi sur le plan environnemental.

Extrait du site http://agriculture.gouv.fr/sections/thematiques/environnement/agroforesterie

Doc. 3 L'agroforesterie en France.

Questions :

- Identifier et rechercher les techniques agricoles qui tentent de préserver les ressources naturelles et la biodiversité.
- Discuter de la place de ces techniques dans le monde agricole actuel et sur les marchés.

Les sols renseignent sur l'histoire géologique

Les sols évoluent sous l'influence des facteurs climatiques. Ils enregistrent fidèlement le climat de l'époque : ce sont des paléosols.

Un échantillon de bauxite

En France, dans la vallée de la Durance, au sud de Briançon, nous rencontrons une couche de bauxite de couleur rouge, intercalée entre un mur de calcaire blanc et un toit de calcaire noir.

La bauxite date du Crétacé moyen (-90 millions d'années) et c'est un paléosol.

De tels sols ne se forment plus en France métropolitaine, mais dans des climats tropicaux humides.

Pour le géologue, cette bauxite est la preuve qu'il y a 100 millions d'années, un climat tropical régnait sur le sud de la France.

Une carrière de bauxite.

INTERVIEW | Métier

Jocelyn, agroéconomiste

■ Quel métier souhaitiez-vous exercer quand vous étiez adolescent ?

> Je ne savais pas trop mais le contact avec la nature m'attirait.

■ En quoi consiste votre métier ?

> Ingénieur en agrodéveloppement international, je conçois et/ou mets en œuvre des projets en rapport avec le développement de filières agricoles, agroalimentaires ou d'agrofournitures.

Du fait de ma spécialisation, je travaille beaucoup à l'étranger, mais dans des domaines divers tels que l'environnement, la recherche ou la formation.

■ Quels conseils donneriez-vous aux jeunes qui voudraient travailler dans ce secteur ?

> C'est une activité qui exige une forte disponibilité et les déplacements à l'étranger sont fréquents. Il faut développer des capacités relationnelles et le sens de la communication. Une ouverture d'esprit, la capacité d'écoute et d'analyse sont nécessaires.

PARCOURS

Après un baccalauréat économique et social, et un DEA en géographie et aménagement, Jocelyn a pu intégrer un poste en recherche-formation-développement.

Il y réalise des missions de court terme dans plusieurs pays.

Exercices

S'auto-évaluer

> *Restituer des connaissances.*

1 QCM

Choisir la (ou les) bonne(s) réponse(s).

	Propositions de réponses			En cas d'erreur, revoir :
	A	B	C	
1. Le sol est formé	uniquement de matière minérale	de matière minérale et de matière organique	d'horizons	pp. 174-175
2. L'humus est composé	de matière minérale	de matière organique	de matière minérale et de matière organique	pp. 174-175
3. Le sol est	un milieu de vie	une ressource alimentaire	un mélange de matière minérale et de matière organique	p. 176
4. La nature du sol dépend	de la nature de la fraction minérale	de la biosphère	de l'interaction entre les matériaux du sol et la biosphère	pp. 176-177
5. Les matières minérales du sol proviennent	du sous-sol	à la fois de la fraction minérale et de la minéralisation de la matière organique	uniquement de la matière organique qui subit une minéralisation	p. 176
6. Le sol	se forme en quelques heures	se forme sur des milliers d'années	peut être détruit rapidement	p. 177
7. Les dégradations des sols liées à l'activité humaine sont dues à	une agriculture intensive	l'utilisation de produits chimiques tels que les pesticides	une déforestation brutale sur sol fragile	p. 178

2 Définir des termes

a. Horizon

b. Altération

c. Érosion

3 Rédiger une phrase

a. Constituants minéraux / matière organique / roche-mère / sol.

b. Enjeu pour l'Humanité / surexploitation / dégradation / gestion durable / sol.

4 Expliquer comment…

a. Un sol évolue.

b. Le sol peut être à la fois le résultat d'une transformation de la matière minérale et de la matière organique.

c. L'érosion est un facteur aggravant la dégradation des sols.

d. Remédier à la dégradation d'un sol.

5 Trouver et expliquer le lien…

Entre atmosphère, hydrosphère, biosphère, lithosphère et la pédogénèse (formation d'un sol).

Voir corrigés p. 254.

Rédiger

> *Restituer des connaissances.*

6 Un pédologue affirme : « La vie fait le sol et le sol fait la vie ». Expliquer en quoi cette affirmation est justifiée.

7 Montrer que l'eau et la température sont des facteurs qui interviennent dans la nature du sol et son évolution.

Exercice résolu

> S'exprimer sous forme d'une synthèse rédigée.

8 La dégradation des sols

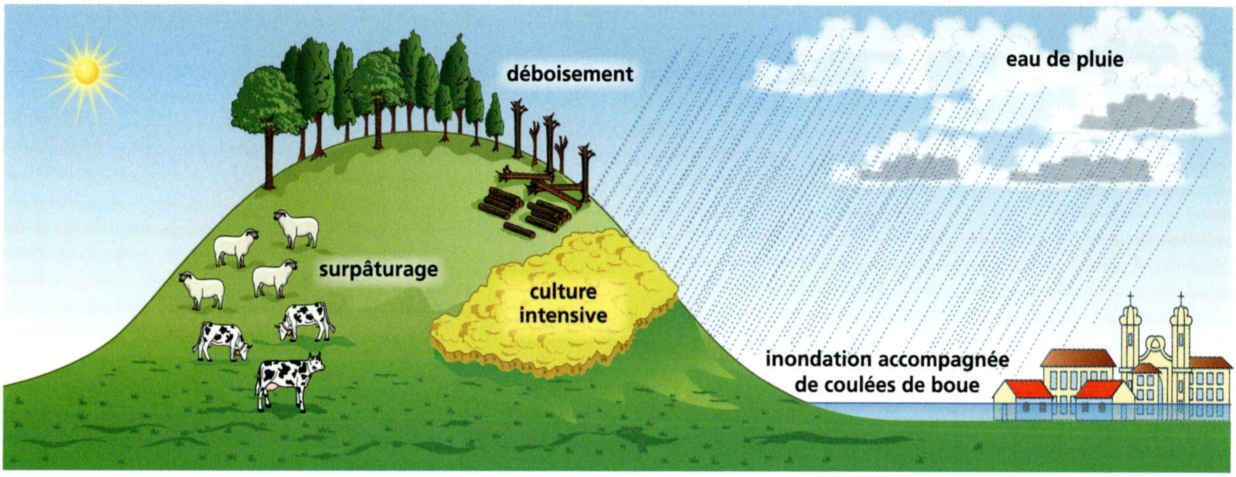

Énoncé

En s'appuyant sur les connaissances et sur les informations tirées du document ci-dessus, rédiger un texte rendant compte des causes et conséquences de la **dégradation** des sols.

Comprendre l'énoncé

– Identifier les éléments du schéma permettant de répondre à la question.

– Organiser les idées tirées de la lecture du document et, à partir des connaissances acquises, établir un plan.

– Rédiger un texte selon le plan, puis le lire pour vérifier la construction grammaticale et l'absence de fautes d'orthographe.

Éléments de réponse

– Causes de la dégradation des sols : déboisement, feu, surpâturage, **culture intensive**

– Conséquences de la dégradation des sols : **érosions**, inondations.

Le lien entre causes et conséquences doit être fait grâce aux connaissances apportées : l'absence de couvert végétal rend les sols plus sensibles à l'**impact des pluies**.

Application

9 Formation et évolution d'un sol

Énoncé

En s'appuyant sur les connaissances et les informations tirées du document ci-contre, rédiger un texte rendant compte de la formation et de l'évolution d'un sol.

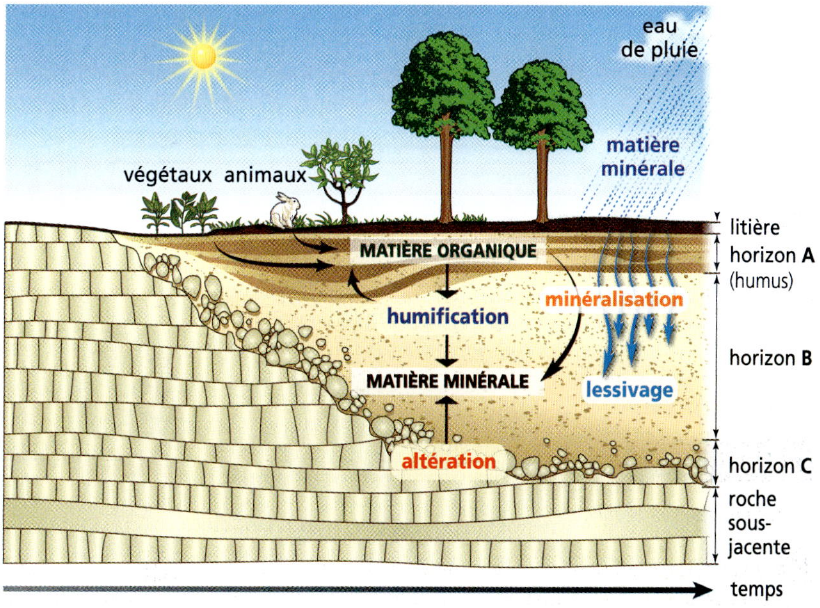

Exploiter des documents

10 L'importance de la nature du couvert végétal

> S'informer à partir d'un graphique et d'un tableau, raisonner.

On a mesuré la quantité d'eau ruisselante sur un sol nu et sur un sol couvert ayant la même position topographique, puis en fonction du couvert végétal.

nature du couvert végétal	ruissellement / infiltration (en %)
forêts	2
prairies	5
cultures de blé	25
cultures de maïs	50

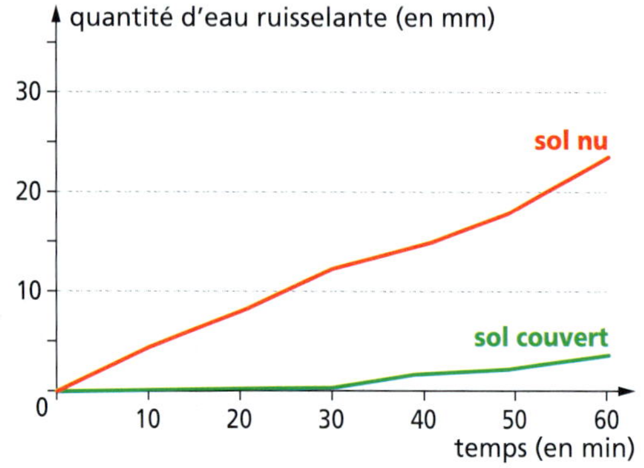

1. Expliquer les raisons du faible ruissellement dans les forêts.
2. En déduire l'impact du couvert végétal sur le ruissellement.
3. Conclure à propos de la qualité du sol dans les deux situations (sol nu et sol couvert).

11 Dégradation mondiale des sols

> S'informer à partir de graphiques, raisonner.

1. Relever les types de dégradation les plus fréquents (doc. a).
2. Relever les causes les plus importantes de dégradation des sols (doc. b).
3. Expliquer la relation entre les causes et les types de dégradations.
4. Rechercher les solutions mises en pratique pour remédier à ces dégradations.

a les types de dégradation

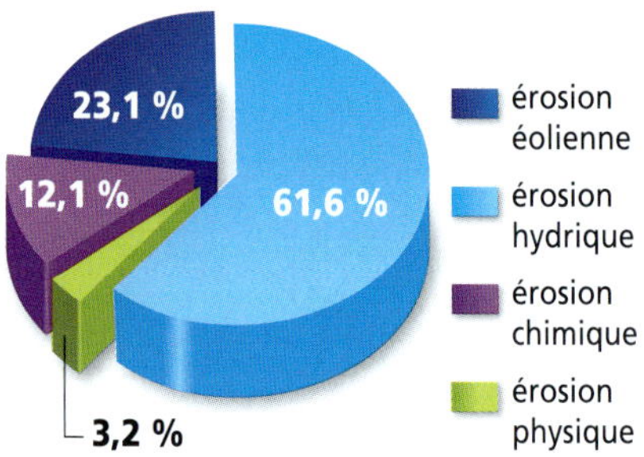

b les causes de dégradation

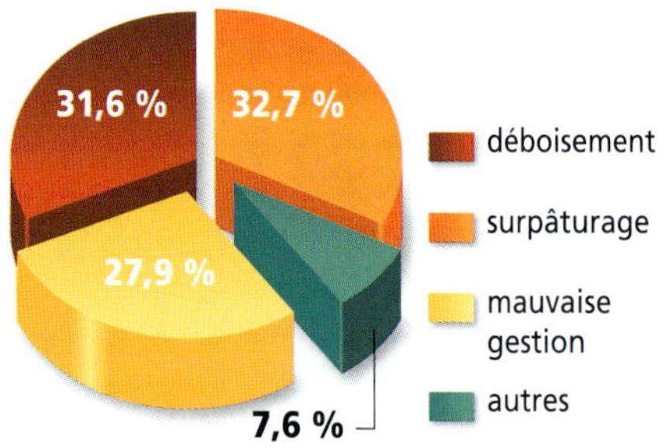

12 Mise en évidence des constituants du sol

> Réaliser des expériences, raisonner.

La matière organique est oxydée par l'eau oxygénée (H_2O_2). Cette réaction d'oxydation donne deux produits : de l'eau et du dioxyde de carbone, mis en évidence par l'eau de chaux (schéma a).

La matière minérale peut être mise en évidence par plusieurs réactions. L'une d'entre elles est la mise en évidence des chlorures (Cl^-) grâce au nitrate d'argent additionné d'une goutte d'acide nitrique. En présence des ions chlorure, il se forme un précipité blanc, le chlorure d'argent, insoluble (schéma b).

a Expérience 1

b Expérience 2

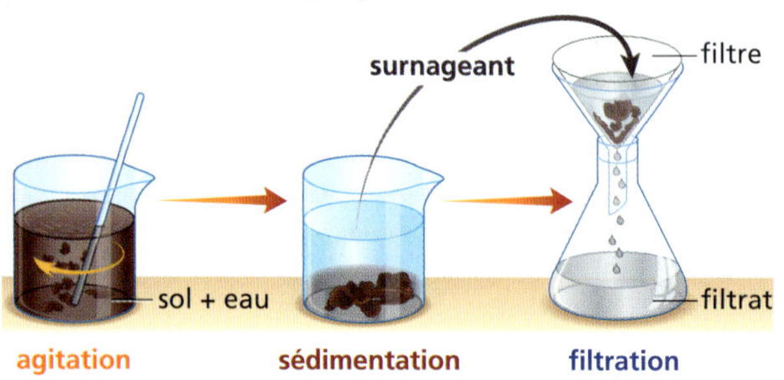

L'ajout de nitrate d'argent et d'acide nitrique au filtrat entraîne la formation d'un précipité blanc.

1. Noter le résultat de l'expérience 1. En déduire un constituant du sol.
2. Noter le résultat de l'expérience 2. En déduire un constituant du sol.
3. Pour chaque constituant, préciser son origine lors de la formation du sol.

L'essentiel à retenir sur le thème 2 pour la classe de 1re

Comment l'Homme peut-il trouver des ressources (énergie, sol) tout en gérant le patrimoine naturel ?

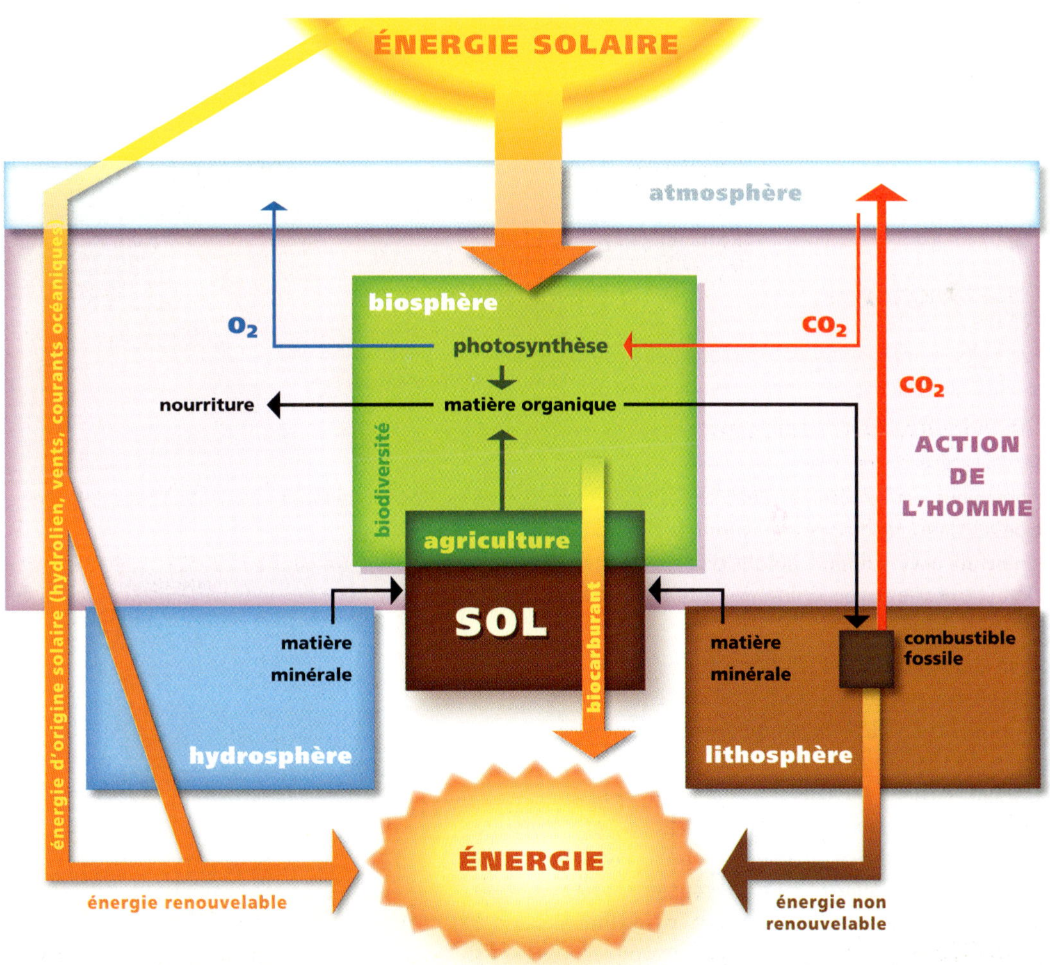

choix énergétique à faire

Programme

Connaissances

- Au cours d'un exercice long et/ou peu intense, l'énergie est fournie par la respiration, qui utilise le dioxygène et les nutriments. L'effort physique modifie la consommation de dioxygène :

– plus l'effort est intense, plus la consommation de dioxygène augmente ;

– il y a une limite à cette consommation de dioxygène.

La consommation de nutriments dépend aussi de l'effort fourni. L'exercice physique est un des facteurs qui aident à lutter contre l'obésité.

Au cours de l'effort un certain nombre de paramètres physiologiques sont modifiés : fréquence cardiaque, volume d'éjection systolique (et donc débit cardiaque) ; fréquence ventilatoire et volume courant (et donc débit ventilatoire) ; pression artérielle. Ces modifications physiologiques permettent un meilleur approvisionnement des muscles en dioxygène et en nutriments. L'organisation anatomique facilite cet apport privilégié. Un bon état cardiovasculaire et ventilatoire est indispensable à la pratique d'un exercice physique.

La pression artérielle est une grandeur contrôlée par plusieurs paramètres. Par exemple, il existe une boucle réflexe de contrôle de la fréquence cardiaque (dont la pression artérielle dépend par l'intermédiaire du débit) :

– des capteurs (barorécepteurs) sont sensibles à la valeur de la pression artérielle ;

– un centre bulbaire intègre les informations issues des barorécepteurs et module les messages nerveux en direction de l'effecteur (cœur) ;

– les informations sont transmises du centre à l'effecteur par des nerfs sympathiques et parasympathiques.

La boucle de régulation contribue à maintenir la pression artérielle dans d'étroites limites autour d'une certaine valeur. À l'effort, l'organisme s'écarte de cette situation standard.

Le muscle strié squelettique et les articulations constituent un système fragile qui doit être protégé. Les accidents musculo-articulaires s'expliquent par une détérioration du tissu musculaire, des tendons ou de la structure articulaire. Au cours de la contraction musculaire, la force exercée tire sur les tendons et fait jouer une articulation, ce qui conduit à un mouvement. Des pratiques inadaptées ou dangereuses (exercice trop intense, dopage, etc.) augmentent la fragilité du système musculo-articulaire et peuvent provoquer des accidents.

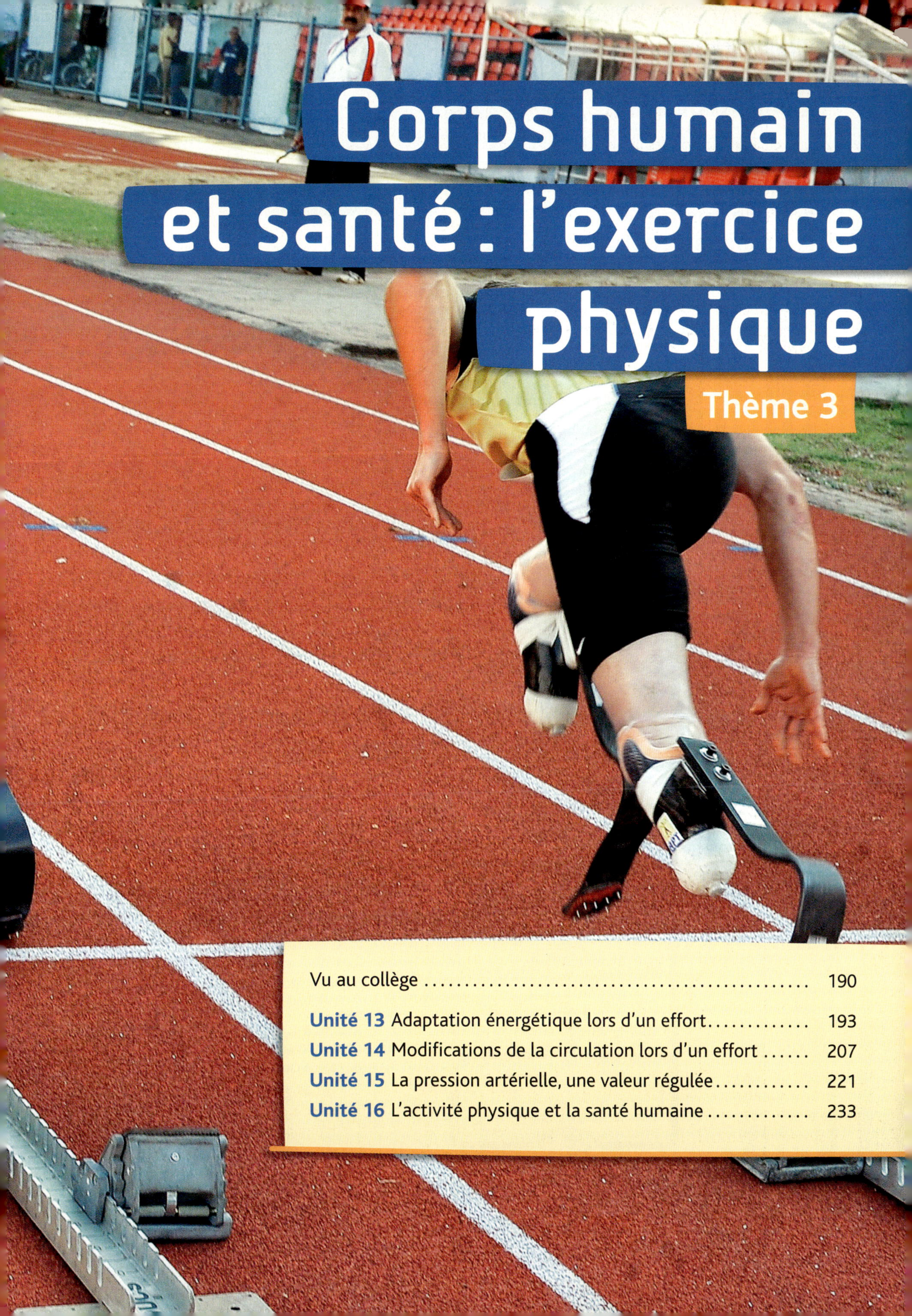

Corps humain et santé : l'exercice physique

Thème 3

Vu au collège

Connaissances

A Fonctionnement de l'organisme et besoin en énergie

- Les organes effectuent en permanence des échanges avec le sang : ils y prélèvent des nutriments et du dioxygène ; ils y rejettent des déchets comme le dioxyde de carbone.
- La consommation de nutriments et de dioxygène et le rejet de dioxyde de carbone par les organes varient selon leur activité, ce qui s'accompagne de modifications au niveau de l'organisme (augmentation de la température tout comme du rythme cardiaque et respiratoire).

Nutriments et dioxygène libèrent de l'énergie utilisable, entre autres, pour le fonctionnement des organes.

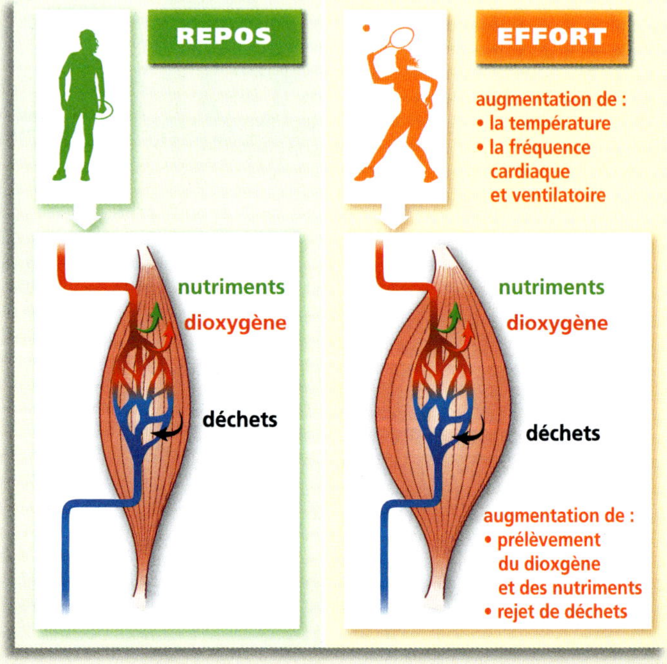

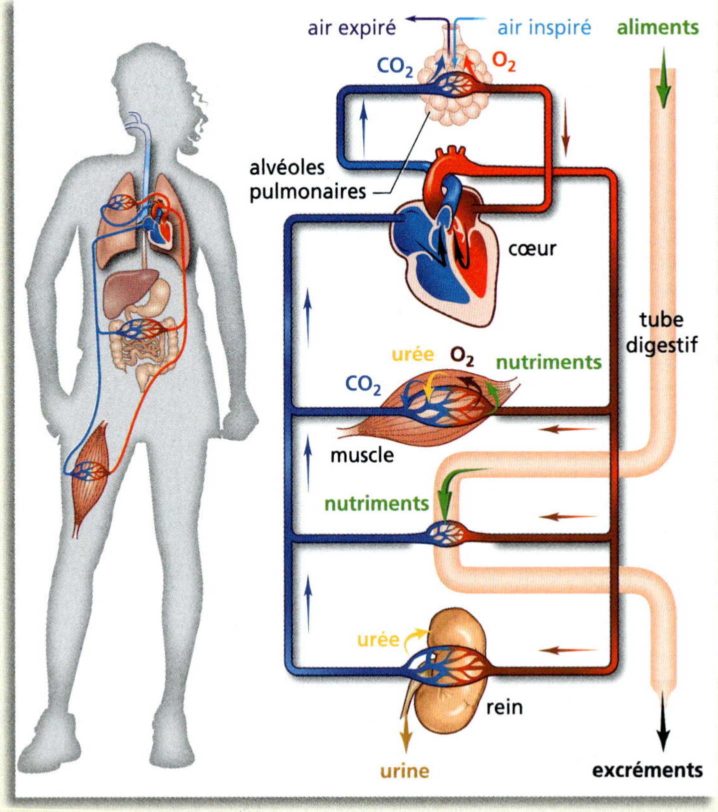

B Circulation sanguine et continuité des échanges entre organes

- Le dioxygène provient de l'air alvéolaire où il passe dans le sang.

Les nutriments issus de la digestion sont absorbés au niveau de l'intestin grêle.

Les déchets (dioxyde de carbone et urée) produits par l'activité des organes sont éliminés dans l'air (grâce aux poumons) et dans l'urine (grâce aux reins).

- La circulation sanguine assure la continuité des échanges au niveau des organes.

Le sang circule à sens unique dans des vaisseaux (artères, veines et capillaires) qui forment un système clos.

Le sang est mis en mouvement par le cœur, muscle creux et cloisonné fonctionnant de façon rythmique.

Ce cycle peut être perturbé par des substances nocives, de mauvaises habitudes alimentaires ou un mode de vie trop sédentaire.

C Le système nerveux et la commande du mouvement

• La commande du mouvement est assurée par le système nerveux qui met en relation les organes sensoriels et les muscles.

Un mouvement peut répondre à une stimulation extérieure reçue par un organe sensoriel : le récepteur.

• Le message nerveux sensitif correspondant est transmis aux centres nerveux (cerveau et moelle épinière) par un nerf sensitif.

• Les messages nerveux moteurs sont élaborés et transmis par les centres nerveux et les nerfs moteurs jusqu'aux muscles, effecteurs du mouvement.

• Le cerveau est un centre nerveux qui analyse les messages nerveux sensitifs et élabore en réponse des messages nerveux moteurs.

Perception de l'environnement et commande du mouvement supposent des communications au sein d'un réseau de neurones.

Les neurones transmettent les messages nerveux aux autres cellules en produisant des messagers chimiques au niveau des synapses.

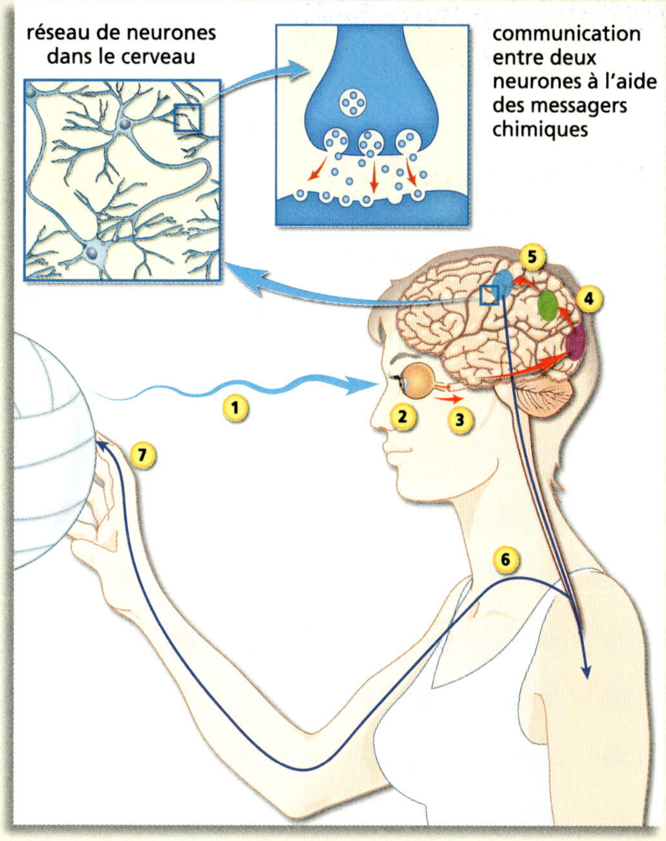

Avant de démarrer... Faire le diagnostic de ses connaissances

Unité 13
- Quels sont les différents nutriments utilisés lors d'un exercice physique ?
- Qu'appelle-t-on le VO_2max ?
- Comment peut-on expliquer l'obésité ?

Unité 14
- Comment la pression artérielle est-elle modifiée par l'activité physique ?
- Quels sont les organes qui reçoivent plus de sang lors d'un effort physique et ceux qui en reçoivent moins ?
- Comment l'activité physique influence-t-elle le système cardiovasculaire ?

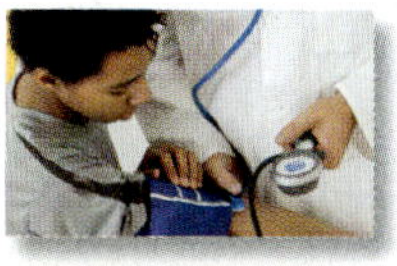

Unité 15
- Quelles sont les preuves d'un contrôle de l'activité cardiaque ?
- Quelles sont les valeurs normales de la pression artérielle ?
- Quelles structures permettent la régulation de la pression artérielle ?

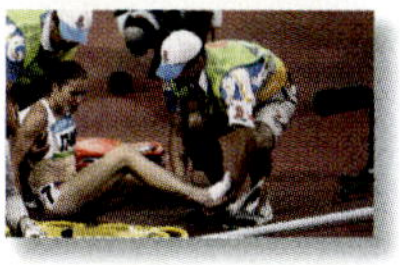

Unité 16
- Qu'est-ce qu'une entorse, un claquage, une élongation ?
- Comment les muscles permettent-ils le mouvement d'un membre ?
- Que recherche un sportif en se dopant ?

Thème 3 Corps humain et santé : l'exercice physique

La connaissance du corps et de son fonctionnement est indispensable pour pratiquer un exercice physique dans des conditions compatibles avec la santé. Cela passe par la compréhension des effets physiologiques de l'effort. On étudie ici un petit nombre d'aspects de ses mécanismes.

Des modifications physiologiques à l'effort

Une boucle de régulation nerveuse

Pratiquer une activité physique en préservant sa santé

Adaptation énergétique lors d'un effort

Unité 13

Sportive escaladant une paroi rocheuse.

Lors d'un effort physique, les muscles fournissent un travail nécessitant un apport énergétique.
Comment l'organisme parvient-il à subvenir à ses besoins énergétiques lors d'un effort physique ?
Comment adapter une pratique sportive à son état de santé ?

1 Exercice physique et apport d'énergie

Lors d'un exercice physique, les muscles sont davantage sollicités, ils exercent un travail qui nécessite un apport supplémentaire d'énergie.
Comment l'organisme parvient-il à subvenir à ses besoins énergétiques lors d'un effort physique ?

A Énergie nécessaire à l'organisme lors d'un exercice physique

Lors d'un effort musculaire, de l'énergie est utilisée pour permettre aux muscles de se contracter. Une partie de l'énergie est perdue sous forme de chaleur. > Doc. 1 et 2
La quantité d'énergie produite dépend de l'intensité de l'exercice musculaire. > Doc. 2

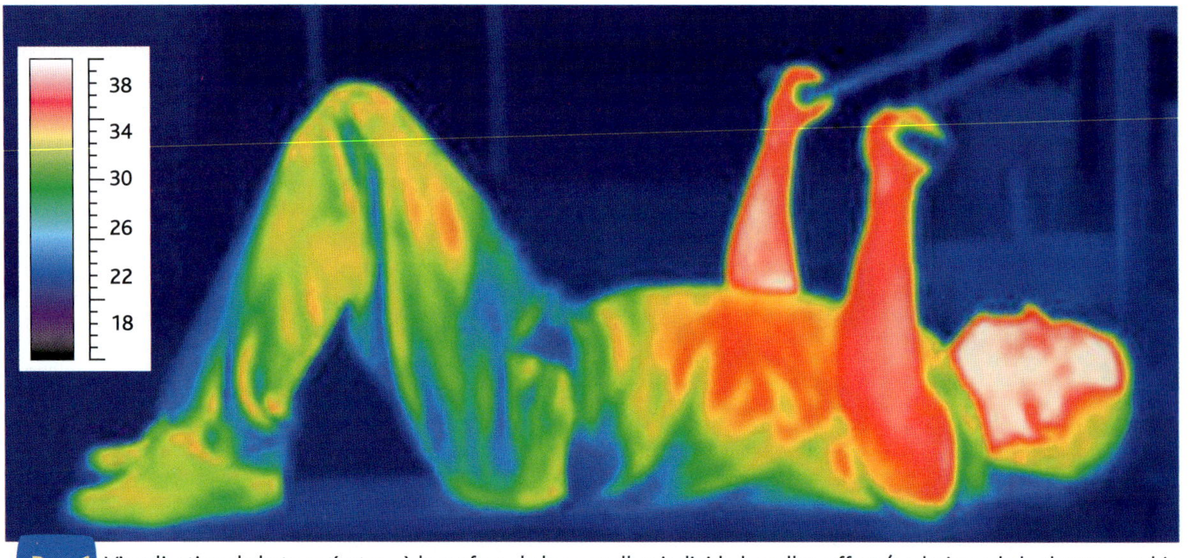

Doc. 1 Visualisation de la température à la surface de la peau d'un individu lors d'un effort (technique de la thermographie infrarouge).

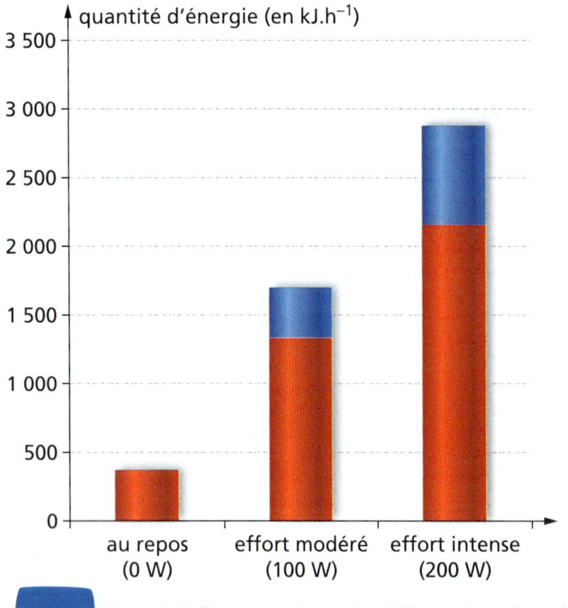

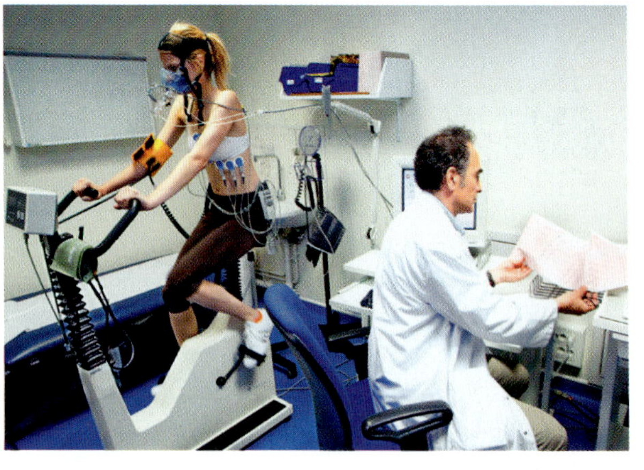

Doc. 2 Quantité d'énergie nécessaire à l'organisme lors d'un exercice physique en fonction de la puissance musculaire.

B Origine de l'énergie utilisée par le muscle

puissance musculaire (en W)	concentration sanguine (en g.L^{-1})	durée de l'exercice (en h)				
		0	1	2	3	4
0	glucose	1	1	1	1	1
100		1	0,97	0,94	0,91	0,88
175		1	0,92	0,83	0,75	0,67

Doc. 3 Valeurs de la concentration sanguine en glucose dans le sang sortant d'un muscle lors d'un exercice physique de **puissance** variable.

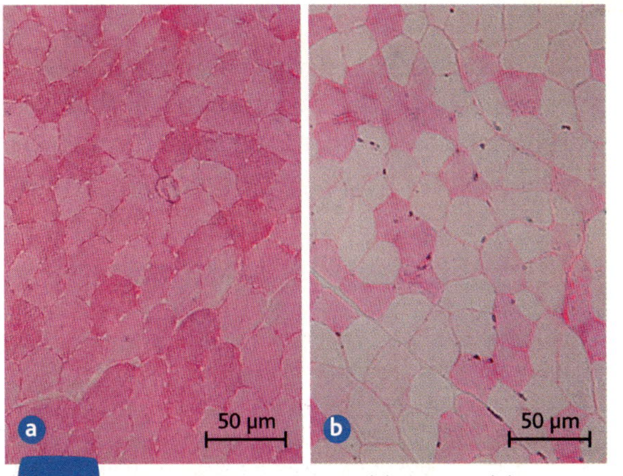

Doc. 4 Fibres musculaires avant (a) et après (b) un effort de longue durée. Le glycogène est coloré en rose violet grâce à la coloration APS.

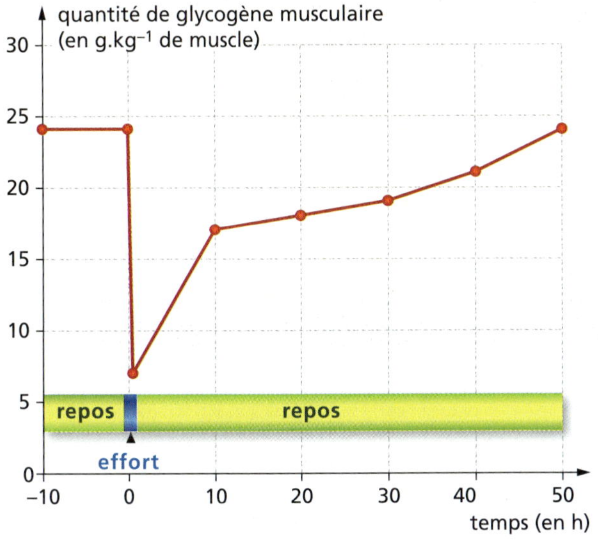

Doc. 5 Évolution de la quantité de **glycogène** musculaire avant, pendant et après un effort de 30 minutes.

nutriments	localisation	quantité disponible (en g)	valeur énergétique (en kJ)
glycogène	muscle	400	6 680
	foie	110	1 885
glucose	sang	15	50
lipides	muscle	161	6 324
	reste du corps	7 800	306 478

Doc. 6 Réserves énergétiques de l'organisme pour un homme de 65 kg.

QUESTION **Montrer que, lors d'un exercice physique, l'organisme utilise des nutriments pour produire de l'énergie.**

Pistes pour répondre

- Montrer que, lors d'un exercice physique, les muscles ont besoin d'énergie. > Doc. 1 et 2
- Indiquer les modifications de la consommation de nutriments lors d'un effort. > Doc. 3 à 5
- Rechercher les sources d'énergie utilisable par l'organisme lors d'un exercice physique. > Doc. 6

Vocabulaire

Puissance : énergie délivrée par unité de temps (1 W = 1 J.s^{-1}).

Glycogène : glucide, ensemble de molécules de glucose liées entre elles.

2 La consommation de dioxygène durant l'effort

Le dioxygène utilisé en permanence par les organes provient de l'air. L'air pénètre dans le corps humain par le nez ou la bouche ; il est conduit jusqu'aux alvéoles pulmonaires où le dioxygène passe de l'air dans le sang. L'énergie libérée, utilisée pour le fonctionnement des organes, provient de la réaction chimique entre les nutriments et du dioxygène. **Comment évolue la consommation de dioxygène durant l'effort ?**

A Consommation de dioxygène et ventilation pulmonaire durant l'effort

On peut mesurer grâce à un dispositif expérimental de type ExAO la quantité de dioxygène consommée par un organisme.

Protocole

Principe : le volume de dioxygène consommé par l'organisme et par unité de temps correspond à la différence entre le volume de dioxygène inspiré et le volume de dioxygène expiré lors de la ventilation pulmonaire.

Matériel nécessaire

1. Une sonde à dioxygène.
2. Une enceinte pour recueillir l'air expiré.
3. Un embout avec clapet anti-retour.
4. Le capteur mesurant le volume d'air ventilé.
5. Un ordinateur équipé d'un logiciel pour afficher les données recueillies.

À l'aide du matériel, effectuer les mesures de la ventilation pulmonaire et de la consommation en dioxygène au repos, puis pour des efforts d'intensité variable.

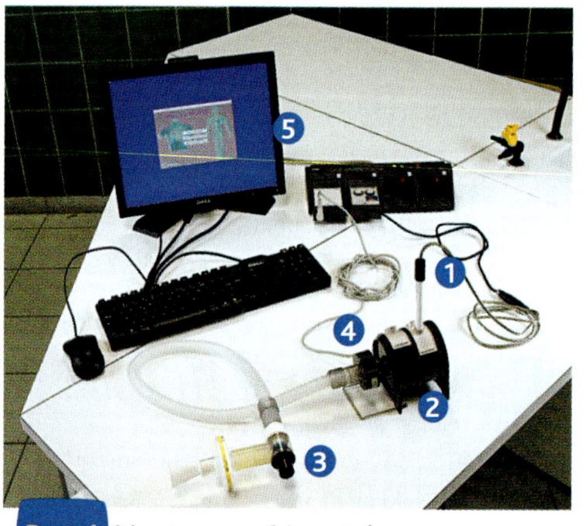

Doc. 1 Montage expérimental.

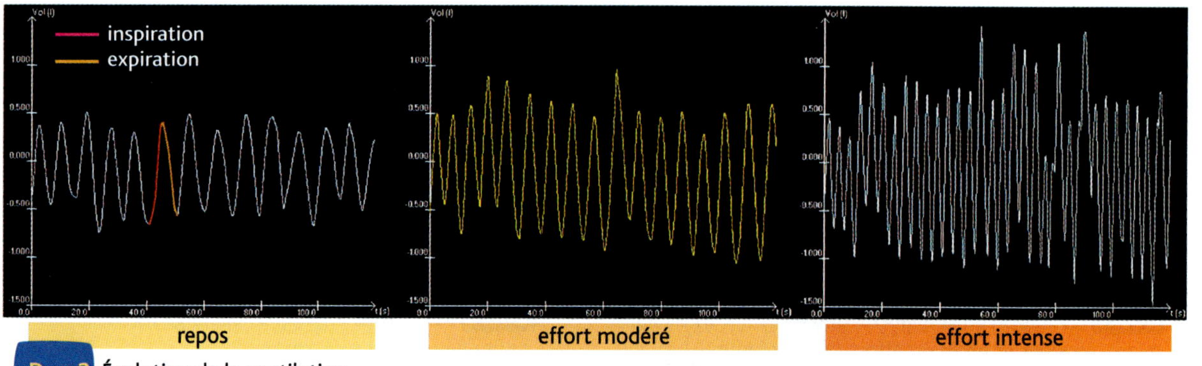

Doc. 2 Évolution de la ventilation pulmonaire par un organisme lors de trois phases délivrant des puissances mécaniques croissantes.

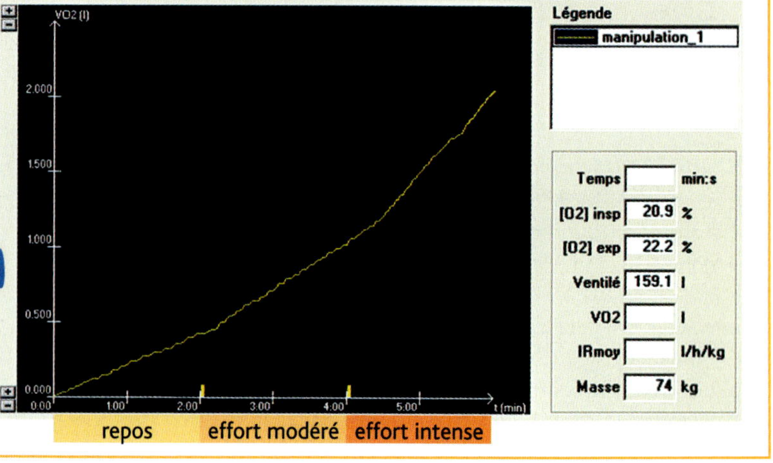

Doc. 3 Évolution de la consommation de dioxygène par un organisme lors de trois phases délivrant des puissances mécaniques croissantes.

B Une limite à la consommation de dioxygène

Le VO_2 max est le volume de dioxygène maximal par unité de temps et par unité de masse qu'un organisme est capable de prélever et de consommer.
Un litre de dioxygène consommé en une minute correspond en moyenne à une énergie produite de 21 kJ.min^{-1}.

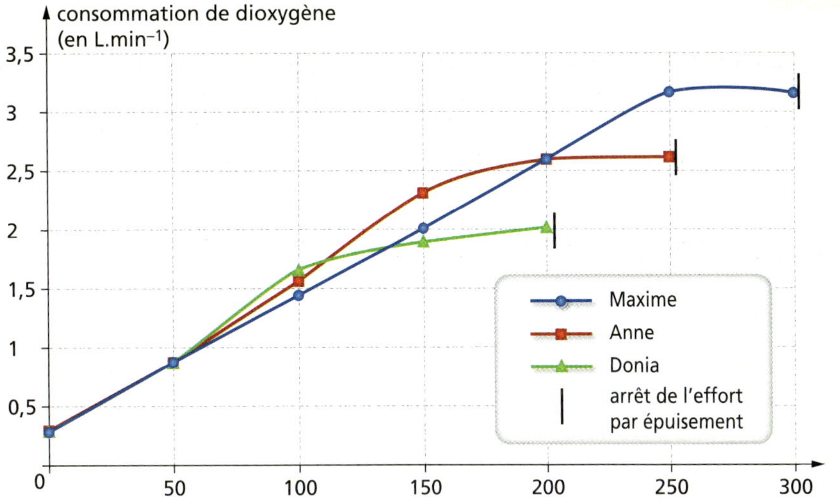

Doc. 4 Évolution de la consommation de dioxygène en fonction de la puissance de l'effort chez trois personnes.

C Distinguer respiration et ventilation

La respiration désigne la production d'énergie par l'organisme à partir de dioxygène et de nutriments. Ce phénomène libère de l'énergie et des déchets. [Doc. 5]

La ventilation pulmonaire est le phénomène mécanique qui permet le renouvellement de l'air alvéolaire. [Doc. 6]

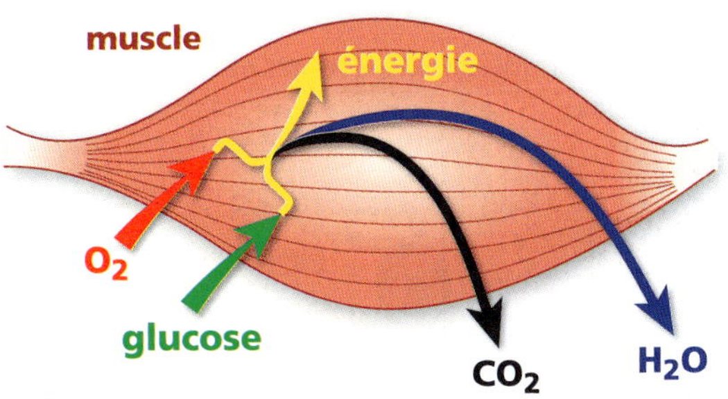

Doc. 5 Schéma de la respiration.

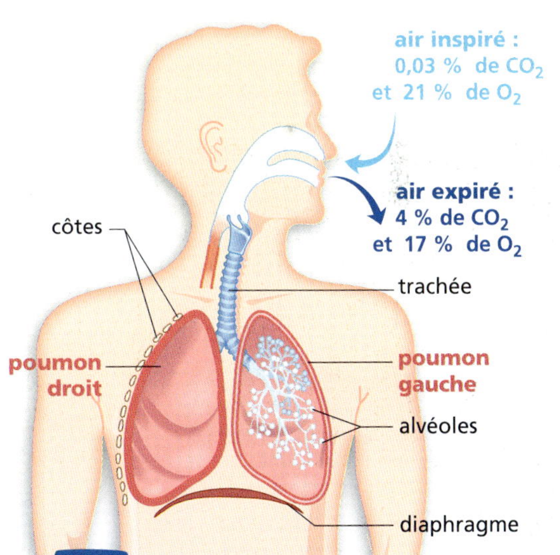

Doc. 6 Schéma de la ventilation.

QUESTION **Expliquer les mécanismes permettant à l'organisme de réaliser un effort, sans toutefois dépasser certaines limites physiologiques.**

Pistes pour répondre

- Décrire l'évolution de la consommation de dioxygène et du débit ventilatoire durant l'effort (débit ventilatoire = fréquence ventilatoire × volume ventilatoire). > Doc. 2 et 3
- Décrire l'évolution de la consommation de dioxygène en fonction de la puissance de l'effort et en déduire l'existence d'une limite physiologique à l'effort. > Doc. 3 et 4
- Relier ventilation, respiration, production d'énergie et exercice physique. > Doc. 1 à 5 et les pages 194-195

3 Exercice physique et santé

La pratique d'une activité physique peut aider à préserver l'organisme de certains troubles de la santé. **Comment adapter l'activité physique à son état de santé ?**

A Activité sportive et équilibre alimentaire

L'apport énergétique quotidien d'un individu doit être d'environ 15 % d'origine protidique, 30 % d'origine lipidique et 55 % d'origine glucidique. Pour atteindre ces porportions, il est conseillé 4 portions de Glucides, 2 portions de Protides et 1 portion de Lipides par repas.

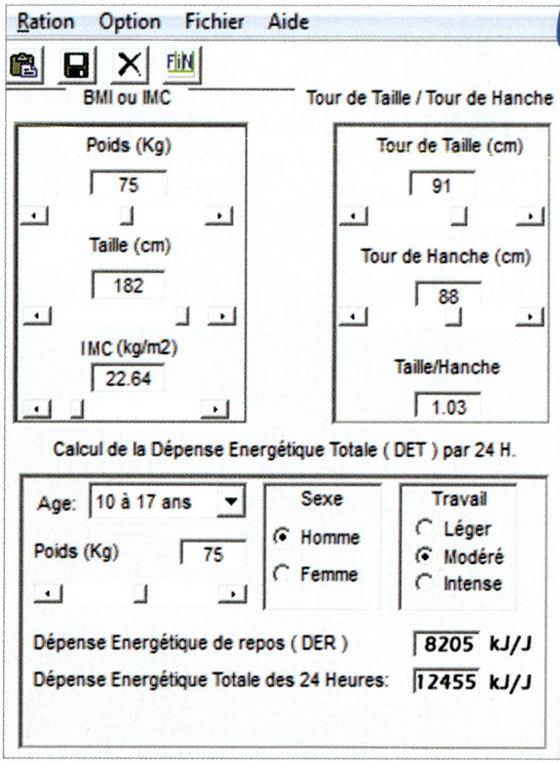

Doc. 1 Visualisation, à l'aide du logiciel *Ration*, des apports et des besoins énergétiques.
Ce logiciel permet de déterminer les besoins énergétiques en fonction de l'organisme et de connaître son **IMC**.

Chez un individu de plus de 16 ans, si la valeur de l'IMC est :

- inférieure à 16 $kg.m^{-2}$, on parle de dénutrition sévère ;
- inférieure à 18 $kg.m^{-2}$, on parle de dénutrition ;
- supérieure à 25,5 $kg.m^{-2}$, on parle de surpoids ;
- supérieure à 30 $kg.m^{-2}$, on parle d'obésité.

En cas de déséquilibre entre les dépenses et les apports, l'énergie est stockée (apports supérieurs aux dépenses) ou déstockée (dépenses supérieures aux apports).

La dénutrition correspond à une très faible quantité de stock énergétique lipidique ou glucidique dans l'organisme.

Doc. 2 Diagnostic et conséquences des déséquilibres énergétiques.

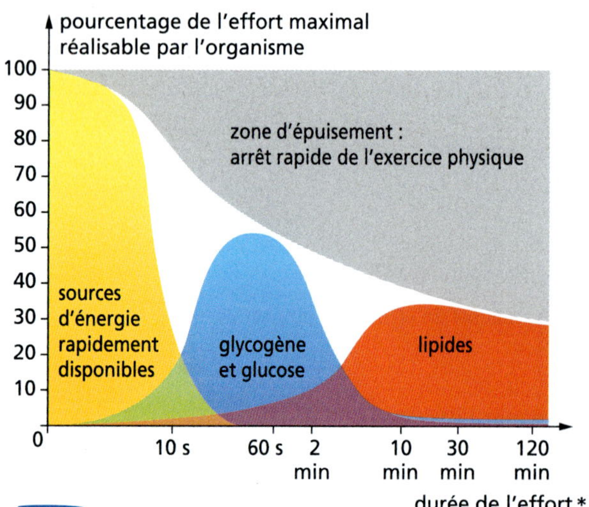

Doc. 3 Sources d'énergie utilisée par les muscles en fonction de la durée et de la puissance de l'effort. (* échelle logarythmique)

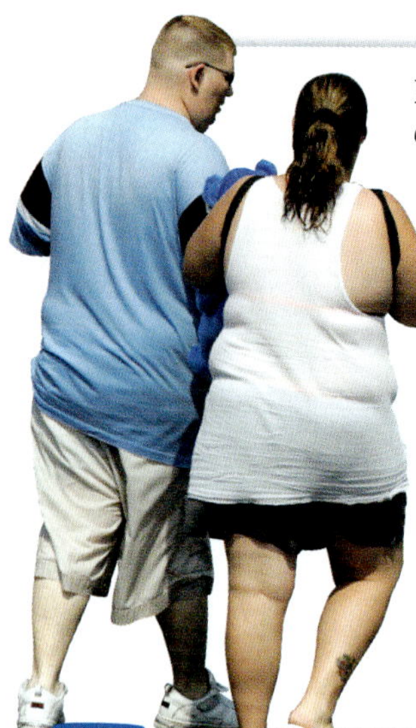

En France, la proportion des personnes en surpoids ou obèses a progressé de 36,7 % à 41,6 % entre 1997 et 2003, soit une augmentation de 13 %. 19 % des enfants français sont touchés par l'obésité ou le surpoids.

En 2010, l'obésité est déjà à l'origine de 6 % des dépenses de santé et de 10 à 13 % des décès.

Doc. 4 L'obésité en France.

B Activité sportive et ventilation

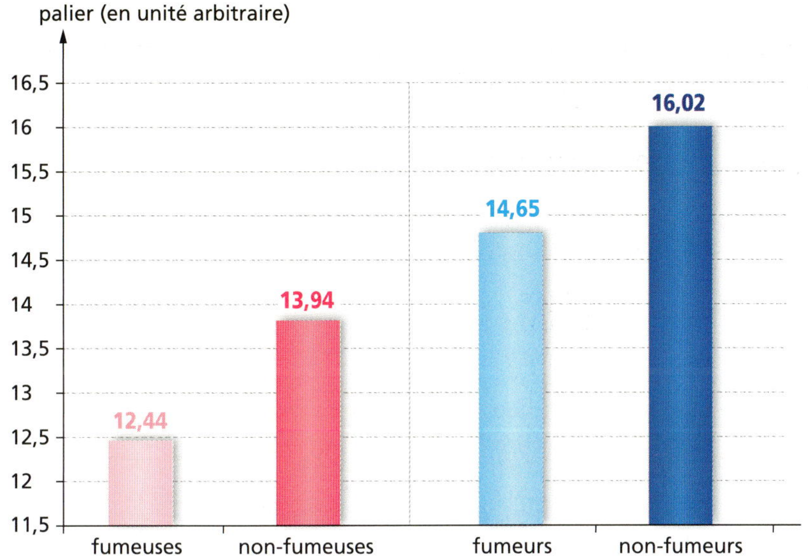

Un test d'endurance appelé test de Léger-Boucher consiste à courir en accélérant progressivement jusqu'à épuisement. Selon son endurance, la personne s'arrête plus ou moins tôt. On note alors le « palier » correspondant à son épuisement. Plus le chiffre du palier est important, plus la personne est endurante.

51 élèves dont 9 fument chez les filles et dont 12 fument chez les garçons ont réalisé ce test. Celui-ci a été effectué sous contrôle médical.

Doc. 5 Tabagisme et capacité sportive.

- Les goudrons irritent les bronches et engendrent une sécrétion de mucus qui perturbe la ventilation. De plus, le tabagisme exerce un effet **broncho-constricteur**.
- Le monoxyde de carbone, produit par la fumée de tabac, en se fixant sur l'hémoglobine, prend la place d'une partie du dioxygène. Les muscles ne peuvent fonctionner de façon optimale car ils sont privés d'une partie du dioxygène nécessaire à leur fonctionnement optimal, d'où une difficulté supplémentaire dans l'effort physique.
- La nicotine entraîne des modifications dans la circulation sanguine, réduisant la capacité de l'organisme à évacuer l'énergie thermique par la peau.

Doc. 6 Effet du tabagisme sur l'aptitude à l'effort.

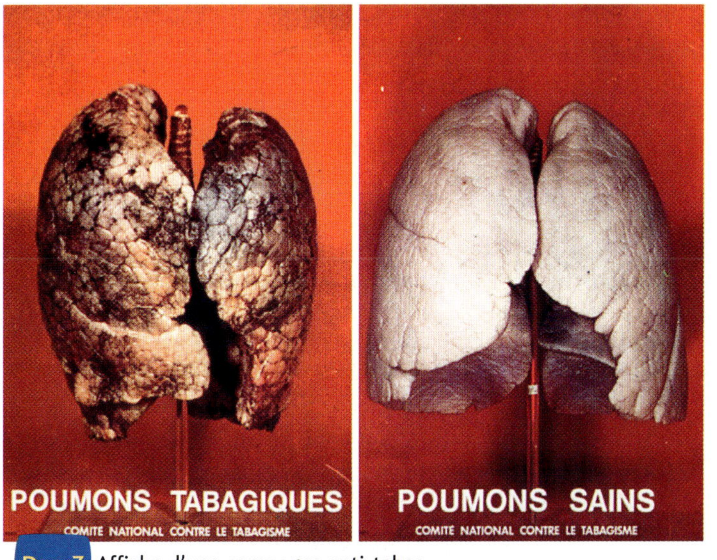

Doc. 7 Affiche d'une campagne anti-tabac.

QUESTION **Expliquer en quoi la pratique du sport peut aider à lutter contre l'obésité, mais nécessite un bon état de l'appareil ventilatoire.**

Pistes pour répondre

- Expliquer le principe du stockage et du déstockage de l'énergie dans le corps. > Doc. 1 à 3
- Expliquer une origine possible de l'obésité et ses conséquences. > Doc. 2 et 4
- Expliquer les effets du tabac sur l'appareil ventilatoire et la pratique sportive. > Doc. 5 à 7

Vocabulaire

IMC : indice de masse corporelle.

Broncho-constriction : réduction du diamètre des bronches.

Bilan Adaptation énergétique

I Exercice physique et apport d'énergie [pp. 194-195]

• Un exercice physique nécessite un apport d'énergie. Les trois quarts de l'énergie délivrée pour effectuer un exercice physique sont perdus sous forme de chaleur, le reste permettant de réaliser l'exercice musculaire.

• À chaque **nutriment** correspond une certaine quantité d'énergie potentiellement utilisable par les organes.

• L'utilisation de nutriments, en particulier le glucose, s'accroît durant un exercice physique. Lors d'un exercice prolongé, du glucose peut être libéré dans l'organisme à partir du glycogène du foie ou des réserves lipidiques.

II La consommation de dioxygène durant l'effort [pp. 196-197]

• Au cours d'un exercice physique, la **respiration**, qui nécessite du dioxygène et des nutriments, permet de produire l'énergie indispensable au fonctionnement des muscles. Plus l'effort est intense, plus la consommation de dioxygène et de nutriments augmente.

• Il existe une limite à la consommation de dioxygène, on parle de **VO_2 max**. Celle-ci entraîne une limite dans la puissance de l'effort.

• La **ventilation** pulmonaire permet l'approvisionnement du sang en dioxygène.

Le débit ventilatoire augmente en fonction des besoins liés à l'effort physique grâce à une augmentation de la fréquence ventilatoire et du volume ventilatoire. Il existe une limite à la ventilation pulmonaire, ce qui explique le VO_2 max.

III Exercice physique et santé [pp. 198-199]

• Les apports énergétiques fournis par l'alimentation doivent permettre de couvrir les dépenses énergétiques liées au fonctionnement de l'organisme. En cas de déséquilibre, l'organisme stocke l'énergie non dépensée sous forme de graisses et tend vers l'**obésité**.

• La pratique raisonnée de l'exercice physique peut aider à réaliser un équilibre entre les apports et les dépenses énergétiques. Elle doit être adaptée à l'état de santé de la personne.

Mots-clés, voir page 253

- Nutriment
- Respiration
- VO_2 max
- Ventilation
- Obésité

L'essentiel

Compétences

Savoir que :

- L'énergie nécessaire à la contraction musculaire est fournie par la respiration qui utilise le dioxygène et les nutriments.
- Lors d'un effort physique, la consommation de dioxygène augmente. Plus l'effort est intense, plus les consommations de dioxygène et de nutriments augmentent.
- Au cours d'un effort, la fréquence ventilatoire et le volume ventilatoire augmentent, provoquant l'augmentation du débit ventilatoire.
- Il existe une limite à la consommation de dioxygène par l'organisme, ce qui entraîne une limite dans l'effort.
- L'exercice physique est un des facteurs qui aident à lutter contre l'obésité. Un bon état de l'appareil ventilatoire est indispensable à la pratique d'un exercice physique.

Être capable de :

- Concevoir et/ou mettre en œuvre un protocole expérimental pour mettre en évidence les aspects du métabolisme énergétique à l'effort.
- Exploiter des données quantitatives concernant les modifications de la consommation de dioxygène et/ou de nutriments à l'effort.
- Concevoir et/ou mettre en œuvre un protocole expérimental pour montrer les variations des paramètres physiologiques durant l'effort.

Pour développer des compétences

B2i

> *Manipuler et expérimenter.*

L'influence de l'exercice physique sur le débit ventilatoire

Le débit ventilatoire est le volume d'air ventilé par l'organisme sur une période de temps donné. Il est évalué grâce à un dispositif ExAO. Pour cela, un protocole d'utilisation du matériel doit être élaboré puis mis en œuvre.

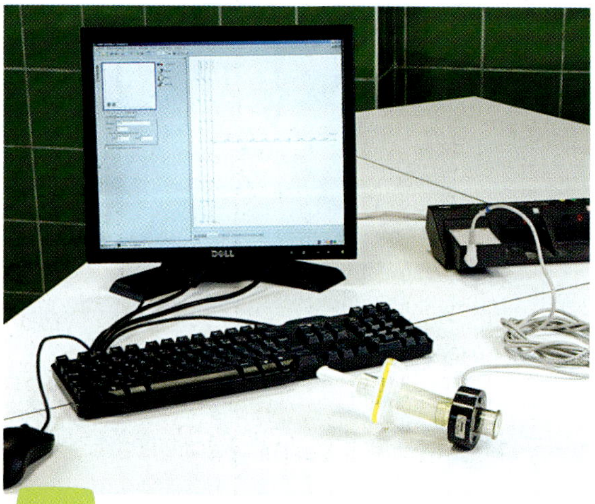

Doc. 1 Dispositif expérimental.

- L'exercice physique peut être varié : flexions, montées-descentes sur une marche, vélo d'appartement…
- L'intensité de l'exercice peut être modifiée en faisant varier la vitesse de réalisation de l'exercice.
- L'embout doit être mis en bouche et tenu par les mâchoires.
- Les fuites ventilatoires par le nez peuvent fausser les mesures. Un dispositif pour pincer les narines peut être utile.
- Le matériel de mesure peut occasionner une gêne. Les mesures devront donc être réalisées sur une période courte : deux minutes au maximum.

Doc. 2 Des conseils pour l'élaboration du protocole et de sa mise en œuvre.

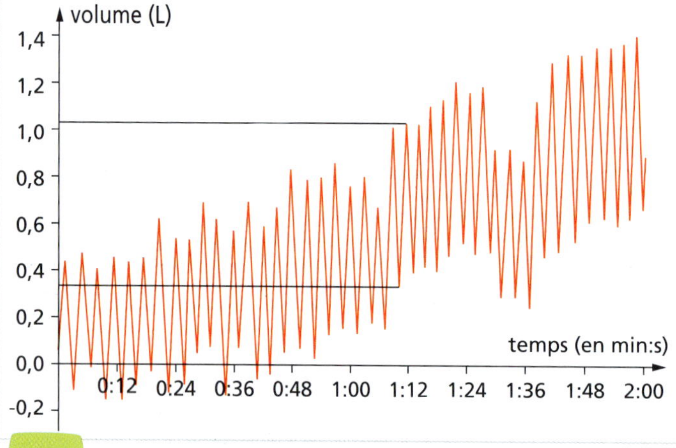

Le débit ventilatoire s'obtient en multipliant la fréquence ventilatoire par le volume ventilé :

$$DV = FR \times VV$$

Il est exprimé en $L.min^{-1}$.

Il est possible, à partir du graphique, de trouver les valeurs :

– du volume ventilé moyen :
VV = 1,05 – 0,35 = 0,70 litre par cycle respiratoire ;

– de la fréquence respiratoire :
FR = $\frac{41}{2}$ = 20,5 cycles respiratoires par minute.

Doc. 3 Une aide pour le calcul du débit ventilatoire.

Questions :

- Élaborer un protocole permettant de mesurer l'activité respiratoire dans trois situations correspondant à un exercice physique d'intensité croissante.
- Insérer les trois graphiques obtenus dans un même document, puis l'imprimer.
- Calculer le débit ventilatoire de l'individu dans chaque situation.
- Conclure sur l'influence de l'activité physique sur le débit ventilatoire.

Si j'ai réussi, je peux demander la validation de l'item du B2i :

L.1.1 : Je sais choisir les services, matériels et logiciels adaptés à mes besoins.

Un exercice physique au-delà du VO_2 max

La respiration cellulaire permet d'obtenir de l'énergie par la dégradation des nutriments en présence de dioxygène.

Le VO_2 max d'un individu limite ainsi la production d'énergie par la respiration.

Les muscles peuvent obtenir un surplus d'énergie par la fermentation : les nutriments sont dégradés en l'absence de dioxygène. La quantité d'énergie produite est faible et elle libère de l'acide lactique qui peut provoquer des courbatures.

Un individu peut donc réaliser un effort nécessitant une quantité d'énergie supérieure à celle que peut lui fournir son VO_2 max. Ce mécanisme se met en place lors d'efforts brefs et souvent violents.

Malgré tout, ce processus nécessite, après coup, du dioxygène. En effet, l'acide lactique est dégradé par l'organisme… en présence de dioxygène.

INTERVIEW | Métier Clément, professeur d'EPS, spécialisé dans les arts du cirque

Quel métier souhaitiez-vous exercer lorsque vous étiez adolescent ?

> Deux projets me motivaient : être enseignant et être créatif. Une fois professeur, j'ai pu saisir l'opportunité de devenir formateur en arts du cirque auprès des professeurs d'EPS.

En quoi consiste votre métier ?

> Pour moi, le plus important est que les élèves découvrent, progressent, se sentent bien dans leurs corps.
Je participe aussi à la vie éducative du collège où j'enseigne. Je suis en relation avec mes collègues, les parents d'élèves et les services de ma ville.

Quels conseils donneriez-vous aux jeunes qui voudraient travailler dans votre secteur ?

> Avoir un véritable intérêt pour les relations humaines, une grande patience et aussi une bonne connaissance de sa discipline.

> Il faut souvent être capable de se remettre en question, de suivre les nouveautés et parfois de se mettre à la place de l'élève pour comprendre ses éventuelles difficultés.

> Il ne faut pas réfléchir en termes d'avantages et d'inconvénients car ce métier est plein de surprises.

PARCOURS

Baccalauréat littéraire avec options Biologie et Arts plastiques / Licence STAPS (sciences et techniques des activités physiques et sportives) / CAPEPS.

Exercices

S'auto-évaluer

> Restituer des connaissances.

1 QCM

Choisir la (ou les) bonne(s) réponse(s).

	Propositions de réponses			En cas d'erreur, revoir :
	A	B	C	
1. L'énergie utilisée par les muscles provient	uniquement du dioxygène	uniquement des nutriments	du dioxygène et des nutriments	p. 195
2. Lors d'un effort d'intensité croissante, la consommation de dioxygène	augmente avec l'intensité de l'effort	augmente avec l'intensité de l'effort, puis se stabilise	reste constante	p. 196
3. Au repos, l'organisme	ne consomme pas de glucose, mais du dioxygène	consomme du glucose et du dioxygène	consomme du glucose et pas de dioxygène	pp. 195 et 196
4. La consommation de nutriments dépend	de l'effort fourni	de la ventilation	de l'alimentation	p. 195
5. La respiration permet	l'apport de dioxygène	de fournir l'énergie nécessaire au fonctionnement des muscles par exemple	l'apport de dioxygène au sang	pp. 196 et 197
6. Lors de l'effort, la ventilation	ne varie pas par rapport au repos	s'accélère	s'accélère et devient plus ample	pp. 196 et 197
7. La puissance de l'effort réalisée par un organisme	ne connaît aucune limite	connaît une limite liée à l'approvisionnement en aliments	connaît une limite liée à l'approvisionnement en dioxygène	p. 197
8. L'exercice physique permet	de lutter contre l'obésité	d'être en bonne santé	d'éliminer les toxines du corps	p. 198

2 Définir des termes

a. VO_2 max **b.** Nutriment

3 Rédiger une phrase

a. Consommation de dioxygène / énergie utilisée / nutriments.
b. Limite / VO_2 max / effort physique.
c. Tabac / ventilation / VO_2 max.
d. Apport énergétique / lutter / obésité / exercice physique.

4 Expliquer comment...

a. L'organisme utilise l'énergie « contenue » dans les nutriments.
b. Équilibrer les apports et les dépenses énergétiques d'un individu.

5 Établir et expliquer le lien...

a. Entre l'énergie consommée et la puissance d'un exercice physique.
b. Entre le débit ventilatoire et l'effort physique.
c. Entre le dioxygène consommé et la puissance d'un exercice physique.
d. Entre le mode de vie et la VO_2 max d'un individu.

Voir corrigés p. 254.

Rédiger

> Restituer des connaissances.

6 **a.** Après avoir rappelé l'origine de l'énergie utilisée par l'organisme lors d'un effort, expliquer les adaptations ventilatoires de l'organisme qui permettent de fournir davantage d'énergie lors de cet effort.

b. Après avoir rappelé comment l'organisme utilise l'énergie chimique des nutriments, expliquer l'origine des limites des performances sportives.

Exercice résolu

> *S'informer à partir d'un graphique, raisonner.*

7 Analyse d'une courbe de consommation de dioxygène

Énoncé

On effectue la mesure de la consommation de dioxygène en temps réel d'un coureur de fond de haut niveau pesant 62 kg en fonction d'un effort d'intensité croissante.

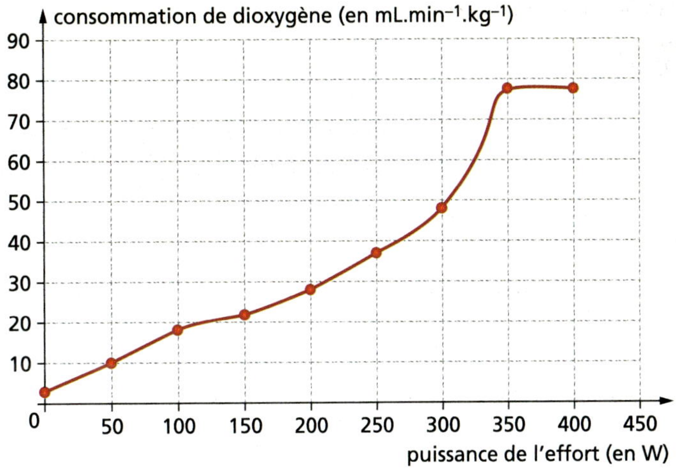

1. Déterminer graphiquement le VO_2 max de cet individu et la puissance maximale de l'effort qu'il peut effectuer.
2. Expliquer l'origine de ces limites physiologiques.

Comprendre l'énoncé

1. Le VO_2 max correspond au volume maximal de consommation de dioxygène par un individu. La puissance maximale correspond à la puissance de l'effort lorsque l'individu atteint son VO_2 max.
2. Faire le lien entre la consommation de dioxygène et la production d'énergie nécessaire à l'activité musculaire.

Éléments de réponse

1. Le VO_2 max se situe autour de 75 - 80 $mL.min^{-1}.kg^{-1}$ de dioxygène consommé pour une puissance de 350 W.
2. La limite physiologique s'explique par l'impossibilité pour l'organisme d'apporter suffisamment de dioxygène aux muscles, limitant ainsi la production d'énergie par respiration. Par exemple, le débit ventilatoire n'est plus suffisant pour réapprovisionner le sang en dioxygène.

Application

8 Le coût énergétique d'une course à pied…

Énoncé

La courbe ci-contre présente le coût énergétique pour un marathonien pesant 62 kg.

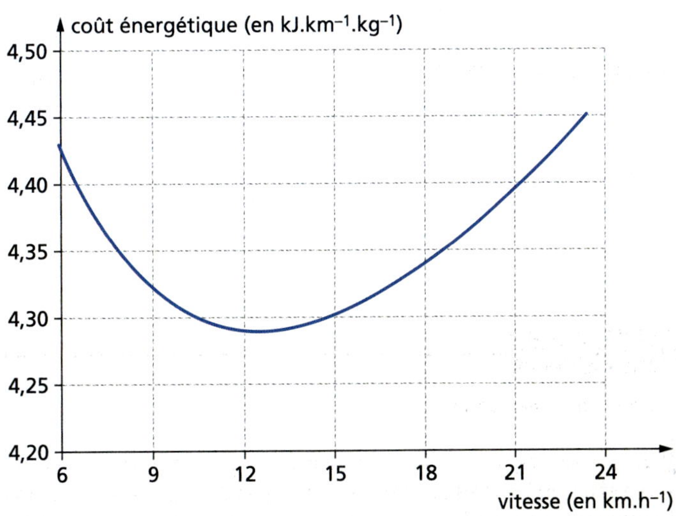

1. Déterminer graphiquement la vitesse correspondant au coût énergétique le plus faible.
2. Estimer l'énergie nécessaire (en joules) à ce coureur pour parcourir un marathon de 42 km à des vitesses de 14 $km.h^{-1}$ et de 19 $km.h^{-1}$.

9 Variation de la consommation de glucose en fonction de l'effort

> S'informer à partir d'un graphique, raisonner.

L'histogramme ci-contre représente la quantité de glucose consommée par un individu en fonction de la puissance de l'exercice physique effectué.

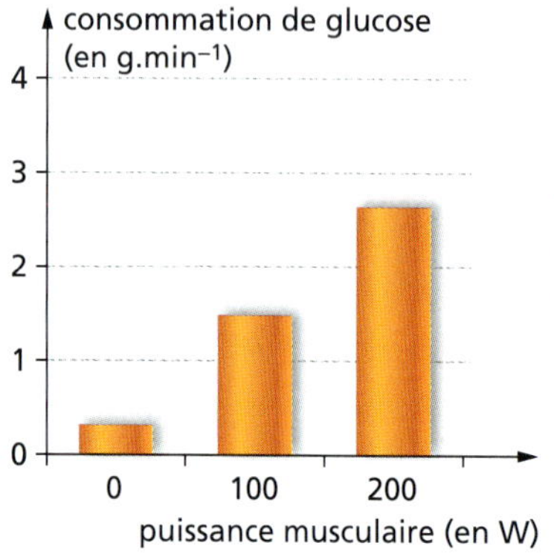

1. Décrire la variation de consommation de glucose en fonction de la puissance de l'exercice.

2. Expliquer l'origine de cette variation.

10 Améliorer ses performances par l'entraînement

> S'informer à partir d'un graphique, raisonner.

Le document a représente les valeurs de VO_2 max d'un homme pesant 73 kg avant et après un entraînement de huit semaines, à raison de trois jours de séances par semaine.

Le document b représente la consommation en dioxygène du même individu en fonction de la longueur de sa foulée pour une course de 16 km.h^{-1}.

a

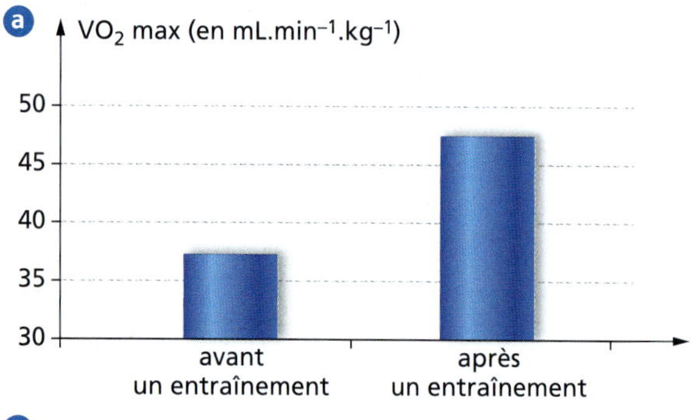

b

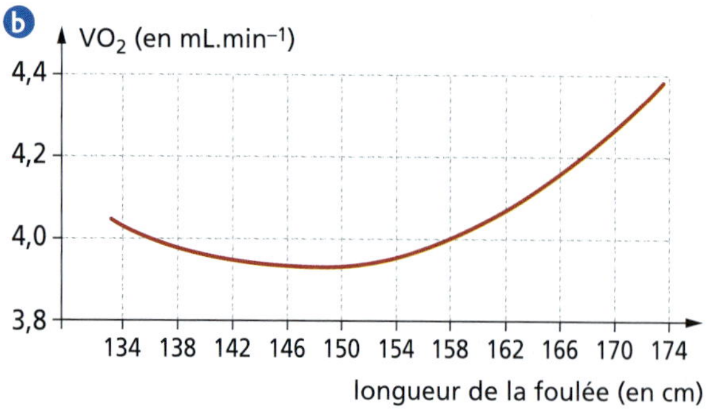

1. Rappeler le lien qui existe entre le VO_2 max et les performances sportives.

2. Expliquer, grâce aux deux documents présentés, comment un entraînement adapté peut permettre à un individu d'améliorer ses performances sportives.

11 L'asthme d'effort

> S'informer à partir d'un texte, raisonner.

L'asthme touche plus de 3 millions de Français. Certaines conditions favorisent les crises d'asthme : air froid et sec, présence de pollens ou d'autres allergènes, maladie virale telle que la grippe ou suite à un effort.
Afin de soigner ces crises, on recourt à des broncho-dilatateurs.

> **VENTOLINE® 100 microgrammes/dose, suspension pour inhalation en flacon pressurisé**
> Salbutamol
>
> 1. QU'EST-CE QUE VENTOLINE 100 microgrammes/dose, suspension pour inhalation en flacon pressurisé ET DANS QUELS CAS EST-IL UTILISE
>
> AGONISTE SELECTIF DES BETA-2 RECEPTEURS PAR VOIE INHALEE
> BRONCHODILATATEUR - ANTIASTHMATIQUE
>
> Ce médicament est un bêta-2 mimétique.
> C'est un bronchodilatateur (il augmente le calibre des bronches) à action rapide et de courte durée (4 à 6 heures) qui s'administre par voie inhalée.
> Il est indiqué en cas de crise d'asthme ou de gêne respiratoire au cours de la maladie asthmatique ou de certaines maladies des bronches.
>
> Il peut également vous être prescrit en traitement préventif de l'asthme déclenché par l'effort.

Extrait de la notice de Ventoline

1. Expliquer les causes et les conséquences d'une crise d'asthme.
2. Rappeler l'intérêt d'une bonne ventilation pour la pratique sportive.
3. Expliquer les précautions et les traitements liés à cette pathologie en rappelant leurs effets.
4. Expliquer pourquoi la ventoline est parfois utilisée comme dopant afin d'améliorer les performances sportives.

12 Régime alimentaire et capacité à résister à un effort

> S'informer à partir d'un graphique, raisonner.

Durant les trois derniers jours précédant un test à l'effort, on modifie le régime alimentaire de trois individus ayant les mêmes performances sportives. Le premier (1) reçoit une alimentation constituée de 5 % de glucides, le deuxième (2) de 50 % de glucides et le troisième (3) de 82 % de glucides.

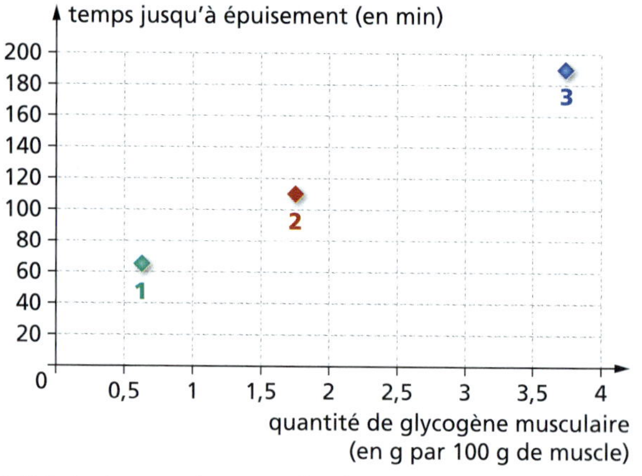

1. Décrire les conséquences des différents régimes alimentaires sur les capacités de l'individu.
2. Expliquer ces résultats.

Modifications de la circulation lors d'un effort

Unité **14**

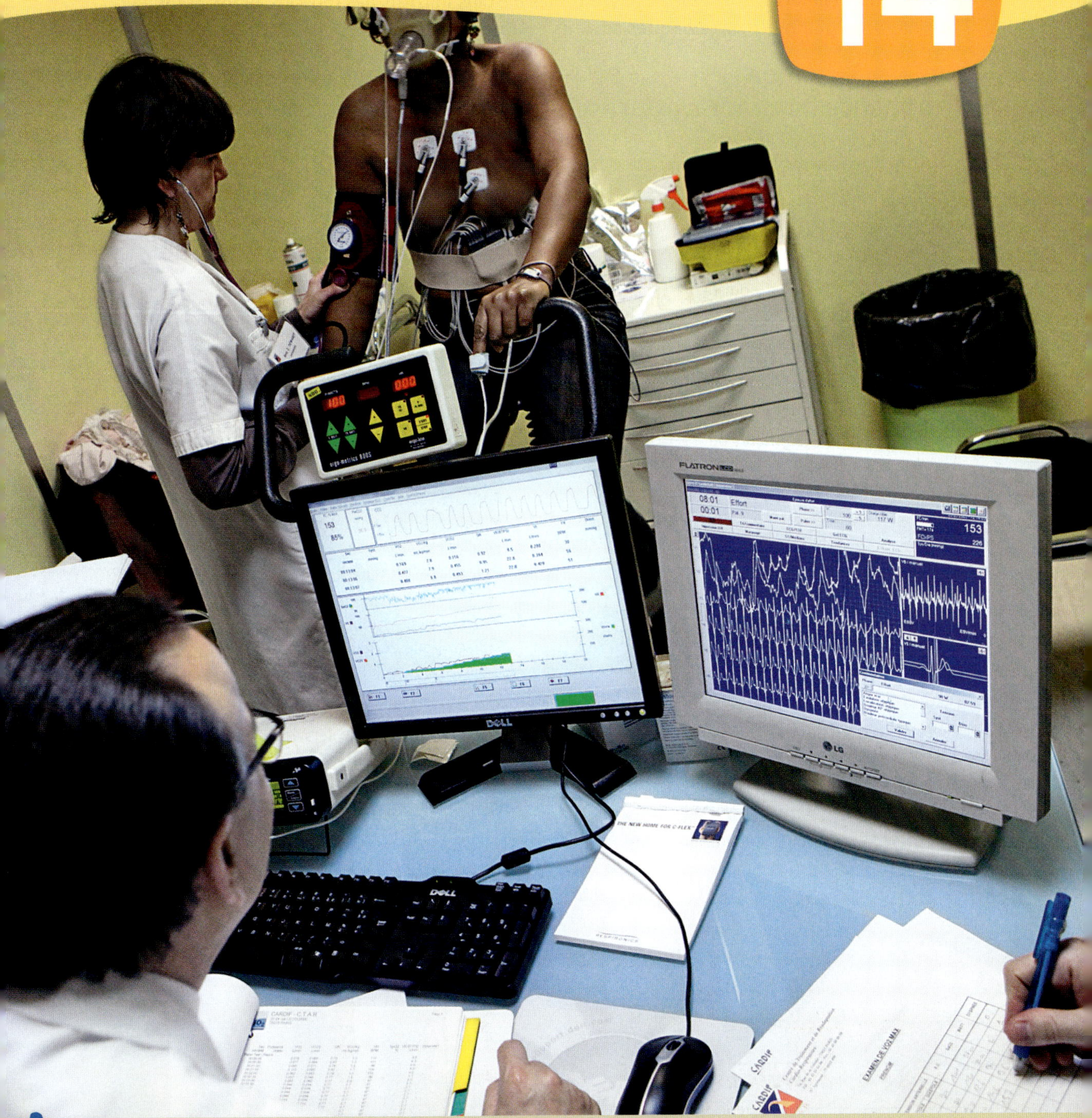

Enregistrement de l'activité cardiaque et ventilatoire d'un patient.

Au cours d'un effort, le rythme cardiaque s'accélère. Les besoins en dioxygène et en nutriments sont accrus. Ces besoins nécessitent un ajustement de la circulation afin d'assurer l'approvisionnement nécessaire aux muscles pour produire l'effort. **Comment les paramètres cardiaques et circulatoires se modifient-ils lors d'un effort ? Quelles interactions s'établissent entre l'état de l'appareil cardiovasculaire d'une personne et la pratique d'une activité physique ?**

1 Modifications cardiaques lors d'un effort

La circulation sanguine assure l'apport en dioxygène et en nutriments afin de répondre aux besoins nutritifs de l'organe. Lors d'un effort physique, les besoins nutritifs des muscles augmentent. **Comment les paramètres cardiaques sont-ils modifiés lors d'un effort ?**

A Fréquence cardiaque et pression artérielle lors d'un effort

Objectif : on cherche à mesurer la fréquence cardiaque et la pression artérielle lors d'un effort.

Principe : un tensiomètre est un appareil de mesure de la pression artérielle.

Le tensiomètre électronique possède un brassard qui se gonfle automatiquement. La prise de tension avec ce type de tensiomètre repose sur des capteurs intégrés. Deux données sont mesurées : la pression artérielle **systolique** et la pression artérielle **diastolique**. La plupart des tensiomètres mesurent la fréquence cardiaque en même temps.

Protocole

- Positionner le brassard du tensiomètre correctement en suivant les consignes de la notice.
- Relever la pression artérielle systolique, la pression artérielle diastolique et la fréquence cardiaque au repos, puis durant des efforts d'intensité variable.

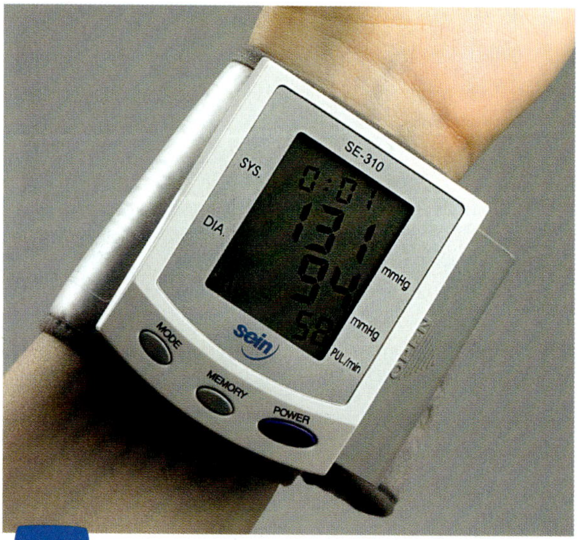

Doc. 1 Un tensiomètre électronique indiquant 131 mm de Hg de pression systolique, 94 mm de Hg de pression diastolique et 58 batt.min^{-1} de fréquence cardiaque pour une personne au repos.

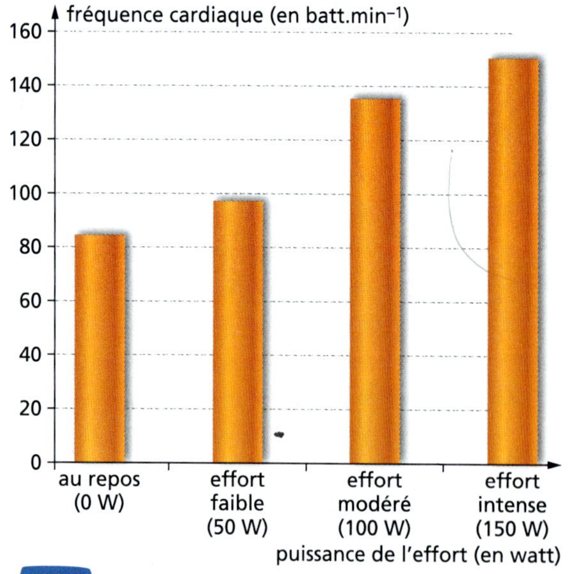

Doc. 2 Évolution de la fréquence cardiaque (FC) lors d'un effort.

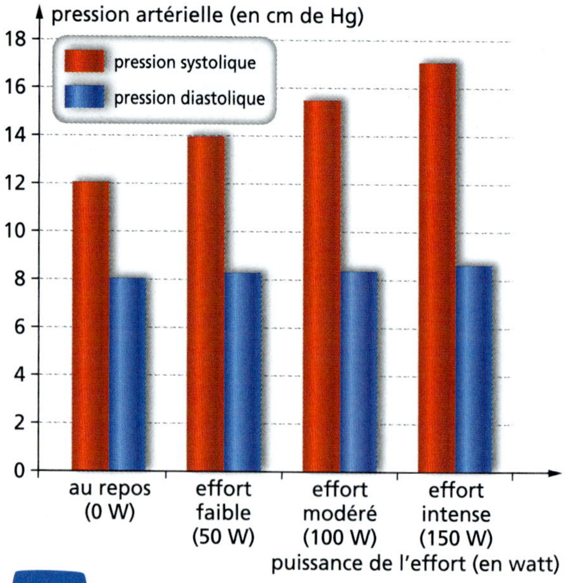

Doc. 3 Évolution de la pression artérielle (PA) lors d'un effort.

B Fonctionnement cardiaque lors d'un effort

Objectif : on cherche à comprendre l'organisation du cœur.

Protocole

- Identifier la face ventrale et la face dorsale du cœur d'un animal.
- Couper le muscle cardiaque en suivant la ligne rouge. Commencer par l'artère pulmonaire, puis la paroi du ventricule droit.
- Ouvrir le ventricule droit et sectionner la paroi de l'oreillette droite.
- Écarter les parois de l'oreillette droite.
- Pratiquer une incision en suivant la ligne bleue.

Une section pratiquée à droite de l'aorte permet d'ouvrir l'oreillette gauche.

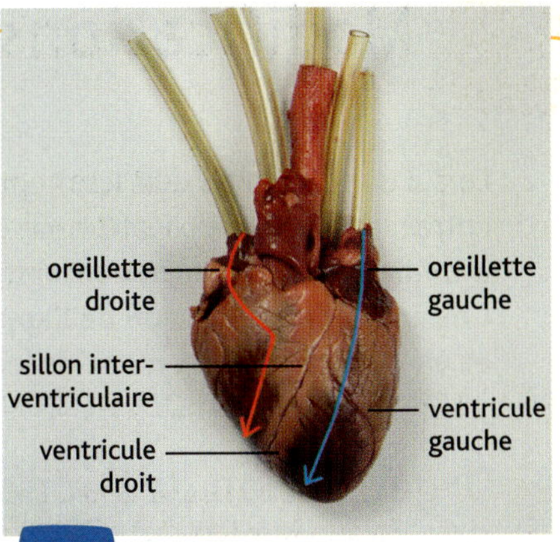

Doc. 4 Face ventrale du cœur.

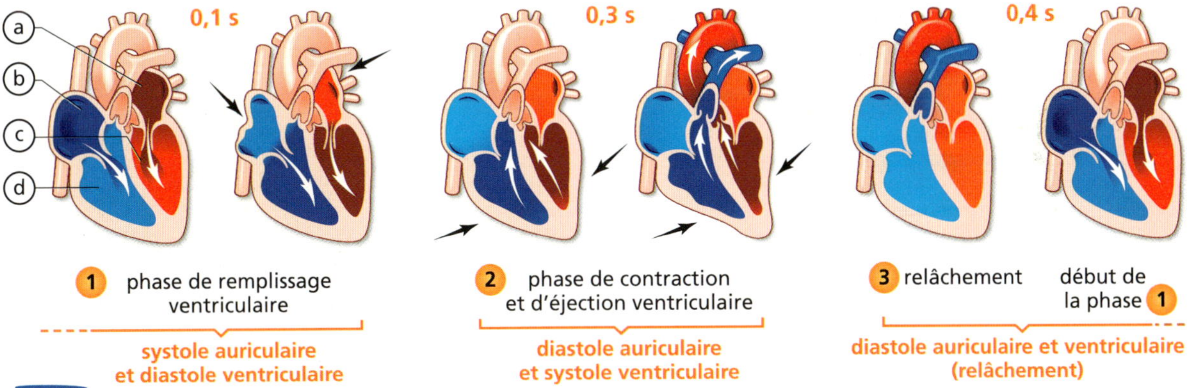

Doc. 5 La révolution cardiaque (a : oreillette gauche ; b : oreillette droite ; c : ventricule gauche ; d : ventricule droit). Plusieurs phases se succèdent au cours d'une révolution cardiaque qui constitue un battement.

Le volume d'éjection systolique (VES) est la quantité de sang qu'un ventricule éjecte à chaque contraction ou systole. Ce volume est identique dans les deux ventricules. Des mesures à l'aide d'**échographies** permettent de suivre son évolution lors d'un effort. À partir des valeurs mesurées, le débit cardiaque (DC) peut être calculé : **DC = FC x VES** (FC : Fréquence cardiaque).

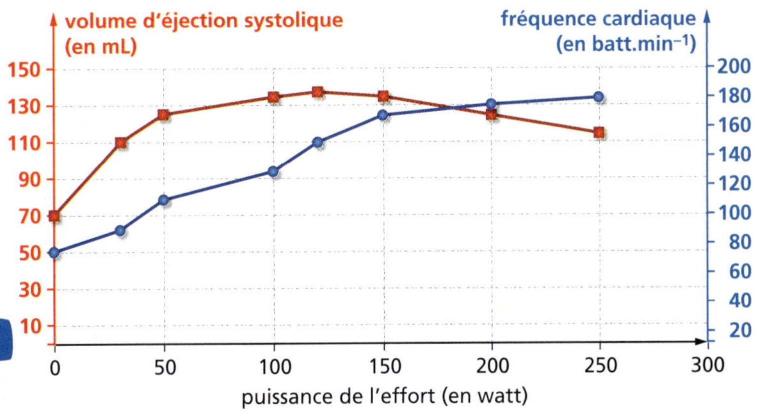

Doc. 6 Évolution de paramètres cardiaques (VES et FC) en fonction de la puissance de l'effort.

QUESTION **Expliquer comment les modifications des paramètres cardiaques favorisent un apport accru en dioxygène et en nutriments aux muscles lors d'un effort.**

Pistes pour répondre

- Décrire les modifications mesurables lors d'un effort. > Doc. 2, 3 et 6
- Identifier comment le cœur met en circulation le sang. > Doc. 4 et 5
- Établir un lien entre le fonctionnement du cœur et la modification des paramètres mesurés (FC, PA, VES, DC).

Vocabulaire

Systole : contraction du muscle cardiaque.
Diastole : relâchement du muscle cardiaque.
Échographie : technique d'imagerie médicale employant des ultrasons.

2 Modifications circulatoires lors d'un effort

Lors d'un effort physique, les modifications de la fréquence cardiaque et du volume d'éjection systolique entraînent une multiplication par cinq du débit cardiaque. Cependant, les muscles en activité peuvent avoir besoin d'une irrigation vingt fois supérieure à celle d'un muscle au repos.
Comment l'organisation de l'appareil circulatoire facilite-t-elle un apport accru en dioxygène et en nutriments aux muscles lors d'un l'effort ?

A Organisation de l'appareil circulatoire et débit sanguin des organes lors d'un effort

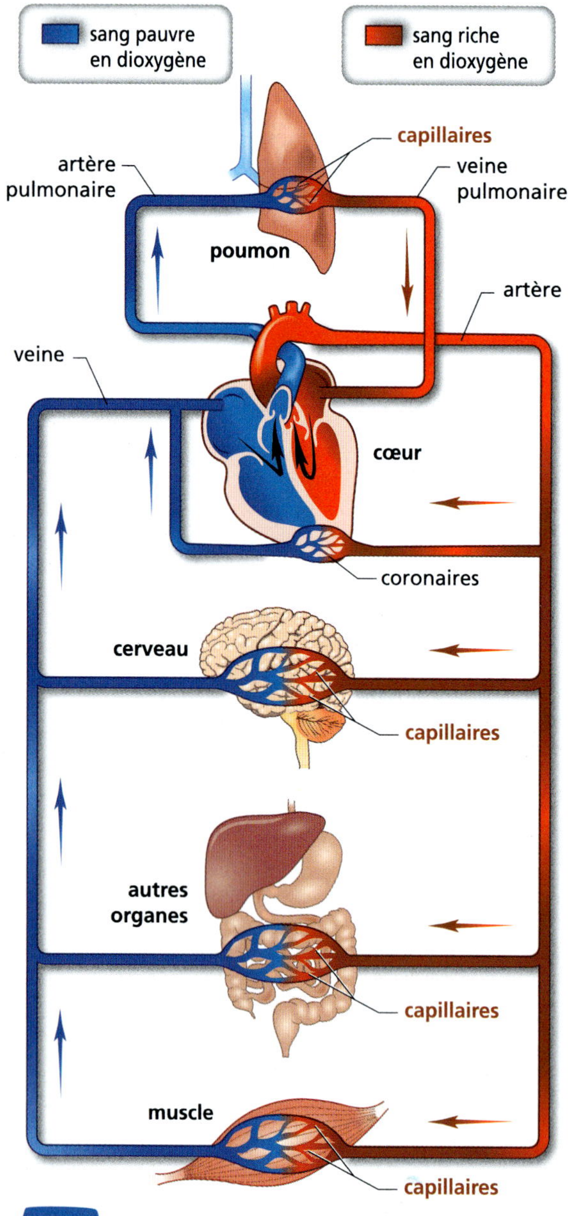

Doc. 1 Schéma de la circulation sanguine.

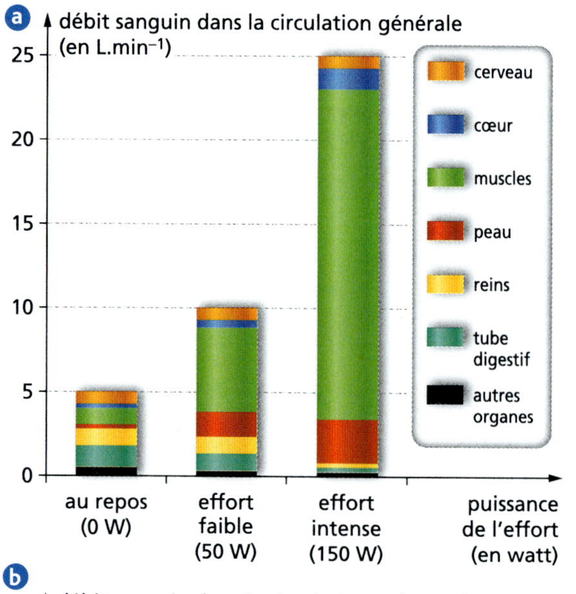

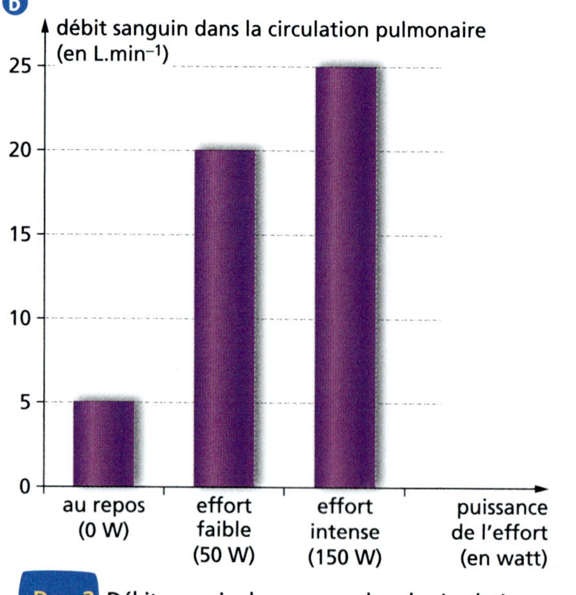

Doc. 2 Débit sanguin des organes dans la circulation générale (a) et dans la circulation pulmonaire (b) pour trois états d'un organisme : au repos, durant un effort faible et un effort intense.

B Sens de la circulation sanguine et irrigation

Objectif : simuler la circulation sanguine dans le cœur.

Protocole

- Injecter de l'eau colorée dans la veine pulmonaire puis dans l'artère aorte d'un cœur de mouton.
- Observer le sens de circulation du liquide injecté.

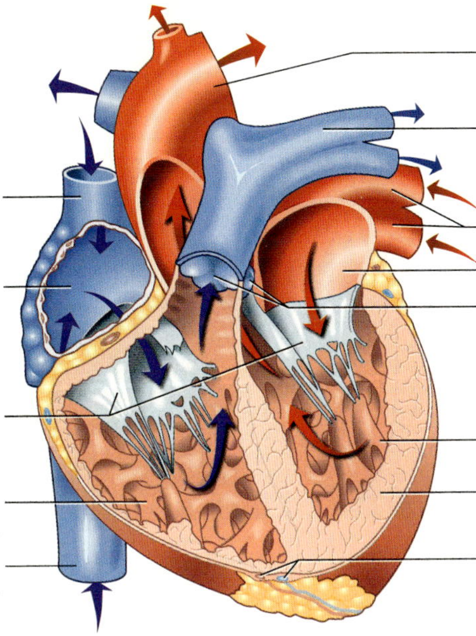

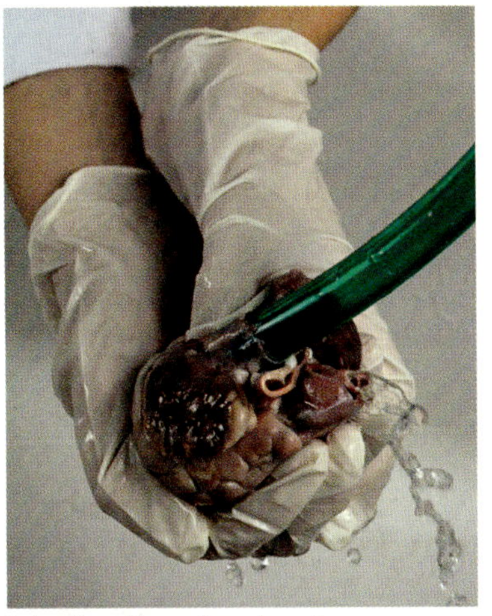

Injection d'eau dans la veine cave. L'eau ne sort que par l'artère pulmonaire. L'injection d'eau dans l'artère pulmonaire n'est pas possible.

Doc. 3 Structure interne du cœur.

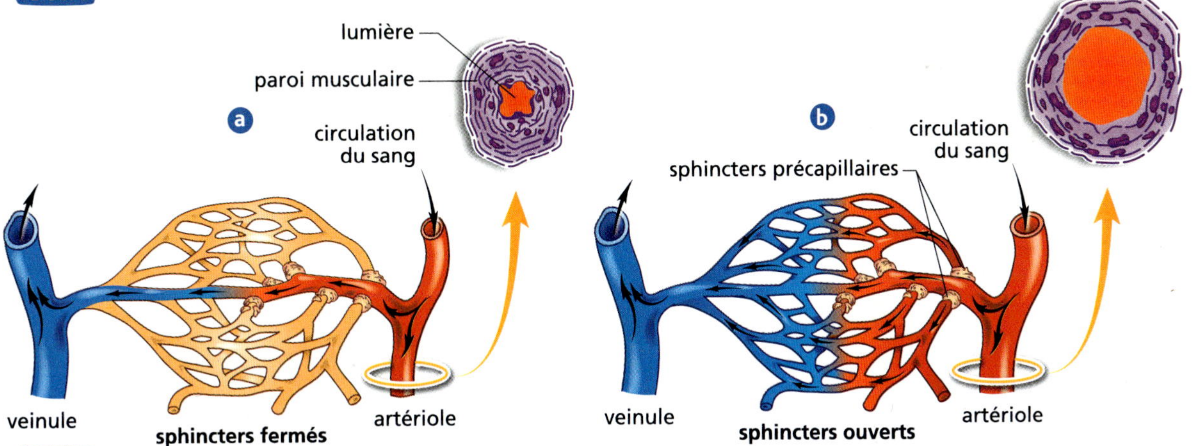

Doc. 4 Irrigation au niveau d'un muscle au repos (a) et lors d'un effort (b).
Les artérioles possèdent une couche musculaire qui permet de faire varier leur diamètre. On parle de **vasoconstriction** ou de **vasodilatation**. Les sphincters modulent la superficie des capillaires et donc le débit sanguin dans le muscle.

QUESTION **Expliquer comment l'organisation de l'appareil circulatoire facilite un apport accru en dioxygène et en nutriments aux muscles lors d'un effort.**

Pistes pour répondre

- Rechercher l'intérêt d'une disposition en série des circulations pulmonaire et générale, puis l'intérêt d'une circulation en dérivation des organes. > Doc. 1 et 2
- Établir un lien entre l'organisation cardiaque et la circulation du sang dans le cœur. > Doc. 3
- Décrire et expliquer l'adaptation du système circulatoire lors d'un effort. > Doc. 1 à 4

Vocabulaire

Vasoconstriction : réduction du diamètre de la lumière d'un vaisseau.

Vasodilatation : augmentation du diamètre de la lumière d'un vaisseau.

3 Exercice physique et santé cardiovasculaire

Le médecin doit vérifier l'état cardiovasculaire de l'adolescent souhaitant s'engager dans une activité sportive. **Quelles interactions s'établissent entre l'état cardiovasculaire d'une personne et la pratique d'un exercice physique ?**

A Adapter sa pratique sportive à son état cardiovasculaire

L'athérosclérose est une maladie provoquée par un dépôt de graisses dans la paroi des artères suite à une concentration sanguine élevée de cholestérol (LDL).
Ce dépôt provoque un rétrécissement de la lumière et la formation de caillots sanguins pouvant se détacher suite à une augmentation de pression sanguine dans les artères. Ces caillots peuvent être emportés par la circulation vers des vaisseaux plus petits (artérioles, capillaires) et les obstruer.

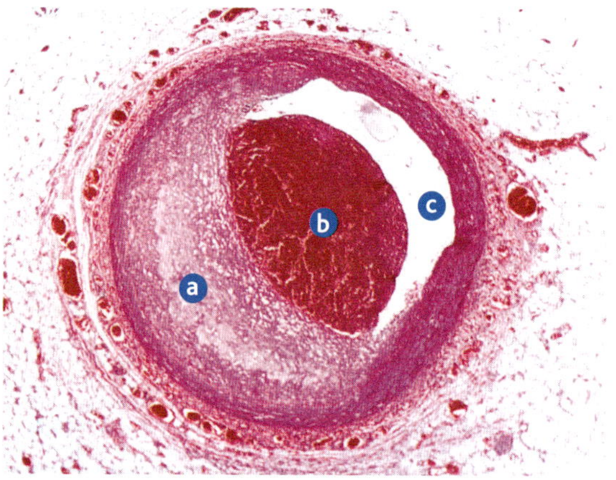

Une artériole montrant un dépôt de graisse (a), un caillot sanguin (b) provoquant un rétrécissement de la lumière (c).

Doc. 1 L'athérosclérose.

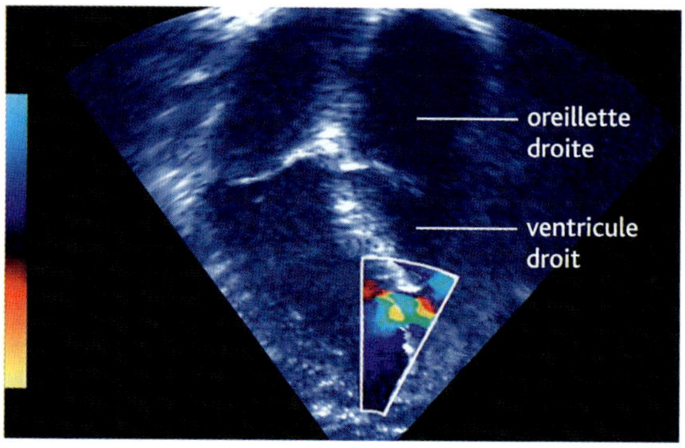

7 000 bébés naissent chaque année, en France, avec une malformation cardiaque. Les plus fréquentes sont de petites fuites au niveau des valvules cardiaques ou des communications entre les deux ventricules.
L'intervention chirurgicale permet à l'enfant de mener, dans la plupart des cas, une vie normale et de pratiquer un sport. Les enfants porteurs d'une **cardiopathie** sévère peuvent être opérés, mais non totalement guéris. Ils gardent des séquelles.
En fonction des résultats des interventions pratiquées et en fonction de la tolérance de l'enfant aux épreuves d'efforts et aux éventuelles complications, l'enfant peut ne pas être autorisé à pratiquer certaines activités sportives.

Doc. 2 Malformations cardiaques.

Cœur et activité sportive : Recommandations édictées par le Club des Cardiologues du Sport

Les 10 règles d'or
« Absolument, pas n'importe comment »

*1. Je signale à mon médecin toute douleur dans la poitrine ou tout essoufflement anormal survenant à l'effort**
*2. Je signale à mon médecin toute palpitation cardiaque survenant à l'effort ou juste après l'effort**
*3. Je signale à mon médecin tout malaise survenant à l'effort ou juste après l'effort**
4. Je respecte toujours un échauffement et une récupération de 10 min lors de mes activités sportives
5. Je bois 3 ou 4 gorgées d'eau toutes les 30 min d'exercice, à l'entraînement comme en compétition
6. J'évite les activités intenses par des températures extérieures < – 5°C ou > + 30°C et lors des pics de pollution
7. Je ne fume jamais 1 heure avant ni 2 heures après une pratique sportive
8. Je ne consomme jamais de substance dopante et j'évite l'automédication en général
9. Je ne fais pas de sport intense si j'ai de la fièvre ni dans les 8 jours qui suivent un épisode grippal (fièvre + courbatures)
10. Je pratique un bilan médical avant de reprendre une activité sportive intense (plus de 35 ans pour les hommes et plus de 45 ans pour les femmes)

** Quels que soient mon âge, mes niveaux d'entraînement et de performance ou les résultats d'un précédent bilan cardiologique.*

www.clubcardiosport.com

Doc. 3 Dix règles d'or pour pratiquer le sport. (Recommandations du Club des Cardiologues du Sport.)

B Améliorer son état cardiovasculaire en pratiquant une activité sportive

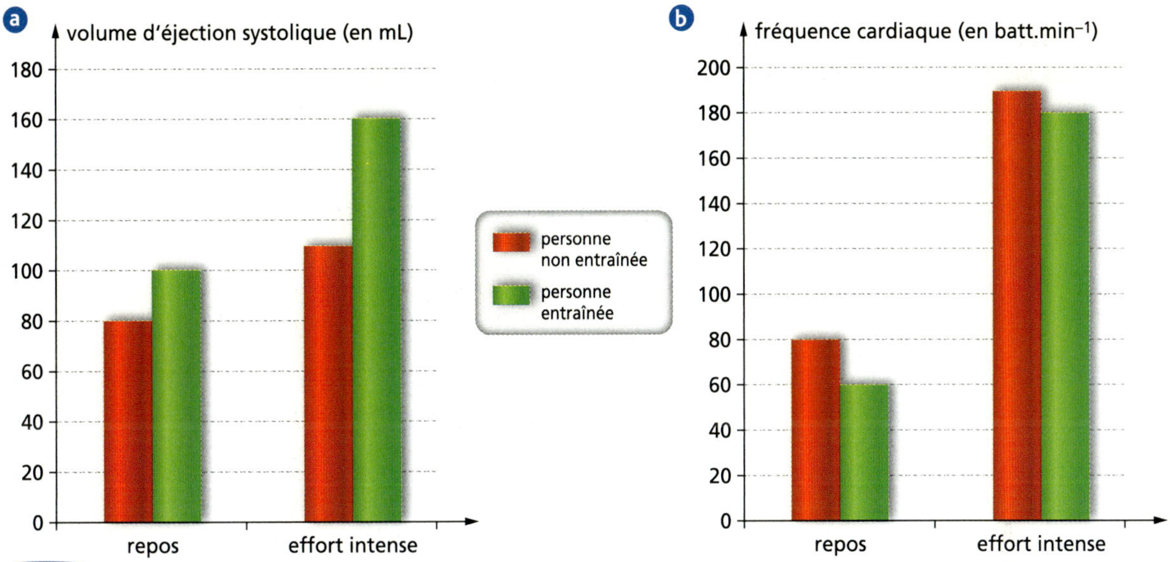

Doc. 4 Évolution du volume d'éjection systolique (a) et de la fréquence cardiaque (b) lors d'un effort, après un entraînement régulier (six mois).

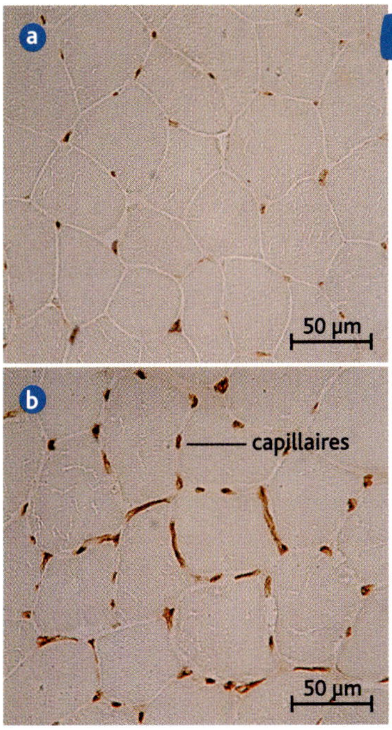

Doc. 5 Cellules musculaires au repos (a) et lors d'un effort (b) après un entraînement régulier (six mois).

	avant entraînement		après entraînement	
	repos	**effort**	**repos**	**effort**
puissance musculaire (en watt)	0	80	0	80
pression artérielle systolique (en mm de Hg)	135	165	115	147
pression artérielle diastolique (en mm de Hg)	90	93	83	87
concentration sanguine en cholestérol (en g.L⁻¹ de LDL)	1,4		1,25	

Doc. 6 Valeurs de différents paramètres au repos et lors d'un effort, après un entraînement régulier (six mois).

QUESTION **Expliquer les précautions à prendre avant de pratiquer une activité sportive et les bénéfices d'un entraînement régulier pour l'organisme.**

Pistes pour répondre

- Relier les règles d'or à respecter lors d'une pratique sportive aux risques cardiovasculaires. > Doc. 1 à 3
- Expliquer l'intérêt d'un entraînement régulier pour l'organisme. > Doc. 3 à 6

Vocabulaire

Cardiopathie : maladie touchant le cœur.

Bilan Modifications de la circulatio

I Modifications cardiaques lors d'un effort [pp. 208-209]

• Lors d'un effort, des modifications liées à l'activité cardiaque sont mesurables à l'aide d'un tensiomètre. Celui-ci permet de noter les variations de la **pression artérielle** et de la **fréquence cardiaque**.

• L'augmentation de la pression artérielle est le résultat d'une augmentation du **débit cardiaque**.

• Ce débit résulte de l'augmentation de la fréquence cardiaque d'une part et de l'accroissement du **volume d'éjection systolique** d'autre part.

• Lors d'un effort, la modification de ces deux paramètres a pour effet une augmentation du débit sanguin sortant du cœur, qui peut être multiplié par cinq.

II Modifications circulatoires lors d'un effort [pp. 210-211]

• Le cœur est un muscle creux. Il possède des valvules qui imposent un sens unique à la circulation du sang et une cloison qui évite une communication sanguine entre ses deux parties.

• La **disposition en série** des circulations pulmonaire et générale entraîne un approvisionnement du sang en dioxygène avant de revenir au niveau des muscles et des autres organes.

• La **disposition en dérivation** de la circulation générale permet une irrigation simultanée de tous les organes par un sang oxygéné.

• Lors d'un effort physique, le système circulatoire sanguin s'ajuste aux nouveaux besoins des organes.

• Le débit sanguin des muscles est multiplié par vingt bien que le débit sanguin total ne soit multiplié que par cinq. Cette augmentation est en relation avec l'organisation en dérivation de la circulation générale. Certains organes auront un débit sanguin diminué au profit d'autres organes sollicités lors de l'effort. Cette adaptation des besoins est liée à la présence de sphincters au niveau des capillaires sanguins.

III Exercice physique et santé cardiovasculaire [pp. 212-213]

• Le système circulatoire peut être victime d'altérations. L'athérosclérose correspond à une accumulation de lipides dans la paroi des vaisseaux.

• Favorisée par l'abondance de cholestérol (LDL) dans le sang, l'athérosclérose peut conduire à une obstruction partielle du vaisseau, donc à une diminution du débit sanguin dans ce vaisseau.

• Des malformations cardiaques peuvent parfois se révéler dangereuses pour la pratique d'une activité sportive.

• Il est indispensable d'adapter sa pratique sportive à son état cardiovasculaire.

• Un entraînement physique régulier et adapté à l'état cardiovasculaire permet de modifier le système circulatoire et ainsi, d'atténuer les risques d'accidents vasculaires liés à ses altérations. Il favorise :

– l'accroissement de l'irrigation sanguine des organes, donc un meilleur approvisionnement ;
– l'augmentation du volume d'éjection systolique, permettant un même débit pour une fréquence cardiaque plus faible ;
– la diminution de la pression artérielle au repos ;
– la diminution de la concentration sanguine en cholestérol (LDL).

Mots-clés, voir page 253

- Pression artérielle
- Fréquence cardiaque
- Débit cardiaque
- Volume d'éjection systolique
- Disposition en série
- Disposition en dérivation

L'essentiel

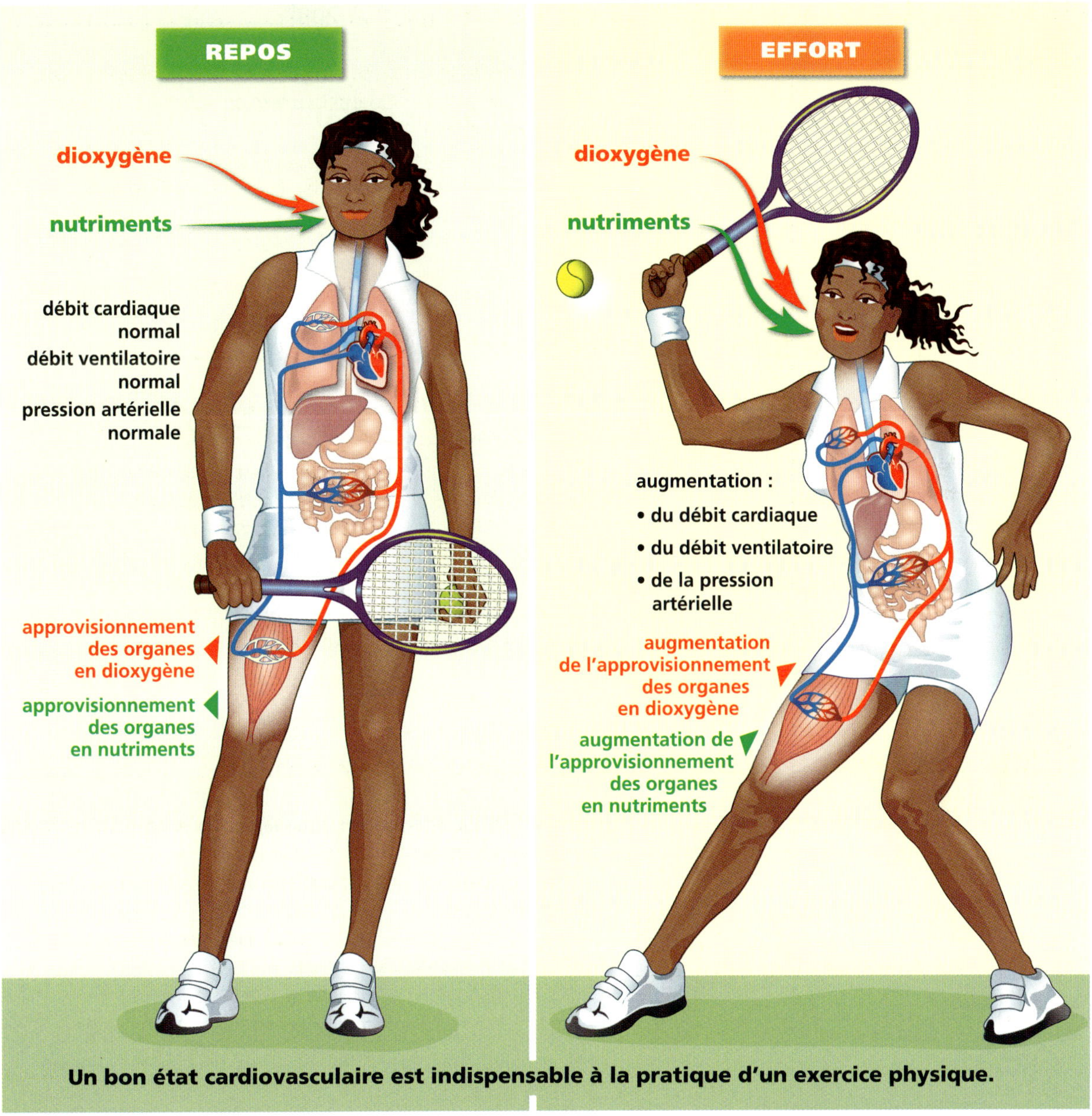

Compétences

Savoir que :

- Au cours d'un effort, un certain nombre de paramètres physiologiques sont modifiés (fréquence cardiaque, volume d'éjection systolique, pression artérielle).
- Ces modifications physiologiques permettent un meilleur approvisionnement des muscles en dioxygène et en nutriments. L'organisation anatomique facilite cet apport privilégié.
- Un bon état cardiovasculaire est indispensable à la pratique d'un exercice physique.

Être capable de :

- Concevoir et/ou mettre en œuvre un protocole expérimental pour montrer les variations des paramètres physiologiques lors d'un effort.
- Exploiter des informations et/ou manipuler pour comprendre l'organisation et le fonctionnement du système cardiovasculaire.

Pour développer des compétences

B2i

> Exprimer et exploiter des résultats à l'écrit et à l'oral en utilisant les technologies de l'information et de la communication.

Réalisation d'un schéma fonctionnel de la circulation sanguine

Un schéma est une représentation simplifiée de la réalité observée. Il doit rendre compte des modifications observées : ici, les variations du débit sanguin entre l'état de repos et l'activité physique.

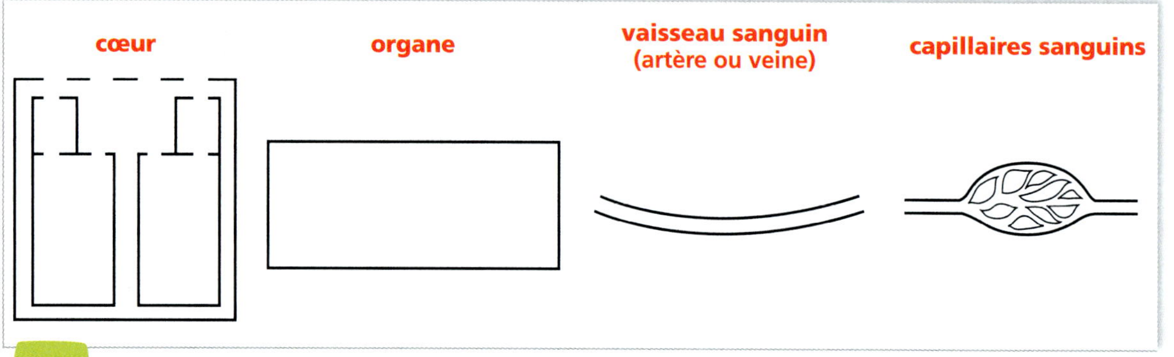

Doc. 1 Figurés nécessaires pour la réalisation du schéma.

- Cœur
- Oreillette droite
- Oreillette gauche
- Ventricule droit
- Ventricule gauche
- Veines caves
- Veines pulmonaires
- Artère aorte
- Tronc pulmonaire
- Capillaire
- Muscle
- Poumons
- Autres organes de la circulation générale
- Circulation pulmonaire
- Circulation générale

Doc. 2 Vocabulaire nécessaire pour la légende du schéma.

- À l'aide d'un logiciel de dessin, dessiner et imprimer les organes sur une feuille de papier en essayant de se rapprocher de la disposition anatomique.
- Lier ces organes par des vaisseaux sanguins et dessiner des capillaires dans les organes. Pour cela, il faut être attentif à la disposition en dérivation des organes dans la circulation générale et à la disposition en série des deux circulations pulmonaire et générale.
- Représenter le sens de la circulation du sang par des flèches :
  – de couleurs appropriées en fonction de la concentration en dioxygène ;
  – d'épaisseurs différentes en fonction du débit délivré.
- Signaler les échanges avec le sang, qui ont lieu dans les organes.
- Légender le schéma et lui donner un titre.

Doc. 3 Pistes pour la réalisation du schéma.

Questions :

- À l'aide des trois documents, représenter sous forme de schéma fonctionnel la circulation sanguine dans l'organisme.
- Représenter deux états possibles en fonction de l'activité de l'organisme.
- Donner un titre au schéma réalisé.

Des pratiques pour améliorer ses performances

Pour préparer de grandes compétitions, les équipes sportives ont souvent recours à des séances d'entraînement en altitude entre 1 800 et 2 300 m.

La faible pression atmosphérique en dioxygène provoque un appauvrissement de la teneur sanguine en dioxygène.

Si le stage est durable, l'organisme du sportif répond en augmentant la vascularisation des muscles et en sécrétant une hormone : l'érythropoétine (EPO).

L'EPO stimule la production d'hématies qui contiennent de l'hémoglobine (Hb), molécule de transport du dioxygène.

L'augmentation du nombre d'hématies entraîne une légère augmentation de la viscosité du sang.
Des pratiques de dopages ont été développées grâce aux connaissances scientifiques. Ainsi certains sportifs ont recours à des injections d'EPO de synthèse qui ont les mêmes effets que l'EPO naturelle. Mais les doses injectées provoquent une augmentation bien plus importante du nombre d'hématies et donc de la viscosité sanguine. Cette situation est dangereuse pour l'organisme. En effet, la forte viscosité du sang peut entraîner des accidents vasculaires graves. Cette pratique est rigoureusement interdite.

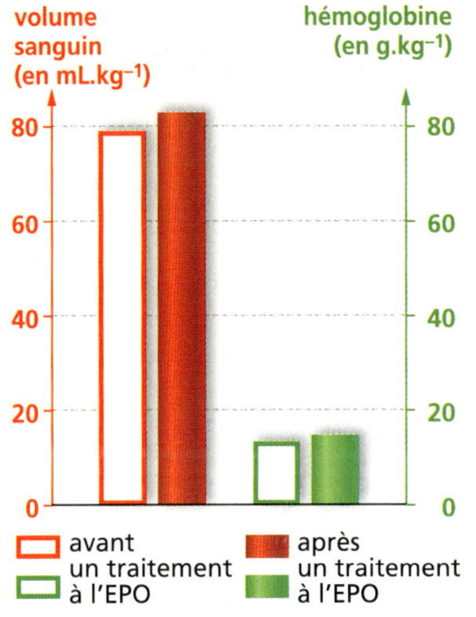

INTERVIEW | Métier Audrey, médecin cardiologue

Quel métier aviez-vous envie de faire adolescente ?

> Je voulais faire un métier en rapport avec les sciences.
Je n'ai choisi médecine qu'après le baccalauréat.
Je suis la première médecin de ma famille, je n'avais donc pas de modèle à suivre.

En quoi consiste votre métier ?

> Je travaille à l'hôpital dans un service de cardiologie avec une équipe composée de médecins, infirmiers et aides-soignants.
Je soigne des patients présentant des pathologies cardiaques diverses.
J'effectue des consultations et des gardes de nuit.
La médecine permet un contact avec les personnes et a recours à des techniques très modernes et intéressantes.

Quels conseils donneriez-vous aux jeunes qui voudraient travailler dans votre secteur ?

> Les études sont assez longues mais rapidement accompagnées de stages à l'hôpital.
Il faut bien entendu avoir un intérêt pour les relations humaines, ne pas craindre le contact et surtout, ne pas avoir peur des maladies et des hôpitaux !

PARCOURS

Baccalauréat scientifique / Faculté de médecine après un concours de fin de première année, puis spécialisation en cardiologie.

Exercices

S'auto-évaluer

> *Restituer des connaissances.*

1 QCM

Choisir la (ou les) bonne(s) réponse(s).

	Propositions de réponses			En cas d'erreur, revoir :
	A	B	C	
1. La fréquence cardiaque est	mesurable uniquement au niveau du cœur	le nombre de contractions cardiaques par minute	un paramètre proportionnel au débit cardiaque	pp. 208-209
2. Un effort physique entraîne	la diminution de la pression artérielle	l'augmentation de la fréquence cardiaque	une diminution du volume de sang expulsé par le cœur lors de la systole	pp. 208-209
3. La systole est la phase de la révolution cardiaque	de relâchement	de remplissage des ventricules	d'expulsion du sang	p. 209
4. Le volume de sang éjecté par le cœur au cours de la systole	est invariable	peut augmenter lors de l'effort	dépend de la puissance de contraction du cœur	p. 209
5. Le débit sanguin est	le même dans les circulations générale et pulmonaire	dépendant de la fréquence cardiaque	plus important dans la circulation générale que pulmonaire	p. 210
6. La circulation sanguine est	constituée de deux circulations en dérivation	en sens unique	constituée de deux circulations en série	pp. 210-211
7. Lors d'un effort, le débit total de la circulation générale	est invariable	peut être multiplié par 5	peut être multiplié par 25	p. 210
8. L'athérosclérose peut se traduire par	un dépôt de sang coagulé dans la lumière des artères	un dépôt de graisse coagulé dans la lumière des artères	un dépôt de graisse dans la paroi des bronches	p. 212
9. L'athérosclérose est favorisée par	le tabagisme	l'hyper-cholestérolémie	la pratique du sport	pp. 212-213
10. La pratique du sport favorise	l'augmentation de cholestérol (LDL) dans le sang	l'abaissement de la pression artérielle au repos	l'augmentation de l'irrigation musculaire	p. 213

2 Définir des termes

a. Volume d'éjection systolique
b. Diastole
c. Débit sanguin
d. Débit cardiaque
e. Vasoconstriction
f. Capillaires

3 Rédiger une phrase

a. Effort physique / débit cardiaque / volume d'éjection systolique / fréquence cardiaque / pression artérielle.
b. Entraînement / volume d'éjection systolique / fréquence cardiaque / débit sanguin / repos.
c. Diamètre des artérioles / débit sanguin / organes / effort.

4 Expliquer comment...

a. L'activité cardiaque varie avec l'exercice physique.
b. L'entraînement permet d'obtenir un meilleur fonctionnement cardiaque.

5 Établir et expliquer le lien...

a. Entre la puissance du travail effectué par un muscle et le débit sanguin de son irrigation.
b. Entre le mode de vie et la probabilité d'accidents vasculaires d'un individu.

Voir corrigés p. 254.

Rédiger

> *Restituer des connaissances.*

6 a. Expliquer les adaptations de l'appareil circulatoire lors d'un exercice physique.

b. Après avoir rappelé dans quelles mesures la pression artérielle peut être modifiée, expliquer, pour chaque type de modification, les effets possibles sur l'organisme.

Exercice résolu

> Recenser, extraire et organiser des informations pour expliquer un phénomène.

7 Un test d'effort

Énoncé

Un homme de 66 kg a réalisé un test d'effort. Les résultats sont présentés dans le tableau ci-contre. À 26 minutes, cet homme cesse toute activité, incapable de continuer.

On cherche à comprendre l'origine de la limite de puissance musculaire que peut délivrer un organisme.

1. Calculer le débit cardiaque maximum atteint par l'homme de 66 kg.
2. Établir un lien entre la limite du débit cardiaque et le VO_2 max.
3. Établir un lien entre la limite de puissance et cette limite du débit cardiaque.

temps de l'effort (en min)	puissance musculaire (en watt)	fréquence cardiaque (en batt.min^{-1})	VES* (en mL)	VO_2 (en L.min^{-1})
0	0	70	85	0,56
2	150	102	90	0,81
4	150	115	112	2,86
6	150	120	128	2,84
8	180	132	138	3,45
10	210	140	139	3,49
12	240	152	138	3,74
14	270	160	140	3,59
16	270	165	138	4,89
18	300	170	140	5,04
20	300	175	141	5,39
22	330	189	139	5,8
24	330	191	140	4,98
26	0	160	138	1,93

* Volume d'éjection systolique.

Comprendre l'énoncé

1. Le débit cardiaque est égal au produit de la fréquence cardiaque par le volume d'éjection systolique.
2. Observer l'évolution du VO_2 en parallèle avec celle du débit cardiaque.
3. Le sang prélève le dioxygène au niveau pulmonaire. Ce dioxygène en oxydant des nutriments permet de libérer une quantité d'énergie utilisée par les muscles pour développer une certaine puissance musculaire.

Éléments de réponse

1. À 330 W, le débit cardiaque est :
$$191 \times 140 = 26\,740 \text{ mL.min}^{-1} = 26{,}74 \text{ L.min}^{-1}$$
2. À 330 W, le VO_2 atteint sa valeur maximale, en même temps que celle du débit cardiaque.
3. La limite de puissance musculaire découle directement de la limite de capacité de l'organisme à prélever du dioxygène (ou apporter des nutriments). Cette limite dépend elle-même de la limite du débit sanguin pulmonaire qui transporte le dioxygène.

Application

8 L'entraînement et la santé

Énoncé

Des études médicales ont été réalisées pour démontrer l'existence d'un lien entre la mortalité par maladie cardiaque et la fréquence cardiaque au repos. Différentes mesures ont été effectuées.

	VES (en mL)		fréquence cardiaque (en batt.min^{-1})	
	repos	effort intense	repos	effort intense
sans entraînement	70	105	86	193
avec entraînement	95	155	63	172

Doc. 1 Volumes d'éjection systolique (VES) et fréquences cardiaques sans et avec entraînement.

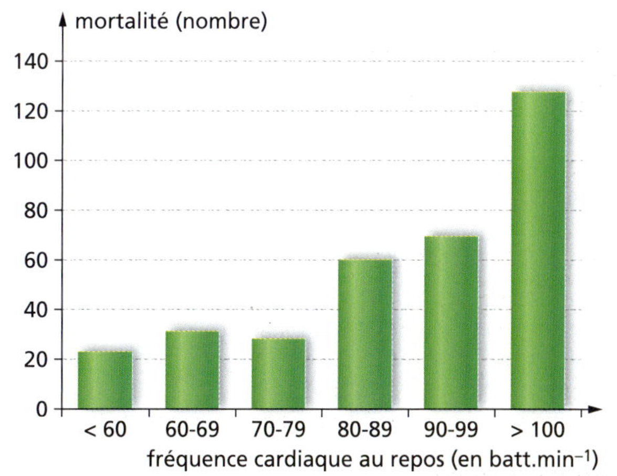

Doc. 2 Mortalité par maladie cardiaque (individus de 40 à 59 ans) en fonction de la fréquence cardiaque au repos.

1. Comparer les débits cardiaques au repos, sans et avec entraînement.
2. Indiquer les effets de l'entraînement sur la fréquence cardiaque et sur le volume d'éjection systolique.
3. Établir un lien entre l'entraînement et la probabilité de décès par maladie cardiaque.

Exploiter des documents

9 Débit sanguin et effort physique

> Exploiter des données quantitatives.

On a mesuré le débit sanguin spécifique de certains organes au repos et à l'effort.

débit sanguin (en L.min^{-1})	total	autres organes (reins, système digestif…)	cerveau	muscles	peau	cœur
repos	4,43	2,2	0,75	0,9	0,33	0,25
effort	26,7	0,75	0,75	20	4	1,2

1. Regrouper, en plusieurs catégories, les organes selon leur réponse à l'effort.
2. Comparer la variation du débit total et du débit de chaque organe.
3. Expliquer de quelle façon la circulation répond aux besoins des organes très actifs lors de l'effort.

10 La maladie de Raynaud

> Formuler des hypothèses.

La maladie de Raynaud touche en général des adultes. Lorsque les malades sont exposés au froid ou bien subissent un stress, leurs extrémités (doigts et orteils) changent de couleur : celles-ci prennent une couleur blanche cireuse en quelques secondes. De plus, ces organes deviennent froids, perdent leur sensibilité et peuvent devenir douloureux. Toute manipulation précise devient impossible. Si l'on réchauffe artificiellement les doigts dans une eau tiède, le phénomène disparaît aussi rapidement qu'il est apparu. Cette réaction face au froid apparaît excessive.
Pour comprendre la base physiologique du phénomène, des angiographies (radiographies de l'irrigation sanguine des organes) sont réalisées pour estimer les variations du débit sanguin dans les doigts.

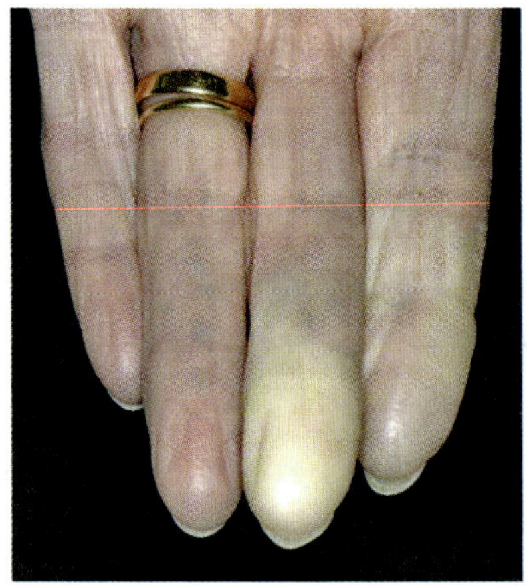

sujet	sain à une température de 24 °C	sain à une température de 5 °C	malade en crise
débit sanguin (en valeur arbitraire)	100	60	10

1. Formuler une hypothèse expliquant les variations du débit sanguin dans les organes du sujet malade.
2. Montrer que les symptômes de la maladie de Raynaud peuvent valider l'hypothèse formulée.
3. Expliquer cette phrase : « Cette réaction face au froid apparaît excessive. »

11 Le cœur évolue

> Exploiter un graphique, raisonner.

Le volume d'éjection systolique au repos (a) et le VO_2 max (b) ont été mesurés en fonction de l'âge.

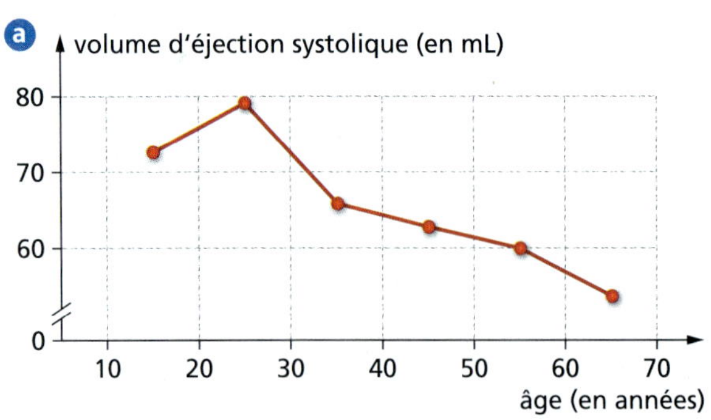

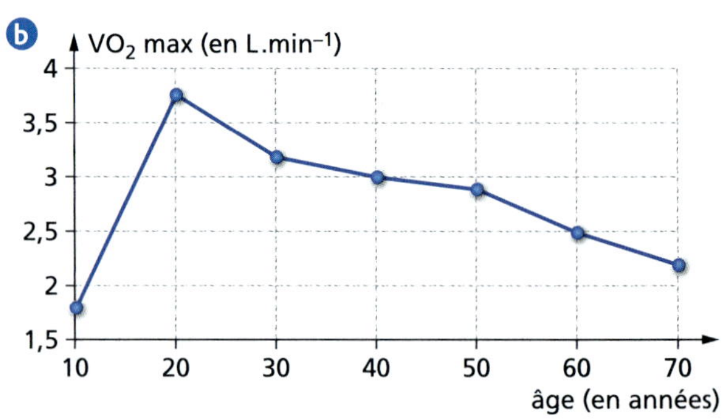

1. Décrire l'évolution du volume d'éjection systolique en fonction de l'âge et expliquer l'impact de cette évolution sur la fréquence cardiaque (FC) au repos.
2. En déduire l'impact de l'âge sur le débit cardiaque.
3. Décrire l'évolution du VO_2 max en fonction de l'âge et expliquer l'origine de cette évolution.

La pression artérielle, une valeur régulée

Unité 15

Mesure de la pression artérielle par un médecin.

L'approvisionnement permanent des organes en dioxygène et en nutriments permet leur bon fonctionnement. Lors d'un effort physique, les besoins des organes augmentent. Une variation des paramètres cardiovasculaires permet de couvrir cette augmentation.

Comment les paramètres cardiovasculaires sont-ils régulés ?

1 Le contrôle de la fréquence cardiaque

Lors d'un effort physique, la fréquence cardiaque et le volume d'éjection systolique augmentent.
À la fin de cet effort, la fréquence cardiaque diminue progressivement pour revenir à une valeur de repos.
Comment la fréquence cardiaque est-elle contrôlée ?

A Les voies motrices contrôlant l'activité cardiaque

Une greffe de cœur est réalisée en plaçant le malade sous circulation extracorporelle : la circulation sanguine est assurée par une pompe externe au corps. Le cœur malade est alors enlevé. Les vaisseaux arrivant et partant du cœur sont ensuite raccordés au nouveau cœur.

Après la greffe, une réadaptation est nécessaire car le cœur greffé n'est plus innervé. Celui-ci bat plus vite au repos et la fréquence cardiaque ne se modifie pas dans les minutes qui suivent un exercice physique.

Doc. 1 Déroulement d'une greffe de cœur.

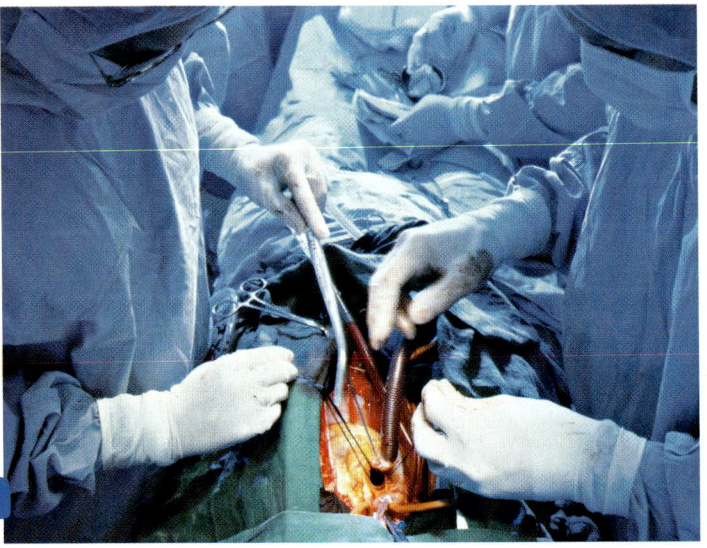

Doc. 2 Greffe de cœur.

expériences	localisation	fréquence cardiaque
avant expérience		75 batt.min^{-1}
section	nerf parasympathique	90 batt.min^{-1}
	nerf sympathique	75 batt.min^{-1}
	nerf parasympathique et nerf sympathique	90 batt.min^{-1}
stimulation* (côté cœur)	nerf parasympathique ①	60 batt.min^{-1}
	nerf sympathique ②	150 batt.min^{-1}
stimulation* (côté moelle épinière)	nerf parasympathique ③	90 batt.min^{-1}
	nerf sympathique ④	75 batt.min^{-1}

Doc. 3 Expériences de section et de stimulation des nerfs sympathique et parasympathique. (Les expériences sont réalisées indépendamment les unes des autres, voir **Doc. 4**.)

* après section des deux nerfs.

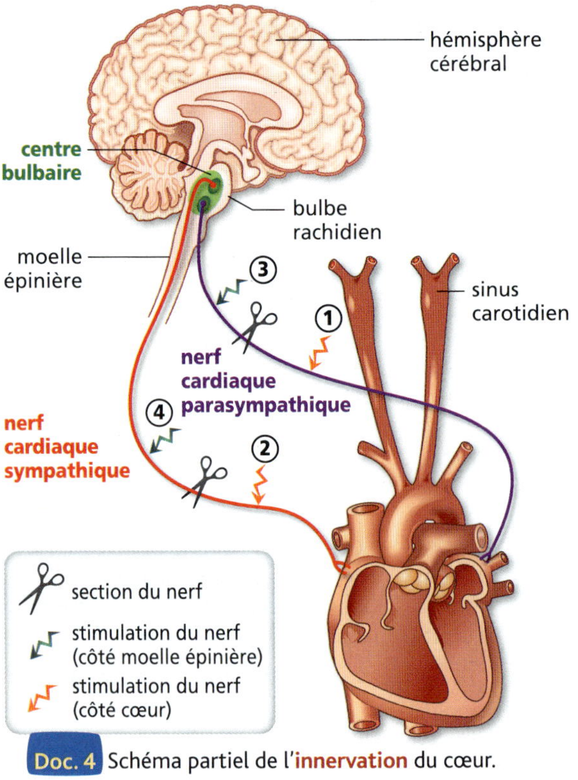

Doc. 4 Schéma partiel de l'**innervation** du cœur.

B Les centres nerveux et les voies sensitives contrôlant l'activité cardiaque

expériences	localisation	fréquence cardiaque
section	nerf de Héring	augmentation
	nerf de Cyon	augmentation
	nerf de Héring et nerf de Cyon	augmentation
stimulation (côté cœur)	nerf de Héring ①	pas de variation
	nerf de Cyon ②	pas de variation
stimulation (côté moelle épinière)	nerf de Héring ③	diminution
	nerf de Cyon ④	diminution

Doc. 5 Expériences de section et de stimulation du nerf de Héring et du nerf de Cyon (voir Doc. 7).

expériences	localisation	fréquence cardiaque
lésion	centre bulbaire	augmentation
	moelle épinière	diminution
	cerveau	pas de variation
baisse de la pression artérielle	récepteurs carotidiens	augmentation
	récepteurs carotidiens détruits	pas de variation

Doc. 6 Expériences sur les centres nerveux et les récepteurs carotidiens.

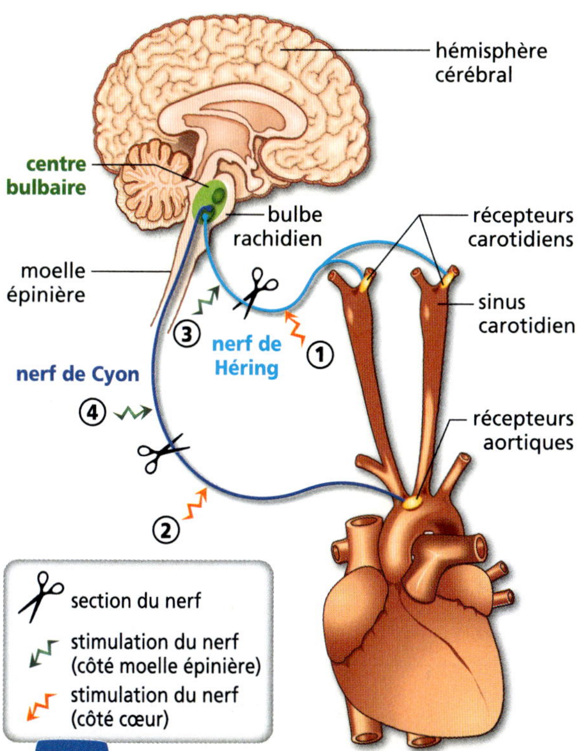

Doc. 7 Schéma partiel de l'innervation du cœur.

Un arc réflexe est constitué de structures qui permettent, à partir d'un stimulus, d'avoir une réaction automatique et toujours la même.

Le stimulus est perçu par un récepteur qui génère un message nerveux.

Ce message circule dans une voie sensitive et parvient au centre nerveux où il est traité.

Le message repart alors par une voie motrice pour stimuler le fonctionnement d'un organe effecteur.

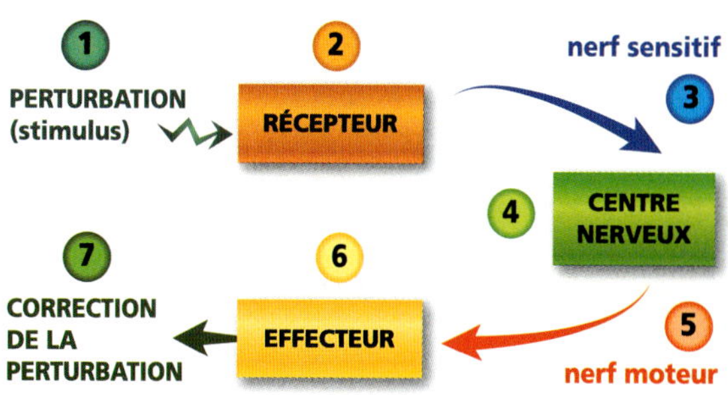

Doc. 8 Les caractéristiques d'un arc reflexe.

QUESTION **Schématiser l'arc réflexe contrôlant la fréquence cardiaque, c'est-à-dire le trajet que suivent les messages nerveux depuis le récepteur jusqu'à l'effecteur.**

Pistes pour répondre

- Lister les structures nerveuses intervenant dans le contrôle de la fréquence cardiaque. > Doc. 3, 5 et 6
- Identifier leur rôle, puis replacer ces structures dans un schéma s'inspirant de celui du document 8.

Vocabulaire

Innervation : ensemble des nerfs d'un organe.

2 La régulation de la pression artérielle

La pression artérielle générée par le cœur est fonction du débit cardiaque.
Comment la pression artérielle est-elle régulée ?

A Détection des variations de la pression artérielle

« En 1866, ces deux physiologistes [C. Ludwig et E. Cyon] montrèrent que, chez un lapin, la stimulation électrique du nerf aortique (nerf de Cyon) induisait une baisse de la pression artérielle et un ralentissement du rythme cardiaque. Ils découvrirent ainsi l'existence d'un mécanisme nerveux de contrôle de la pression artérielle et émirent l'hypothèse qu'une région aortique était sensible aux modifications de ce paramètre. Ils ne parvinrent toutefois pas à identifier cette région. »

D'après *L'invention de la physiologie*, R. Cadet, Belin, 2008.

Doc. 1 Expériences des physiologistes Carl Ludwig et Elias Cyon (1866).

Expérience 1 : en pinçant la base des carotides, H.-E. Héring a créé une baisse de la pression à l'intérieur du sinus par arrêt de l'afflux sanguin.

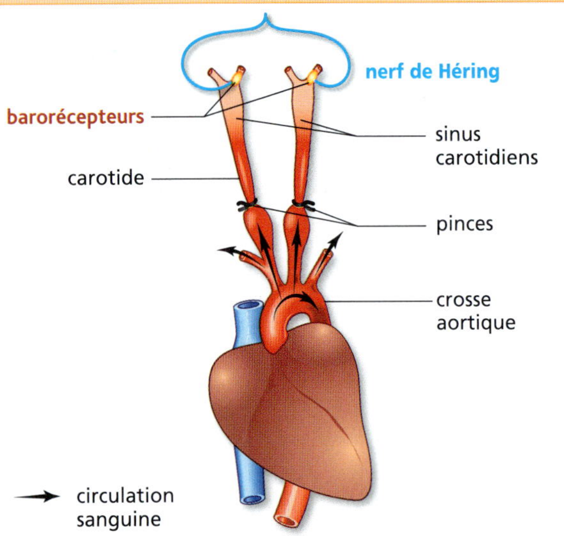

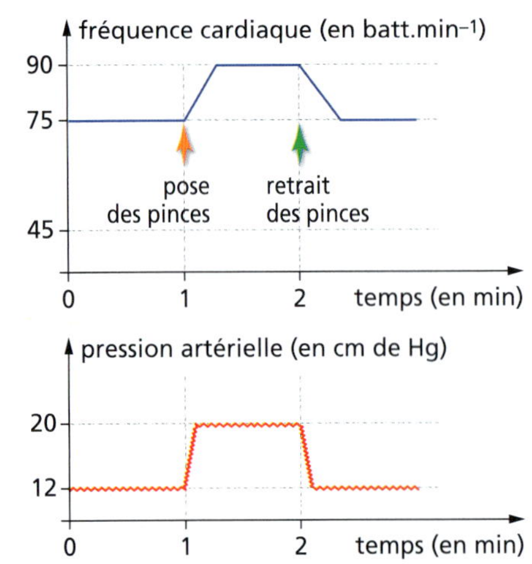

Expérience 2 : H.-E. Héring coupe le nerf de Héring, puis pince les carotides.

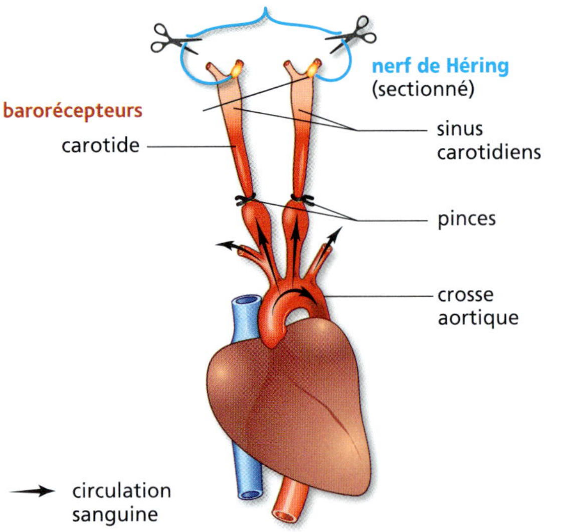

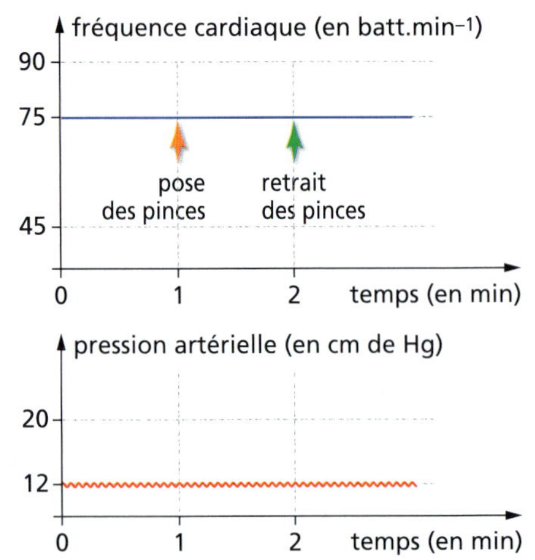

Doc. 2 Expériences historiques du physiologiste Heinrich Ewald Héring (1924).

B Adaptation à une variation de la pression artérielle

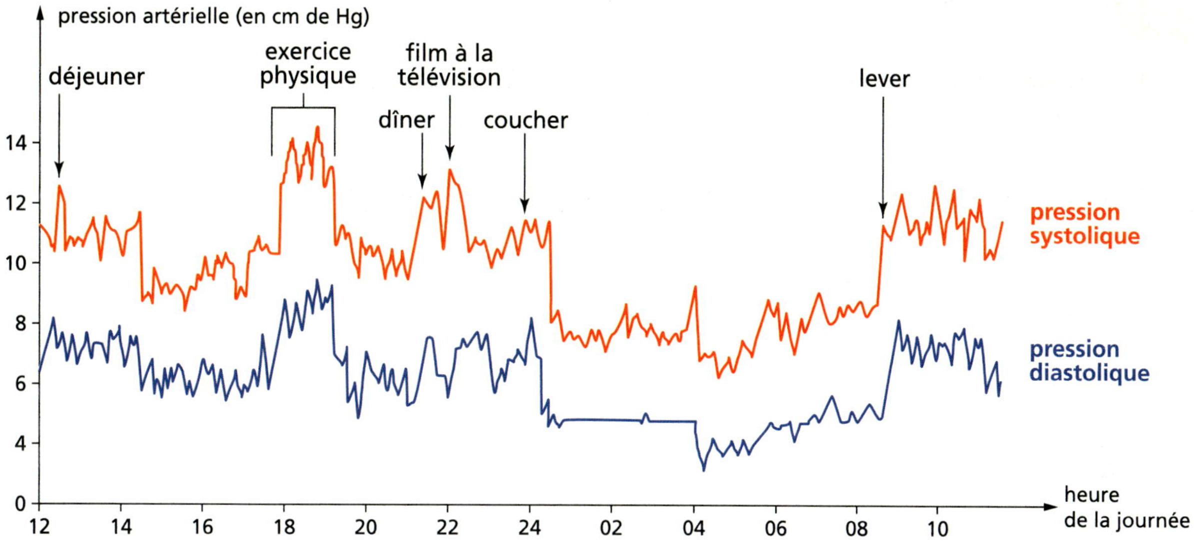

Doc. 3 **Chronogramme** de la pression artérielle au cours d'une journée.

expériences réalisées		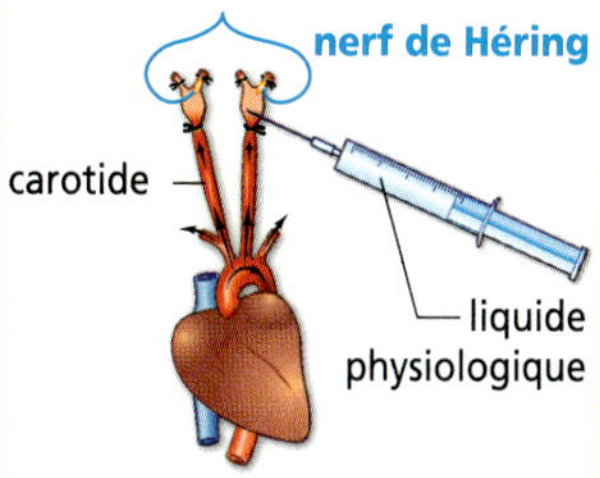 création d'une hypotension dans le sinus carotidien	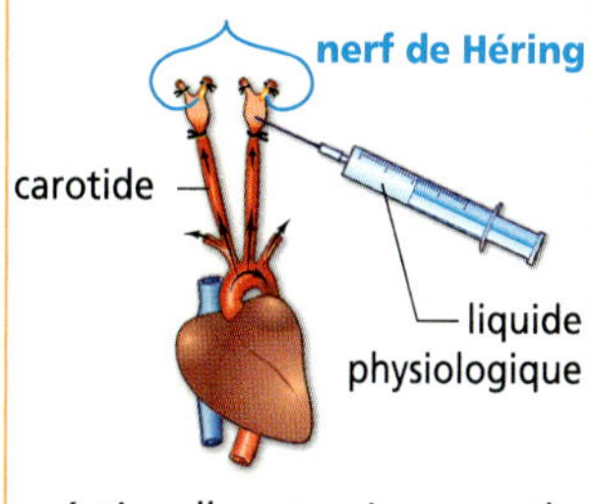 création d'une tension normale dans le sinus carotidien	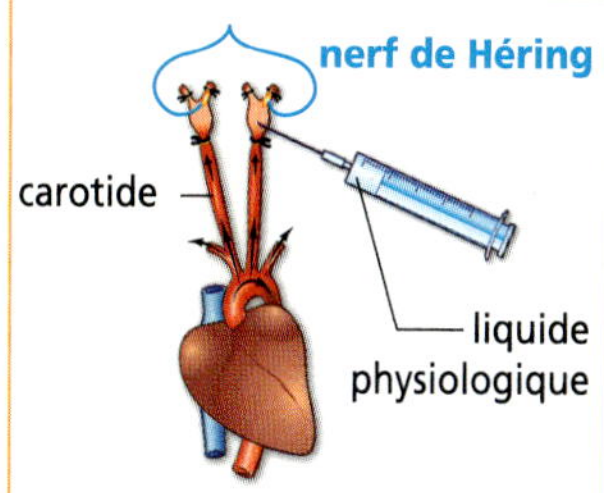 création d'une hypertension dans le sinus carotidien
message nerveux	nerf de Héring	+	++	++++
	nerf parasympathique	+	++	++++
	nerf sympathique	++++	++	+
fréquence cardiaque		120 batt. min^{-1}	75 batt. min^{-1}	60 batt. min^{-1}
pression artérielle		16 cm de Hg	12 cm de Hg	8 cm de Hg

Doc. 4 Relations entre pression artérielle, messages nerveux et fréquence cardiaque.

QUESTION **Schématiser la boucle de régulation cardiaque permettant de maintenir la pression atérielle entre d'étroites limites au repos.**

Pistes pour répondre

- Montrer que la pression artérielle au repos est maintenue entre d'étroites limites. > Doc. 3
- Lister les structures nerveuses intervenant dans le contrôle de la fréquence cardiaque. > Doc. 1, 2 et 4
- Préciser l'intérêt d'une régulation de la pression artérielle. > Doc. 3
- Préciser l'effet d'un exercice physique sur la régulation de la pression artérielle. > Doc. 3

Vocabulaire

Barorécepteur : récepteur sensible à la valeur de la pression.

Chronogramme : courbe représentant l'évolution d'un paramètre au cours du temps.

I Le contrôle de la fréquence cardiaque [pp. 222-223]

• La fréquence cardiaque est une grandeur contrôlée grâce à un arc réflexe. Celui-ci est composé de plusieurs structures nerveuses:

– des récepteurs sensibles à la valeur de la pression artérielle;

– des nerfs sensitifs, qui véhiculent le message nerveux depuis les récepteurs jusqu'au **bulbe rachidien**, centre nerveux dont le rôle est de traiter l'information;

– deux nerfs moteurs, le **nerf parasympathique** (cardiomodérateur) et le **nerf sympathique** (cardioaccélérateur), qui transmettent l'information du centre bulbaire à l'effecteur, le cœur. Le trajet de ces nerfs entre le bulbe rachidien et le cœur passe par la moelle épinière.

• Le cœur étant doué d'automatisme, les messages nerveux provoquent soit une augmentation, soit une diminution de la fréquence cardiaque.

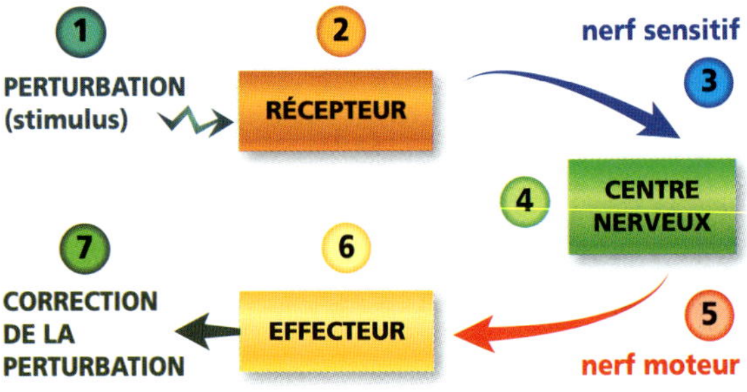

Schéma d'un arc réflexe.

II La régulation de la pression artérielle [pp. 224-225]

• La pression artérielle est maintenue autour d'une certaine valeur par une boucle de régulation.

– Si la pression artérielle augmente, des capteurs ou **barorécepteurs**, sensibles à la valeur de la pression artérielle dans le sinus carotidien et dans la crosse aortique, détectent cette variation et génèrent des messages nerveux vers le bulbe rachidien.
Le centre bulbaire parasympathique est stimulé et, via la transmission de messages nerveux par le nerf parasympathique, il diminue la fréquence cardiaque et, ainsi, la pression artérielle.

– Si la pression artérielle diminue dans le sinus carotidien, le centre bulbaire sympathique est stimulé et, via la transmission de messages nerveux par le nerf sympathique, augmente la fréquence cardiaque et, ainsi, la pression artérielle.

• Toute variation de la pression artérielle est corrigée rapidement pour la maintenir à une valeur standard.
Lors d'un effort, l'organisme s'écarte de cette situation standard. La fréquence cardiaque, et donc la pression artérielle, augmentent afin d'approvisionner correctement les muscles sollicités en dioxygène et en nutriments.

Mots-clés, voir page 253

Bulbe rachidien
Nerf parasympathique
Nerf sympathique
Barorécepteurs

L'essentiel

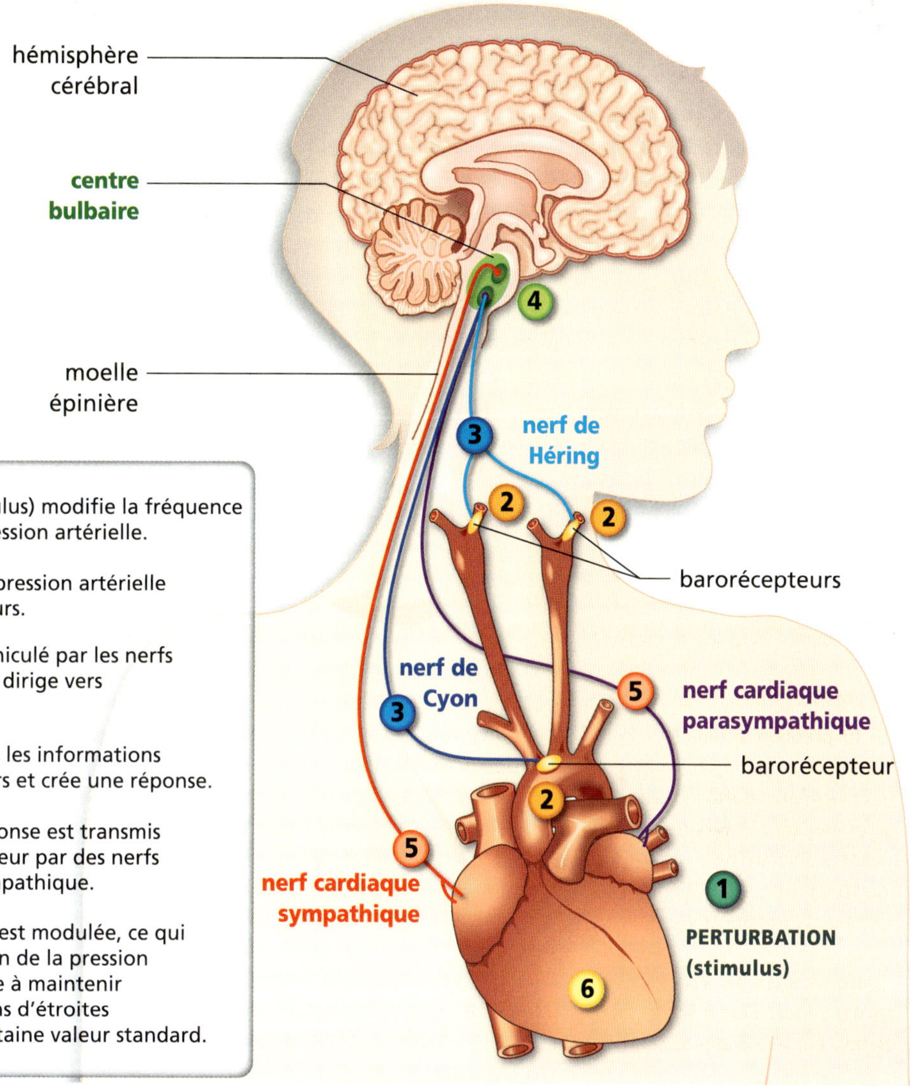

1. Une perturbation (stimulus) modifie la fréquence cardiaque et donc la pression artérielle.
2. Une modification de la pression artérielle stimule les barorécepteurs.
3. Un message nerveux véhiculé par les nerfs de Cyon et de Héring se dirige vers le centre bulbaire.
4. Le centre bulbaire traite les informations issues des barorécepteurs et crée une réponse.
5. Le message nerveux réponse est transmis du centre bulbaire au cœur par des nerfs sympathique et parasympathique.
6. La fréquence cardiaque est modulée, ce qui provoque la modification de la pression artérielle. Cela contribue à maintenir la pression artérielle dans d'étroites limites autour d'une certaine valeur standard.

Compétences

Savoir que :

- La pression artérielle est une grandeur contrôlée. Il existe une boucle réflexe de contrôle de la fréquence cardiaque :
  – des capteurs, les barorécepteurs, sont sensibles à la valeur de la pression artérielle ;
  – un centre bulbaire traite les informations issues des capteurs et module les messages nerveux en direction du cœur ;
  – les informations sont transmises du centre nerveux au cœur par les nerfs sympathique et parasympathique ;
  – l'effecteur, c'est-à-dire le cœur, voit sa fréquence modifiée selon les besoins.
- Le contrôle de la fréquence cardiaque contribue à maintenir la pression artérielle dans d'étroites limites autour d'une certaine valeur en modifiant le débit cardiaque dont dépend la pression artérielle.
- À l'effort, l'organisme s'écarte de cette situation standard.

Être capable de :

- Recenser, extraire et exploiter des documents historiques relatifs à des travaux expérimentaux pour construire la boucle de régulation nerveuse.
- Élaborer un schéma fonctionnel pour représenter une boucle de régulation.

Pour développer des compétences

Santé

> *Être conscient de sa responsabilité face à la santé.*

Le dopage et ses conséquences

Le dopage consiste à absorber des substances afin d'augmenter ses capacités physiques ou mentales. Le dopage n'existe pas que chez les sportifs : la prise de substances variées, dans le but d'accroître ses performances, est une pratique de plus en plus courante dans les milieux étudiant ou professionnel, par exemple.

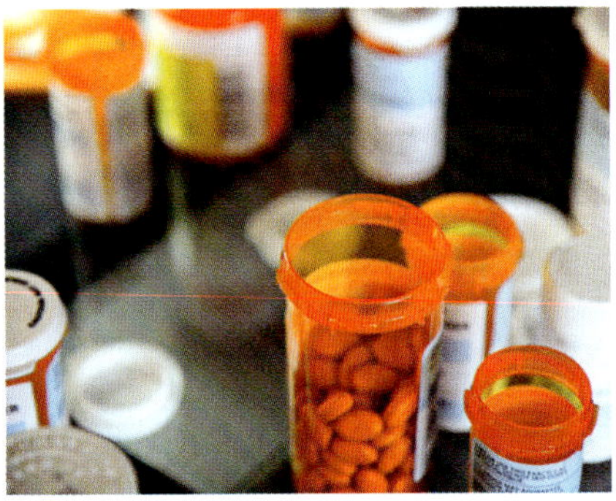

Les substances dopantes ont une action sur le système cardiovasculaire ; elles provoquent en particulier une hypertension artérielle.

– Les bêta-bloquants, utilisés pour réduire l'angoisse avant une épreuve, inhibent l'action du système sympathique. Ils ralentissent la fréquence cardiaque. Par exemple, à 15 ans, un bêta-bloquant ralentit la fréquence de 150 $batt.min^{-1}$ à 100 $batt.min^{-1}$.

– Les diurétiques sont utilisés pour masquer l'utilisation de produits dopants, mais ils provoquent de l'hypertension, une déshydratation et des lésions rénales.

– Les stimulants, comme les amphétamines, réduisent la fatigue et provoquent une euphorie. Les effets secondaires sont importants (troubles cardiovasculaires, neurologiques et psychiatriques, insomnie et accoutumance).

Doc. 1 Différents produits dopants.

Plusieurs études prouvent que les étudiants ont recours à des substances dopantes, voire à des drogues, pour supporter le stress et améliorer leurs performances avant les examens.

Ces pratiques n'ont aucune efficacité scientifiquement démontrée, mais elles peuvent présenter un danger pour la santé avec des effets secondaires comme la nervosité, la dépression ou encore l'insomnie.

Doc. 2 Le dopage et les études.

« Pour un sportif, se doper c'est tricher.
Au travail, c'est toléré, tacitement.
Des millions de salariés prennent quotidiennement des bêta-bloquants, des antidépresseurs ou des stimulants. Ils préfèrent mettre leur santé en péril plutôt que de perdre leur emploi. »

D'après *Dopés au travail*, documentaire allemand, 2009.

Doc. 3 Le dopage au travail.

Questions :

- Quelles peuvent être les conséquences du dopage sur la pression artérielle ?
- En quoi le dopage peut-il nuire à la santé ? Est-ce une solution durable ?

Pour en savoir plus

L'hypertension : un mal silencieux

L'hypertension est définie comme étant une augmentation chronique de la pression artérielle au-delà de 14 cm de Hg. C'est la cause la plus répandue de maladies cardiovasculaires dans le monde. Avec une alimentation trop riche en graisses et en sel, mais aussi le manque d'activité physique, de plus en plus de jeunes sujets sont concernés.

Les études aboutissent toutes au même résultat : la pratique sportive régulière est un facteur bénéfique dans la prévention de l'hypertension artérielle.

Il existe des facteurs sur lesquels on ne peut agir : l'âge, le sexe, l'origine éthnique et les antécédents familiaux. Mais on peut agir sur certains facteurs comme le poids, la sédentarité, le tabagisme, le sel et l'alcool.

INTERVIEW | Métier Mohand Ait Ahmed, Attaché de Recherche Clinique (ARC)

Quel métier souhaitiez-vous exercer lorsque vous étiez adolescent ?

> Chercheur en génétique, car ma sœur a une maladie génétique.

En quoi consiste votre métier ?

> Coordonner des essais cliniques dans le domaine médical, faire respecter les règles éthiques dans le cadre de ces essais et assurer la qualité des données et la sécurité des patients participant aux essais cliniques.

Qu'est-ce qui vous a conduit à exercer ce métier ?

> Mes travaux de recherche dans le domaine médical au cours de ma thèse.

PARCOURS

Après un baccalauréat scientifique, Mohand a suivi un master de biologie et de physiologie, puis une formation au métier d'ARC.

Quels conseils donneriez-vous aux jeunes qui voudraient travailler dans ce secteur ?

> – Avoir un bon relationnel et un bon sens de la diplomatie.
– Faire preuve de rigueur et d'organisation.
– Être pédagogue.
– Aimer travailler en équipe.
– Aimer voyager.
– Maîtriser l'anglais.

Exercices

S'auto-évaluer

> Restituer des connaissances.

1 QCM

Choisir la (ou les) bonne(s) réponse(s).

	Propositions de réponses			En cas d'erreur, revoir :
	A	B	C	
1. Le nerf sympathique est	cardiomodérateur	un nerf sensitif	cardioaccélérateur	p. 222
2. Les nerfs cardiomodérateurs sont des nerfs	moteurs	moteurs et sensitifs	sensitifs	pp. 222-223
3. La pression artérielle	est constante au cours d'une journée	est contrôlée par le système nerveux	diminue lors d'un effort physique	p. 225
4. Le centre nerveux de la régulation de la pression artérielle se localise	au niveau des sinus carotidiens	dans le bulbe rachidien	dans la moelle épinière	p. 223
5. Les nerfs du cœur sont	des nerfs sympathiques	des nerfs parasympathiques	des nerfs de Héring	pp. 222-223
6. La conséquence d'une hypotension consécutive à une hémorragie est	une cardioaccélération	une cardiomodération	une baisse de la pression artérielle	p. 224
7. Une hypertension provoque	une diminution de la fréquence cardiaque	une diminution des messages dans le nerf de Héring	une augmentation des messages nerveux dans le nerf sympathique	p. 225

2 Définir des termes

a. Hypertension b. Barorécepteur c. Boucle de régulation

3 Rédiger une phrase

a. Sinus carotidiens et crosse aortique / barorécepteurs / pression artérielle.

b. Bulbe rachidien / arc réflexe / centre nerveux / nerf sympathique.

c. Pression artérielle / nerf parasympathique / cardiomodérateur / message nerveux / augmentation.

4 Expliquer...

Pourquoi une stimulation intense du nerf vague (nerf parasympathique) provoque-t-elle un malaise dit syncope vagale ?

Voir corrigés p. 254.

Rédiger

> Restituer des connaissances.

5 Quelles sont les structures nerveuses intervenant au cours de la réponse réflexe dans le cas d'une augmentation de la pression artérielle dans les sinus carotidiens ?

6 Expliquer l'action des nerfs sympathique et parasympathique sur la pression artérielle.

Exercice résolu

> Traiter des données en relation avec les connaissances pour adopter une démarche explicative.

7 Expériences sur des nerfs cardiaques

Énoncé

On réalise les expériences schématisées ci-dessous afin de comprendre le rôle du nerf vague et le rôle du nerf de Héring.

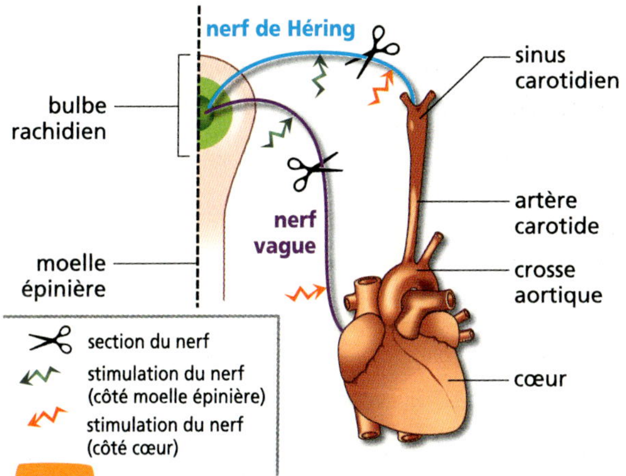

Doc. 1 Innervation partielle du cœur.

expériences	localisation	effet dans l'artère carotide
section	nerf de Héring	augmentation de la pression artérielle
	nerf vague	augmentation de la pression artérielle
stimulations électriques	nerf de Héring (côté cœur)	pas de modification de la pression artérielle
	nerf de Héring (côté moelle épinière)	diminution de la pression artérielle
	nerf vague (côté cœur)	diminution de la pression artérielle
	nerf vague (côté moelle épinière)	pas de modification de la pression artérielle

Doc. 2 Expériences de section suivies de stimulations.

1. Quels sont les rôles des deux nerfs étudiés ?
2. Reconstituer, à l'aide des expériences, l'arc réflexe cardiaque.

Comprendre l'énoncé

1. Une section de nerf provoque un effet opposé à son rôle lorsqu'il est intact.

2. • Sur le document 1, repérer le côté moelle épinière et le côté cœur des deux nerfs.
• « Sans effet » signifie qu'il n'y a pas de message nerveux qui arrive au cœur.
• Sur le document 1, repérer les trajets possibles des messages nerveux pour établir le sens du trajet des messages en fonction des stimulations effectuées dans le document 2.

Éléments de réponse

1. Les sections du nerf de Héring et du nerf vague provoquent une augmentation de la pression artérielle. Ces deux nerfs interviennent dans la modération de la pression artérielle.

2. La stimulation du nerf de Héring côté cœur n'engendre aucun effet, contrairement à la stimulation du nerf côté moelle épinière. Le message nerveux obtenu par la stimulation ne se dirige pas vers le sinus carotidien, mais vers le bulbe rachidien.
La stimulation du nerf vague côté moelle épinière n'engendre aucun effet, contrairement à la stimulation du nerf côté cœur. Le message nerveux obtenu par la stimulation ne se dirige pas vers le bulbe rachidien, mais vers le cœur.
Arc réflexe : sinus carotidien → nerf de Héring → bulbe rachidien → nerf vague → cœur.

Application

8 Cas d'une hémorragie

Énoncé

Au cours d'une intervention chirurgicale, une hémorragie peut se produire.
Le tableau ci-dessous indique les valeurs de différents paramètres avant et après une hémorragie.

	avant l'hémorragie	immédiatement après l'hémorragie	5 minutes après l'hémorragie
pression artérielle (en cm de Hg)	16,6	10,6	15,3
volume d'éjection systolique (en mL)	75	40	53
fréquence cardiaque (en batt. min^{-1})	70	70	91
débit cardiaque (en mL. min^{-1})			

1. Calculer les valeurs du débit cardiaque pour compléter la dernière ligne du tableau.
2. Quelles sont les conséquences d'une hémorragie sur les paramètres cardiaques ?
3. Montrer la mise en place d'une adaptation immédiate de l'organisme à une perte de sang.

Exploiter des documents

9 Section de l'innervation des sinus carotidiens
> Saisir les données d'un graphique pour raisonner.

On enregistre la pression artérielle d'un animal normal (a) et celle d'un animal dont on a sectionné l'innervation des sinus carotidiens et de la crosse aortique (b).

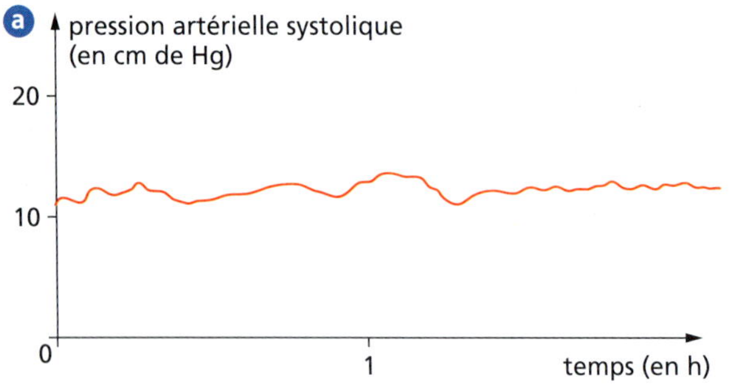

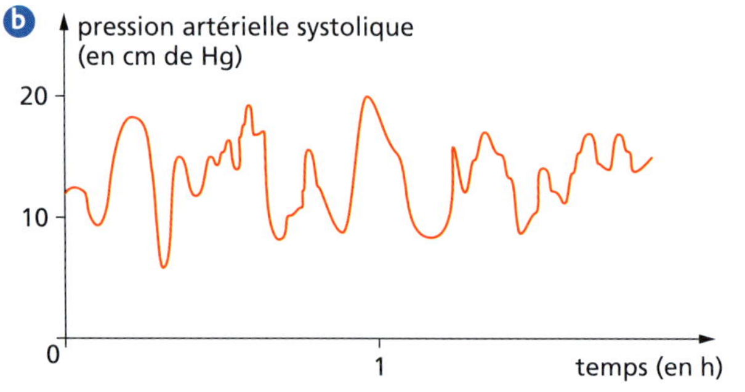

• Exploiter les résultats obtenus pour identifier le rôle des nerfs du sinus carotidien et de la crosse aortique.

10 L'influence nerveuse
> Saisir les données d'un graphique pour raisonner.

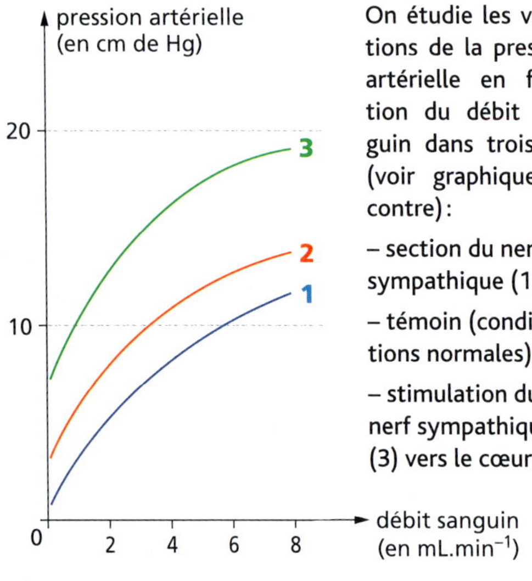

On étudie les variations de la pression artérielle en fonction du débit sanguin dans trois cas (voir graphique ci-contre) :

– section du nerf sympathique (1) ;

– témoin (conditions normales) (2) ;

– stimulation du nerf sympathique (3) vers le cœur.

• Expliquer le rôle du nerf sympathique dans la régulation de la pression artérielle.

11 La manœuvre de Valsalva
> Saisir les données d'un graphique pour raisonner.

On souhaite provoquer une perturbation physiologique afin d'étudier le contrôle des paramètres cardiaques. On demande alors à un patient d'effectuer une grande inspiration, puis d'expirer fortement en fermant la bouche tout en se bouchant le nez pour empêcher l'air de sortir : c'est la manœuvre de Valsalva.

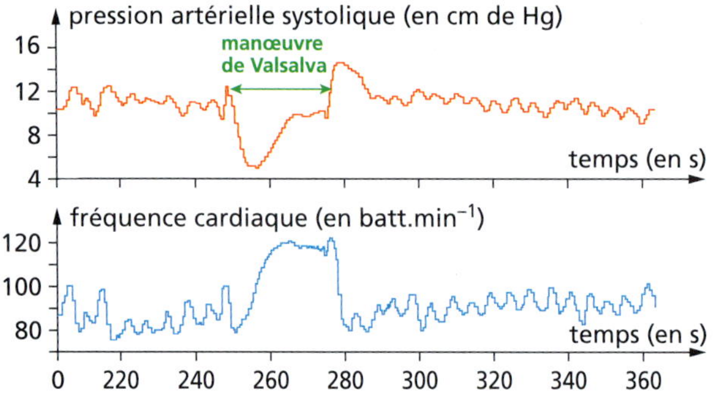

1. Quelles sont les perturbations physiologiques observées suite à la manœuvre de Valsalva ?

2. Expliquer la relation existant entre les paramètres cardiaques étudiés.

12 Utilisation d'anesthésiques
> Traiter des données en relation avec les connaissances pour adopter une démarche explicative.

Les anesthésiques agissent sur l'activité du système nerveux.

On a enregistré en continu la fréquence cardiaque et la pression artérielle avant et pendant une anesthésie, puis au réveil de l'anesthésie.

1. Quelles sont les variations des deux paramètres étudiés au cours des enregistrements ?

2. Quel est le rôle de l'anesthésiant utilisé ? Argumenter.

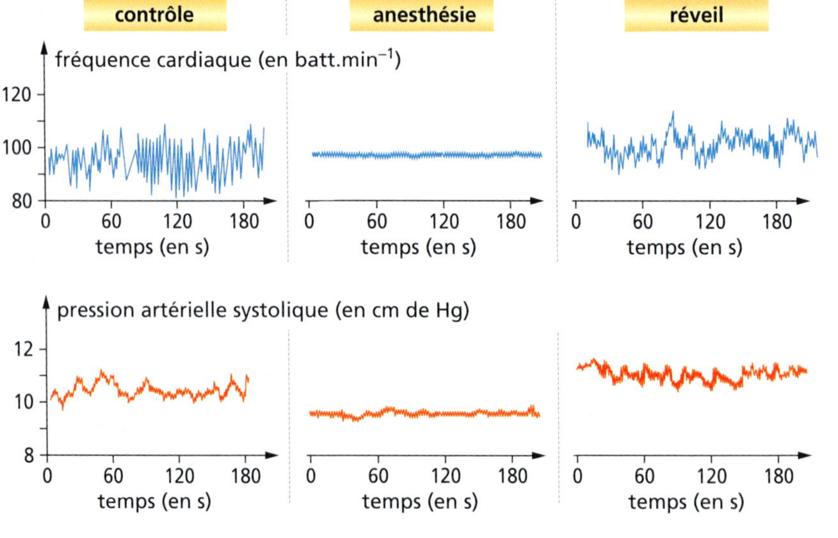

L'activité physique et la santé humaine

Unité **16**

Sportive blessée à la cheville lors d'une compétition.

Les études médicales montrent que pour être en bonne santé, il faut manger équilibré et pratiquer régulièrement une activité sportive. Pourtant, l'exercice physique peut conduire, dans certaines situations, à des blessures des muscles ou des articulations. **Comment s'expliquent ces accidents musculo-articulaires ? Comment le mouvement d'un membre est-il réalisé ? Comment préserver sa santé lors de la pratique d'une activité sportive ?**

1 Les accidents musculo-articulaires

Lors d'un exercice physique, une blessure peut se produire au niveau des muscles, des os ou des articulations. Ces accidents sont musculo-articulaires.

Comment s'expliquent les accidents musculo-articulaires ?

A Des accidents se produisant au cours d'extensions brutales

Au moment où un sprinteur s'élance des starting-blocks, une extension fait suite à une flexion des jambes, ce qui lui permet de se propulser en avant. Parfois, une douleur est ressentie après ce mouvement, suivie d'une impossibilité d'étendre le pied [Doc. 1 et 2].

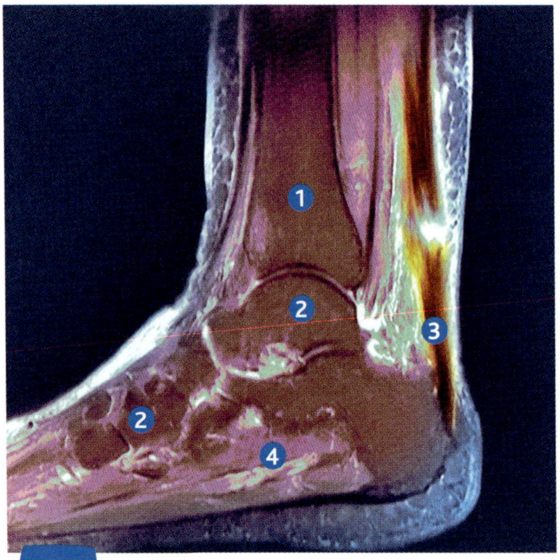

Doc. 1 Cliché IRM de la cheville atteinte chez un sprinteur.
(1 : tibia ; 2 : os du pied ; 3 : **tendon** calcanéen ; 4 : muscle.)

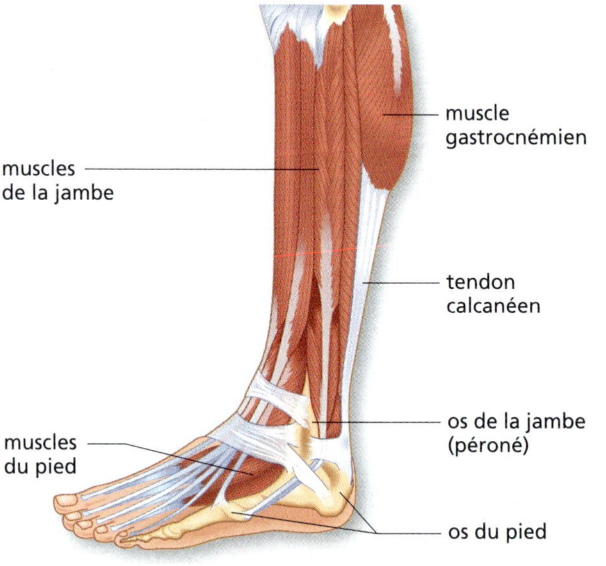

Doc. 2 Anatomie du membre inférieur gauche.

Le joueur de tennis est en permanence en mouvement sur ses jambes. Modifiant sans cesse ses appuis au sol, ses muscles sont constamment sollicités pour permettre la reprise d'appui et l'impulsion lors du jeu de jambes.
Il arrive que, lors d'un de ces déplacements, le sportif ressente une forte douleur au niveau du muscle gastrocnémien.
Les mouvements par la suite se révèlent très douloureux [Doc. 3].

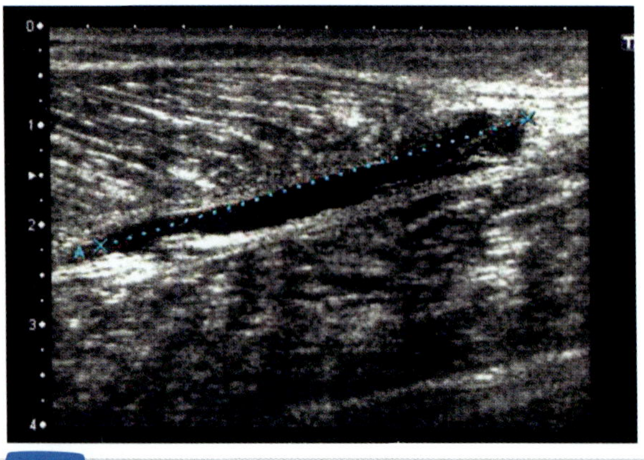

Échographie réalisée sur le gastrocnémien droit suite à une douleur survenue lors d'une extension de la jambe droite au cours d'un match de tennis

L'entretien avec le patient fait songer à une simple élongation musculaire (claquage).

L'échographie révèle une déchirure musculaire profonde de 2 cm de longueur sur 0,5 cm de largeur.

Un repos de six semaines est prescrit.

Un nouvel examen est à prévoir pour vérifier la bonne cicatrisation de la déchirure.

Doc. 3 Échographie du muscle gastrocnémien droit d'un joueur de tennis blessé et compte rendu du médecin ayant pratiqué l'échographie.

B Des accidents se produisant au cours de compressions excessives

Les entorses sont fréquentes chez les volleyeurs. En effet, après un saut, une mauvaise réception peut engendrer une torsion de la cheville. La pression exercée lors du choc déforme l'articulation du pied. La cheville est alors très douloureuse et le sportif peut difficilement poser son pied par terre [Doc. 4 et 5].

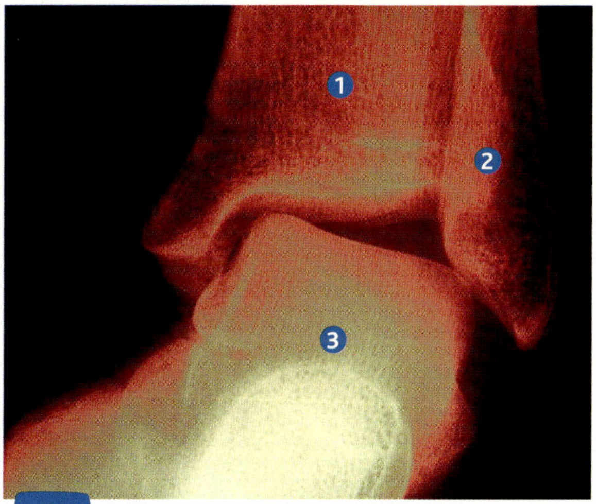

Doc. 4 Radiographie de la cheville gauche d'un volleyeur blessé. Le cliché est réalisé en vue arrière. (1 : tibia ; 2 : péroné ; 3 : os du pied.)

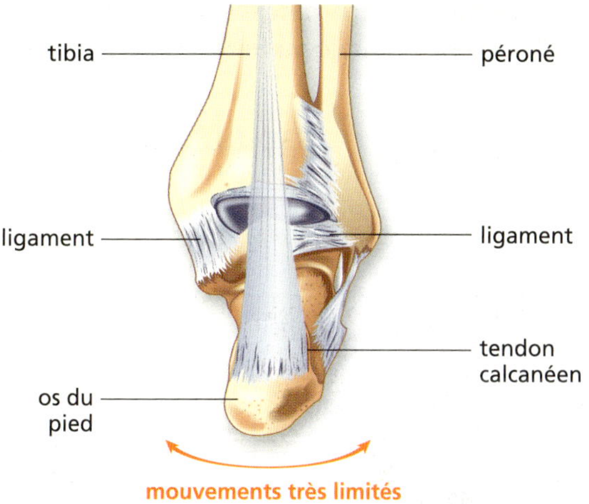

Doc. 5 L'articulation de la cheville gauche en vue arrière. Les **ligaments** reliant les os entre eux au niveau de la cheville limitent fortement les mouvements latéraux de celle-ci.

Les haltérophiles sont exposés aux luxations de l'épaule. En effet, lors de la levée de l'haltère, une pression extrême est exercée au niveau de l'articulation des épaules. Si la levée est mal maîtrisée, il arrive que le membre antérieur soit entraîné vers l'arrière provoquant le déboîtement de l'épaule. Une forte douleur est ressentie et le sportif ne peut plus utiliser son bras [Doc. 6 et 7].

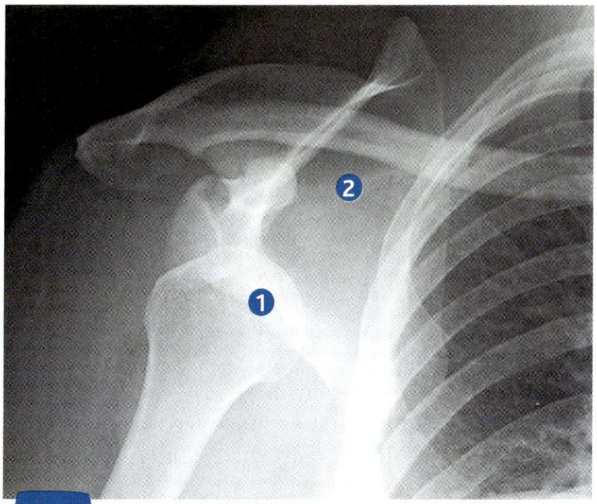

Doc. 6 Radiographie de l'épaule droite d'un haltérophile blessé. (1 : tête de l'humérus ; 2 : omoplate.)

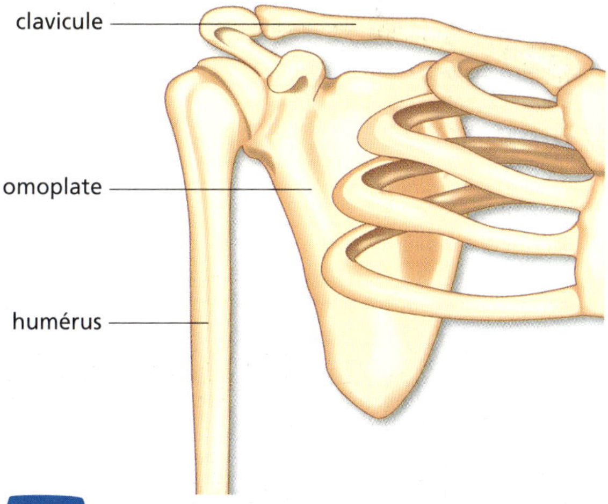

Doc. 7 Les os de l'épaule droite en vue ventrale.

QUESTION **Décrire les symptômes des différents accidents musculo-articulaires.**

Pistes pour répondre

- Identifier la structure anatomique abîmée. > Doc. 1 à 7
- Préciser de quelle blessure souffre la structure identifiée. > Doc. 1 à 7

Vocabulaire

Tendon : structure anatomique de nature fibreuse, reliant un muscle à un os et résistant à l'étirement.

Ligament : structure anatomique de nature fibreuse, reliant deux os entre eux et résistant à l'étirement.

Symptômes : ensemble des signes cliniques accompagnant une maladie.

2 La réalisation d'un mouvement

Lors d'un accident musculo-articulaire, le mouvement d'une partie du membre devient impossible. Différentes structures peuvent être lésées : muscles, tendons, ligaments.
Comment le mouvement d'un membre est-il réalisé ?

A Le rôle de l'articulation

L'extension et la flexion de l'avant-bras sur le bras sont deux des mouvements que peut réaliser le membre antérieur.

Le triceps et le biceps permettent des mouvements opposés du bras. Ils sont qualifiés de muscles **antagonistes** [Doc. 1].

Pour identifier le rôle de l'articulation dans le mouvement, une dissection peut être réalisée [Doc. 2].

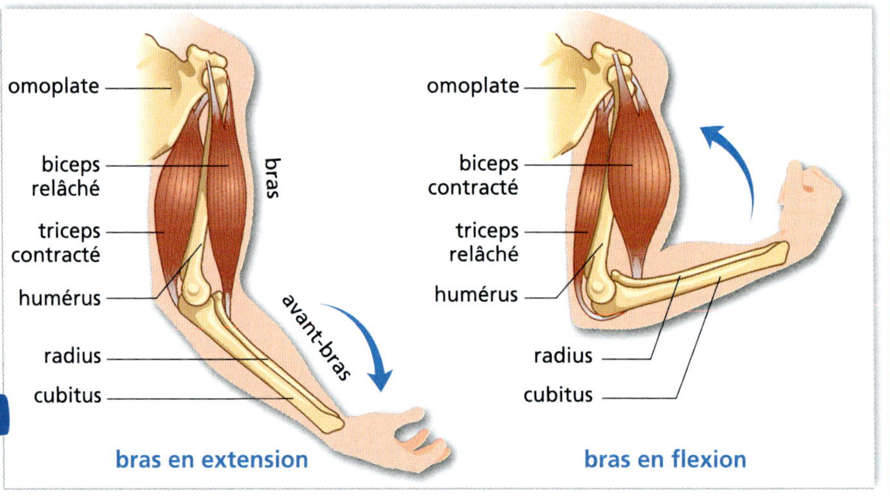

Doc. 1 Les mouvements du membre antérieur.

Dissection de l'articulation

Protocole

1. Retirer la peau de la patte.
2. Retirer les muscles.
3. Sectionner les ligaments.
4. Ouvrir délicatement l'articulation.
5. Observer les surfaces articulaires.

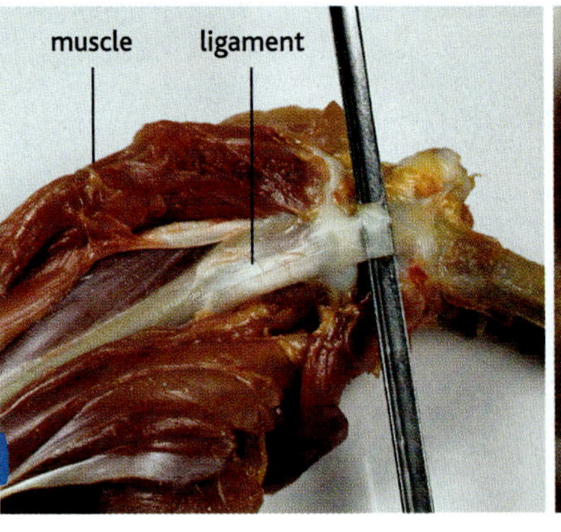

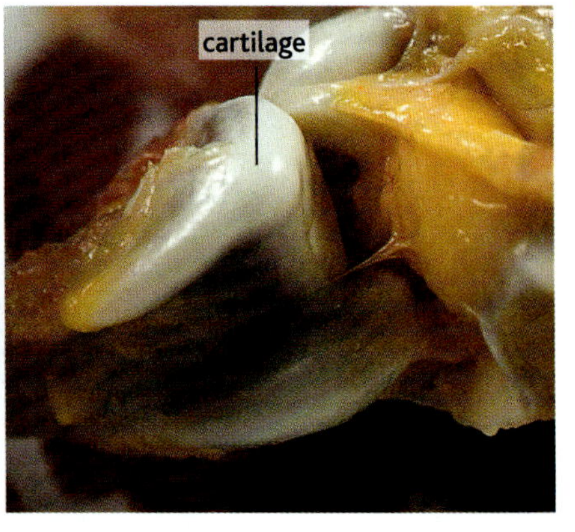

Doc. 2 Articulation de la patte de poulet.

Au niveau de l'articulation, les os ne sont pas au contact direct l'un de l'autre. Leurs extrémités sont recouvertes de cartilage et enfermées dans une capsule articulaire. Le cartilage est un tissu flexible qui permet le coulissage. Entre les deux cartilages, dans la cavité articulaire, se trouve le liquide synovial qui joue un rôle de lubrifiant. Les ligaments externes, par leur résistance à l'étirement, renforcent l'articulation.

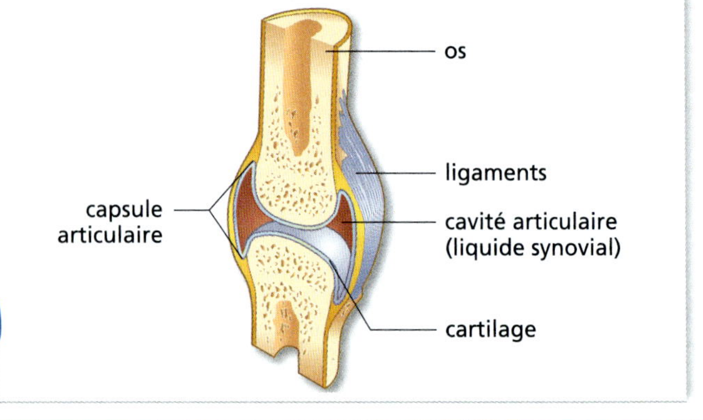

Doc. 3 Coupe longitudinale d'une articulation.

B Les effecteurs du mouvement

Les muscles sont reliés aux os par des tendons. Les muscles et les tendons participent au mouvement d'un membre. On cherche à comprendre le rôle de ces deux structures anatomiques dans le mouvement.

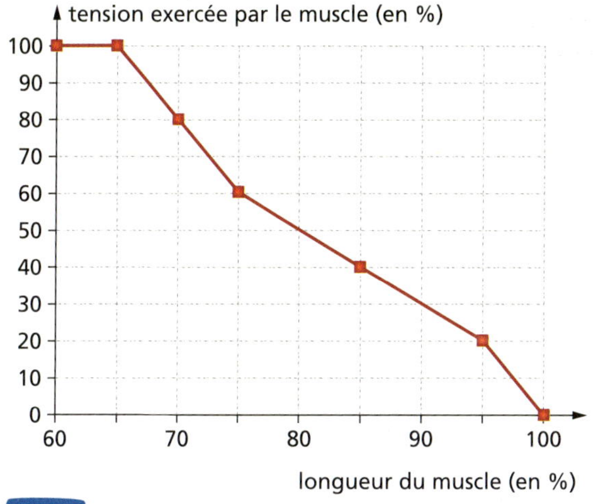

Doc. 4 Longueur d'un muscle et tension musculaire.
La tension exercée par un muscle augmente avec son état de contraction. La tension maximale que peut exercer le muscle correspond à 100 %. La longueur maximale que peut avoir un muscle est donnée à 100 %.

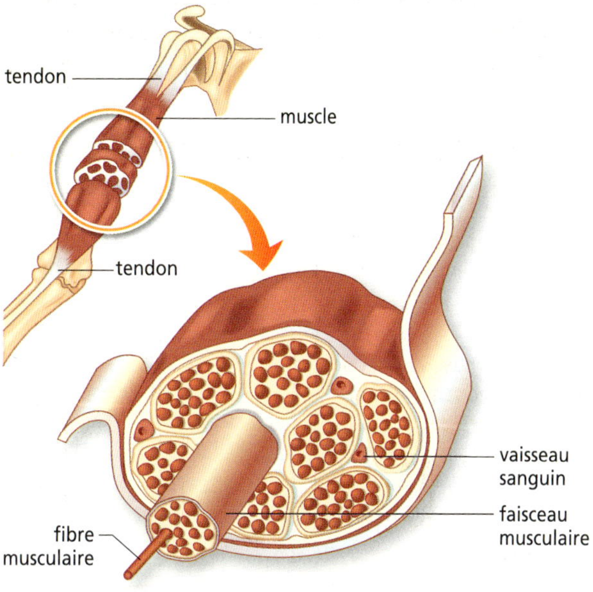

Doc. 5 Les fibres musculaires dans le muscle.

Dilacération d'un muscle

Protocole

1. Prélever un fragment de muscle de poulet.
2. Dilacérer ce fragment sur lame avec une aiguille lancéolée.
3. Colorer au bleu de méthylène.
4. Écraser entre deux lames.
5. Observer la préparation au microscope.

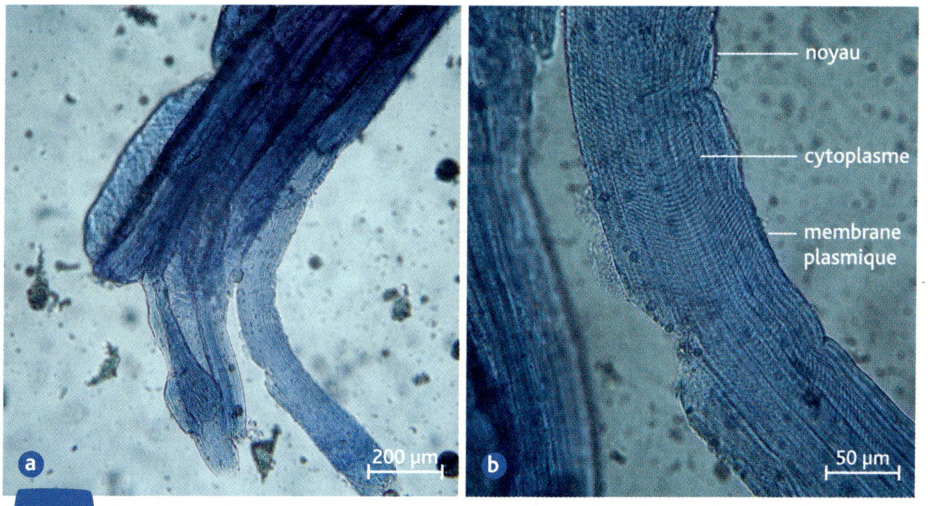

Doc. 6 Fibres musculaires observées au microscope optique.
Les stries correspondent à un dispositif intracellulaire, les myofibrilles, qui permettent la contraction.

QUESTION **Expliquer la réalisation du mouvement de flexion de l'avant-bras sur le bras.**

Pistes pour répondre

- Identifier le rôle de l'articulation. > Doc. 1 à 3
- Indiquer les conséquences de la contraction du muscle. > Doc. 4
- Décrire la structure du muscle. > Doc. 5 et 6

Vocabulaire

Antagoniste : élément (ici muscle) qui est en opposition fonctionnelle avec un autre élément.

3 La pratique d'une activité physique

Les mouvements sont permis grâce à l'action conjuguée des muscles, des tendons, des os et des articulations. Cet ensemble est fragile. Le risque d'accidents musculo-articulaires peut être augmenté par des pratiques inappropriées.

Comment préserver sa santé lors de la pratique d'une activité physique ?

A L'importance de la préparation physique

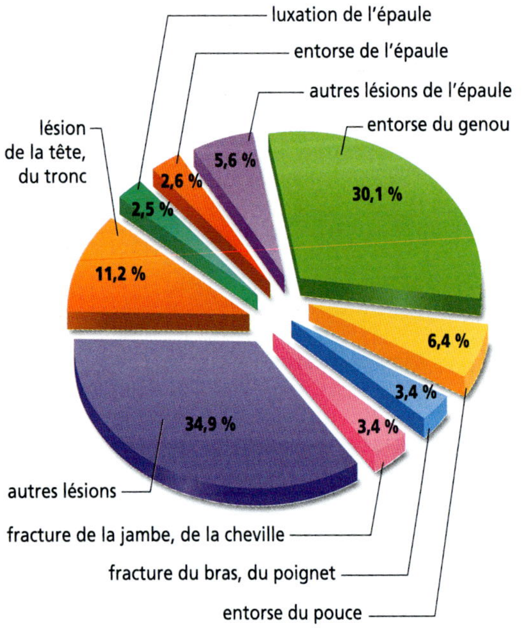

En France, 150 000 personnes ont un accident au ski chaque année. Les accidents musculo-articulaires sont très fréquents tout particulièrement l'entorse du genou. Les spécialistes ont montré que celle-ci était en partie due à un déséquilibre de la musculature de la cuisse.

Les quadriceps sont à l'avant de la cuisse et les ischio-jambiers sont postérieurs. Ces muscles interviennent lors de la flexion et de l'extension de la jambe. Ils ont pour autre rôle de renforcer l'articulation du genou, mais également d'empêcher sa torsion.

Parfois, la musculature n'est pas assez puissante pour limiter la torsion lors d'une chute, ce qui provoque une entorse.

Les médecins conseillent de réaliser, dans les semaines qui précèdent la pratique du ski, quelques exercices physiques, par exemple :

- S'asseoir sur le bord d'une chaise, un pied au sol et l'autre jambe levée.
- Se lever lentement jusqu'à extension complète du genou puis redescendre lentement pour revenir à la position initiale.
- Réaliser trois séries de cinq exercices sur chaque jambe durant les 15 jours qui précèdent le ski.

Doc. 1 Les accidents musculo-articulaires au ski.

Avant de s'élancer sur les pistes, les médecins conseillent de s'échauffer et de s'étirer. L'objectif premier de l'échauffement est d'augmenter la température corporelle. L'élévation de température a plusieurs conséquences :
- une augmentation de l'irrigation musculaire : les apports en sang sont plus importants ;
- les réactions chimiques permettant la contraction musculaire sont facilitées, ce qui réduit le risque de rupture ;
- les tendons sont plus souples, limitant ainsi le risque de rupture ;
- le liquide synovial est plus fluide, ce qui facilite le coulissage des articulations.

Les étirements ont pour objectif d'assouplir les muscles et les tendons, limitant ainsi les accidents.

Doc. 2 Les conséquences de l'échauffement.

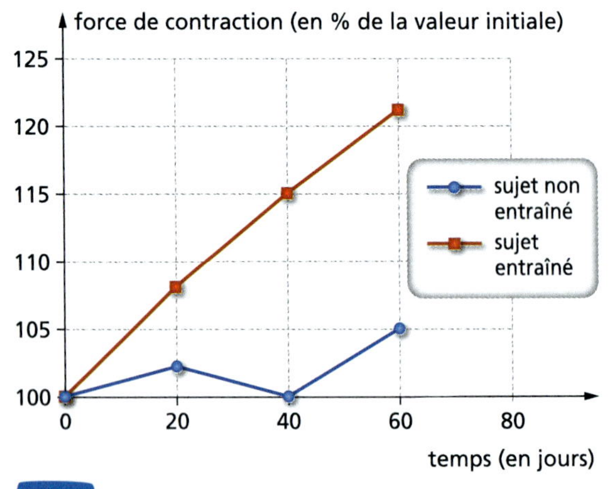

Doc. 3 Les conséquences d'un entraînement sur la force de contraction.

B L'augmentation de la masse musculaire

L'augmentation de la masse musculaire est souvent nécessaire pour améliorer les capacités des sportifs. Pour cela, l'entraînement est primordial. Certains sportifs utilisent des substances dopantes comme les stéroïdes anabolisants pour parvenir à des effets similaires.

Les stéroïdes anabolisants sont des **hormones** de synthèse qui dérivent toutes de la testostérone. Cette hormone est produite chez l'homme. Naturellement, elle a diverses fonctions : production des spermatozoïdes et masculinisation de l'individu, en particulier l'augmentation de la masse musculaire.

Les stéroïdes anabolisants sont avant tout des médicaments qui peuvent être prescrits dans différents cas : retard de la puberté masculine, insuffisance de la production de testostérone chez l'adulte, etc.

Ces substances sont interdites chez les sportifs professionnels. Pourtant, leur usage est non négligeable. On estime que près d'un million de personnes aux USA utilisent ces substances pour un usage non médical. Ce sont des bodybuilders, mais aussi des sportifs non professionnels qui visent à améliorer leurs performances personnelles.

Doc. 4 L'utilisation des stéroïdes anabolisants.

Doc. 5 Un bodybuilder.

individus	rapport taille / masse (en kg.cm^{-1})
sportifs non dopés	0,37
sportives non dopées	0,29
bodybuildeuses ayant pris des stéroïdes anabolisants	0,40

Doc. 6 Comparaison du rapport taille/masse chez différents sportifs. (Pour les mesures, la graisse des sujets n'est pas prise en compte).

	diamètre du muscle gastrocnémien (en cm)	volume du muscle gastrocnémien (en cm^3)	diamètre du tendon calcanéen (en cm)
sportif non dopé	13	2 653	1
sportif dopé	15	3 532	1

Doc. 7 Effets des stéroïdes anabolisants sur différents paramètres des muscles et tendons.
Chez les sportifs utilisant des anabolisants, la déchirure du tendon calcanéen est fréquente.

QUESTION **Identifier les comportements qui permettent de préserver une bonne santé lors de la pratique d'une activité sportive.**

Pistes pour répondre

- Expliquer comment l'entraînement peut limiter le risque d'entorse. > Doc. 1 à 3
- Identifier les rôles de l'échauffement et de l'étirement. > Doc. 2
- Montrer que l'utilisation des stéroïdes anabolisants peut avoir des conséquences néfastes pour l'appareil musculo-articulaire. > Doc. 4 à 7

Vocabulaire

Hormone : substance produite et libérée dans le sang par une glande endocrine, transportée jusqu'aux cellules cibles qui modifient alors leur activité.

I Les accidents musculo-articulaires [pp. 234-235]

- L'appareil musculo-articulaire comporte les muscles, les **tendons**, les **articulations** et les os. C'est un ensemble fragile.
- Les accidents musculo-articulaires, touchant ces quatre structures, sont variés. Lors d'un accident musculo-articulaire, celles-ci sont lésées.
- Différents accidents sont connus :

– la rupture d'un tendon désolidarise le muscle de l'os auquel il est normalement relié ;

– la déchirure musculaire se caractérise par une rupture de la structure profonde du muscle ;

– lors d'une entorse, les **ligaments** liant les os entre eux au niveau de l'articulation peuvent être distendus ou même rompus. L'articulation n'est plus aussi bien maintenue ;

– la luxation correspond à un déboîtement des os au niveau de l'articulation.

- Tous ces accidents rendent le mouvement douloureux et souvent impossible.

II La réalisation d'un mouvement [pp. 236-237]

- Le mouvement d'un membre fait intervenir trois structures : muscles striés, tendons et articulations.
- Au niveau de l'articulation, les os sont étroitement emboîtés mais ils ne sont pas en contact direct.
- Les os se terminent par un cartilage articulaire. Celui-ci est une structure dont la surface est lisse. Entre les cartilages, l'articulation contient le liquide synovial. Ce liquide joue un rôle de lubrifiant rendant possible le coulissage des cartilages l'un contre l'autre.
- Les muscles sont liés aux os par des tendons. Lorsque les muscles se contractent, leur longueur diminue. Ils exercent alors une tension sur les os auxquels ils sont liés. L'articulation joue ; une partie du membre se déplace provoquant un mouvement.
- Chaque muscle est constitué de cellules allongées en fibres musculaires. Elles sont de la même longueur que le muscle qui les contient. Les muscles constitués de ces fibres striées et rattachés au squelette sont ainsi nommés muscles striés squelettiques.

III La pratique d'une activité physique [pp. 238-239]

- La pratique d'une activité physique doit être progressive et régulière. En effet un effort brutal, sans échauffement, peut provoquer des déchirures musculaires, des ruptures de tendons ou même des entorses. L'entraînement permet de limiter la survenue d'accidents musculo-articulaires.
- Des pratiques inadaptées peuvent fragiliser les muscles ou les articulations et favoriser leur détérioration.
- C'est le cas du dopage qui permet d'augmenter la masse musculaire afin d'améliorer les performances individuelles. Cependant, cette augmentation ne concerne que les muscles et non les tendons. Les muscles devenus plus puissants, exercent alors une tension trop importante sur les tendons qui se trouvent fragilisés.

Le dopage est donc une pratique non seulement illégale mais également dangereuse.

Mots-clés, voir page 253

Tendon - Articulation - Ligament

L'essentiel

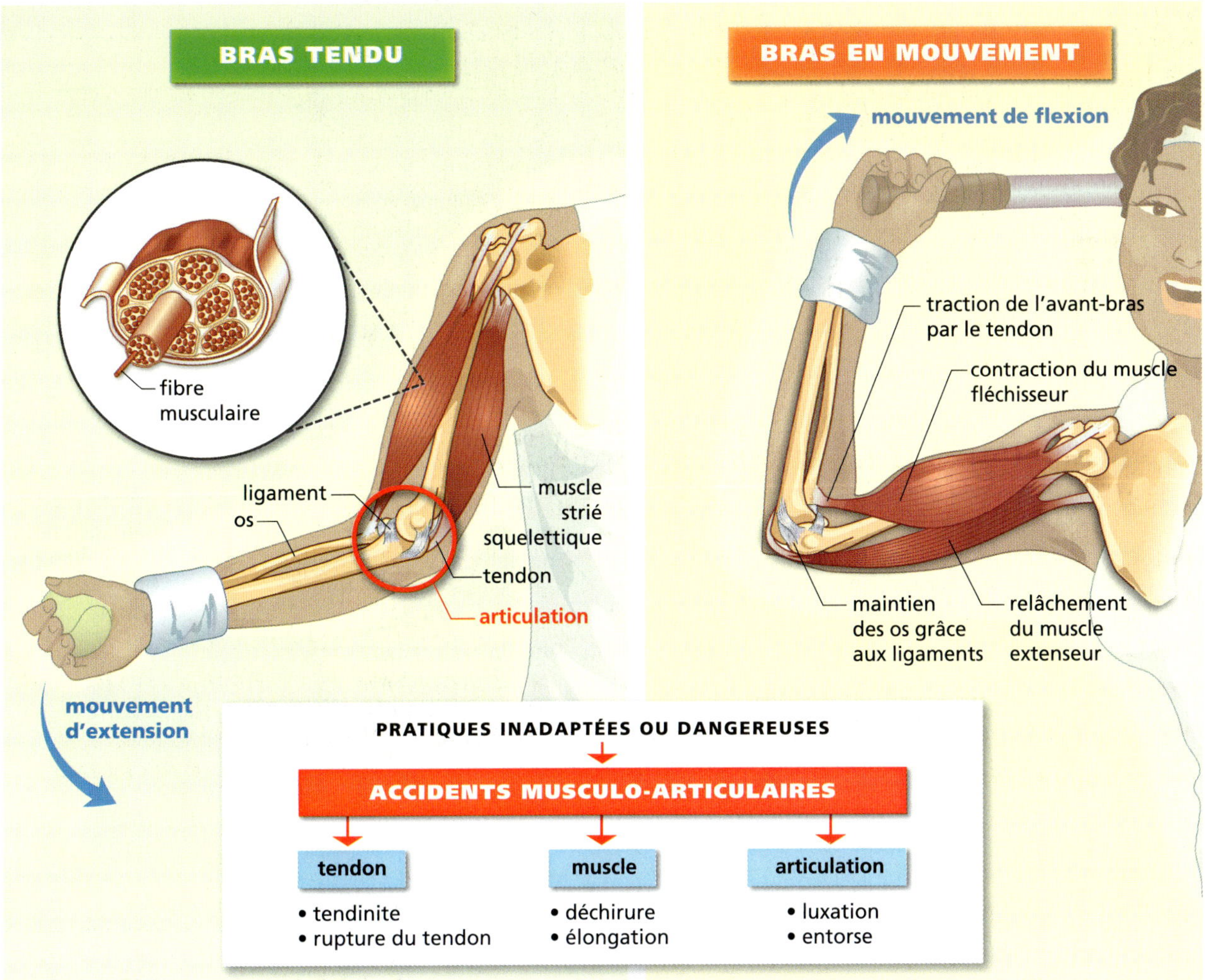

Compétences

Savoir que :

- Le muscle strié squelettique et les articulations constituent un système fragile qui doit être protégé.
- Les accidents musculo-articulaires s'expliquent par une détérioration du tissu musculaire, des tendons, ou de la structure articulaire.
- Au cours de la contraction musculaire, la force exercée tire sur les tendons et fait jouer une articulation, ce qui conduit à un mouvement.
- Des pratiques inadaptées ou dangereuses (exercice trop intense, dopage…) augmentent la fragilité du système musculo-articulaire et/ou provoquent des accidents.

Être capable de :

- Extraire et interpréter des informations tirées de comptes-rendus d'accidents musculo-articulaires ou d'imageries médicales.
- Manipuler, extraire et organiser des informations pour comprendre le fonctionnement du système musculo-articulaire.
- Relier les caractéristiques de l'organisation du muscle aux manifestations d'un accident musculo-articulaire.

Pour développer des compétences

Santé

> *Avoir une bonne maîtrise de son corps.*

Le mal de dos

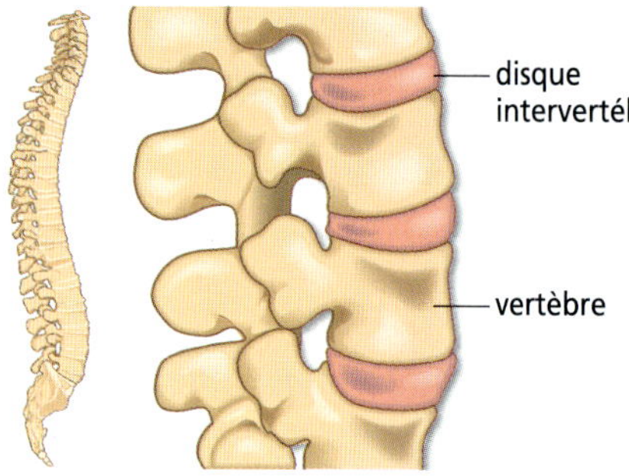

La colonne vertébrale est constituée de différents os, les vertèbres, qui sont peu mobiles les uns par rapport aux autres.

Des disques intervertébraux de nature cartilagineuse et élastique sont intercalés entre les vertèbres. Ils permettent d'amortir les chocs entre les vertèbres.

À l'arrière, chaque vertèbre possède un creux dans lequel passe la moelle épinière.

L'ensemble de la colonne vertébrale est maintenu par des ligaments. La musculature dorsale permet de redresser la colonne. En situation normale, la colonne vertébrale présente des courbures.

Doc. 1 La colonne vertébrale : un ensemble articulaire particulier.

On estime que 90 % des personnes souffriront un jour ou l'autre d'un mal de dos.

En cause... notre mode de déplacement bipède. En effet, le passage de l'état quadrupède à l'état bipède est le nœud du problème : notre colonne vertébrale se trouve soumise à l'effet de la pesanteur, elle tend à se tasser : les disques perdent de leur élasticité. C'est le mal de dos.

L'âge de l'individu, les efforts physiques répétitifs trop importants et la surcharge pondérale amplifient le problème, tout comme les mauvaises postures.

Dans des cas plus rares, le mal de dos est dû à des maladies diverses telles que la déviation latérale durable de l'axe de la colonne, l'irritation du nerf sciatique, la destruction des disques intervertébraux...

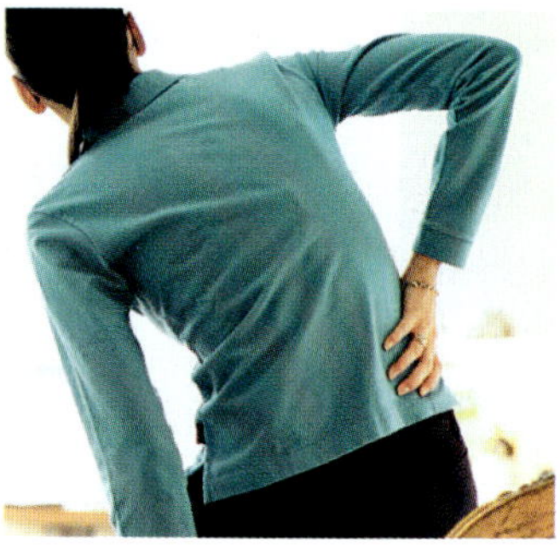

Doc. 2 Le mal de dos, une maladie de bipède.

Quand le mal de dos est là, il est difficile d'envisager de pratiquer une activité sportive.

Pourtant, les médecins recommandent la natation lors d'un mal de dos récurent.

En effet dans l'eau, la pesanteur est moins ressentie du fait de la pression d'eau. La colonne vertébrale se trouve décompressée. Les douleurs sont soulagées.

D'autre part, cette activité physique va permettre de renforcer la musculature dorsale et de perdre du poids en cas de surcharge pondérale.

Mais la nage pratiquée doit être le crawl ou bien le dos crawlé, car la brasse ou le papillon cambrent trop la colonne vertébrale.

Doc. 3 Le mal de dos et la pratique sportive.

Questions :

- Comment la bipédie peut-elle être à l'origine du mal de dos ?
- Expliquer en quoi le crawl et le dos crawlé peuvent soulager la douleur dorsale.

Pour en savoir plus

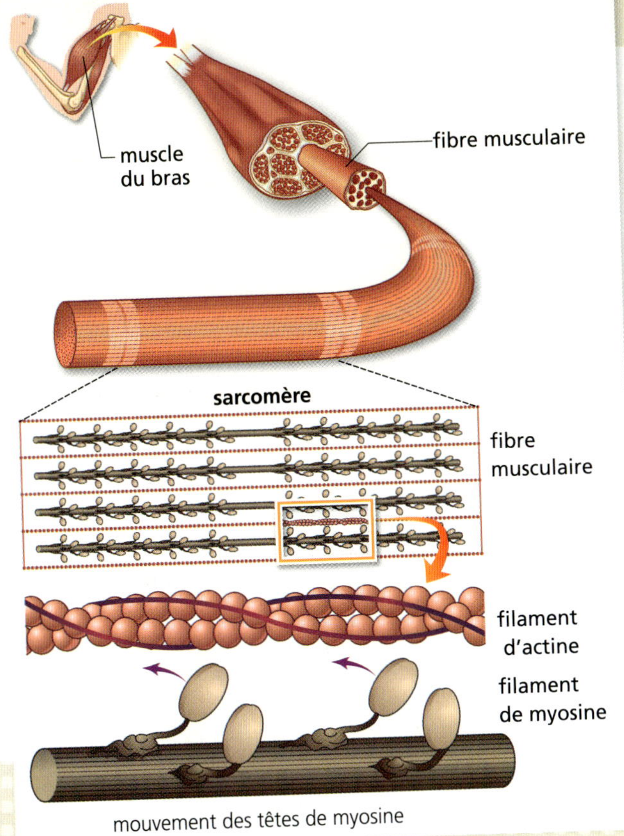

Le muscle, comment se contracte-t-il ?

Dans les fibres musculaires, on trouve des protéines qui forment des filaments : l'actine et la myosine.

Les filaments de myosine se trouvent disposés entre les filaments d'actine. Les deux types de filaments sont organisés en petites sous-unités : les sarcomères.

Les sarcomères sont alignés les uns sur les autres selon la longueur de la fibre musculaire.

Les filaments de myosine présentent des têtes qui peuvent se lier à celles des filaments d'actine. Ces têtes, une fois liées, pivotent, ce qui provoque le coulissage des deux types de filaments. Les têtes ont un fonctionnement opposé aux extrémités des filaments de myosine. Par contre, elles pivotent toutes de façon synchrone dans tous les sarcomères.

Ainsi, pendant que les têtes pivotent, tous les sarcomères raccourcissent. La fibre musculaire fait de même, elle se contracte.

INTERVIEW | Métier Charlotte, ostéopathe

Quel métier aviez-vous envie d'exercer quand vous étiez adolescente ?

> Je voulais être médecin ou psychologue ; j'ai découvert le métier d'ostéopathe seulement en terminale et l'idée m'a tout de suite séduite.

En quoi consiste votre métier ?

> L'ostéopathie s'adresse à tous et traite des problèmes divers comme les douleurs articulaires, les migraines, les douleurs abdominales, etc.
L'ostéopathe repère les restrictions de mobilité, les tensions et les déséquilibres grâce à une palpation minutieuse.

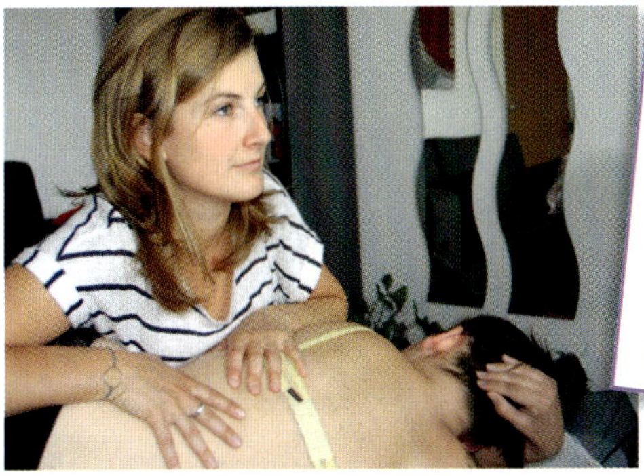

Il traite ensuite ces dysfonctionnements par des manipulations, le plus souvent très douces, afin d'améliorer l'état de santé général du patient.
L'ostéopathie permet également une prise en charge préventive.

PARCOURS

Après un baccalauréat scientifique, Charlotte a obtenu un diplôme d'ostéopathe (5 années d'études en école d'ostéopathie).
Elle exerce aujourd'hui dans son propre cabinet.

Quels conseils donneriez-vous aux jeunes qui voudraient travailler dans ce secteur ?

> Pour ceux qui voudraient faire ce métier, il faut un bac scientifique et surtout il faut un véritable attrait pour la biologie.

Exercices

S'auto-évaluer

> Restituer des connaissances.

1 QCM

Choisir la (ou les) bonne(s) réponse(s).

	Propositions de réponses			En cas d'erreur, revoir :
	A	B	C	
1. L'appareil musculo-articulaire est constitué de	muscles	tendons	peau	pp. 234 à 239
2. Au niveau de l'articulation, les os sont au contact	des ligaments	des cartilages	des tendons	p. 236
3. Le coulissage de l'articulation est possible grâce	aux os	au liquide synovial	au cartilage	p. 236
4. Le dopage vise à	améliorer les performances	augmenter la masse des tendons	diminuer la puissance de contraction	p. 239
5. L'échauffement permet	d'augmenter la température corporelle	de rendre plus fluide le liquide synovial	de faciliter la contraction des fibres musculaires	p. 238
6. La rupture des ligaments est à l'origine d'une	entorse	luxation	élongation	p. 235
7. Les muscles sont constitués	de fibres musculaires de longueurs différentes	de fibres musculaires de même longueur	de fibres musculaires sphériques	p. 237
8. Lors de la contraction	les muscles raccourcissent	les tendons raccourcissent	les ligaments raccourcissent	p. 237
9. Au niveau de l'articulation, les os sont liés entre eux par	les tendons	les cartilages	les ligaments	p. 236

2 Définir des termes

a. Tendon b. Articulation c. Ligament

3 Expliquer comment...

a. Une luxation peut limiter le mouvement.

b. L'échauffement peut préparer l'appareil musculo-articulaire à l'effort physique.

c. Une entorse peut rendre le mouvement de l'articulation impossible.

4 Légender un schéma

Après avoir recopié le schéma ci-contre, placer en légende les termes suivants : os du bras, os de l'avant-bras, cartilage articulaire, synovie, ligaments.

Donner ensuite un titre.

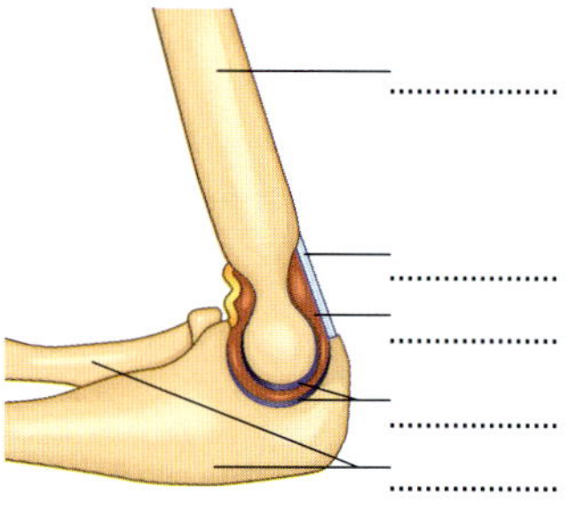

Voir corrigés p. 254.

Rédiger

> Restituer des connaissances.

5 À partir d'un exemple d'accident précis, montrer que l'appareil musculo-articulaire est fragile.

6 Après avoir précisé les effets des stéroïdes anabolisants sur la masse musculaire, expliquer comment leur utilisation peut contribuer à fragiliser l'appareil musculo-articulaire.

Exercice résolu

> Recenser, extraire et organiser des informations pour expliquer un phénomène.

7 Importance de l'entraînement et pratique d'une activité physique

Énoncé

Un nageur de haut niveau doit cesser l'entraînement pendant plusieurs semaines suite à un problème de santé. On suit la modification de la force musculaire de ses bras pendant cette période.
Les résultats sont présentés sur le graphique ci-contre.

1. Identifier les modifications de la force musculaire au cours des semaines sans entraînement.

2. Montrer, par l'exploitation des données obtenues, l'importance de l'entraînement sur l'appareil musculo-articulaire.

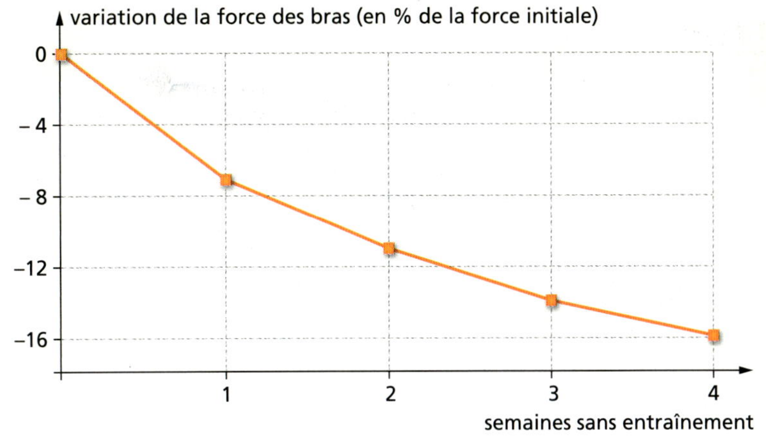

Comprendre l'énoncé

1. Il s'agit d'identifier comment varie au cours du temps le paramètre étudié en ordonnées sur le graphique.

2. On attend ici une généralisation du cas étudié et une mise en relation avec les connaissances sur le rôle du renforcement de l'appareil musculaire sur les accidents musculo-articulaires.

Éléments de réponse

1. On constate qu'au cours des quatre semaines, la force des bras diminue de 0 à 16 %. Donc la force musculaire est diminuée sans entraînement.

2. L'absence d'entraînement a pour conséquence une diminution de la force musculaire. Au contraire, l'entraînement a pour conséquence une augmentation de celle-ci. La force musculaire limite les accidents comme les entorses ou les déchirures musculaires.

Application

8 Les conséquences de l'entraînement sur l'appareil musculo-articulaire

Énoncé

Un joueur de rugby s'entraîne durant sept semaines en salle de musculation. Pour cela, tous les jours, le sportif réalise à l'aide d'un appareil de musculation des poussées avec ses jambes. En parallèle, on suit la variation de la force de poussée des jambes.

1. Identifier les modifications de la force musculaire au cours des semaines avec entraînement.

2. Montrer par l'exploitation des données obtenues l'importance de l'entraînement sportif sur l'appareil musculo-articulaire.

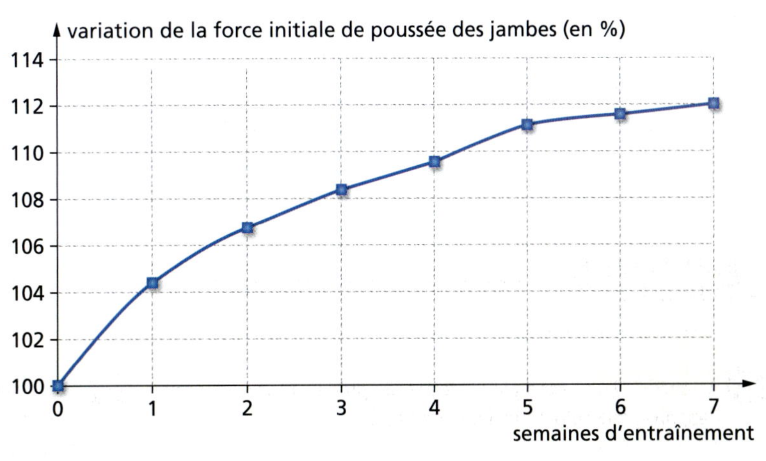

Exploiter des documents

9 Pathologie de l'appareil musculo-articulaire

> *S'informer à partir d'un cliché radiographique, raisonner.*

Un patient se présente aux urgences de l'hôpital. Il a reçu un coup sur le poignet et depuis il ne peut plus le bouger.

Un cliché radiographique est réalisé permettant de repérer les os du poignet.

1. Identifier la pathologie révélée par le cliché radiographique.
2. Expliquer l'absence de mouvement possible du pouce.

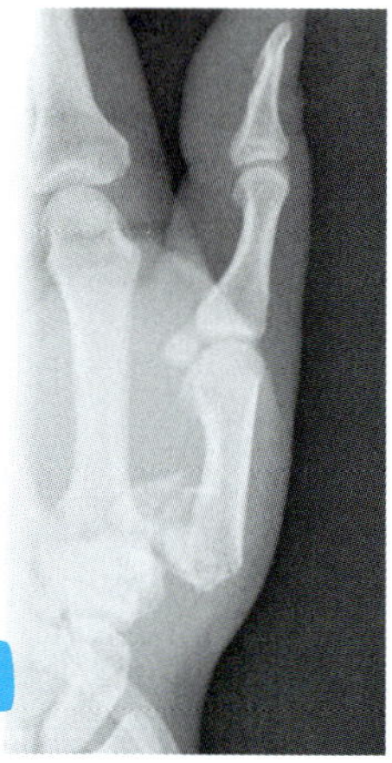

Doc. 1 Radiographique du poignet.

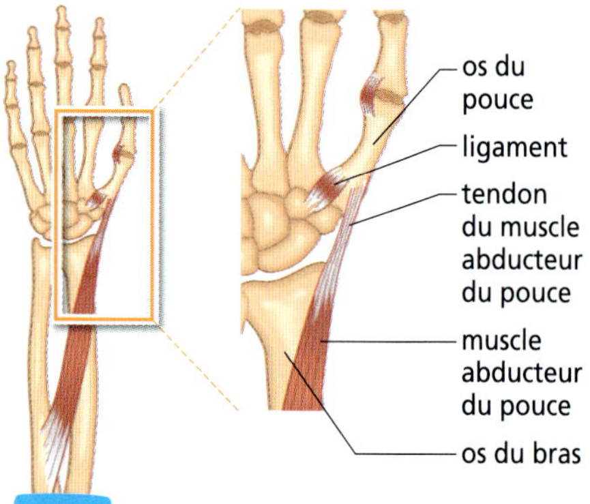

Doc. 2 Anatomie du poignet d'un patient en bonne santé.

10 L'hormone de croissance, une substance dopante

> *S'informer à partir d'un texte et d'un tableau, raisonner.*

Pour évaluer l'effet dopant de l'hormone de croissance, on en a injecté régulièrement pendant six mois à un groupe d'individus adultes volontaires. On compare les résultats obtenus à un groupe témoin. Pendant les six mois, les deux groupes suivent un programme d'entraînement.
Chez les sujets dopés, on a montré que les tendons étaient renforcés. De plus, des effets secondaires sont apparus : croissance des pieds, des mains, mais aussi des problèmes cardiaques.

	sujets	début des 6 mois	fin des 6 mois
masse moyenne (en kg)	dopés	77,2	78,2
	non dopés	83,3	83,3
masse moyenne totale sans la masse des tissus adipeux (en kg)	dopés	53,0	57,7
	non dopés	54,2	55,2

1. Identifier les effets de l'hormone de croissance sur la masse des sujets et proposer une explication.
2. Expliquer en quoi le dopage à l'hormone de croissance semble plus « avantageux » que celui aux stéroïdes anabolisants.
3. Montrer que l'utilisation de l'hormone de croissance peut être néfaste pour la santé.

11 La contraction des fibres musculaires

> *S'informer à partir de photographies microscopiques, raisonner.*

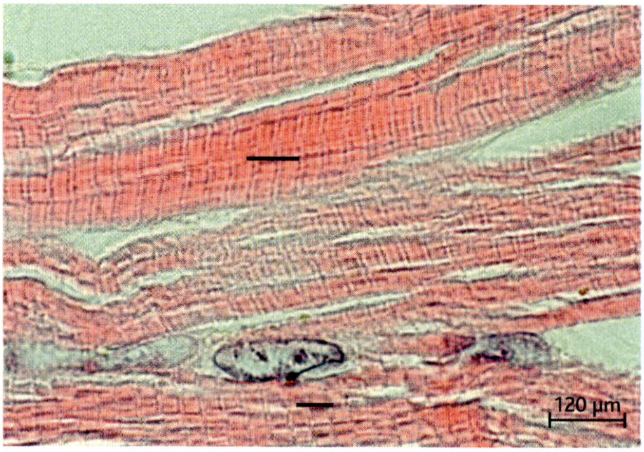

Portion de fibres musculaires, observée en microscopie optique.

L'observation du cytoplasme d'une fibre musculaire révèle une striation. Cette striation permet d'évaluer indirectement l'état de contraction d'un muscle.

1. Mesurer, en vous aidant des repères, la largeur de deux stries dans deux fibres différentes.
2. Comparer l'état de contraction de ces deux fibres et en déduire les conséquences prévisibles.
3. Indiquer quelques précautions permettant de réduire le risque d'accident musculo-articulaire.

L'essentiel à retenir sur le thème 3 pour la classe de 1re

La connaissance du corps et de son fonctionnement est indispensable pour pratiquer un exercice physique dans des conditions compatibles avec la santé.

Quels sont les effets physiologiques de l'effort sur l'organisme ?

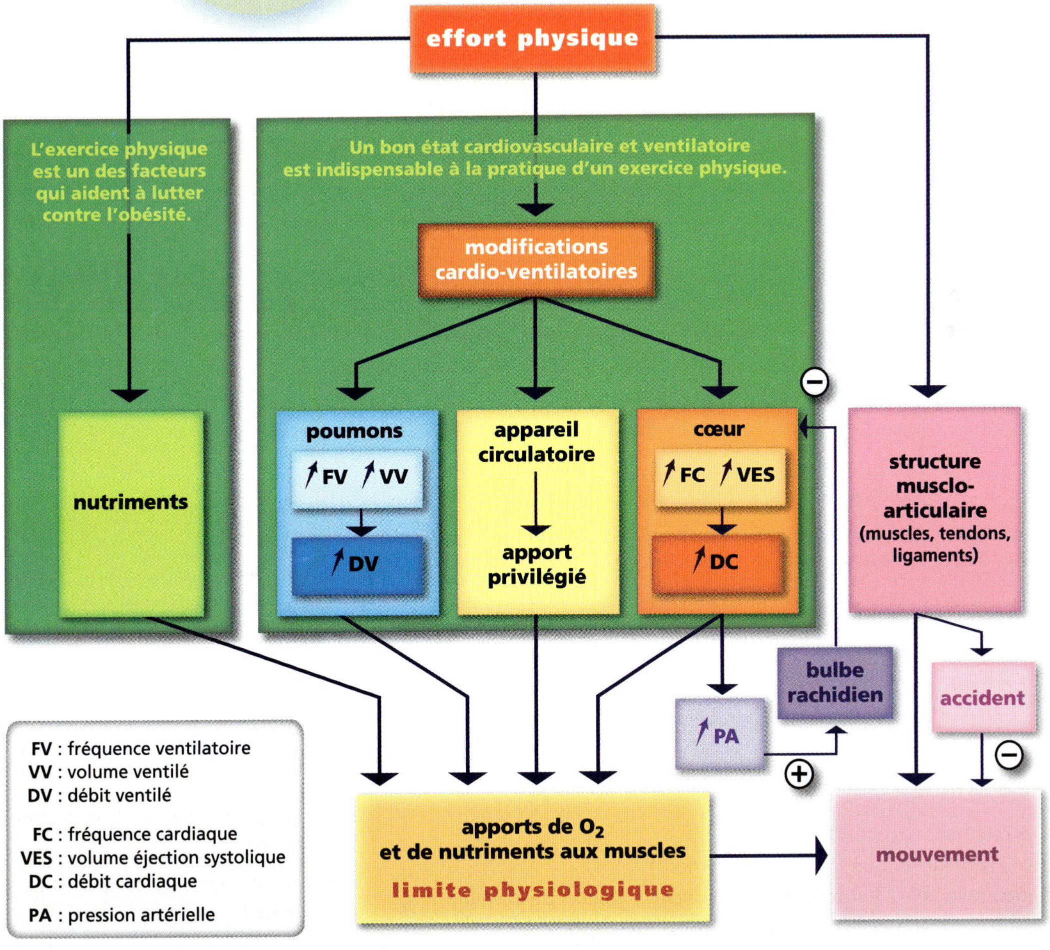

Fiches

1 Observer une préparation microscopique

Pour réaliser une préparation microscopique, il faut :

- Prendre une lame et une lamelle propres.
- Déposer une goutte d'eau ou de colorant au milieu de la lame.
- Placer l'objet à observer dans le liquide ; l'objet doit être très mince et transparent.
- Recouvrir doucement la préparation avec la lamelle.
- Éponger avec un peu de papier absorbant si l'eau déborde de la lamelle.

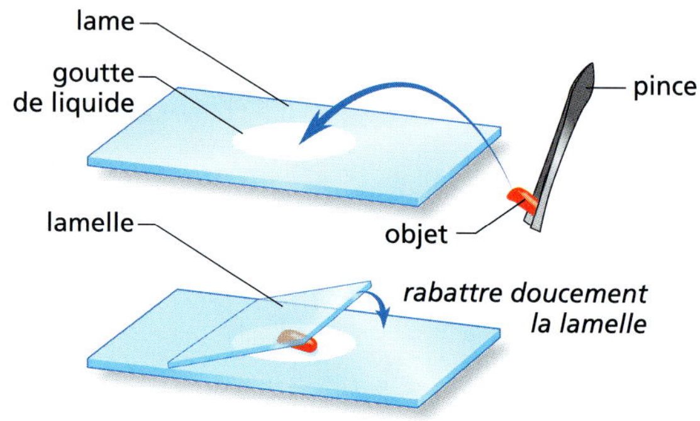

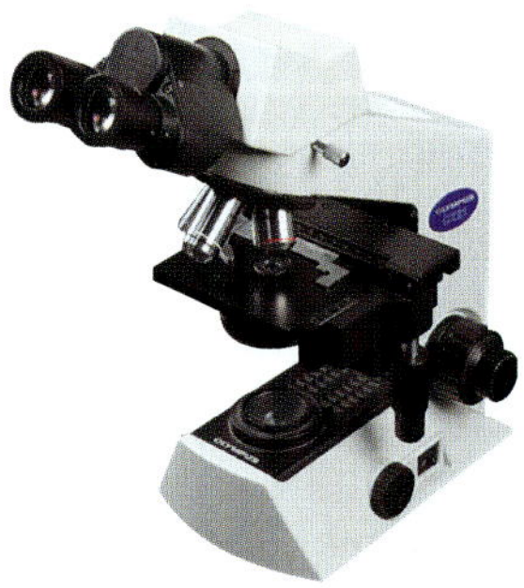

Pour observer la préparation, il faut :

- Bloquer la lame de verre sur la platine.
- Allumer la lampe et positionner la partie à observer au centre de la zone éclairée.
- Utiliser les objectifs dans l'ordre croissant.
- Faire la mise au point à l'aide des molettes.
- Rechercher la zone la plus favorable à l'observation.

Après usage, remettre le plus faible objectif en position d'observation et éteindre la lampe. Ranger le matériel.

Critères de réussite

Je réussis l'observation d'un prélèvement si…

pour mettre en œuvre la démarche	je prépare mon observation	– en choisissant le matériel biologique adapté ; – en choisissant les instruments adaptés ; – en repérant l'élément à prélever.
	je réalise la préparation	– en utilisant de façon maîtrisée le matériel et les produits ; – en respectant l'intégrité des structures à observer.
	j'observe la préparation	– en choisissant la région significative ; – en réalisant les réglages adaptés (lumière la plus appropriée, grossissement et mise au point).
je respecte le protocole fourni	pour la préparation à l'observation	– en prélevant des tissus ; – en utilisant une technique de coloration.
j'agis de façon responsable et je respecte les consignes de sécurité		– en portant une blouse ; – en manipulant de façon raisonnée et maîtrisée les outils et les produits ; – en gérant de façon raisonnée les déchets.
j'organise mon travail		– par une gestion individuelle et collective de mon poste de travail ; – par une répartition responsable et cohérente des tâches.

Critères d'évaluation

- Choix de l'élément significatif à observer ☺ 😐 ☹
- Qualité de la manipulation (coupe, prélèvement) ☺ 😐 ☹
- Préparation favorable à l'observation (étalement, tri, choix de la coloration) ☺ 😐 ☹
- Préparation nette et propre ☺ 😐 ☹
- Organisation de la paillasse et attitude responsable (manipulation raisonnée et maîtrisée des outils, gestion raisonnée des déchets) ☺ 😐 ☹

2 Visualiser des molécules avec le logiciel *RasTop*

Barre de Menu

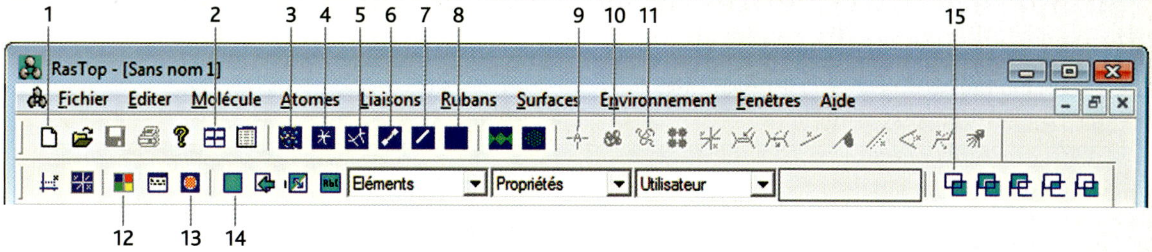

1 : nouvelle fenêtre	2 : mosaïque de fenêtres	12 : affiche la palette de couleurs
13 : affiche une sélection	14 : tout sélectionner	15 : sélectionner
Affichage de la molécule en :		
3 : sphères	4 : étoiles	5 : fil de fer
6 : boules et bâtonnets	7 : bâtonnets	8 : effacer ce qui est sélectionné
Sélectionner en cliquant dessus :		
9 : un atome	10 : un élément	11 : une chaine
Quelques détails des menus		
Pour afficher une molécule, cliquer sur : Fichier/Ouvrir. Pour imprimer la molécule affichée, cliquer sur : Fichier/Imprimer. Pour colorer la molécule selon le code couleur de la chimie, cliquer sur : Atomes/Colorer par/CPK.		
Informations sur les molécules		
Le nom des atomes est écrit dans la fenêtre de dialogue en bas de l'écran quand on clique sur l'atome. Son nom s'affiche sous forme d'une lettre majuscule. Sa position dans la molécule est aussi précisée.		
Modifier la visualisation de la molécule		
Pour faire pivoter la molécule : faire un cliquer-glisser avec le bouton gauche de la souris. Pour utiliser l'outil zoom : Maj enfoncé, bouton gauche de la souris enfoncé ; avancer la souris pour le zoom avant, reculer la souris pour le zoom arrière.		

Critères de réussite

Je réussis la visualisation et l'exploration de molécules en 3D si…

pour mettre en œuvre la démarche	je sélectionne	– en faisant un choix de molécules en réponse à l'objectif visé.
	Je visualise	– en choisissant le mode d'affichage des représentations 3D.
je respecte le protocole fourni	pour explorer et visualiser avec	– un logiciel de visualisation de molécules en 3D.
j'agis de façon responsable		– en ayant une attitude critique et réfléchie vis-à-vis de l'information disponible et de son traitement ; – en distinguant réel et virtuel, réalité et simulation.
j'organise mon travail		– par une gestion individuelle et collective de mon poste et de mon espace numérique de travail ; – par une répartition responsable et cohérente des tâches.

Critères d'évaluation

- Choix des molécules à traiter ☺ 😐 ☹
- Choix du traitement de la molécule (affichage en boules et sphères, coloration) ☺ 😐 ☹
- Utilisation maitrisée des fonctionnalités *de RasTop* ☺ 😐 ☹
- Cohérence et exactitude des résultats ☺ 😐 ☹
- Gestion du poste ☺ 😐 ☹

3 Comparer des séquences nucléotidiques avec le logiciel *Anagène*

Barre de Menu

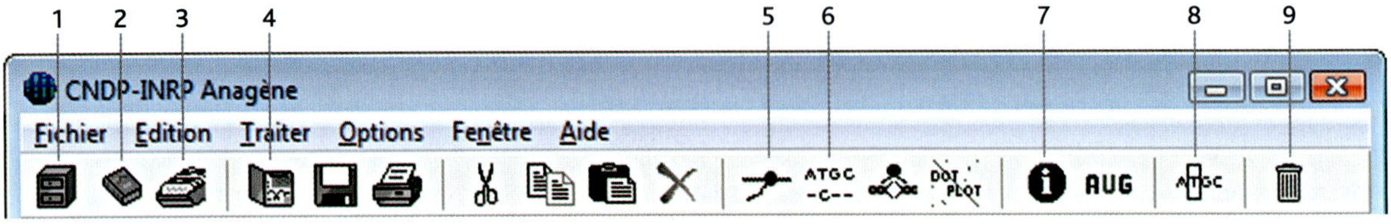

1 : banque de séquences 2 : thèmes d'étude 3 : programmes et documents	4 : voir le classeur 5 : convertir les séquences 6 : comparer les séquences	7 : information sur ligne pointée 8 : grand curseur 9 : fermer toutes les fenêtres

Sélectionner une séquence

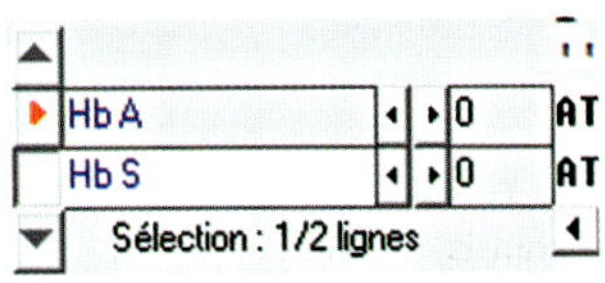

Cliquer sur le bouton de sélection. Le nom de la séquence sélectionnée s'inscrit sur fond blanc.
On peut sélectionner plusieurs séquences.
Le triangle rouge indique la molécule que l'on peut déplacer à l'aide des flèches grises "haut-bas" et pour laquelle on a des informations.

Comparer des séquences

La comparaison des séquences ne peut se faire que sur des séquences de même nature. Les flèches grises « haut-bas » permettent de placer la séquence de référence.
Utiliser le menu Traiter/Comparer les séquences ou Comparer les séquences.
La comparaison simple permet de comparer point par point des séquences sans aucun alignement, les similitudes sont repérées par des "-" et les différences par la lettre du nucléotide.

Critères de réussite

Je réussis la comparaison de séquences nucléotidiques si…

pour mettre en œuvre la démarche	je sélectionne	– en faisant un choix de molécules en réponse à l'objectif visé.
	j'organise et je traite des données	– en choisissant la comparaison de séquences (comparaison simple ou avec alignement).
	Je visualise	– en choisissant le mode d'affichage.
je respecte le protocole fourni	pour visualiser et traiter des données avec	– un logiciel de traitement de données génétiques.
j'agis de façon responsable		– en respectant les règles élémentaires du droit relatif à l'informatique et à l'internet ; – en ayant une attitude critique et réfléchie vis-à-vis de l'information disponible et de son traitement ; – en distinguant réel et virtuel, réalité et simulation.
j'organise mon travail		– par une gestion individuelle et collective de mon poste et de mon espace numérique de travail ; – par une répartition responsable et cohérente des tâches.

Critères d'évaluation

- Choix des séquences à traiter ☺ 😐 ☹
- Choix du traitement de la séquence (comparaison par alignement ou simple) ☺ 😐 ☹
- Utilisation maîtrisée des fonctionnalités d'Anagène (sélection, information sur ligne pointée, changement d'échelle) ☺ 😐 ☹
- Cohérence et exactitude des résultats ☺ 😐 ☹
- Gestion du poste ☺ 😐 ☹

4 Utiliser le logiciel *Phylogène* pour établir des liens de parenté

Barre de Menu

1 2 3 4 5 6 7 8

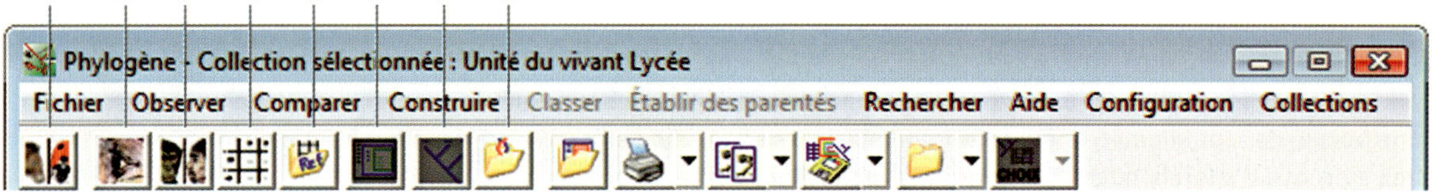

1 : sélectionner une collection 2 : observer une espèce 3 : comparer de deux à quatre espèces 4 : construire une matrice	5 : matrice de référence 6 : classer 7 : établir des parentés par un arbre phylogénétique 8 : enregistrer

Construire une matrice de caractères

Sélectionner une collection : cliquer sur Fichier/Sélectionner/Collection/OK. Cliquer sur Construire.
Sélectionner les espèces en cliquant sur chacune d'elles. Choisir les caractères dans le menu déroulant.
Remplir le tableau en cliquant dans chacune des cases et en utilisant les informations qui apparaissent en bas à droite de l'écran.
Vérifier le tableau et corriger si nécessaire.

Construire un arbre phylogénétique

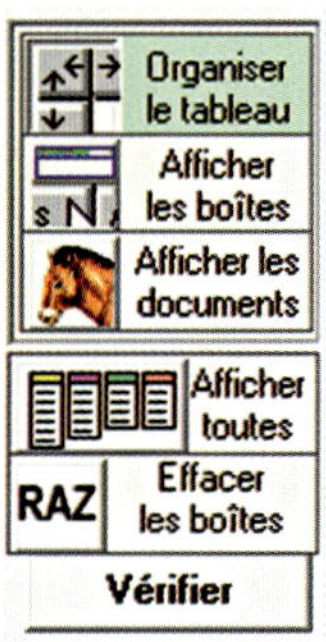

- Sélectionner l'icône « Établir des parentés ».
- « Organiser le tableau » permet par un cliquer-glisser de déplacer les colonnes et les lignes du tableau.
- « Afficher les boites » permet de classer les espèces en fonction des critères choisis et d'afficher au fur et à mesure l'arbre phylogénétique.
- « Afficher les documents » permet d'avoir les caractéristiques de l'espèce sélectionnée.
- « Revoir » permet de retourner en arrière en cas d'erreur.
- « RAZ » permet de revenir au début.
- Cliquer sur le nœud de l'arbre correspondant aux ancêtres communs ouvre une fenêtre des caractères. Les contours de la boite de classification deviennent verts.
- « Choix » permet de sélectionner un des modes de représentation de l'arbre.
- « Dater » permet de visualiser le déroulement temporel des étapes de l'évolution.

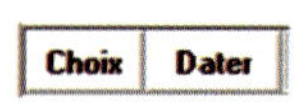

Critères de réussite

Je réussis le traitement de données pour établir des liens de parenté si…

pour mettre en œuvre la démarche	je sélectionne	– en faisant un choix de molécules en réponse à l'objectif visé.
	j'organise et je traite des données	– en effectuant des comparaisons (caractères, séquences) ; – en construisant des représentations (matrices, arbres phylogénétiques).
	je visualise	– en choisissant le mode d'affichage (référence, tableau ou arbres).
je respecte le protocole fourni	pour traiter des données	– avec un logiciel de traitement de données liées à la parenté des organismes.
j'agis de façon responsable		– en respectant les règles élémentaires du droit relatif à l'informatique et à l'internet ; – en ayant une attitude critique et réfléchie vis-à-vis de l'information disponible et de son traitement ; – en distinguant réel et virtuel, réalité et simulation.
j'organise mon travail		– par une gestion individuelle et collective de mon poste et de mon espace numérique de travail ; – par une répartition responsable et cohérente des tâches.

Critères d'évaluation

- Choix pertinent des données à traiter ☺ 😐 ☹
- Choix judicieux du traitement des données ☺ 😐 ☹
- Utilisation maîtrisée des fonctionnalités du logiciel / Lisibilité des résultats ☺ 😐 ☹
- Cohérence ou exactitude des résultats ☺ 😐 ☹
- Gestion du poste de travail ☺ 😐 ☹

5 Saisir des informations lors d'une sortie

La sortie sur le terrain permet de saisir des informations dans l'espace, dans le temps et à plusieurs échelles.

Objectif : le parcours se situe dans le nord-est du département de la Martinique sur la presqu'île de la Caravelle. C'est une boucle de sept kilomètres qui comprend plusieurs arrêts : ils permettent d'identifier les conditions du milieu ainsi que d'appréhender les différents niveaux de la biodiversité.

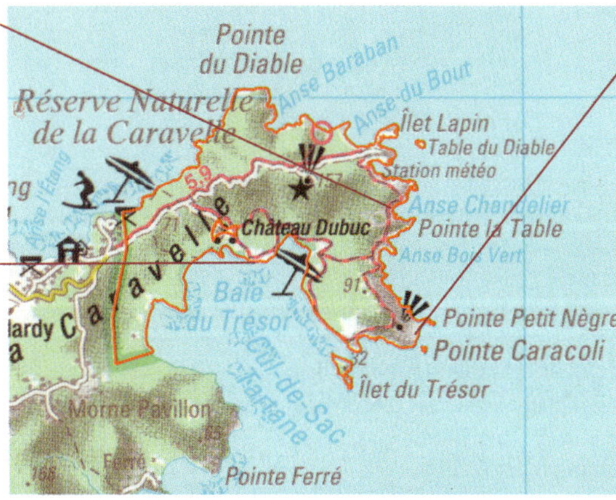

Matériel nécessaire et recommandations

- Chapeau, lunettes et protection contre le Soleil, chaussures de marche, eau, matériel pour prendre des notes (support rigide, feuilles blanches, crayons de couleur, stylos), pochette plastique, appareil photographique et GPS.
- Ne pas quitter le sentier, ne pas récolter d'échantillons végétaux (sensibilisation à la protection de l'environnement), marcher le plus discrètement possible pour ne pas faire fuir les animaux et rester groupés.

Critères de réussite

Je réussis la saisie d'informations lors de la sortie si…

pour mettre en œuvre la démarche	j'organise et je traite des données	– en relevant les principales caractéristiques des milieux visitées (température, hygrométrie).
		– en identifiant les principales espèces végétales rencontrées à l'aide d'une clé de détermination ; – en photographiant les principales espèces rencontrées ; – en référençant ces photographies.
		– en évaluant la diversité des espèces rencontrées dans les différents milieux.
j'agis de façon responsable		– en respectant les règles de sécurité ; – en respectant l'environnement (pas de prélèvement).
j'organise mon travail		– en prenant des notes ; – en faisant des croquis ; – en géolocalisant les photographies.

Critères d'évaluation

- Choix judicieux des données récoltées ☺ 😐 ☹
- Réalisation d'un compte rendu satisfaisant de la sortie ☺ 😐 ☹
- Cohérence et exactitude des données ☺ 😐 ☹
- Choix pertinent des données à traiter ☺ 😐 ☹

exique - Index

Corrigés des exercices

Thème 1

UNITÉ 1

1 1B, 2C, 3C, 4B, 5AB, 6C, 7B, 8A, 9AB, 10AB

2 a. **Planète rocheuse :** corps céleste rocheux de grande taille ayant nettoyé son orbite autour du Soleil.
Astéroïde : corps céleste de faible volume, sans lumière propre, constitué de roches, décrivant une orbite autour du Soleil.
Comète : corps céleste de faible volume, sans lumière propre, constitué de glaces, décrivant une orbite autour du Soleil.

3 a. La Terre est la seule planète du système solaire ayant aujourd'hui une température et une atmosphère telles que l'eau peut s'y trouver à l'état liquide.
b. Les **planètes gazeuses** (Jupiter, Saturne, Uranus et Neptune) sont des boules de **gaz comprimés** qui entourent un **petit noyau**.

4 a. Les planètes exercent sur la matière qui les entoure une force d'attraction. Cette force est proportionnelle à la masse de la planète. En fonction de sa masse, une planète aura donc une atmosphère plus ou moins épaisse.
b. Une étoile gazeuse se caractérise par sa faible densité et son diamètre important dû à une atmosphère gazeuse particulièrement importante. Les planètes rocheuses se caractérisent par une surface constituée de roches. Les étoiles se caractérisent par l'émission de lumière qu'elles produisent elles-mêmes.

5 L'existence d'une vie sur une planète requiert la présence d'une atmosphère et d'eau à l'état liquide. Dans le système solaire, ces conditions sont réalisées entre 0,95 et 1,67 UA. Cette distance critique définit ce qu'on appelle la zone d'habitabilité de l'étoile.

UNITÉ 2

1 1C, 2B, 3A, 4B, 5A, 6A, 7B

2 a. **Matière organique :** matière combustible contenant essentiellement du carbone, de l'hydrogène, de l'oxygène.
b. **Matière minérale :** matière non combustible comme l'eau, le dioxyde de carbone ou la plupart des roches.

3 a. La matière des êtres vivants est une matière combustible riche en éléments chimiques carbone et en molécules d'eau.
b. Les **lipides** et les **glucides** sont formés de **carbone**, d'**hydrogène** et d'**oxygène** ; les **protides** contiennent en plus de l'**azote** et du **soufre**.

4 a. L'amidon peut être mis en évidence grâce à un réactif, l'eau iodée, qui se colore spécifiquement en bleu en présence d'amidon.
b. On peut mettre en évidence l'unité chimique des êtres vivants en étudiant les éléments chimiques constituants la matière organique qui est composée en majorité de carbone, hydrogène, oxygène, azote alors que sur la Terre, ce ne sont pas les éléments chimiques les plus communs.

5 Tous les êtres vivants sont constitués d'une majorité d'eau (80 % en moyenne), de molécules organiques et de molécules minérales.

UNITÉ 3

1 1B, 2B, 3B, 4AC, 5AB, 6BC, 7AC, 8A, 9B

2 a. Eucaryotes : groupe d'êtres vivants dont les cellules possèdent des organites.
b. Procaryotes : groupe d'êtres vivants dont les cellules ne possèdent pas d'organites.
c. Organite : structure limitée par une membrane et baignant dans le cytoplasme des cellules.
d. Échange de matières : entrée et sortie de matières de la cellule.
e. Échange d'énergie : entrée et sortie de molécules énergétiques de la cellule.
f. Métabolisme : ensemble des réactions chimiques se déroulant dans une cellule.
g. Mutation : changement dans la séquence des nucléotides d'un allèle.

3 a. Le **métabolisme** est l'ensemble des **transformations chimiques** se déroulant dans une **cellule**.
b. Les **eucaryotes** possèdent des **cellules** contenant des **organites**.
c. La **membrane plasmique** des **cellules** montre l'**unité** des **êtres vivants**.
d. Les **mutations** peuvent être à l'origine d'une **modification** du **métabolisme**.

4 La cellule animale possède une membrane plasmique, un noyau, des organites (mitochondries...) et un cytoplasme. La cellule végétale possède en plus une vacuole, des chloroplastes et une paroi végétale. Les bactéries ne possèdent pas d'organites, ni de noyau, uniquement du cytoplasme, une membrane plasmique et une paroi.

5 a. Toutes les cellules aussi bien procaryotes qu'eucaryotes possèdent une membrane plasmique et un cytoplasme.
b. Toutes les cellules échangent de la matière et de l'énergie avec leur environnement proche. Cette similitude de fonctionnement cellulaire est due à une origine unique du vivant et marque donc son unité.
c. Les réactions chimiques se déroulant à l'intérieur d'une cellule sont influencées d'une part par le patrimoine génétique de l'individu (présence d'enzymes fonctionnelles ou non...) et par des facteurs environnementaux (Soleil pour la production de mélanine chez l'Homme, dioxygène pour la couleur des levures Ade2...).

UNITÉ 4

1 1AC, 2B, 3A, 4C, 5C, 6AC, 7B, 8A

2 a. Organisme génétiquement modifié : organisme dont le patrimoine génétique a été modifié par l'Homme.
b. Universalité du message génétique : la lecture du message contenu dans l'ADN s'effectue de la même façon chez tous les êtres vivants.
c. Nucléotide : élément se répétant le long d'un brin d'ADN. Il existe 4 nucléotides différents A, T, C, G.
d. Allèle : une des séquences possible d'un gène.
e. Mutation : Changement de la séquence des nucléotides d'un allèle.
f. Complémentarité des nucléotides : Au niveau de la molécule d'ADN, A est en face de T ; et C en face de G.

3 a. L'**ADN** est formé de **deux brins parallèles** enroulés en **double hélice**.
b. Le **message génétique** est contenu dans la **séquence** des **nucléotides**.
c. La **mutation** d'un **allèle** peut entraîner une **maladie génétique**.
d. La **transgénèse** montre l'**universalité** de l'**ADN**.

4 Il faut construire la séquence complémentaire (CTCGCA). Différencier les liaisons covalentes (un trait entre les nucléotides d'un même brin) et les liaisons hydrogènes (un trait pointillé entre les nucléotides des deux brins constituant la molécule d'ADN).
4b allèle 1 : ACGTTACCGA. Allèle 2 : ACCTGACCGA

5 a. La transgénèse consiste à transférer un gène d'une espèce à une autre. On constate que la molécule issue de l'expression du gène produite chez l'espèce receveuse est la même que celle présente chez l'espèce donneuse. On en conclut que l'ADN est une molécule présente chez tous les êtres vivants et que le message qu'elle porte est toujours lu de la même façon.
b. Quand on change la séquence des nucléotides, on constate que le message porté par l'ADN change aussi. On en conclut que c'est bien l'ADN qui est le support de l'information génétique.
c. La variabilité génétique est en relation avec l'existence de plusieurs allèles pour un même gène. Les mutations, en changeant la séquence des nucléotides, contribuent à la formation de nouveaux allèles et donc à la variabilité génétique.

UNITÉ 5

1 1ABC, 2B, 3C, 4B, 5C, 6C, 7B

2 a. **Écosystème :** ensemble formé par une association ou communauté d'êtres vivants (ou biocénose) et son environnement.
b. **Biodiversité :** la biodiversité est la dynamique des interactions dans des milieux en changement. Elle se décline en diversité écologique (les milieux), diversité spécifique (les espèces), et diversité génétique.
c. **Crise de biodiversité :** c'est un phénomène d'extinction qui touche de nombreux taxons, qui a un impact sur une large échelle géographique et qui se produit dans un laps de temps court au regard des temps géologiques (de l'ordre de la centaine de milliers, voire de l'ordre du million d'années).

3 a. La **biodiversité** est la **diversité** des espèces dans un **milieu** c'est-à-dire la richesse spécifique, la richesse génétique et la richesse des écosystèmes.
b. Une **crise biologique** affecte la **biodiversité** en la réduisant.
c. Au cours du **temps**, la **biodiversité** a évolué : les espèces se sont développées, diversifiées et bien souvent éteintes laissant la place à d'autres espèces dérivant des précédentes.
d. L'**espèce humaine** agit sur la **biodiversité** soit en la menaçant soit en essayant de la préserver.

4 a. Au cours du temps, la biodiversité a évolué : les espèces se sont développées, diversifiées et bien souvent éteintes laissant la place à d'autres espèces dérivant des précédentes.
b. L'espèce humaine modifie profondément son environnement. Elle agit sur la quasi-totalité de la surface de notre planète, même sur les espaces qui semblent les plus inhabités. Comme tout être vivant, l'Homme ne peut pas vivre sans interagir avec d'autres espèces. Préserver la biodiversité lui est donc vital.
c. La préservation de la biodiversité implique la préservation des grands équilibres écologiques, à quelque échelle que ce soit : habitat, forêt, région, monde...

5 Les activités humaines entraînent bien souvent des pertes irréversibles en termes de biodiversité sur Terre avec une diminution du nombre d'espèces, pertes qui ont été plus rapides au cours de ces 50 dernières années qu'à n'importe quelle autre période de l'histoire humaine cela correspond à la 6e crise biologique.

UNITÉ 6

1 1B, 2A, 3A, 4BC, 5C, 6AB, 7B, 8A, 9BC

2 a. **Homologie :** se dit d'une structure qui possède la même organisation et qui se connecte aux mêmes structures.

b. **Organisation :** positionnement des organes par rapport à l'organisme.

c. **Ancêtre commun :** individu à l'origine d'une descendance.

3 a. Ce sont des ressemblances importantes observées au sein de la biodiversité qui fondent les groupes zoologiques traduisant leur parenté.

b. Les **vertébrés** possèdent un **plan d'organisation** commun.

c. Le **plan d'organisation** des vertébrés se caractérise par la présence d'**axes de polarité** et un **plan de symétrie**.

4 a. L'étude de fossiles permet d'établir dans quel ordre les attributs sont apparus. Ces attributs permettent de tester l'arbre phylogénique construit avec des espèces actuelles.

b. Le système nerveux est dorsal tandis que l'appareil digestif est ventral chez les vertébrés. Dans les deux cas, on observe une polarité antéropostérieure (cerveau, moelle épinière, œsophage, estomac, intestin).

5 a. La classification par groupes emboîtés traduit la parenté entre les êtres vivants qu'un arbre phylogénique permet de visualiser.

b. Les parentés d'organisation des espèces d'un groupe suggèrent qu'elles partagent toutes un ancêtre commun.

UNITÉ 7

1 1A, 2B, 3ABC, 4C, 5AB, 6B

2 a. **Disparition d'espèces :** extinction totale d'une espèce ou groupe de taxons, réduisant ainsi la biodiversité.

b. **Dérive génétique :** évolution de la fréquence allélique dans une petite population causée par des phénomènes aléatoires, impossibles à prévoir.

c. **Sélection naturelle :** tri des individus les plus aptes à survivre ou à se reproduire.

3 a. La **dérive génétique** la variation au hasard de la fréquence d'un **allèle** dans une population, un faible **effectif** entraînant le risque de dérive génétique.

b. Les activités de l'**Homme** engendrent une **pression** sur les populations conduisant à la baisse des **effectifs** et ainsi à une **dérive génétique**.

c. Les **changements de conditions** de milieu peuvent être à l'origine de la **disparition** des espèces lors des **crises biologiques**.

d. L'**allèle S défavorable** dans certains cas puisqu'il entraîne la **drépanocytose** peut devenir favorable dans d'autres cas, car il empêche d'avoir le **paludisme**.

4 a. Si quelques individus seulement sont tirés au hasard pour former la génération suivante, les allèles qu'ils portent ne seront pas exactement dans les mêmes proportions que les allèles du pool génique duquel ils sont issus. Dans une population restreinte, la dérive génique peut être suffisamment importante pour modifier les fréquences alléliques.

b. Une espèce nouvelle peut apparaître par isolement géographique, par mutation, par performance plus importante d'un individu qui transmet son caractère.

5 a. La dérive génétique et les pressions de sélection variables sont à la source de l'évolution.

b. La sélection naturelle est l'un des mécanismes qui guident l'évolution des espèces.

Thème 2

UNITÉ 8

1 1C, 2B, 3A, 4C, 5B, 6A, 7C, 8A, 9C, 10B

2 a. **Écosystème :** ensemble des êtres vivants d'un milieu et ses conditions physico-chimiques.

b. **Chlorophyllien :** qui contient un pigment vert participant la photosynthèse.

c. **Biosphère :** ensemble des êtres vivants.

d. **Biomasse :** masse totale d'êtres vivants présente à un moment donné, dans un milieu donné.

e. **Photosynthèse :** synthèse de matière organique à partir de matière minérale et en présence de lumière, ayant lieu dans les parties chlorophylliennes des végétaux.

f. **Productivité primaire :** biomasse végétale produite par unité de temps et unité de surface.

3 a. La **photosynthèse** permet la synthèse de **glucides** à partir de **dioxyde de carbone** et d'**eau**.

b. Les **végétaux** sont les **producteurs primaires** des **réseaux alimentaires**.

4 a. Les végétaux, par la photosynthèse, élaborent des molécules organiques à partir de matière minérale et de lumière (énergie). Ces molécules organiques vont être utilisées par les végétaux pour leur croissance. Ces végétaux sont consommés par d'autres êtres vivants dans les réseaux trophiques.

b. Si on prive des végétaux de tel ou tel élément minéral, leur développement est inférieur à celui d'un témoin.

UNITÉ 9

1 1C, 2C, 3ABC, 4AB, 5C, 6B, 7C, 8B, 9AB

2 Le bloc vert (synthèse de matière organique) doit se trouver en haut. En dessous, l'un à côté de l'autre, bloc jaune (matière organique accumulée dans les sédiments) à mettre à côté du bloc marron (dégradation partielle de matière organique). En dessous du bloc marron, positionner la flèche violette correspondant à la subsidence, à laquelle doit être associée la boîte « transformation de matière organique par augmentation de pression et de température ». Au bout de la flèche violette, le bloc « hydrocarbures » doit être positionné.

UNITÉ 10

1 1C, 2AC, 3b, 4ab, 5a, 6ac, 7ab, 8b, 9ab

2 a. **Énergie renouvelable :** une énergie est renouvelable quand la consommation faite par l'Homme est inférieure à la production naturelle de cette énergie sur 100 ans.

b. **Cycle de l'eau :** il correspond au voyage de l'eau sous ses 3 états en passant de réservoir en réservoir.

c. **Vent :** masse d'air se déplaçant d'une zone de haute pression vers une zone de basse pression.

3 a. L'**énergie solaire** est le **moteur** du **cycle de l'eau** à l'origine d'une énergie hydraulique que l'Homme **exploite** et transforme ; elle constitue une **énergie renouvelable**.

b. Il existe une **relation** de cause à effet entre les **mouvements atmosphériques** et les **courants océaniques de surface** : les vents sont à l'origine des courants marins de surface.

4 a. La Terre étant sphérique, la quantité d'énergie reçue par unité de surface est plus importante à l'équateur qu'aux pôles. Ainsi, l'énergie solaire va davantage chauffer la surface des océans et faire s'évaporer l'eau au niveau de l'équateur. Cette inégalité est compensée par des mouvements d'eau appelés courants dans lesquels est inclus le cycle de l'eau.

b. L'énergie solaire qui arrive sur Terre est en partie absorbée par la surface terrestre qui se réchauffe. La Terre perd alors de la chaleur lors de l'évaporation de l'eau, lors des mouvements verticaux d'air (l'air chaud moins dense s'élève en altitude). Pour aller plus loin, on peut ajouter que la Terre réémet un rayonnement infrarouge qui est en partie absorbé par les gaz à effet de serre de l'atmosphère et réémis vers la surface terrestre. Ceci permet de chauffer la surface terrestre et le maintien d'une température de surface de 15 °C, compatible avec la vie.

c. L'énergie solaire par unité de surface étant inégalement répartie, l'air chaud au niveau de l'équateur s'élève (mouvement atmosphérique vertical ascendant) et inversement au niveau des pôles (mouvement atmosphérique vertical descendant). Cela crée une zone de faible pression à l'équateur et une zone de forte pression aux pôles. Cette différence de pression est à l'origine d'un mouvement atmosphérique horizontal appelé vent qui se dirige des zones de forte pression vers des zones de faible pression.

d. Les courants de l'hydrosphère, mer, océan ou fleuve, fournissent de l'énergie électrique grâce aux barrages hydroélectriques, aux usines marémotrices ou aux hydroliennes.

5 L'inégale répartition de l'énergie solaire est à l'origine des vents qui sont eux-mêmes à l'origine des courants océaniques de surface. La relation est de type cause à conséquence.

UNITÉ 11

1 1B, 2A, 3C, 4BC, 5B, 6C, 7B

2 a. **Besoins alimentaires :** énergie nécessaire pour assurer le bon fonctionnement de l'organisme.

b. **Agrosystème :** écosystème naturel détourné et exploité en vue d'une production d'aliments.

c. **Gestion durable :** gestion raisonnée d'une ressource pour en assurer la préservation pour les générations futures.

d. **Agrocarburant :** carburant issu de la transformation de matière végétale.

3 a. La **photosynthèse** est utilisée pour couvrir les **besoins alimentaires** dans le cadre d'**exploitation** agricole.

b. L'utilisation de la **biomasse** met en **concurrence** le développement d'**agrocarburant** et de l'**agriculture**.

4 a. L'agriculture implique souvent l'exploitation d'un sol pour y faire pousser une seule espèce végétale. Cela nécessite donc l'éradication des autres espèces animales et végétales qui s'y développaient, agissant ainsi sur la biodiversité. L'agriculture entre donc en concurrence avec la biodiversité.

b. Pour subvenir aux besoins de l'Humanité, il faut gérer au mieux les ressources indispensables à l'agriculture, comme l'eau et le sol. Cela implique une gestion durable, pour s'assurer qu'il y aura toujours suffisamment d'eau et de sols pour couvrir les besoins agricoles.

UNITÉ 12

1 1BC, 2B, 3ABC, 4AC, 5AB, 6BC, 7ABC

2 a. **Horizon :** couche du sol homogène et parallèle à la surface qui différencie le sol sur sa profondeur.

b. **Altération :** dégradation, changement de propriétés physico-chimiques des minéraux composant les roches.

c. Érosion : forme de dégradation des roches superficielles causée par des agents externes et qui aboutit à une modification du relief.

3 a. Le **sol** est issu de la transformation de la **matière organique** et de **constituants minéraux** provenant de la **roche-mère**.

b. La **surexploitation** du **sol** entraîne sa **dégradation** ; sa **gestion durable** représente un **enjeu pour l'Humanité**.

4 a. Un sol évolue par altération mécanique et chimique de la fraction minérale et par apport de matière organique sous certaines conditions climatiques.

b. Le sol est à l'interface entre la roche du sous-sol, matière minérale et la biosphère à sa surface, matière organique. Le sol bénéficie donc des apports de matière organique et de matière minérale.

c. L'érosion est due à des facteurs externes comme le vent ou l'eau qui vont altérer la roche elle-même. Le sol mis à nu est souvent un sol déjà fragile dont l'érosion va accentuer la dégradation.

d. Pour remédier à la dégradation des sols, il faut adapter leur occupation en fonction des besoins, mais en tenant compte des conditions climatiques, de la nature de la roche-mère et il faut avoir recours à de techniques de culture raisonnée.

5 Le sol est à l'interface de 4 enveloppes et la pédogénèse dépend de :

– la biosphère, car le sol constitue un milieu de vie, mais aussi parce que la biosphère représente un apport en matière organique ;

– la lithosphère qui apporte la matière minérale ;

– l'hydrosphère qui apporte l'eau nécessaire à la vie dans le sol et qui participe à la formation des horizons ;

– l'atmosphère qui par les conditions climatiques qu'elle impose, interagit avec les enveloppes précédentes. Ces 4 enveloppes conditionnent la nature et le temps d'évolution du sol.

Thème 3

UNITÉ 13

1 1C, 2B, 3B, 4A, 5B, 6C, 7C, 8AB

2 a. VO_2 max : est le volume de dioxygène maximal consommé par unité de temps et par unité de masse qu'un organisme est capable de prélever et de consommer.

b. Nutriment : résultat de la digestion des glucides, protides, lipides et acides nucléiques ingérés, à l'origine de l'énergie qu'utilise l'organisme.

3 a. La **consommation de dioxygène** permet la respiration cellulaire qui convertit l'énergie contenue dans les **nutriments** en **énergie utilisée** par la cellule.

b. L'existence d'un **VO_2 max** entraîne une **limite** de puissance de l'**effort physique**.

c. L'usage du **tabac** entraîne une altération de la **ventilation**, ce qui va faire diminuer le **VO_2 max**.

d. Équilibrer son **apport énergétique** avec ses dépenses énergétiques grâce à l'**exercice physique** permet de **lutter** contre l'**obésité**.

4 a. L'organisme utilise l'énergie « contenue » dans les nutriments grâce à une réaction avec le dioxygène ; cette réaction, la respiration, permet la libération d'énergie utilisable par les cellules ainsi que deux produits : le dioxyde de carbone et l'eau.

b. Équilibrer les apports et les dépenses énergétiques d'un individu passe par un exercice physique régulier qui permet d'augmenter la dépense énergétique, et une prise alimentaire raisonnable qui permet de ne pas avoir un apport supérieur à la dépense énergétique totale quotidienne. Un équilibre parfait entre dépenses et apports permet de ne pas stocker d'énergie sous forme lipidique et de ne pas utiliser les stocks de nutriments vitaux.

5 a. L'énergie consommée permet aux muscles de développer une certaine puissance mécanique lors d'un exercice physique qui correspond à environ 25 % de l'énergie consommée ; le reste est transformé en énergie calorique perdue et est à l'origine de la température corporelle.

b. Le débit ventilatoire s'adapte à l'effort physique, il augmente avec la puissance de l'exercice, car il permet un approvisionnement accru en dioxygène et donc une production accrue d'énergie.

c. Le dioxygène consommé lors d'une activité permet de produire une certaine quantité d'énergie dont 1/4 donnera la puissance d'un exercice physique. Il existe une puissance maximale d'un effort car l'organisme connaît une limite quant au prélèvement de dioxygène.

d. Le VO_2 max d'un individu peut être augmenté grâce à un entraînement physique régulier ; un mode de vie sédentaire fera diminuer le VO_2 max.

UNITÉ 14

1 1BC, 2B, 3C, 4BC, 5AB, 6BC, 7B, 8A, 9AB, 10BC

2 a. Volume d'éjection systolique : volume de sang expulsé par un ventricule lors de sa contraction.

b. Diastole : relâchement partiel ou total du muscle cardiaque.

c. Débit sanguin : volume de sang passant en une minute au niveau d'un ou plusieurs organes.

d. Débit cardiaque : volume de sang mis en circulation par le cœur en une minute.

e. Vasoconstriction : mécanisme qui réduit le diamètre des vaisseaux.

f. Capillaires : petits vaisseaux sanguins au niveau desquels se déroulent des échanges entre le sang et les organes (ou le milieu extérieur).

3 a. Lors d'un **effort physique**, le **débit cardiaque** augmente grâce à une augmentation du **volume d'éjection systolique** et de la **fréquence cardiaque**, ces modifications entraînent aussi une augmentation de la **pression artérielle**.

b. Grâce à un **entraînement** physique régulier, on peut augmenter son **volume d'éjection systolique** au **repos** et ainsi garder un **débit sanguin** identique pour une **fréquence cardiaque** moindre.

c. Lors d'un **effort**, le **diamètre des artérioles** varie différemment de façon à augmenter le **débit sanguin** au niveau des organes nécessaires à l'**effort**.

4 a. Lors d'un exercice physique, le cœur voit son activité varier : sa fréquence de contraction augmente ainsi que son volume d'éjection systolique ; ces deux variations provoquent une augmentation du débit cardiaque.

b. L'entraînement permet une augmentation à long terme du volume d'éjection systolique ; cette modification permet de garder, au repos comme lors de l'exercice, un débit cardiaque convenable pour une fréquence de contraction plus faible : le cœur se fatigue donc moins.

5 a. La puissance du travail effectué par un muscle dépend de son approvisionnement en nutriments et en dioxygène. Lors d'un exercice, plus la puissance délivrée par un muscle est importante, plus le débit sanguin à son niveau doit augmenter pour l'approvisionner convenablement.

b. La probabilité d'accidents vasculaires d'un individu augmente avec une alimentation trop riche en graisses animales provoquant l'abondance de cholestérol LDL dans son sang et l'usage du tabac. La pratique du sport dans des conditions réfléchies abaisse cette probabilité d'accidents vasculaire en faisant diminuer la fréquence cardiaque au repos et la pression artérielle.

UNITÉ 15

1 1C, 2A, 3B, 4B, 5ABC, 6A, 7A

2 a. Hypertension : pression artérielle trop élevée.

b. Barorécepteur : récepteur sensible à la valeur de la pression.

c. Boucle de régulation : système permettant de maintenir un paramètre physiologique autour d'une valeur.

3 a. Les **barorécepteurs** localisés au niveau des **sinus carotidiens** et de la **crosse aortique** détectent la valeur de la **pression artérielle.**

b. Le **nerf sympathique** part du **bulbe rachidien**, **centre nerveux** de l'**arc réflexe** cardiaque.

c. Lors d'une **augmentation** de la **pression artérielle**, le nerf **parasympathique cardiomodérateur** véhicule un **message nerveux** au cœur.

4 Une stimulation intense du nerf parasympathique provoque une diminution importante du rythme cardiaque et donc une chute de la pression artérielle. En conséquence, les organes sont moins irrigués en dioxygène, dont le cerveau, ce qui provoque un malaise.

UNITÉ 16

1 1AB, 2B, 3BC, 4A, 5ABC, 6A, 7B, 8A, 9C

2 a. Tendon : structure anatomique de nature fibreuse, reliant un muscle à un os et résistant à l'étirement.

b. Articulation : zone de liaison entre deux os.

c. Ligament : tissu fibreux résistant qui maintient en place deux os au niveau d'une articulation.

3 a. Une luxation correspond au déboîtement des os au niveau de l'articulation. Les os ne peuvent donc plus pivoter correctement. Le mouvement est limité.

b. L'échauffement provoque une élévation de la température corporelle qui favorise l'irrigation sanguine des muscles, facilite les réactions chimiques de la contraction, qui assouplit les tendons et fluidifie le liquide synovial. Tous ces effets limitent le risque d'accident musculo-articulaire.

c. L'entorse est due à une rupture d'un ou plusieurs ligaments maintenant les os en place au niveau d'une articulation. Cette rupture est douloureuse et les os ne peuvent plus pivoter.

4 Les légendes de haut en bas : os du bras, ligament, synovie, cartilage articulaire, os du bras.
Titre : l'articulation du coude.

Achevé d'imprimer en Italie par Europrinting Dépôt légal : 08/2010 - Edition 01 - Collection n° 42 13/5519/7

Crédits photographiques

Couverture : h : © Jeff Sherman/Getty Images ; b : © Tim Platt/Iconica/Getty Images

Les photos non référencées sont de A. Béguerie.

Thème 1 : pp. 6-7 © Nasa/Novapix ; **p. 9** © Biologie et physiologie cellulaires IV Chromosomes, nucléoles, enveloppe nucléaire/A. Berkaloff, J. Bourguet, P. et N. Favard, J.-C. Lacroix, Hermann Méthodes, page 74-75 a et b, 1981 ; de haut en bas : © Walter B. Myers/Novapix ; © Desormes ; © Power and Syred/SPL/Cosmos ; © Pascal Goetgheluck/ISM ; © Roger Harris/SPL/Cosmos ; © Chuck Savage/Corbis

Unité 1 : p. 11 © Walter B. Myers/SPL/Cosmos ; **p. 12** doc. 1 : The International Astronomical Union/Martin Kornmesser/SPL/Cosmos ; **p. 13** doc. 4 : © Nasa /JPL/Novapix ; doc. 5 : © Sebastian Voltmer/Novapix ; doc. 6 : © Nasa/ESA/Novapix ; **p. 16** doc. 2 : © Nasa/SPL/Cosmos ; **p. 17** doc. 3d : © H. Piraud/Novapix ; **p. 21** h : © Lynette Cook/SPL/Cosmos ; b : © Holly Wilmeth/Aurora Photos/Corbis ; **p. 24** (11) : © Nasa/SPL/Cosmos

Unité 2 : p. 33 g : © Nicolas Cegalerba/Jacana

Unité 3 : p. 37 © Desormes ; **p. 38** doc. 3 a : © Hardy Mueller/LAIF-Réa ; b : © Jean-Louis Motte/Sunset ; **p. 40** doc. 1 : © BSIP SCIMAT ; **p. 41** doc. 3 : © Guy Auderset – www.microresolution.net ; **p. 42** doc. 1 a : © ISM ; b : © CTμ – UCBL – ISM ; c : © M. Mosiniak-J.-C. Roland/ISM ; d : © Alain Pol – ISM ; **p. 46** doc. 1 : © Sheila Terry/SPL/Cosmos ; doc. 2 : © Bettmann/Corbis ; **p. 47** h : © Eye of Science/SPL/Cosmos ; **p. 49** doc. 1 a : © BSIP Phototake/Kunkel ; b : © BSIP Don W. Fawcett ; **p. 50** (9) : © Dr Gopal Murti – Phototake/ISM ; **p. 50** (11) : © Claudius Thiriet/Biosphoto

Unité 4 : p. 51 © Power and Syred/SPL/Cosmos ; **p. 53** doc. 2 : © Yonhapi/epa/Corbis ; **p. 53** doc. 3 : © Golden Rice – www.goldenrice.org ; **p. 53** doc. 4 : © Olivier Morin/AFP Photo ; **p. 54** doc. 2 : © A. Barrington Brown/SPL/Cosmos ; **p. 56** doc. 1 a, b : © Guy Auderset – www.microresolution.net ; **p. 57** doc. 3 : © Pr David Fergusson/ISM ; **p. 57** doc. 4 :© D.R. ; **p. 58** © Makoto Iwafuji/Eurelios/Look at Science ; **p. 60** doc. 2 : ChristopheL ; **p. 61** © Akg-Images

Unité 5 : p. 65 © Pascal Goetgheluck/ISM ; **p. 66** doc. 3 : © Desormes ; **p. 67** doc. 5 a : © Desormes ; b : © Claude Balcaen/Biosphoto ; c : © Pierre Courtinard ; d : © Desormes ; **p. 68** doc. 1 et 2 : Jaca Book ; **p. 69** doc6 h : © Life Stock/Getty-Images ; m : © Photoshot Creative/Sunset ; b : © Mc Photo/Vario Creative/Photononstop ; **p. 71** doc. 6 : © Dominique Delfino/Sunset ; **p. 74** doc. 1 et 2 : © Desormes ; **p. 75** h : © Parcs naturels régionaux de France – www.parcs-naturels-regionaux.tm.fr ; **p. 77** doc. 2 : © J.-M. Labat & F. Rouquette/Biosphoto ; **p. 78** (9) © Francis Demange/Gamma

Unité 6 : p. 79 © Roger Harris/SPL/Cosmos ; **p. 85** © D.R. ; **p. 89** h : © C.-Allan Morgan/peter Arnold/Bios-Photo ; m : © Daniel Heuclin/Biosphoto ; b : © Chris Sattlberger/photodisc/Getty Images ; **p. 92** (9) :© D.R.

Unité 7 : p. 93 © Chuck Savage/Corbis ; **p. 96** doc. 1 : © J.-P. Ferrero & J.-M. Labat/Biosphoto ; **p. 98** doc. 1 : © Roger Eritja/Biosphoto ; doc. 2 a et b : © J. Britton-Davidian et J. Catalan, Institut des Sciences de l'Évolution, Montpellier – « Nature », vol. 403, 13 janvier 2000, p. 158 fig. 2 ; **p. 102** doc. 1 : © SPL/Cosmos ; doc. 2 : © Sheila Terry/SPL/Cosmos ; **p. 103** h : © Jean-Jacques Alcalay/Biosphoto

Thème 2 : pp. 108-109 © Yann Arthus-Bertrand/Altitude ; **p. 111** h : © Odile Gauthier/Biosphoto ; de haut en bas : © Fabrice Bonne/INRA ; © Stone/Getty Images ; © Martin Bond/Biosphoto ; © Georges Steinmetz/Cosmosphoto ; © Theo Allofs/Corbis

Unité 8 : p. 113 © Fabrice Bonne/INRA ; **p. 115** g : © Adam Hart-Davis/SPL/Cosmos ; mg : © M.Coppenet/INRA ; md : © Maitre Christophe/INRA ; d : © J. Delas/INRA ; **p. 116** a et b : © J.-C. Révy/ISM ; **p. 118** © Fabrice Bonne/INRA ; **p. 123** h : © Daniel Heuclin/Bios ; b : © Tetra Images/getty Images ; **p. 126** © Hervé Conge/ISM

Unité 9 : p. 127 © Stone/Getty Images ; **p. 128** doc. 1 : © BRGM ; doc. 2 : "photo Pierre Thomas – http://planet-terre.ens-lyon.fr/planetterre/ ; doc. 3 : © Hulton Archive/Getty Images ; **p. 129** doc. 4 : © DK/Getty Images ; doc. 5 : © Andrew Syred/SPL/Phanie ; **p. 130** doc. 1 : © NASA images created by Rob Simmon and Jesse Allen, using ocean chlorophyll data provided courtesy of the SeaWiFS Project and vegetation data courtesy of the Global Mapping and Modelling & Mapping Studies (GIMMS) project. Instrument : OrbView-2 – SeaWiFS ; doc. 3 : © NHPA/Sunset ; **p. 133** doc. 3 : © Peter Frischmuth/Argus ; doc. 4 : © MEEDDM (ancien MEDAD)/Graphies ; **p. 137** doc. 3 : © Jacques Jangoux/BSIP ; **p. 140** © Kharbine-Tapabor ; **p. 141** g : © DK/Getty Images ; d : (c) RMN (Musée d'Orsay)/Thierry Le Mage ; **p. 143** © Charbonnages de France – ANMT

Unité 10 : p. 145 © Martin Bond/Biosphoto ; **p. 146** doc. 3 : © Nasa-JPL/Cosmos ; **p. 147** doc. 4 a et b : © Mercator Océan ; **p. 148** doc. 1 : © Leyreloup/Wallis.fr ; **p. 149** doc. 5 : © François Henry/REA ; doc. 6 : © Openhydro ; doc. 7 : © SHOM ; **p. 152** © Mauritius/Photononstop ; **p. 154** doc. 1 : Leyreloup/Wallis.fr ; doc. 2 : © C. Moirenc/Wallis ; **p. 155 :** CNRS photothèque/Victoria Flexer/Nicolas Mano ; **p. 158** doc. 2 : © MétéoCiel ; doc. 3 : © Météo France

Unité 11 : p. 159 © Georges Steinmetz/Cosmosphoto ; **p. 160** h : © Liba Taylor/Robert Harding-Hemis.fr ; m : © Denis Bringard/Sunset ; **p. 161** doc. 3 : © Nigel Catlin/Sunset ; **p. 163** doc. 5 : © Ron Giling/Lineair-Bios ; doc. 6 : © Source UE-SOes, Corine Land Cover 2006 ; **p. 164** doc. 1 : © Nigel Catlin/Sunset ; **p. 168** © Dr. David M.Phillips/BSIP ; **p. 169** a et b : © Nasa/Unep-Still Pictures/Biosphoto ; **p. 172** © Gilles Martin/Sunset

Unité 12 : p. 173 © Theo Allofs/Corbis ; **p. 174** doc. 1 : © Didier Michot, Agrocampus-ouest ; doc. 2 a : © Hervé Conge ; bg : © Hervé Conge ; bm : © Marc Fouchard/INRA ; bd : © Hervé Conge/ISM ; c : © Didier Michot, Agrocampus-ouest ; **p. 175** doc. 4 : © Hervé Conge/ISM ; **p. 177** doc. 3 hg : © Hervé Conge ; hm : © J.-L. Klein et M. Hubert/Biosphoto ; hd : © Adrian Arbib/Still Pictures/Biosphoto ; bg, bm, bd : © Didier Michot, Agrocampus-ouest ; **p. 178** © Holt Studios/Sunset ; **p. 179** doc. 4 a : © Arvalis-J.Labreuche ; b : © Arvalis-N.Cornec ; c : © Philippe Bousseaud/Biosphoto ; d : © J.-M. Labat & F.Rouquette/Biosphoto ; **p. 181** hgd : © Didier Michot, Agrocampus-ouest ; b : © Holt Studios/Sunset ; **p. 182** doc. 1 : © Pierre Vernay/Biosphoto ; doc. 2 : © Agence Bio ; doc. 3 : © Jean-Baptiste Strobel/Biosphoto ; **p. 183** a et b : © Michel Petzold

Thème 3 : pp. 188-189 © Dibyangshu Sarkar/AFP Photo ; de haut en bas : © Bernardo Gimenez/Aurora-Photos/Corbis ; © BSIP B. Boissonnet ; © BSIP Chassenet ; © Chen Jianli/Chinenouvelle/Sipa Press

Unité 13 : p. 193 © Bernardo Gimenez/Aurora-Photo/Corbis ; **p. 194** doc. 1 : © BSIP Ted Kinsman ; doc. 2 : © Garo/Phanie ; **p. 195** doc. 4 (a, b) : © Pr. Christian Denis – Hôpital Bellevue, Saint-Étienne ; **p. 198** doc. 4 : © Najlah Feanny/Corbis ; **p. 199** doc. 6 : © Visuel mis à disposition gracieusement par le Comité National contre le Tabagisme ; **p. 203** h : © François Maire/Sipa Press

Unité 14 : p. 207 © BSIP B. Boissonnet ; **p. 212** doc. 1 : © Biophoto Associates/SPL/Cosmos ; doc. 2 : © Sovereign-ISM ; doc. 3 : © Avec l'aimable autorisation du Club des Cardiologues – www.clubcardiosport.com ; **p. 213** doc. 5 (a, b) : © Pr. Christian Denis – Hôpital Bellevue, Saint-Étienne ; p. 220 (10) : © Dr. P. Marazzi/SPL/Cosmos

Unité 15 : p. 221 © BSIP Chassenet ; **p. 222** © BSIP Leca ; **p. 228** doc. 1 : © Shana Novak/The Image Bank/Getty Images ; doc. 2 : © Fotex/Sunset ; doc. 3 : BSIP Chassenet ; **p. 229** BSIP/Laurent/Jessy ; **p. 232** (11) : © Pr. Jean-Luc Elghozi, Hôpital Necker ; (12) : © Pr. Isabelle Constant, Hôpital Armand Trousseau

Unité 16 : p. 233 © Chen Jianli/Chinenouvelle/Sipa ; **p. 234** doc. 1 : © Gustoimages/SPL/Cosmos ; **p. 235** doc. 4 : © Airelle-Joubert/Phanie ; doc. 6 : © BSIP Neil Borden ; **p. 239** © Peter Beavis/The Image Bank/Getty Images ; **p. 242** doc. 2 : © Raoul Minsart/Masterfile ; doc. 3 : © BSIP AltoPress/PhotoAlto ; **p. 246** (9) : © D.R. ; (11) : © Guy Auderset – www.microresolution.net

Fiches : p. 252 © IGN – Paris 2010/Autorisations n° 80-0049 pour la version papier et n° 80 – 0050 pour la version numérique

Remerciements :

L'éditeur remercie pour leur précieuse collaboration Zoé Dupuy et Stéphanie Mathé

Maquettes : N. Piroux (couverture) et V. Lefebvre (intérieur)
Mise en page : J. Casse
Dessinateurs : B. Gierasimczyk (Domino) et J.-L. Goussé (page 117)
Cartographie : Hachette Éducation (page 66)
Recherche iconographique : V. Louart et B. Hammond

www.hachette-education.com

Pour Hachette Éducation, le principe est d'utiliser des papiers composés de fibres naturelles, renouvelables, recyclables, fabriquées à partir de bois issus de forêts qui adoptent un système d'aménagement durable.
En outre, Hachette Éducation attend de ses fournisseurs de papier qu'ils s'inscrivent dans une démarche de certification environnementale reconnue.

Tous droits de traduction, de reproduction et d'adaptation réservés pour tous pays.
Le Code de la propriété intellectuelle n'autorisant, aux termes des articles L. 122-4 et L. 122-5, d'une part, que les « copies ou reproductions strictement réservées à l'usage privé du copiste et non destinées à une utilisation collective » et, d'autre part, que « les analyses et les courtes citations » dans un but d'exemple et d'illustration, « toute représentation ou reproduction intégrale ou partielle, faite sans le consentement de l'auteur ou de ses ayants droit ou ayants cause, est illicite ».
Cette représentation ou reproduction, par quelque procédé que ce soit, sans autorisation de l'éditeur ou du Centre français de l'exploitation du droit de copie (20, rue des Grands-Augustins – 75006 Paris), constituerait donc une contrefaçon sanctionnée par les articles 425 et suivants du Code pénal.